工业和信息化部“十二五”规划教材

“十三五”国家重点出版物出版规划项目

材料热力学与相变原理

Materials Thermodynamics and Phase Transformation

● 孟祥龙　高智勇　编著

哈爾濱工業大學出版社

HITP HARBIN INSTITUTE OF TECHNOLOGY PRESS

内容简介

本书从材料热力学原理入手，着重介绍材料热力学与相图、固态相变的基本原理与规律、扩散型和非扩散型相变的热力学、动力学及晶体学原理等内容，并结合实例，阐述了各类典型材料的相图分析和相变过程。

本书可作为高等院校材料科学与工程院系各专业本科生及研究生的教材，也可作为其他院系材料相关专业的学生和材料领域工作者的参考书。

图书在版编目(CIP)数据

材料热力学与相变原理/孟祥龙，高智勇编著．—哈尔滨：
哈尔滨工业大学出版社，2019.8
ISBN 978-7-5603-5986-1

Ⅰ.①材… Ⅱ.①孟… ②高… Ⅲ.①材料力学—热力学—高等学校—教材 ②材料—相变—高等学校—教材 Ⅳ.①TB301 ②TB303

中国版本图书馆 CIP 数据核字(2019)第 068724 号

材料科学与工程
图书工作室

策划编辑 许雅莹 杨 桦 张秀华
责任编辑 庞 雪 李长波
封面设计 卞秉利
出版发行 哈尔滨工业大学出版社
社 址 哈尔滨市南岗区复华四道街 10 号 邮编 150006
传 真 0451-86414749
网 址 http://hitpress.hit.edu.cn
印 刷 哈尔滨市石桥印务有限公司
开 本 787mm×1092mm 1/16 印张 19 字数 458 千字
版 次 2019 年 8 月第 1 版 2019 年 8 月第 1 次印刷
书 号 ISBN 978-7-5603-5986-1
定 价 38.00 元

前　言

材料科学与工程领域的诸多研究都离不开材料热力学与相变原理，其中基于材料热力学的相图研究和相变之间的联系密不可分。组织结构决定材料性能，但组织结构的调节一方面通过改变化学成分来实现，另一方面则主要通过相变过程来实现。相变过程中原子的移动决定了相变的过程，如扩散型相变中原子的扩散过程，非扩散型相变中原子的切变和位置调整。相变过程是材料制备、加工和使用过程中许多重要的物理、化学以及物理化学过程得以实现的基础，如金属材料的强韧化、半导体掺杂改性、薄膜制备、材料表面改性、离子晶体的导电及非晶材料制备等过程都与材料内部物质的相变过程密切相关。目前，新材料的研究和开发均涉及材料热力学与相变的问题，如新型纳米颗粒的制备、形状记忆合金的应用等，研究材料的相变规律对于材料的设计、制备、加工及应用具有十分重要的意义。材料热力学与相变原理是从事材料研究相关工作的人员应该掌握的基本理论和基本知识。

本书从材料热力学原理入手，着重介绍了材料热力学与相图，固态相变，扩散型相变和非扩散型相变的热力学、动力学及晶体学等原理与规律，并结合实例深入浅出地阐述了典型材料的相图和相变过程。本书第 1 章介绍材料热力学基本的物理概念与原理；第 2 章介绍相图的热力学原理和相图分析所涉及的基本原理与规律；第 3～5 章分别介绍单组元相图、二元相图和三元相图的特点、原理与分析方法；第 6 章介绍材料相变过程中共同遵循的基本原理与规律；第 7 章和第 8 章分别介绍扩散型相变的基本原理与实际应用；第 9 章则从相变热力学、动力学和晶体学角度阐述非扩散型相变的相变规律。

本书第 1～5 章由哈尔滨工业大学高智勇教授撰写，第 6～9 章由哈尔滨工业大学孟祥龙教授撰写。本书由孟祥龙教授提出总体思想和框架并最后统稿。本书在撰写过程中参考了许多文献资料，对相关作者表示衷心的感谢。

虽然材料科学的发展日新月异，但材料科学的基础理论是具有普适性的，因而我们相信本书的体系和内容对于读者是有益的。本书可作为高等院校材料科学与工程院系各专业本科生及研究生的教材，也可作为其他院系材料相关专业的学生和材料领域工作者的参考书。

限于作者水平，书中难免存在疏漏之处，恳请同行和读者批评指正。

作者

2018 年 11 月

目　录

第1章 合金的热力学基本参数与关系

1.1 概 述

将质量不等的几种金属元素合在一起，就形成了合金，其中质量分数最多的元素称为基元素，其余元素称为合金元素或杂质。例如，钢和铸铁是铁基合金，其中铁是基元素，碳是合金元素，而硫、磷等属于杂质元素。随着对合金使用性能要求的不同，合金元素和杂质可以相互转化。

作为一种重要的工程材料，合金有四个概念和共性问题：性能、结构、过程和能量。性能是材料的一种参量，用于表征材料在给定外界条件下的行为，它是随着材料的内因和外因而改变的。对于合金而言，当外界条件一定时，其性能取决于合金的内部结构。结构是指组成合金的粒子种类、数量以及它们在微观层面上的排列方式，习惯上将前两者称为成分，将后者称为组织结构。当从能量的角度研究合金热力学时，把合金的成分、组织和结构这三者统称为结构。

事实上，近代科学技术的发展已经打破了组织与结构的界限，过去人们把可以借助于某种仪器直接观察到的形貌称为组织，而通过仪器测定后推测得到的原子排列方式称为结构。随着电子显微技术的发展，目前人们已经可以运用高分辨电子显微镜和场离子显微镜直接观察结构，没有必要再区分组织和结构了。

事物由一种状态到达另一种状态需要经历一种或一系列过程。对于过程而言，有三个重要的问题：方向、途径和结果。这三个问题遵循以下三条原理：

①方向：沿着能量降低的方向进行。

②途径：沿着阻力最小的途径进行。

③结果：过程的结果是适者生存。

即所谓“能量降低，捷足先登，适者生存”。

能量的概念是在力学中提出的，它表征把物体由一种状态改变为另一种状态需要做的功(也称为所消耗的能)。在力学中能量转化与守恒已早为大家所熟知，合金中各种结构的形成及各种过程的变化都涉及能量的变化，能量决定合金结构的稳定性。如图1.1所示，可以从能量的观点理解合金结构的稳定性。

首先，把图1.1看作一个小球从高处滚落而下，在①处小球可以自发地滚落到②处，但是小球却不能自发地从②处滚到④处，而必须首先有能力越过③处所产生的能垒。克服能垒所要求的能量称为激活能。如果②处的小球能够具有这样的能量，便可以从②处越过③处而到达④处，否则，小球只能停留在亚稳定的②处。小球的激活能可以由外界提供，也可以由它在①处的势能转化而来，小球到达③处后便可以自发地到达④处，小球在②处也有存

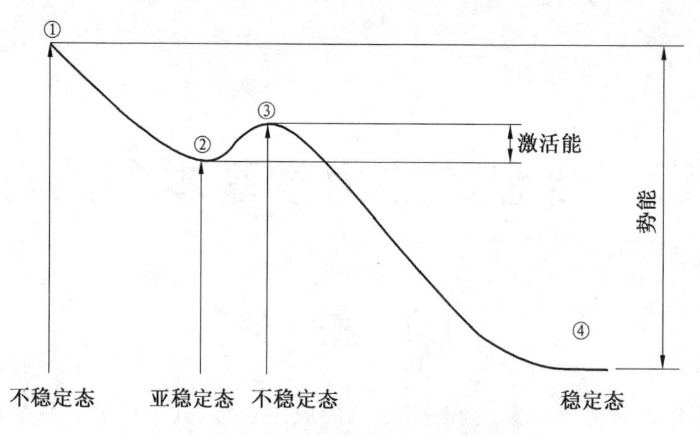

图 1.1　状态稳定性示意图

在的可能，但是小球绝对不会在①处和③处停留。如果把小球视为晶体中的原子，则不难理解原子在晶体中的运动及其能量关系。从能量的角度看问题，晶体中的微观世界和我们所通晓的宏观世界是何等相似。

前面介绍了性能、结构、过程和能量四个概念，在这四个概念中，性能取决于结构，而结构取决于能量和过程，因此从形式和目的看，研究合金是研究材料的结构和性能，而从根本上讲是研究合金的能量和过程，这就是材料热力学所要解决的问题。

材料热力学依据从无数经验中总结出来的三个热力学定律，演绎出许多描述物质平衡性质的关系式。热力学的优点是高度的可靠性和应用的普遍性，将材料热力学用于材料研究中，可以帮助人们认识材料组织的形成和转变的规律及机制。

1.2　热力学基础

热力学的有关基本概念和基本定律是材料热力学的基础，本节首先简要回顾一下热力学的基本概念和基本定律。

1.2.1　热力学第零定律——温度与压强的关系

1. 热平衡及热力学第零定律

物体的冷热程度称为温度，通常用摄氏温度来表示温度，并规定在一个大气压下纯水的冰点是 0 ℃，沸点是 100 ℃。

冷热不同的物体相接触，它们的温度会逐渐接近，最后达到一致，这就是热平衡。这个自然界里常见的规律在热力学中就是一个十分重要的定律——热力学第零定律：一切互为热平衡的物体具有相同的温度。该定律是研究一切热现象的基础。

假设 A 与 B 两个物体，二者的温度分别是 t_1 和 t_2，如果 $t_1>t_2$，二者接触时热就会由 A 流向 B，A 的温度就会降低，而 B 的温度就会升高，最后达到平衡温度 t。设达到热平衡时，A 和 B 之间的热交换量为 Q，则 A 流向 B 的热量 Q 为

$$Q=m_{\mathrm{A}}c_{\mathrm{A}}(t_1-t) \tag{1.1}$$

而B从A得到的热量Q为

$$Q=m_B c_B(t-t_2) \tag{1.2}$$

式中，m_A，m_B分别为物体A和B的质量；c_A和c_B分别为物体A和B的比热容。

假设B和A之间的热交换没有热量损失，则合并式(1.1)和式(1.2)，得到

$$t=\frac{m_A c_A t_1+m_B c_B t_2}{m_A c_A+m_B c_B} \tag{1.3}$$

通过式(1.3)可得到以下两个结论：

(1)两个温度不同的物体相接触，二者的热平衡温度与二者的质量、比热容和初始温度有关，如果已知这些参数，其平衡温度可通过式(1.3)得出。

(2)当$m_A \gg m_B$时，$t=t_1$。这个结论是测量温度的理论基础。温度计可以反映人体的温度是因为人体的质量远远大于温度计的质量。热电偶可以反映一包钢液的温度是因为一包钢液的质量远大于热电偶的质量。但是当被测物体的质量较小时，就不能忽视测量物体本身对温度的影响。例如，用热电偶测量一个直径不大的石英管内金属液的温度，就需要通过热平衡计算被测金属液本身的温度。

2. 温度与体积的关系(盖-吕萨克定律)

我们都知道热胀冷缩的现象，它说明温度对物体的体积有影响。19世纪人们测定了不同温度下O_2，H_2及CO_2等气体的体积变化，发现从0 ℃开始，温度每升高1 ℃，气体的体积增加1/273.15，由此可以得出气体体积与温度的关系为

$$V_t=V_0+V_0\frac{t}{273.15}=V_0\left(1+\frac{t}{273.15}\right) \tag{1.4}$$

式中，V_t和V_0分别是t ℃和0 ℃时气体的体积。

式(1.4)反映了恒压下气体的体积与温度之间的关系，这个关系称为盖-吕萨克定律：恒压下，任何气体温度升高1 ℃所引起的体积膨胀量都等于它们0 ℃时的体积分数。

通过式(1.4)可以发现，如果$t=-273.15$ ℃，则$V_t=0$，这是不可能的，因为-273.15 ℃是不可能达到的温度，这个温度定义为绝对零度。以绝对零度为起点的温度称为绝对温度，单位为K。热力学一般都采用绝对温度作为温度单位，它与摄氏温度之间有以下关系：

$$T=t+273.15 \tag{1.5}$$

对气体的体积与温度关系进行分析，可得

$$\frac{V_t}{V_0}=\frac{t+273.15}{273.15}=\frac{T}{T_0} \tag{1.6}$$

即

$$\frac{V_t}{T}=\frac{V_0}{T_0}=\frac{V}{T}=A \tag{1.7}$$

又根据玻意耳-马略特定律：

$$pV=B \tag{1.8}$$

式(1.7)和式(1.8)中，A和B为常数。

将以上两式合并，分别得

$$V=AT \tag{1.9}$$

$$V=\frac{B}{p} \tag{1.10}$$

体积的变化可以分两步进行:第一步,恒温下 V 随 p 变化;第二步,恒压下 V 随 T 变化。

第一步,由式(1.10)可得

$$\left(\frac{\partial V}{\partial p}\right)_T=-\frac{B}{p^2}=-\frac{V}{p} \tag{1.11}$$

第二步,由式(1.9)可得

$$\left(\frac{\partial V}{\partial T}\right)_p=A=\frac{V}{T} \tag{1.12}$$

体积的变化是这两步变化的和,即

$$\mathrm{d}V=\left(\frac{\partial V}{\partial p}\right)_T\mathrm{d}p+\left(\frac{\partial V}{\partial T}\right)_p\mathrm{d}T \tag{1.13}$$

将式(1.11)和式(1.12)代入式(1.13),得

$$\mathrm{d}V=-\frac{V}{p}\mathrm{d}p+\frac{V}{T}\mathrm{d}T \tag{1.14}$$

或

$$\frac{\mathrm{d}V}{V}+\frac{\mathrm{d}p}{p}=\frac{\mathrm{d}T}{T} \tag{1.15}$$

积分得

$$\ln V+\ln p=\ln T+I \tag{1.16}$$

即

$$pV=T\mathrm{e}^I \tag{1.17}$$

式中,I 为积分常数。

当气体量为 1 mol 时,式(1.17)中的 e^I 用 R 表示,即

$$pV=RT \tag{1.18}$$

若体积内含有 n mol 气体,则

$$pV=nRT \tag{1.19}$$

式中,R 为一个非常重要的热力学常数,称为摩尔气体常数,$R=8.314$ J/(K · mol)。R 的物理意义是使 1 mol 气体的温度变化 1 K 所需要的能量。

式(1.18)和式(1.19)反映了气体状态参数 p,V,T 三者之间的关系,称为气体状态方程。根据这个方程,确定 p,V,T 三者之间任何两个都可以确定气体的状态。

需要注意的是,在上述推导中,忽略了气体分子之间的作用,这种分子之间的作用可以忽略的气体称为理想气体。因此,式(1.18)和式(1.19)又称为理想气体方程。当压强较大时,恒温下 pV 不再是常数,而是 p 的函数。在解决实际问题时,当压强不大时,都可将实际气体作为理想气体来处理。

1.2.2　热力学第一定律——能量关系

1. 几个常用的名词和概念

(1)体系和环境。

体系是指所研究的对象,体系的周围称为环境。之所以要去区分这两部分,是为了便于集中研究所选定的或直接与我们工作有关的事物,而同时又不忽视和它有联系的事物。

如何划分体系和环境的范围要视具体情况来定,并非一成不变。体系和环境的定义范围不同,二者之间的联系就不同。为了描述体系与环境之间的关系,把与环境之间既有物质交换,又有能量交换的体系称为敞开体系或开放体系。而把与环境之间只有能量交换,而无物质交换的体系称为封闭体系或关闭体系。如果体系和环境之间既无物质交换,也无能量交换,这种体系称为隔离体系或者孤立体系。

例如,把一杯水放到绝热箱里,把水定义为体系,则绝热箱就是环境。由于水蒸气可以进入到绝热箱,水与绝热箱之间既有物质交换,又有能量交换,因此这里水就是敞开体系;如果把水装入一个不透气的瓶子里,那么水与绝热箱之间只有能量交换,而没有物质交换,此时水就是封闭体系;如果把绝热箱及其中的东西一起当作一个体系,那么对于周围来说,整个绝热箱就是一个隔离体系。

(2)状态、状态函数和过程。

一定的物质在一定的条件下具有一定的性质,例如,1 mol 氧气在 0 ℃和压强为 0.1 MPa的条件下,体积是 22.4 L,密度是 1.43 g/L。如果条件改变,这些性质也会改变。为了概括体系的各种性质,使用一个普通的名词——状态。当体系的各种性质都具有一定的数值时,就可以认为体系处于一定的状态。当体系的性质改变时,意味着体系的状态有所改变。

显然,体系的状态和性质是相互制约的。状态一定,体系的性质也就一定;状态改变,体系的性质也会改变。可见,体系的性质是由状态确定的。因此,体系的性质是状态的函数。对于这些性质,不管是体系的温度、压强、体积、能量或其他,都将其称为体系的状态函数。

体系由一种状态变化到另一种状态需要一个过程,但体系的状态函数取决于体系的状态,与变化的过程无关。

这里需要指出的是,热力学中的状态都是指平衡状态,即在一定的条件下是稳定的、不随时间而改变的状态。

2. 热、功和热力学能

物质运动时常伴随能量的转化与传递,例如,机械运动可使机械功通过摩擦转变为热,热传到水中可使水沸腾成为水蒸气,水蒸气膨胀又可做功。热和功是能量传递最常见的形式。

(1)热。

在很长的一段时间里,人们认为热是一种没有质量的物质,直到 1849 年焦耳进行了著名的热功当量实验,才证明热是一种能量。热从物体传递到环境,或者从环境传递到物体,根据情况可以发生温度的变化,也可以不发生温度的变化。前一种情况涉及的热称为显热,后一种情况涉及的热称为潜热。

(2)功。

力和位移的乘积等于此力所做的功。以气体在气缸中膨胀为例,如图 1.2 所示,设活塞外的压强为 p,活塞的面积为 S,当活塞被气体从 A 处推到 B 处,其移动的距离为 Δl,气体的体积从原来的 V_1 胀大为 V_2,如果忽略摩擦,则气体反抗外力所做的功为

$$W=p\cdot S\cdot \Delta l=p\cdot \Delta V \tag{1.20}$$

对于做功而言,有两个特点需要注意:

①始态和终态相同时,功随途径而变。

②始态和终态相同时,可逆过程的功最大。可逆过程是指无限小的条件发生改变就能使其逆向进行的过程。

(3)热力学能。

物质作为一个整体运动时,常常需要讨论它的位能和动能。对于物质内部,所涉及的能量有分子运动的能量、分子间的位能、分子内的能量及原子核内的能量等,把物质内部的这些能量总体作为一个整体来研究,称为热力学能。

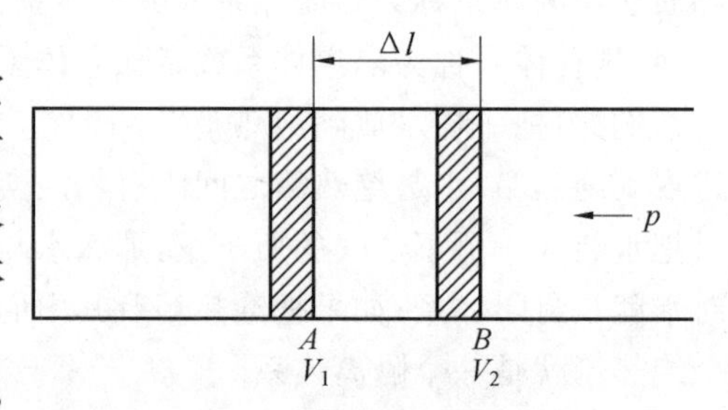

图 1.2　气体膨胀做功

热力学能是物质的属性,物质在一定状态下,其热力学能也是一定的。状态改变则热力学能随之改变,即热力学能是体系的状态函数,其改变只取决于体系的初态和终态,而与变化的过程无关。

3. 热力学第一定律——能量关系

热力学第一定律是一条实验定律,把能量定义为物质的一种属性。热力学第一定律可以表述为:外界对系统传递热量的一部分使系统的热力学能增加,另一部分用于系统对外做功。其表达式为

$$Q=\Delta U+W \tag{1.21}$$

式中,ΔU 为系统热力学能的变化;Q 为外界对系统传递的热量,Q 为正时表示系统从外界吸收热量,Q 为负时表示系统向外界放出热量;W 为系统对外界做的功,W 为正时表示系统对外界做功,W 为负时表示外界对系统做功。

在式(1.21)中可以区分出两种不同的物理量:热力学能是一类,热和功是另一类,二者的区别在于热力学能是体系的性质之一,是状态函数,其值以及增量只与体系的状态有关,而与过程无关;热和功不是体系的性质,是体系的“身外之物”,其值与过程有关,过程不同,热和功就不同。

热力学第一定律表明系统不从外界获取能量($Q=0$)而不断地对外做功($W>0$)是不可能的,即第一类永动机是不可能制成的。因而,热力学第一定律(又被称为能量守恒定律)实际上是指包括体系和环境在内的能量守恒。

当体系发生无限小的变化时,可用微分式来表示,由于 Q 和 W 取决于过程的路径,因此通常不能用全微分形式来表示 Q 和 W,故表示为

$$\mathrm{d}U=\delta Q-\delta W \tag{1.22}$$

在实验和生产中，有些反应是在密闭的容器中进行的，在这类过程中，体系的体积始终不变，称为等容过程(或恒容过程)。而大多数反应是在与大气相通的情况下进行的，在这些反应中，压强基本保持不变，这类过程称为等压过程(或恒压过程)。

对于只做膨胀功的体系，有 $dU=\delta Q-p dV$；对于等容过程，体积改变量为 0，因此对外做功为 0，有 $dU=\delta Q_V$，积分得出 $\Delta U=Q_V$，因此，等容过程体系热力学能的变化等于体系吸收或释放的热量；对于等压过程，有 $\Delta U=Q_p-p(V_2-V_1)$，故体系热力学能的变化由热量和膨胀功的变化确定。

由 $dU=\delta Q-p dV$ 可导出

$$\delta Q=dU+p dV=dU+d(pV)-V dp=d(U+pV)-V dp$$

引入一个热力学参数(状态函数)焓：$H=U+pV$，则

$$\delta Q=dH-V dp \tag{1.23}$$

对于等压过程，有 $\delta Q_p=dH$，积分可得

$$\Delta H=Q \tag{1.24}$$

因此，等压过程中体系焓的变化等于过程中体系吸收或释放的热量。因此，焓和热力学能一样是体系的状态函数。

在不发生相变化和化学变化的条件下，一定量的物质温度升高 1 ℃所需要的热量称为热容，或体系吸收、放出的热量与温度改变的比值，$C=Q/\Delta T$。当温度改变很小时，写作 $C=\dfrac{\delta Q}{dT}$。等容条件下，定容热容 $C_V=\dfrac{\delta Q_V}{dT}$；等压条件下，定压热容 $C_p=\dfrac{\delta Q_p}{dT}$，可以发现：

$$dU=\delta Q_V=C_V dT \quad (\text{等容条件}) \tag{1.25}$$

$$dH=\delta Q_p=C_p dT \quad (\text{等压条件}) \tag{1.26}$$

在自然界、科学研究以及生产实际中会发生各种各样的过程，导致体系状态的改变，从而改变了体系的状态函数 p,T,U,H 等，在体系状态函数改变时有可能使热量 Q 发生变化，热量发生变化称为热效应。热化学就是专门研究化学反应热效应的一门学科，表示化学反应，并附有其热效应的化学方程式称为热化学方程式。

关于化学反应热效应有一个重要定律，即赫斯定律，其内容为：同一化学反应，不论其经过的历程如何(一步或多步完成)，只要体系的初态和终态一定，则反应的热效应总是一定的(相同的)。根据赫斯定律可知，热化学方程式可以当作代数方程式一样处理——相互加减、移项、乘或除以一个数。

1.2.3　热力学第二定律——过程方向

热力学第一定律只说明了热、功转化的数量关系，总结了物质运动中能量转化的当量问题，指出封闭体系能实现的热力学过程必然遵守能量守恒和能量转换定律，而没有涉及，也不能判断某种变化发生的可能性及其限度。变化的可能性就是过程的方向问题，而限度就是平衡问题，这两个问题具有十分重要的实际意义。

在自然界中，许多过程都具有一定的方向性。例如，水总是由高处向低处流，流动到没有水位差为止；热总是由高温物体传到低温物体，直到二者温度相等为止。这些过程均不需要外力帮助就可以自发进行，称为自发过程。

自发过程都有导致其发生的原因，因此自发过程都有一定的方向性，它们是不会自动向与其相反的方向进行的。

热力学第二定律是能够反映过程进行方向的规律，反映了热总是从高温传向低温这个经验事实。热力学第二定律有两种等价的描述：

①开尔文表述：不可能制成一种循环动作的热机，只从一个热源吸取热量，使它完全变为功，而使其他物体不发生任何变化。

②克劳修斯表述：热量不可能自动从低温物体传到高温物体。

热力学第二定律说明第二类永动机（热机效率 $\eta=100\%$ 的单热源热机）是不可能实现的。

玻耳兹曼对于热力学第二定律的叙述为：自然界中的一切过程都是向着状态概率增长的方向进行的，这就是热力学第二定律的统计意义。

热力学第二定律表明，任何体系若不受外界影响，则总是单向地趋向平衡状态。

什么是平衡状态？平衡状态是体系的一种特殊状态，在这种状态下，如果没有外界干扰，体系的各部分在长时间内不发生任何变化。因此，达到平衡状态就意味着过程的终止。从这个意义上说，平衡状态是过程的极限。在热力学统计物理中，系统的宏观性质是相应的微观量的统计平均值，当系统处于热力学平衡时，系统内的每个分子（或原子）仍处于不停的运动状态中，系统的微观状态也在不断地发生变化，只是分子（或原子）微观运动的某些统计平均值不随时间而改变，因此，热力学平衡状态是一种动态平衡。

一个热力学系统必须同时达到下述四方面的平衡，才能处于热力学平衡状态：

(1)热平衡。如果系统内没有隔热壁存在，则系统内各部分的温度相等；如果没有隔绝外界的影响，即在系统与环境之间没有隔热壁存在的条件下，当系统达到热平衡时，则系统与环境的温度也相等。

(2)力学平衡。如果没有刚性壁的存在，则系统内各部分之间没有不平衡的力存在。如果忽略重力场的影响，则达到力学平衡时系统内各部分的压强应该相等；如果系统和环境之间没有刚性壁存在，则达到平衡时系统和环境之间也就没有不平衡的力存在，系统和环境的边界将不随时间而移动。

(3)相平衡。如果系统是一个非均匀相，则达到平衡时系统中各相可以长时间共存，各相的组成和数量都不随时间而改变。

(4)化学平衡。系统内各物质之间如果可以发生化学反应，则达到平衡时系统的化学组成及各物质的数量将不随时间而改变。

如果体系达到了上述四种平衡，则体系处于热力学平衡状态。那么，什么是"单向"或"不可逆"？"单向"或"不可逆"是指在没有外界影响时，过程不可能逆向进行。那么，这里就存在一个不可逆程度的度量问题。

就热交换而言，当热量一定时，热交换进行的难易程度与物体的温度有关。如果让两个温度不同的物体吸收相同的热量，显然物体的温度越高，吸热越困难。因此，人们定义 Q/T 来衡量过程不可逆程度的大小，将其称为热温商。热温商(Q/T)越大，不可逆程度越高。当温度相同时，热温商的大小取决于所吸热量 Q。由于体系热力学能 $\Delta U=Q-A$，因此如果热力学能 ΔU 不变，则 A 越大，Q 越大。如前所述，体系对外做功 A 在可逆过程时最大，因此对于相同的状态变化而言，可逆过程的热温商最大，显然，可逆过程是一种极限过程。

如前所述，热力学第二定律是对第一定律的补充，可以给出一定条件下，不可逆的、自发进行过程的方向和限度。热力学第二定律涉及一个重要参数是熵(S)，熵是表示系统无序度的一个量度，是量度体系发生自发过程不可逆程度的热力学状态函数，熵的本质是体系内部混乱度的度量，熵值小的状态对应着比较无序的状态。玻耳兹曼熵公式为

$$S=k\ln w \tag{1.27}$$

式中，S 为系统的熵，是系统的单值函数；k 为玻耳兹曼常数，其值为 $1.380\ 658\times10^{-23}$ J/K；w 为系统宏观态的热力学概率。

热力学第二定律用熵表述也就是熵增原理：在孤立体系中进行的自发过程总是沿着熵不减小的方向进行的，它是不可逆的。平衡态对应于熵最大的状态，即熵增加原理。

熵具有以下特点：

①熵是体系的状态性质，其值与达到状态的过程无关。

②熵的定义式 $dS\equiv d\dfrac{Q_r}{T}$，因此计算不可逆过程的熵变时，必须用与这个过程的始态和终态相同的可逆过程的热效应 dQ_r来计算，凡是不可逆过程，其热温度必小于该过程所导致的熵变 ΔS。

③同体系的状态性质 U 和 H 一样，一般只计算熵的变化 ΔS。

试着想象一个实验，如图 1.3 所示，有两个中间被隔开的连通容器，其中一个处于真空状态，另一个充满气体分子。如果打开中间的隔板，气体分子就会自动地由一边向另一边扩散，直到整个容器中的气体分子分布均匀为止。此后这种状态保持平衡。

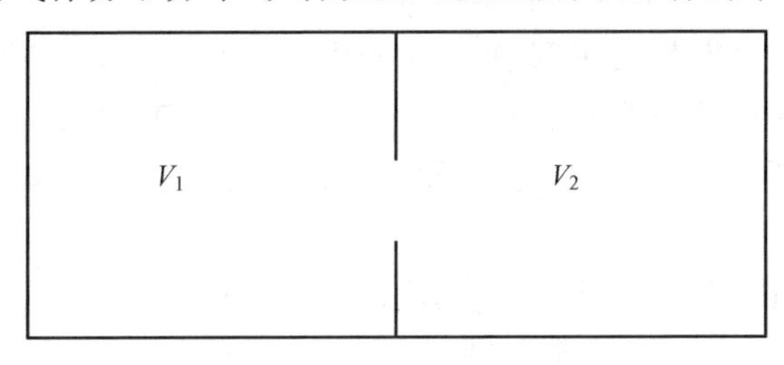

图 1.3　气体的自由膨胀

通过这个例子可以看出，自发过程总是自动地向秩序较差或混乱程度较大的方向进行，混乱程度最大的状态也就是可能性最大或概率最大的状态——平衡状态。

熵反映的就是一种热力学概率，因此，热力学第二定律描述的规律是有统计性的，它表示的是整个体系的平均行为，即大量分子或粒子的集合体行为，这对少数或个别分子是不适用的。

过程能否进行(可逆与否)是热力学第二定律的核心问题。熵虽然可以作为此问题判断的依据，但是由于熵判断只适用于隔离体系，对于非隔离体系还需要同时考虑环境的熵变，因此使用起来往往受到限制，对实际大多数包括体系和环境的非孤立体系需采用新的状态函数以判断过程进行的方向和限度。在等温等容条件下的热力学参数是亥姆霍兹(Helmholtz)自由能，其具体定义为 $F=U-TS$，由于 U 和 TS 为状态函数，因此亥姆霍兹自由能 F 也是状态函数；在等温等压条件下的热力学参数是吉布斯(Gibbs)自由能 G。吉布斯自由能

G 的引入是在考虑环境影响时，对处于平衡态、自发可逆过程的体系，应有 $\mathrm{d}S_{总}=\mathrm{d}S_{体系}+\mathrm{d}S_{环境}=0$的关系，在体系从环境中吸热时，有

$$\mathrm{d}S_{环境}=-\frac{\delta Q_p}{T}=-\frac{\mathrm{d}H}{T}$$

故

$$\mathrm{d}S_{体系}-\frac{\mathrm{d}H}{T}=0$$

$$\mathrm{d}S_{体系}=\frac{\mathrm{d}H}{T} \tag{1.28}$$

当体系自发地进行不可逆过程时，则有

$$\mathrm{d}S_{总}=\mathrm{d}S_{体系}+\mathrm{d}S_{环境}>0$$

$$\mathrm{d}S_{体系}>\frac{\mathrm{d}H}{T} \tag{1.29}$$

综合式(1.28)和式(1.29)得到

$$\mathrm{d}H-T\mathrm{d}S_{体系}\leqslant 0 \quad (\text{“<”为不可逆；“=”为可逆}) \tag{1.30}$$

故在等温等压下取 $G=H-TS$，式(1.30)变为

$$\mathrm{d}G=\mathrm{d}(H-TS)\leqslant 0 \quad (\text{“<”为不可逆；“=”为可逆}) \tag{1.31}$$

故 $H=U+pV$，在等温等容下，取 $F=U-TS$，故有 $\mathrm{d}F=\mathrm{d}U-T\mathrm{d}S$，式(1.31)在等温等容下变为

$$\mathrm{d}F\leqslant 0 \quad (\text{“<”为不可逆；“=”为可逆}) \tag{1.32}$$

因此，等温等容下 $\mathrm{d}F=0$，等温等压下 $\mathrm{d}G=0$ 表示系统处于平衡状态，发生可逆过程。平衡状态有稳定平衡和介稳平衡两种情况，如图 1.4 所示的吉布斯自由能曲线的最低点 A(稳态)和 B(亚稳态)。

在材料中所发生的过程一般都在恒压下进行，因此主要采用吉布斯自由能 G 来判断过程，当 $\Delta G=G_2-G_1<0$ 时，表示系统发生不可逆的转变过程，自发地从状态 1 向状态 2 转变，因而式(1.31)的积分式 $\Delta G<0$ 就是判断系统中发生各种转变的热力学条件。

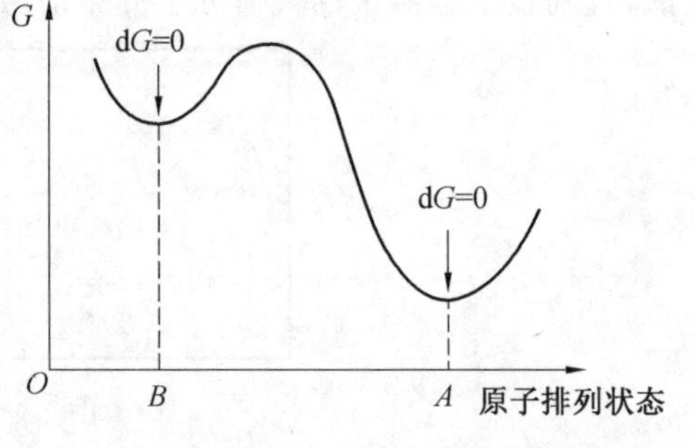

图 1.4　G 随原子排列状态变化示意图

1.2.4　热力学第三定律——熵的计算

热力学第二定律引入了熵的概念，但是只能计算熵的变化，而不能计算熵的数值，想要计算熵的值，需要首先解决绝对零度时熵(S_0)的计算问题。热力学第三定律就是关于 S_0 的问题。

1902 年，理查兹(Richards)通过总结大量的低温化学反应发现，温度越低则 ΔG 和 ΔH 就越接近，因

$$\Delta G=\Delta H-T\Delta S$$

则这种现象的发生有两种可能，一种是 $\Delta S\neq 0$，只是由于 T 趋近于 0；另一种是

$$\lim_{T \to 0}\left(\frac{\partial \Delta G}{\partial T}\right)_p = \lim_{T \to 0}(\Delta S)_T = 0 \tag{1.33}$$

故 $\Delta G_0 \to \Delta H_0$。

1906 年,能斯特(Nernst)针对低温化学反应和电池电动势测定时,在恒温过程中熵变 ΔS 随温度下降而不断减小(但是始终大于 0)的现象提出,温度越低则 ΔG 和 ΔH 就越接近的缘由是式(1.33)的假定,并将这个假定限定在凝聚系,称为能斯特热定理,这实际上就是热力学第三定律的一种表达式。

根据热力学函数之间的关系,后来人们提出了另外两种热力学第三定律的表达式,即

$$\lim_{T \to 0}(\Delta S) = 0 \tag{1.34}$$

及

$$\lim_{T \to 0} S = S_0 \tag{1.35}$$

式(1.35)是普朗克在 1911 年提出的,由式(1.35)可知,绝对零度时的熵(S_0)是一个常数,既然是一个常数,用于比较时则可以选择任一数值,普朗克选择了一个最方便的数值 0。

热力学第三定律的意义是:当温度接近于 0 K 时,任何凝聚系在任何压强下任何熵的变化都趋近于 0。也就是说,当系统趋近于 0 K 时,其熵值趋近于一个恒定的值 S_0。当系统达到完全的内部平衡时,S_0 可以是 0。

值得注意的是,热力学第三定律仅适用于凝聚系。

1.3　热力学函数的基本关系

由热力学状态函数 U,H,S,F,G 之间关系式:

$$H = U + pV$$
$$F = U - TS$$
$$G = H - TS$$

可导出以下几个热力学的基本关系式。

由第一定律 $\mathrm{d}U = \delta Q - \delta W$,$\delta Q = T\mathrm{d}S$ 和 $\delta W = p\mathrm{d}V$,可得

$$\mathrm{d}U = T\mathrm{d}S - p\mathrm{d}V \tag{1.36}$$

由

$$H = U + pV$$

可得

$$\mathrm{d}H = \mathrm{d}U + p\mathrm{d}V + V\mathrm{d}p$$

代入式(1.36),得到

$$\mathrm{d}H = T\mathrm{d}S + V\mathrm{d}p \tag{1.37}$$

由

$$F = U - TS$$

可得

$$\mathrm{d}F = \mathrm{d}U - T\mathrm{d}S - S\mathrm{d}T$$

代入式(1.36),得到

$$dF = -SdT - pdV \tag{1.38}$$

由

$$G = H - TS$$

可得

$$dG = dH - TdS - SdT$$

代入式(1.37),得到

$$dG = -SdT + Vdp \tag{1.39}$$

由于亥姆霍兹自由能和吉布斯自由能都是状态函数,其微分为全微分,即

$$dF = \left(\frac{\partial F}{\partial T}\right)_V dT + \left(\frac{\partial F}{\partial V}\right)_T dV$$

$$dG = \left(\frac{\partial G}{\partial T}\right)_p dT + \left(\frac{\partial G}{\partial p}\right)_T dp$$

与式(1.38)和式(1.39)相比,得

$$\left(\frac{\partial F}{\partial T}\right)_V = -S \tag{1.40}$$

$$\left(\frac{\partial F}{\partial V}\right)_T = -p \tag{1.41}$$

$$\left(\frac{\partial G}{\partial T}\right)_V = -S \tag{1.42}$$

$$\left(\frac{\partial G}{\partial V}\right)_T = -p \tag{1.43}$$

1.4 偏摩尔量与化学势

由两种及两种以上物质组成的均匀体系称为溶液,广义地说,混合的均匀气体、均匀液体和单相固体均属于溶液。对于合金体系来说,组成体系的物体即为组元,溶液中含量较高的组元称为溶剂,含量较低的组元称为溶质。

纯组元组成合金后,由于各组元之间的相互作用以及质点间排列的变化,合金的许多热力学函数都不再是各纯组元热力学函数的简单加和,各组元在合金相中的热力学性质也不能用它们独立存在时的纯组元热力学函数来描述,为了描述各组员在合金系中的性质,引入偏摩尔量这个概念。

(1)偏摩尔量。

设 G 为体系的广度性质,则 G 除了与温度 T、压强 p 有关外,还和组元 $1,2,3,\cdots,i$ 的物质的量 $n_1,n_2,n_3,\cdots,n_i$ 有关,写成函数形式为

$$G = G(T, p, n_1, n_2, n_3, \cdots, n_i)$$

当发生微小变化时,有

$$dG=\left(\frac{\partial G}{\partial T}\right)_{p,n_1,n_2,\cdots,n_i}dT+\left(\frac{\partial G}{\partial p}\right)_{T,n_1,n_2,\cdots,n_i}dp+\left(\frac{\partial G}{\partial n_1}\right)_{T,p,n_2,\cdots,n_i}dn_1+\left(\frac{\partial G}{\partial n_2}\right)_{T,p,n_1,n_3,\cdots,n_i}dn_2+\cdots+\left(\frac{\partial G}{\partial n_i}\right)_{T,p,n_1,n_2,\cdots,n_{i-1}}dn_i$$

如果以$\overline{G}_i$表示G对n_i的偏导数，则在恒温恒压下，上式变为

$$dG=\overline{G}_1dn_1+\overline{G}_2dn_2+\cdots+\overline{G}_idn_i$$

式中，$\overline{G}_i$为组元i的性质G的偏摩尔量。$\overline{G}_i$的物理意义是在温度、压强及其他组元物质的量不变的条件下，在合金中加入 1 mol 的i组元所引起的合金性质G的变化。

对于二元系合金而言，通过对偏摩尔量的定义，发现

$$dG=\overline{G}_1dn_1+\overline{G}_2dn_2$$

当合金浓度不变和恒温恒压时，$\overline{G}_1$，$\overline{G}_2$为常数，则上式可以写为

$$G=n_1\overline{G}_1+n_2\overline{G}_2$$

对其进行求导可得

$$dG=n_1d\overline{G}_1+n_2d\overline{G}_2+\overline{G}_1dn_1+\overline{G}_2dn_2$$

比较两式，可以发现

$$n_1d\overline{G}_1+n_2d\overline{G}_2=0$$

令$x_1=\frac{n_1}{n_1+n_2}$，$x_2=\frac{n_2}{n_1+n_2}$，则

$$x_1d\overline{G}_1+x_2d\overline{G}_2=0$$

即

$$x_1\left(\frac{d\overline{G}_1}{dx_1}\right)_{T,p}+x_2\left(\frac{d\overline{G}_2}{dx_2}\right)_{T,p}=0$$

而$x_1+x_2=1$，所以$dx_1=-dx_2$，则

$$x_1\left(\frac{d\overline{G}_1}{dx_1}\right)_{T,p}=x_2\left(\frac{d\overline{G}_2}{dx_2}\right)_{T,p}$$

上式称为吉布斯－杜亥姆(Gibbs - Duhem)公式，利用这一公式可由一个组元的偏摩尔量求得另一组元的偏摩尔量。

(2)化学势与相平衡。

自由能是最重要的热力学函数之一，但由于自由能的值与合金中各组元的物质的量有关，因此，讨论合金中各组元的自由能应当以偏摩尔自由能来计算。

将偏摩尔量定义中的广度性质G以自由能F来代替，就可以得到偏摩尔自由能，即$\mu_i=\left(\frac{\partial F}{\partial n_i}\right)_{T,p,n_1,n_2,\cdots,n_i}$。偏摩尔自由能$\mu_i$称为$i$组元的化学势，其单位是 J/mol。

化学势的物理意义是：恒温恒压下，加入微量i组元所引起的体系自由能的变化。化学势与体系的温度、压强和摩尔分数有关。对于纯金属，化学势就等于摩尔自由能，但对于合金中的各组元，化学势与纯组元的摩尔自由能不相等。

对于相平衡而言，化学势反映了某一组元从某一相中逸出的能力，某一组元在某一相内的化学势越高，它从这相中迁移到另一相中的倾向越大，从这个观点出发，可以用化学势来

判断过程的方向和平衡，即

$$\sum \mu_i \mathrm{d}n_i \leqslant 0$$

式中，“$<$”表示反应的方向；“$=$”表示平衡条件。

对于相平衡，由于相平衡时温度和压强是一定的，因此可以看作恒温恒压条件。若 α 相和 β 相两相平衡，如果物质的量为 $\mathrm{d}n_i$ 的 i 组元从 α 相迁移到 β 相，则 α 相中的 i 组元减少 $\mathrm{d}n_i$，而 β 相中的 i 组元增加 $\mathrm{d}n_i$，则有

$$-\mu_i^{\alpha}\mathrm{d}n_i + \mu_i^{\beta}\mathrm{d}n_i \leqslant 0$$

即

$$\mu_i^{\alpha} \geqslant \mu_i^{\beta}$$

若上式为“$=$”号，则 α 相和 β 相平衡；若上式为“$>$”号，则 i 组元由 α 相向 β 相迁移。这就是说，物质是由化学位高的相向化学位低的相“流动”。

需要注意的是，上面的 i 代表任一组元。当化学平衡时，每个组元在共存的各相中的化学势都必须相等。

考虑到组分变化的影响，吉布斯自由能的微分式可写为

$$\mathrm{d}G' = -S\mathrm{d}T + V\mathrm{d}p + \sum \mu_i \mathrm{d}n_i \tag{1.44}$$

等温等压下，$\mathrm{d}G' = \sum \mu_i \mathrm{d}n_i$，又由式(1.31)可以导出 $\mathrm{d}G' = \sum \mu_i \mathrm{d}n_i \leqslant 0$，对于可逆平衡过程 $\mathrm{d}G' = \sum \mu_i \mathrm{d}n_i = 0$；对于不可逆自发进行的过程，$\mathrm{d}G' = \sum \mu_i \mathrm{d}n_i < 0$。

化学位与蒸气压有关。液体可以蒸发成气体，气体也可以凝结为液体。在一定温度下，二者可以达成平衡，即液体的蒸发速度等于蒸气的凝结速度。达到这种平衡时，蒸气有一定压强，这个压强就称为此液体的饱和蒸气压，简称为蒸气压。金属的蒸气多为单原子气体，近似理想气体，故有 $pV=nRT$ 的关系。

由式(1.39)得

$$\mathrm{d}G = -S\mathrm{d}T + V\mathrm{d}p$$

当恒温($\mathrm{d}T=0$)并只做膨胀功时，有

$$\Delta G = \int_{p_1}^{p_2} V\mathrm{d}p = \int_{p_1}^{p_2} \frac{nRT}{p}\mathrm{d}p = nRT\ln\frac{p_2}{p_1}$$

可导出理想气体的吉布斯自由能为

$$G = G^0 + RT\ln p$$

式中，G^0 为积分常数。对于纯物质，偏摩尔吉布斯自由能或化学位为

$$\mu = \mu^{\beta} + RT\ln p$$

对含有 i 组分的溶液或固溶体，溶质组元的化学位与其蒸气压的关系为

$$\mu_i = \mu_i^{\beta} + RT\ln p_i$$

式中，μ_i^{β} 为 i 气体分压 $p_i=1$ 时的化学位。对符合拉乌尔定律的理想溶液或无序固溶体，i 组分的蒸气压 p_i 与其摩尔分数 x_i 成正比，即有 $p_i = Kx_i$，故其化学位与其摩尔分数有关，即

$$\mu_i = \mu_i^{*} + RT\ln x_i \tag{1.45}$$

对不符合拉乌尔定律的实际溶液(规则溶液)或非无序固溶体(有序或偏聚)，其化学位与其活度有关，即

$$\mu_i = \mu_i^* + RT\ln \alpha_i \tag{1.46}$$

式中，α_i 为 i 组分的活度，$\alpha_i = \gamma_i x_i$，γ_i 为 i 组分的活度系数。

1.5　合金的吉布斯自由能

实际应用中的金属材料主要是二组元或者更多组元组成的合金。在二组元或更多组元的合金系中，基本的合金组成相有固溶体和化合物，由单一的合金相组成的合金为单相合金，由两种或更多合金相组成的合金为混合相合金，下面以单相合金和混合相合金为例，讨论合金相的吉布斯自由能。

1.5.1　固溶体的自由能

固溶体的吉布斯自由能比纯金属的更为复杂，不仅随温度变化，而且因成分不同而不同。利用固溶体的准化学模型可以计算固溶体的自由能。固溶体的准化学模型只考虑最近邻原子间的键能，因此对混合焓 ΔH_m 做近似处理。若假定固溶体的溶剂原子和溶质原子半径相同，两者的晶体结构也相同，而且无限固溶，由此可得组元混合前后体积不变，即混合后的体积变化 $\Delta V_m = 0$。除此以外，准化学模型只考虑两种组元不同排列方式产生的混合熵，而不考虑温度引起的振动熵，因此可得固溶体的自由能为

$$G = x_A\mu_A^0 + x_B\mu_B^0 + \Omega x_A x_B + RT(x_A\ln x_A + x_B\ln x_B) \tag{1.47}$$

式中，x_A 和 x_B 分别表示 A 组元和 B 组元的摩尔分数；μ_A^0 和 μ_B^0 分别表示 A 组元和 B 组元在温度为 T(K)时的摩尔自由能；R 为气体常数；Ω 为相互作用参数，Ω 的表达式为

$$\Omega = N_A Z\left(e_{AB} - \frac{e_{AA} + e_{BB}}{2}\right)$$

式中，N_A 为阿伏伽德罗常数；Z 为配位数；e_{AA}，e_{BB} 和 e_{AB} 分别为 A－A，B－B，A－B 组元对的结合能。

固溶体自由能的表达式前两项为 $G^{\ominus}$，第三项实际上是 ΔH_m，第四项代表了 $-T\Delta S_m$。所以，固溶体的自由能 G 是 $G^{\ominus}$，ΔH_m 和 $-T\Delta S_m$ 三项的综合结果，是成分(摩尔分数 x)的函数，因此，可以按 Ω 不同的三种情况，分别作出任意给定温度下的固溶体自由能－成分曲线，如图 1.5 所示。

图 1.5(a)所示是 $\Omega < 0$ 的情况。在整个成分范围内，曲线呈下凹形状，为 U 形，只有一个最小值，其曲率 $\frac{d^2G}{dx^2}$ 均为正值。

图 1.5(b)所示是 $\Omega = 0$ 的情况。在整个成分范围内，曲线也呈下凹形状，是 U 形。

图 1.5(c)所示是 $\Omega > 0$ 的情况。在整个成分范围内，自由能－成分曲线上有两个最小值，即 E 和 F。在拐点($\frac{d^2G}{dx^2} = 0$)q 和 r 之间的成分，曲率 $\frac{d^2G}{dx^2} < 0$，故曲线为向下的抛物线形；在 E 和 F 之间成分范围内的体系，都分解成两个成分不同的固溶体。

相互作用参数的不同导致自由能－成分曲线的差异，其物理意义为：

(1)当 $\Omega < 0$，即 $e_{AB} < \frac{e_{AA} + e_{BB}}{2}$ 时，A－B 对的能量低于 A－A 对和 B－B 对的平均能量；

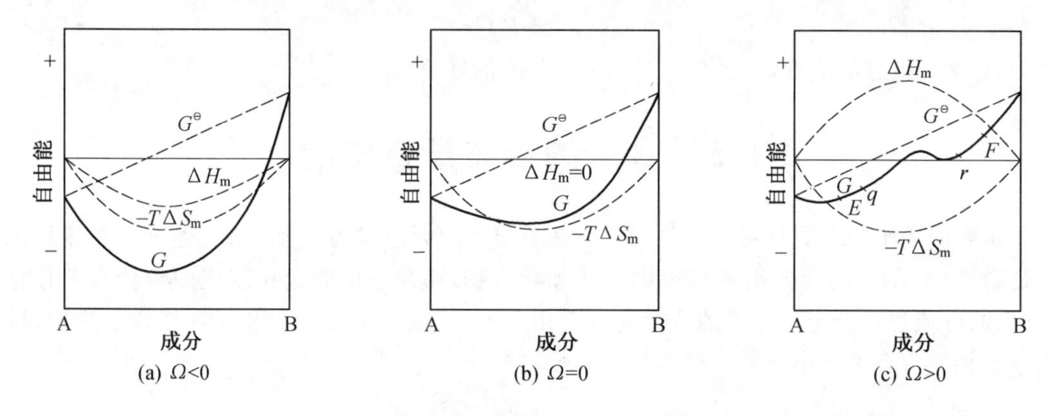

图 1.5　固溶体的自由能－成分曲线示意图

也就是说，异类原子间结合力低于同类原子间结合力，所以固溶体的 A，B 组元相互吸引，形成短程有序分布，在极端情况下会形成长程有序，此时 $\Delta H_m<0$，焓降低，引起相应的吉布斯自由能变化为负值。

(2)当 $\Omega=0$，即 $e_{AB}=\dfrac{e_{AA}+e_{BB}}{2}$时，异类原子 A－B 对的能量等于同类原子 A－A 对和 B－B对的平均能量，组元的配置是随机的，这种固溶体称为理想固溶体，此时 $\Delta H_m=0$，没有焓的变化，不引起相应吉布斯自由能的变化。

(3)当 $\Omega>0$，即 $e_{AB}>\dfrac{e_{AA}+e_{BB}}{2}$时，A－B 对的能量高于 A－A 对和 B－B 对的平均能量，意味着 A－B 对结合不稳定，A，B 组元倾向于分别聚集起来，导致同类原子偏聚，形成不均匀的固溶体，此时 $\Delta H_m>0$，焓增大，引起相应的吉布斯自由能变化为正值。

1.5.2　混合相的自由能

设有 A，B 两组元所形成的 α 和 β 两相，它们的物质的量和摩尔吉布斯自由能分别为 n_1，n_2 和 G_{m1}，G_{m2}。又设 α 和 β 两相中含 B 组元的摩尔分数分别为 x_1 和 x_2，则混合物中 B 组元的摩尔分数为

$$x=\frac{n_1x_1+n_2x_2}{n_1+n_2} \tag{1.48}$$

而混合物的摩尔吉布斯自由能为

$$G_m=\frac{n_1G_{m1}+n_2G_{m2}}{n_1+n_2} \tag{1.49}$$

由以上两式可得

$$\frac{G_m-G_{m1}}{x-x_1}=\frac{G_{m2}-G_m}{x_2-x} \tag{1.50}$$

上式表明，混合物的摩尔吉布斯自由能 G_m 应和两组成相 α 和 β 的摩尔吉布斯自由能 G_{m1} 和 G_{m2} 在同一条直线上，并且 x 位于 x_1 和 x_2 之间。该直线即为 α 相和 β 相平衡时的公切线，如图 1.6 所示。

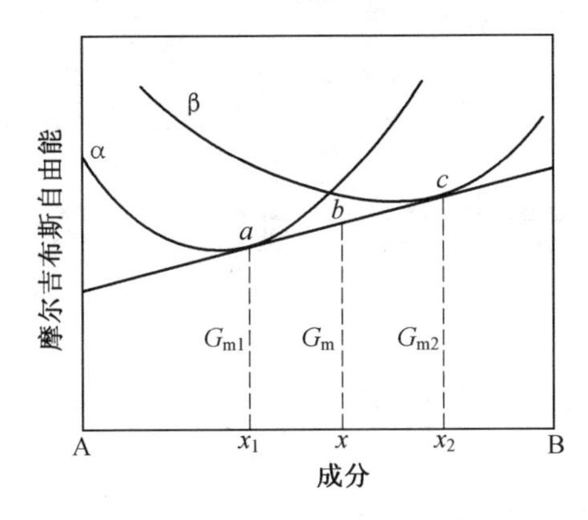

图 1.6　混合物的自由能曲线

本章习题

1. 在定温定压下，CO_2由饱和液体转变为饱和蒸气，因温度不变，CO_2的热力学能和焓也不变，请问这个描述对吗？为什么？

2. 系统处于热力学平衡态时，其所有的宏观性质是否不随时间而改变？反过来说，若系统所有的宏观性质均不随时间而改变，则该系统一定处于热力学平衡态，这种说法是否正确？为什么？

3. 隔离系统的热力学能和熵是否守恒？

4. 分别以某真实气体和理想气体为工质，在两个恒温热源 T_1和 T_2之间进行卡诺理想循环，试比较这两个循环的热效率。

5. 绝热过程是否都是定熵过程？为什么？

6. 系统经历一个不可逆的循环过程，其熵变是否一定大于 0？

7. 绝热不可逆热膨胀过程中$\Delta S>0$，能否说明其相反的过程（即绝热不可逆压缩过程）中$\Delta S<0$？

8. 理想气体从某一始态出发，经绝热可逆压缩或定温可逆压缩到同一个固定体积，哪种过程所需的功大？

9. 为了使刚性双原子分子理想气体，在等压膨胀过程中对外做功 2 J，必须传给气体多少热量？

10. 2 mol 氢气（视为理想气体）起始时处于标准状态，后经等温过程从外界吸取了 400 J的热量，达到终态，求终态的压强。

第2章 相　图

2.1 概　述

组成一个体系的基本单元，如单质（元素）和化合物，称为组元。体系中具有相同物理与化学性质且与其他部分以界面分开的均匀部分，称为相。金属及其他工程材料的性能决定于其内部的组织和结构，金属等材料的组织又是由基本的相所组成，由一个相所组成的组织称为单相组织，由两个或两个以上的相组成的组织称为两相或多相组织。材料中相的状态是研究组织的基础。

金属等材料内部相的状态由其成分、压强和温度所决定。相图就是反映物质状态（固态、液态或气态）以及相状态随温度、成分或压强变化的关系图，所以也称为状态图。但物质在同一状态（如固态）时，若温度改变，它可能存在的相也不同（如晶体的同素异构转变），各相之间的相平衡关系也不同，所以相图又称为平衡图或平衡状态图。它是材料及相状态和温度、压强及成分关系的综合图形，也是物质发生液固相变（液相和固相之间的相变）和固态相变（固相与固相之间的转变）的重要图解，表征的是在一定温度、压强及成分的条件下热力学最稳定、自由焓最低的状态。利用相图可以一目了然地了解物质在不同的温度或压强时所处的平衡状态以及该状态是由哪些平衡相组成的。对于多元系物质，如二元或三元合金等，它的相图更是反映了热力学平衡条件下，各种成分的物质在不同温度、压强下的相组成、各种相的成分和相的相对含量。

相图是反映物质在不同温度、压强和成分时，各种相的平衡存在条件以及相与相之间平衡关系的重要图解，掌握相图对于了解物质在加热、冷却或压强改变时组织转变的基本规律和物质的组织状态，以及预测物质的性能都具有重要的意义。另外，相图也是制定物质各种热加工工艺和研究新材料的重要依据，因而，相图被誉为材料设计的指导书。相图是材料科学的基础内容，因此从事材料研究的科研人员学习和掌握好各种材料的相图具有十分重要的意义。

由于本书涉及的材料一般都是凝聚态的，压强的影响极小，因此本书中相图通常是指在恒压（一个大气压）下物质的状态与温度、成分之间的关系图。

2.2 相图的基本知识

2.2.1 相图的表示方法

1. 单元系物质相图的表示方法

单元系物质由于它的成分是固定不变的，因此在反映它随温度变化时，状态的变化图可用一个温度坐标表示，如温度在其熔点 T_m 以上时该纯金属为液相，温度在 T_m 以下时该纯金属为固相。而在表示它同时随温度和压强改变时，状态的变化图必须用一个温度坐标和一个压强坐标表示，这时的相图为一个二维平面图。

2. 二元系物质相图的表示方法

二元系比单元系多一个组元，因此它还有成分的变化，在反映它的状态随成分、温度和压强变化时，必须采用三个坐标轴的三维立体相图。鉴于三维立体相图太过复杂，而且二元合金的凝固是在一个大气压下进行的，因此二元系相图仅考虑体系在成分和温度两个变量下的热力学平衡状态。二元系相图多用一个温度坐标和一个成分坐标表示，通常采用纵坐标表示温度，横坐标表示成分，横坐标两端分别代表两个纯组元，往对方端点移动时对方组元增加。表示温度的纵坐标与表示成分的横坐标组成一个二维平面，平面中的线是成分与临界点（相变温度点）之间的关系曲线，也是相区界线。该平面的任何点称为表象点（相图中由成分和温度所确定的任何点），一个表象点反映的是一个合金的成分和温度，所以表象点可以反映不同成分合金在不同温度时所具有的状态。图 2.1 所示为二元合金 Pb－Sb 的合金相图，向 Pb 的端点移动，表明 Pb 组元的摩尔分数增加，如合金 I 的成分为 x，在 t_1 温度时处于液相 L 和固相 Pb 两相平衡共存。

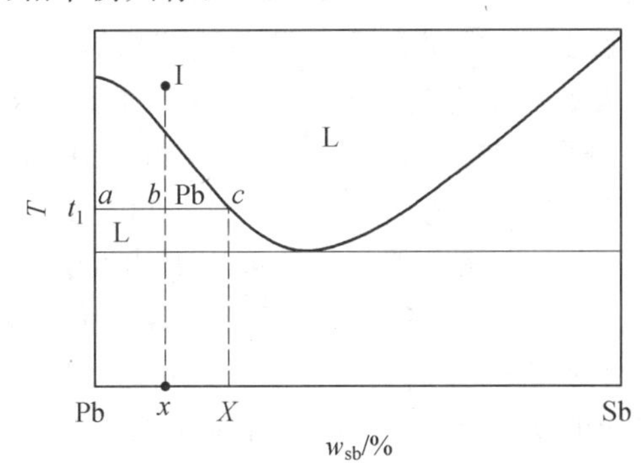

图 2.1 二元合金 Pb－Sb 的合金相图

二元相图中的成分按国家标准有两种表示法，可用质量分数表示，也可用摩尔分数表示。

① 质量分数（w）：

$$w_A=\frac{A_r(A)x_A}{A_r(A)x_A+A_r(B)x_B},\quad w_B=\frac{A_r(B)x_B}{A_r(A)x_A+A_r(B)x_B} \tag{2.1}$$

② 摩尔分数(x)：

$$x_A=\frac{\dfrac{w_A}{A_r(A)}}{\dfrac{w_A}{A_r(A)}+\dfrac{w_B}{A_r(B)}},\quad x_B=\frac{\dfrac{w_B}{A_r(B)}}{\dfrac{w_A}{A_r(A)}+\dfrac{w_B}{A_r(B)}} \tag{2.2}$$

式中，w_A，w_B分别为A，B组元的质量分数($w_A+w_B=100\%$)；x_A，x_B分别为A，B组元的摩尔分数($x_A+x_B=100\%$)；$A_r(A)$，$A_r(B)$分别是A，B组元的相对原子质量。

若二元相图中的组元A和B为化合物，则以组元A(或B)化合物的相对分子量M_A(或M_B)取代上式中组元A(或B)的相对原子质量$A_r(A)$(或$A_r(B)$)，以组元A(或B)化合物的分子质量分数来代替式(2.2)中对应组元的摩尔分数，就可以得到化合物的摩尔分数表达式，这种摩尔分数表达方式在陶瓷二元相图及高分子二元相图中较普遍使用。

3. 三元系物质相图的表示方法

三元系与二元系相比，多了一个组元，因此它的成分变量为2，需要用两个坐标轴表示；在不考虑压强变化时，加上一个垂直于成分平面的温度坐标，这样三元系相图就演变成为一个三维立体图，该立体图通常为三棱柱体，三棱柱体内的任何一点都代表着不同成分的三元合金和它的状态。在三元相图中，分割每个相区的是一系列空间曲面，而不是平面曲线。

如前所述，二元系物质的成分可以用一条直线上的点来表示，而三元系物质有两个独立的成分变量，需要用两个成分坐标来反映它的成分，这两个坐标轴限定的三角形平面区成为成分三角形或浓度三角形，该三角形内的任何点代表着不同成分的三元物质或三元合金。三元系相图常用的成分三角形是等边三角形，在某些情况下也可使用等腰三角形和直角三角形来反映三元系的成分。

(1)等边三角形。

等边三角形是三元相图中最常见的一种成分表示法，它是利用等边三角形的某些几何特性来表示三元系中三组元之间的浓度关系，因为等边三角形的三条边长度相等，每两条边之间的夹角相同。用它来表示三元合金成分的具体方法如图2.2所示。由图2.2可以看出，等边三角形的三个顶点分别代表三元合金的三个纯组元A，B，C；等边三角形的三条边分别表示三元合金系中的三个二元合金系A－B，B－C和C－A的浓度；等边三角形内任意一点都表示一个三元合金。合金含三个组元的量可用下述方法求得(图2.2)。若以合金I为例，首先通过I点分别作等边三角形三条边的平行线，并相交于各边，这样与各顶点相对的平行线与等边三角形各边的截距，分别表示各顶点组元的摩尔分数。如在合金I中，A组元的摩尔分数为$a\%$，B组元的摩尔分数为$b\%$，C组元的摩尔分数为$c\%$。由等边三角形的几何特性可知：$a\%+b\%+c\%=AB=BC=CA=100\%$。

为了使用方便，可把等边三角形用相同的格值做成带网格的浓度三角形，如图2.3所示，用这样的浓度三角形可以很方便地确定出各三元合金的成分，如图2.3中合金I中A组元的摩尔分数为60%，B组元的摩尔分数为30%，C组元的摩尔分数为10%。

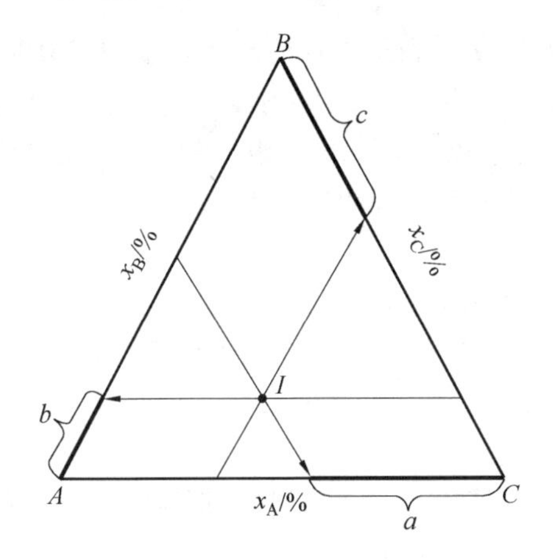

图 2.2 在等边三角形内确定合金的成分

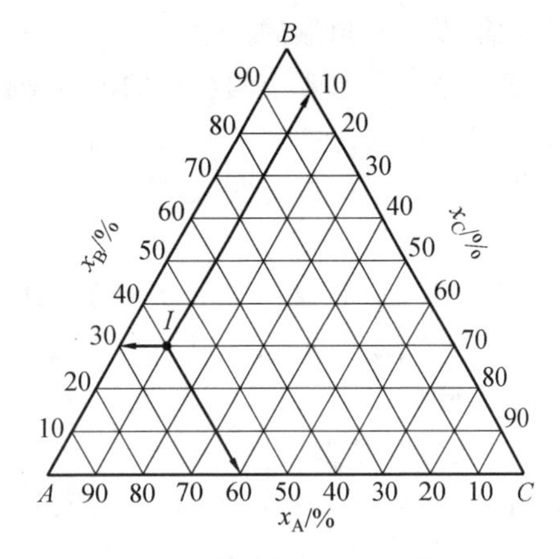

图 2.3 带网格的浓度三角形

(2)成分三角形中的两条特征线。

当采用等边三角形表示三元合金成分时,在成分三角形中存在两条具有特定意义的线,如图 2.4 所示。

① 平行于成分三角形某一边的直线,该直线的特定意义是,凡是位于这样的直线上的合金,其对应顶角组元的摩尔分数是相同的,如 PQ 线(图 2.4(a))上的合金中 B 组元的摩尔分数相同。

② 由成分三角形一个顶角到其对边的直线,如图 2.4(b)中的 BD 线。该直线的特定意义是,凡是位于这样的直线上的合金,另外两组元的摩尔分数比是恒定不变的,如 BD 线上的合金含 A,C 组元的摩尔分数比是不变的,见下式:

$$\frac{x_A(\%)}{x_C(\%)}=\frac{Ca_1}{Bc_1}=\frac{Ba'_1}{Bc_1}=\frac{Ba'_2}{Bc_2}=\frac{Ca_2}{Bc_2}=\text{常数}$$

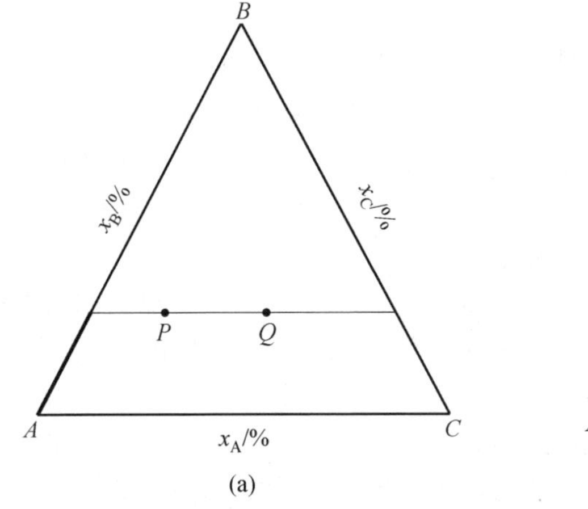

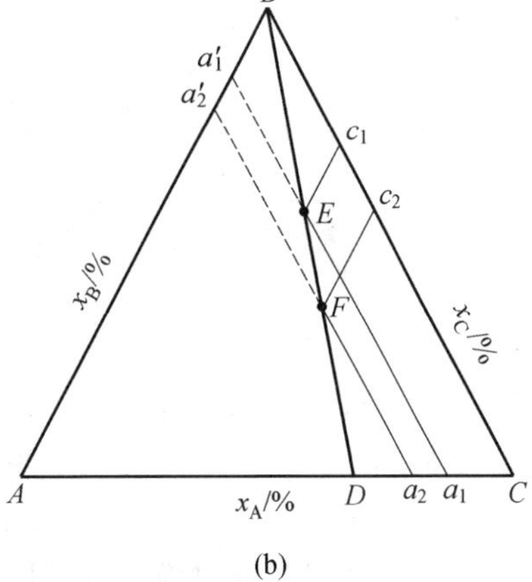

图 2.4 成分三角形中具有特定意义的线

(3)等腰三角形。

用等腰三角形表示三元系合金的成分时,一般多用在三元合金中某一组元的摩尔分数较小,而另外两组元的摩尔分数较大的情况下。因为这样的三元合金用等边三角形表示时,成分点很靠近三角形的一边，不便于观察。而用等腰三角形表示这样的三元合金的成分时，是将表示摩尔分数较小的组元的成分坐标放大 5 倍或 10 倍，而表示摩尔分数较大的两组元的成分坐标不变。如图 2.5 所示，若某合金 O 含 B 组元较少，含 A，C 组元较多，则把 AB，BC 边放大，而 AC 边不变，这样放大后就构成了以 AC 为底的等腰三角形（图 2.5 为等腰三角形的一部分）。

用等腰三角形表示三元合金的成分时，各组元的摩尔分数也是用平行线法来确定。例如，对于 O 点成分的合金，其成分的确定方法与前述等边三角形的确定方法相同，即过 O 点分别引两腰的平行线与 AC 边交于 a 点和 c 点，则 $x_A=30\%$，$x_C=60\%$，$x_B=10\%$。

(4)直角三角形。

用直角三角形表示三元合金的成分，一般多用在三元合金中某一个组元的摩尔分数较大，而另外两个组元的摩尔分数较小的情况下。因为这样的三元合金用等边三角形表示时，其成分点靠近含较多组元的那个顶角。为了能清楚地表示出这类合金的成分，通常采用直角三角形比较方便。用直角三角形表示三元合金的成分时，是使两成分坐标轴垂直，并采用相同的分度单位，将摩尔分数较大的那个组元的顶角作为坐标原点，而另外两个组元分别作为直角三角形的横坐标和纵坐标，如图 2.6 所示。在图 2.6 中，组元 A 占绝大多数，因而原点为基体组元 A，纵、横坐标为组元 B 和 C，B 和 C 的摩尔分数可以直接读出 ，A 的摩尔分数不能直接读出。图 2.6 中，合金 M 的成分可以从直角三角形中直接读出，其中 $x_B=2\%$，$x_C=3\%$，$x_A=(100-x_B-x_C)\%=95\%$。

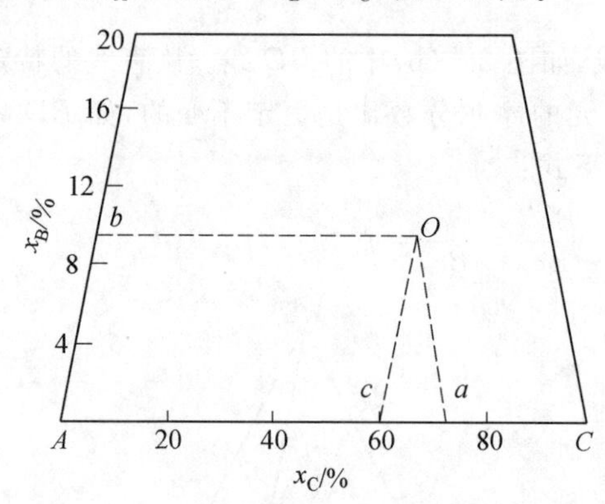

图 2.5　等腰三角形表示成分

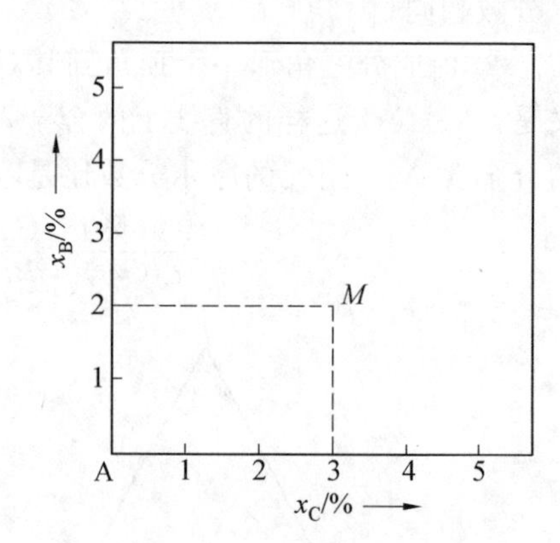

图 2.6　直角坐标表示法

一般来说，三元合金的成分可以用任意三角形来表示，即两成分坐标轴之间的夹角可以是任意的，并且分度单位也可以不同。不管采用什么形状的三角形来表示三元合金的成分，总体来说，它们都是以三角形的三个顶角代表三个纯组元，以三条边代表三个二元合金系，以三角形内任意一点代表一个三元合金成分点，并且在这些成分三角形中也存在着上述两条特性线，确定三元合金成分摩尔分数的方法与等边三角形、等腰三角形和直角三角形是一样的。

2.2.2　相图的建立

相图的建立可以分为两类方法，一种是通过热力学计算和分析建立相图。利用已有的热力学参数,可作出不同温度和成分下各相的吉布斯自由能曲线,确定不同温度和成分下平衡存在相的状态和成分,绘制出不同合金的相图,或者通过热力学计算,求出有关数据,直接画出相图。

另一种是依靠实验的方法,根据各种成分材料在温度、压强或成分改变时出现的临界点,绘制出相图,临界点表示物质结构状态发生本质变化的相变点,测定材料临界点有动态法和静态法两种方法。动态法主要包括热分析法、膨胀法、电阻法等,静态法主要包括金相法、X 射线结构分析法等。这些实验方法都是以物质相变时伴随发生某些物理性能的突变为基础而进行的。为了测量结果的精确,通常必须由多种方法配合使用。

下面简要介绍依靠实验建立金属材料或陶瓷材料相图的方法,常用的两类基本方法有动态垂直截线法和静态水平截线法。

1. 动态垂直截线法

动态垂直截线法是取不同成分的合金,在相图的成分坐标上引出垂直线,如图 2.7 所示。为了测定 A—B 系相图,在纯组元 A 和 B 之间配制不同成分的合金,成分间隔越小,合金数目越多,实验越准确。对每一成分的合金,经熔化后,测定其在缓慢冷却条件下,性能随温度的变化。在有相变发生时,合金系统的状态和结构发生变化,相应的物理化学性质也会发生突变,根据性能突变点对应的温度可以作出相图。

下面介绍一种最常用也是最基本的方法——采用热分析建立二元相图的具体步骤:

①将给定两组元配制成一系列不同成分的合金。

②将它们熔化后在缓慢冷却的条件下,分别测出它们的冷却曲线。

③找出各冷却曲线上的相变临界点(曲线上的转折点)。

④将各临界点标注在温度—成分坐标中相应的合金成分线上。

⑤连接具有相同意义的各临界点,并作出相应的曲线。

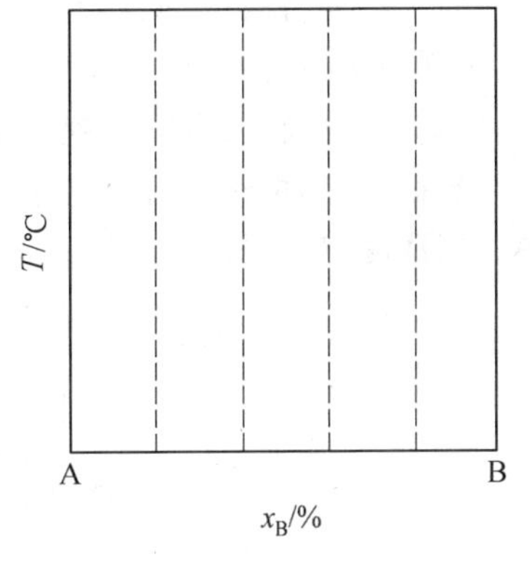

图 2.7　垂直截线法测定相图

⑥用相分析法测出相图中的由上述曲线所围成区间(称为相区)所含的相,将它们的名字填入相应的区间内,即得到一张完整的相图。

用热分析法建立 Cu—Ni 二元合金相图的具体过程如图 2.8 所示。图 2.8(a)给出了纯铜、w_{Ni}为 30%,50%和 70%的 Cu—Ni 合金以及纯 Ni 的冷却曲线。由图可见,纯组元 Cu 和 Ni 的冷却曲线相似,都有一个小平台,表示其凝固在恒温下进行,凝固温度分别是 1 083 ℃和 1 452 ℃。其他三条二元合金曲线不出现平台,而体现为二次转折,温度较高的转折点(临界点)表示凝固的开始温度,而温度较低的转折点对应凝固的终结温度。这说明三种成分合金的凝固与纯金属不同,是在一定的温度范围内进行的。将这些与临界点对应的温度和成分分别标在二元相图的纵坐标和横坐标上,每个临界点在二元相图中对应一个点,再将凝固的开始温度点和终结温度点分别连接起来,就得到图 2.8(b)所示的 Cu—Ni 二元相图。由凝固开始温度连接起来的相界线称为液相线,由凝固终结温度连接起来的相界线称为固相线。为了精确测定相变的临界点，用热分析测定时必须非常缓慢地冷却，以达到热力学的平衡条件，一般控制在每分钟 0.15～0.5 ℃。相图中由相界线划分出来的区域称为相区，表明在此范围内存在的平衡相类型和数目。

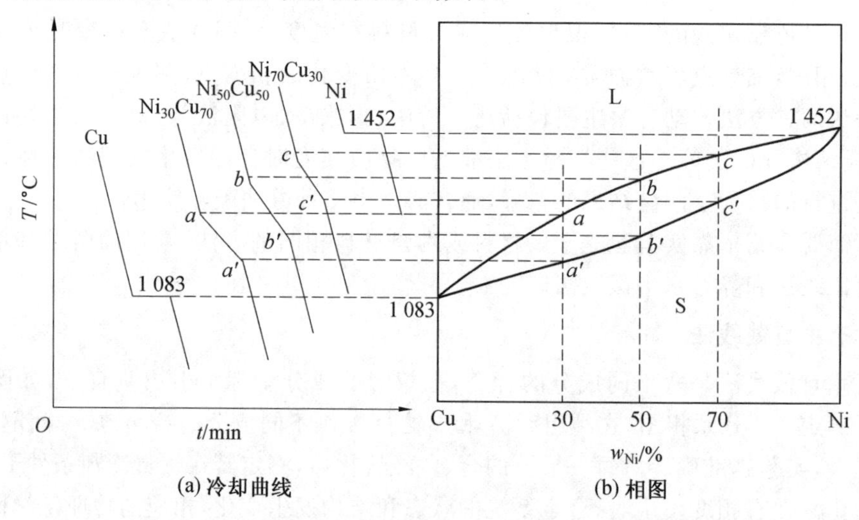

图 2.8　用热分析法建立 Cu－Ni 二元合金相图

除了热分析法，常见的动态法测量还包括热膨胀法、电阻法等。热膨胀法的测量原理是，材料在发生转变时常伴随有体积或长度的变化，测量试样随温度的变化，作出热膨胀曲线，由曲线上的转折点可找到转变的临界点，测出不同成分合金的临界点，标注在相应成分的垂直截线上，可作出对应的相图。此法适用于测定固态下发生的转变。图 2.9 所示为由热膨胀法测定相图的示意图。

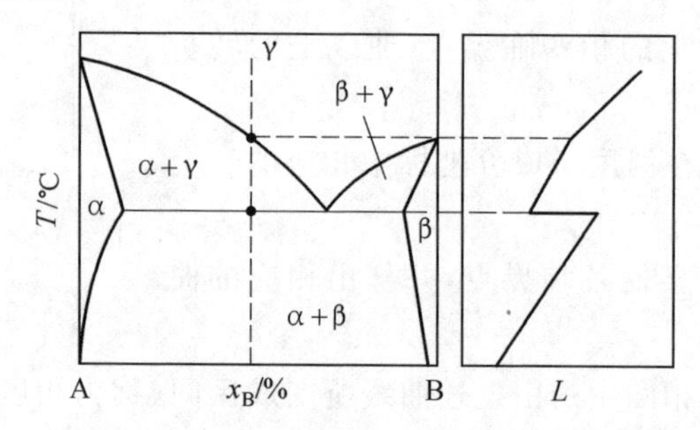

图 2.9　由热膨胀法测定相图的示意图

2. 静态水平截线法

静态水平截线法主要用于测定固态下发生的转变。取一系列不同成分的合金，在不同温度下长时间加热、保温，建立平衡状态，然后将试样迅速放入冷却液中使其急速冷却，以保持高温时的平衡状态，在室温下测定不同成分的试样在上述一定温度加热后冷却状态的某些参数（如点阵常数）和性能（如硬度、电阻率、热膨胀及磁性等），当有转变发生、相的状态改变时，性能产生突变，突变处即为固态相变的临界点，在相图对应不同温度的水平线上标注出这些临界点，连接得出相图中的转变相界线。图 2.10 所示为用 X 射线测定点阵常数以确定相图中的固溶度曲线。

采用动态或静态的实验方法测定相图，其精确度程度取决于实验条件，影响相图精确程度的主要因素有：

①材料纯度。原材料纯度越高，实验越准确。

②配制的合金数目越多，合金成分越纯，测得的数据就越精确，相图越精确。

③仪器灵敏度和研究方法的选择。研究方法选择合理、正确，测量技术先进，仪器精度高，实验准确。

④样品平衡条件的控制。垂直截线法中样品冷却速度越慢，水平截线法中样品退火越充分，实验接近平衡条件，测定相图越准确。

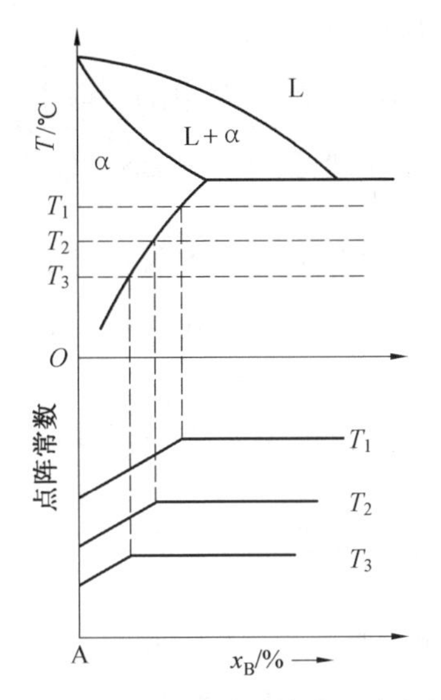

图 2.10 用 X 射线测定点阵常数以确定相图中的固溶度曲线

因此，即使同一合金系，不同研究者在不同历史年代，测出的相图也会有不同。一般来说，较新文献所报道的相图比早期文献报道的相图更为准确，这归功于科技的进步、实验装置的发展、实验条件的改善及实验材料的纯净。

由实验条件或材料等因素所引起测量相图的误差，也可以由热力学进行分析、校核，凡违反热力学平衡条件的相图都是错误的。

2.2.3 相图的类型和结构

对不同材料系统而言，其相图形式不同，常见的相图类型有：

①二组元在液态无限溶解，固态下也无限溶解，形成连续固溶体的匀晶相图。

②二组元在液态无限溶解，固态有限溶解，有共晶反应，形成机械混合物的共晶相图。

③二组元在液态无限溶解，固态有限溶解，有包晶反应的包晶相图。

④二组元在液态无限溶解，固态形成化合物的相图。

⑤二组元在液态无限溶解，固态有共析或包析反应的相图。

⑥二组元在液态有限溶解，有偏晶或合晶反应的相图。

⑦其他相图。

相图类型不同，但其基本结构一致，每个相图都包含以下几部分：

(1)组元。

组元是组成相图的独立组成物，作为组元要满足两个条件：一是有确定的熔点；二是不会转化为其他组成物。组元可以是纯元素，如金属材料中的纯金属，也可以是稳定的化合物，如陶瓷材料中的 Al_2O_3，SiO_2 等。

(2)相区。

相图中代表不同相状态的区域称为相区，相区可分为单相区和双相区。单相区中液相一般以 L 表示，当有几个固态单相区时，则由左向右依次以 α，β，γ 等符号表示。在两个单相区之间有对应的两相区存在。

(3)相界线。

在相图上将各相区分隔开的线称为相界线，根据相界线的不同特性，相界线可区分为：

① 液相线：其上全部为液相，线下有固固相出现，可以表示为$\frac{\mathrm{L}}{\mathrm{L}+\alpha}$。

② 固相线：其下全部为固相，可表示为$\frac{\mathrm{L}+\alpha}{\alpha}$。

③ 固溶线：当单相固溶体处于有限溶解时，其饱和溶解度决定于温度，温度降低，溶解度减小，因此自固溶体中析出第二相，相图中以固溶线反映这种析出转变。

④ 水平反应线：在共晶、包晶等类型相图中有水平线，代表在此恒定温度下发生某种三相反应。

⑤ 其他相界线：不具有以上特征，仅作为相区分界线的相界线。

(4)组织区。

组织是指在显微镜下观察，具有独特形态的组成部分。组织由相组成，有单相组织和两相组织，无论单相或两相组织，由于相的形状、分布不同，在显微镜下特征不同，会显示不同的组织。组织区是指在室温下具有不同组织状态的区域。

2.3 相图的热力学基础

相图是反映多元系(合金系)中各不同成分合金相平衡关系的一种图形，也是反映合金状态与温度、成分之间关系的图解。由于相图是以热力学为理论基础的，因此首先了解一下合金相平衡的热力学知识。

2.3.1 相平衡的热力学条件

1. 相平衡

相平衡是指合金系中参与相变过程的各相长时间不再相互转化时所达到的平衡状态，这种平衡不仅包括成分平衡，也包括摩尔分数的平衡。相平衡的热力学条件是，合金系中各组元在各平衡相中的化学势(偏摩尔自由能)彼此相等。如果用μ表示化学势，则μ_A^α表示α相中A组元的化学势，即上标表示平衡相，下标表示组元。当A-B二元合金系处于α,β和γ三相平衡时，其热力学条件为$\mu_A^\alpha=\mu_A^\beta=\mu_A^\gamma$。也可以说，A-B二元合金系达到$\alpha$,$\beta$和$\gamma$三相平衡共存时，各平衡相的自由能之和应最低，即这时合金系应具有最低的自由能。从动力学角度来说，相平衡是一种动态平衡，在各相达到平衡时，相界面两侧附近的原子仍在不停地转移，只是在同一时间内各相之间的转移速度相等。

2. 相平衡条件的推导

设某一合金系含有C个组元，组元1的物质的量为n_1 mol，组元2的物质的量为n_2 mol，……，组元C的物质的量为n_C mol，当各组元的物质的量变动时会引起合金系性质的变化，而吉布斯自由能是温度T、压强p以及各组元物质的量$n_1,n_2,\cdots,n_C$的函数，则$G=G(T,p,n_1,n_2,\cdots,n_C)$，经微分运算和整理后可得

$$dG = SdT + Vdp + \sum_{i}^{C} \mu_i dn_i \tag{2.3}$$

式中，S 和 V 分别为体系的总熵和总体积；$\sum_{i}^{C} \mu_i dn_i$ 表示各组元量改变时引起体系自由能的变化，式中 $\mu_i = \left(\frac{\partial G}{\partial n_i}\right)_{T,p,n_1,n_2,\cdots,n_C}$ 是各组元的偏摩尔自由能，也称为组元 i 的化学势，它代表了体系内物质传输的驱动力。当某组元在各相中的化学势相等时，由于没有物质迁移的驱动力，体系便处于平衡状态。

合金系的相平衡条件可推导如下：

设合金系中含有 1，2，…，C 个组元，它包含有 α，β，…，k 个相，则对每相自由能的微分式可写成为

$$dG^{\alpha} = -S^{\alpha} dT + V^{\alpha} dp + \mu_1^{\alpha} dn_1^{\alpha} + \mu_2^{\alpha} dn_2^{\alpha} + \cdots + \mu_C^{\alpha} dn_C^{\alpha}$$
$$dG^{\beta} = -S^{\beta} dT + V^{\beta} dp + \mu_1^{\beta} dn_1^{\beta} + \mu_2^{\beta} dn_2^{\beta} + \cdots + \mu_C^{\beta} dn_C^{\beta}$$
$$\cdots\cdots$$
$$dG^{k} = -S^{k} dT + V^{k} dp + \mu_1^{k} dn_1^{k} + \mu_2^{k} dn_2^{k} + \cdots + \mu_C^{k} dn_C^{k}$$

当该合金系处于等温等压条件下时，因 dT 和 dp 均为 0，则上面各式可简化为

$$dG^{\alpha} = \mu_1^{\alpha} dn_1^{\alpha} + \mu_2^{\alpha} dn_2^{\alpha} + \cdots + \mu_C^{\alpha} dn_C^{\alpha}$$
$$dG^{\beta} = \mu_1^{\beta} dn_1^{\beta} + \mu_2^{\beta} dn_2^{\beta} + \cdots + \mu_C^{\beta} dn_C^{\beta}$$
$$\cdots\cdots$$
$$dG^{k} = \mu_1^{k} dn_1^{k} + \mu_2^{k} dn_2^{k} + \cdots + \mu_C^{k} dn_C^{k}$$

若合金系中只有 α 和 β 两相，当极少量的组元 2（dn_2）从 α 相转移到 β 相中时，所引起的总自由能变化可写为

$$dG = dG^{\alpha} + dG^{\beta} \tag{2.4}$$

式中，dG^{α} 和 dG^{β} 分别代表此时 α 相和 β 相的自由能变化，即

$$dG^{\alpha} = \mu_2^{\alpha} dn_2^{\alpha}$$
$$dG^{\beta} = \mu_2^{\beta} dn_2^{\beta}$$

因为 $-dn_2^{\alpha} = dn_2^{\beta}$，则有

$$dG = dG^{\alpha} + dG^{\beta} = \mu_2^{\alpha} dn_2^{\alpha} + \mu_2^{\beta} dn_2^{\beta} = (\mu_2^{\beta} - \mu_2^{\alpha}) dn_2^{\beta} \tag{2.5}$$

显然，组元 2 从 α 相自发转移到 β 相中的热力学条件为 $dG < 0$，即 $\mu_2^{\beta} - \mu_2^{\alpha} < 0$，只有这样，组元 2 才能有迁移的驱动力。而当 $\mu_2^{\beta} = \mu_2^{\alpha}$ 时，$dG = 0$，因此 α 相和 β 相处于两相平衡状态。

同理，可以推导出多元系合金中各相平衡的热力学条件，假设合金系是有 C 个组元和 P 个相的体系，此时，该合金系的相平衡热力学条件为

$$\mu_1^{\alpha} = \mu_1^{\beta} = \cdots = \mu_1^{P}$$
$$\mu_2^{\alpha} = \mu_2^{\beta} = \cdots = \mu_2^{P}$$
$$\vdots$$
$$\mu_C^{\alpha} = \mu_C^{\beta} = \cdots = \mu_C^{P}$$

2.3.2 溶体的自由能－成分曲线

这里溶体是指由组元组成的溶液和固溶体。由热力学可知溶体的自由能为

$$G=H-TS \tag{2.6}$$

式中，H 是溶体的焓；S 是溶体的熵。由于在等压条件下焓和熵都是温度 T 和溶体成分 x 的函数，即 $H=f(T,x)$，$S=f(T,x)$。因此只要得出焓和熵与温度和成分的关系曲线，就不难得到溶体的自由能－成分曲线。为了使问题简化，可先讨论在一定温度(如绝对零度)时，焓和熵与溶体成分的关系曲线，这样就能使上述双变量函数简化为单变量函数 $H^T=f(x)$，$S^T=f(x)$。

(1)绝对零度时溶体的摩尔焓－成分曲线。

溶体在绝对零度时的摩尔焓 $H_m^\ominus$，通常可认为是溶体中各原子结合能的总和。如在A－B二元系中，原子的结合方式有三种，即AA，BB(同类结合)，AB(异类结合)，它们之间的结合能可分别用 E_{AA}，E_{BB} 和 E_{AB} 表示，它们都是负值，因为要破坏原子间的结合必须提供热量。因此原子间的结合能越低，它们之间的结合能越稳定。当二元系中两组元之间的结合能为以下情况时，有：

①$E_{AB}=(E_{AA}+E_{BB})/2$ 时，即AB原子对的结合能等于同类原子结合能的平均值，即A，B原子呈统计性均匀分布，相当于理想固溶体。

②$E_{AB}<(E_{AA}+E_{BB})/2$ 时，即AB原子对的结合能小于同类原子结合能的平均值，则异类原子易于结合，形成有序固溶体。

③$E_{AB}>(E_{AA}+E_{BB})/2$ 时，即AB原子对的结合能大于同类原子结合能的平均值，则同类原子易于结合，AB原子发生偏聚，使单一的溶体分解为两种不同成分的溶体。

在以上三种不同情况下，绝对零度时溶体的 $H_m^\ominus$－成分曲线如图2.11所示。

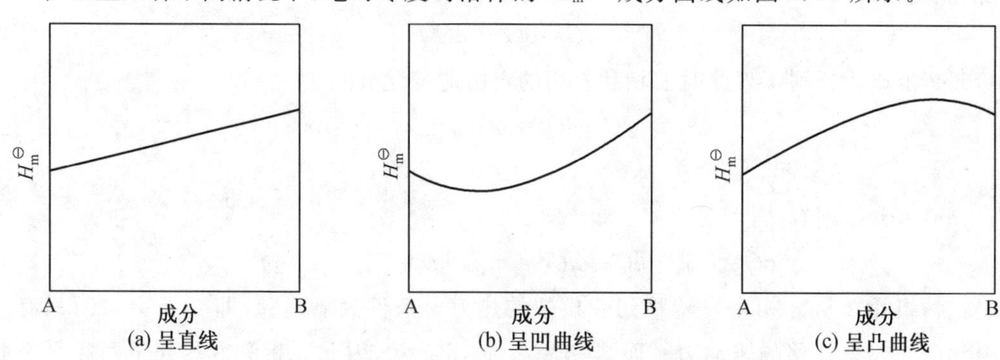

图2.11 绝对零度时溶体的 $H_m^\ominus$－成分曲线

(2)绝对零度时溶体的熵－成分曲线。

由热力学第三定律可知，在绝对零度时，纯组元A，B的熵为0，溶体的熵等于B组元(溶质)溶入A组元(溶剂)中所引起的排列熵的变化。如果设每摩尔溶体中A，B组元的原子数分别为 N_A，N_B，则有

$$N_A+N_B=N_0$$

式中，N_0 为阿伏伽德罗常数。

由于熵

$$S=k\ln\omega$$

式中，k 为玻耳兹曼常数；ω 为混乱度，它是溶体中 A，B 原子可能排列方式的总数，$\omega=(N_A+N_B)!/(N_A!\ N_B!)$，则有

$$S_m^\ominus=k\ln[(N_A+N_B)!\ /(N_A!\ N_B!)]$$

根据斯特林近似公式有

$$\ln N!\approx N\ln N-N$$

可将上式化简为

$$S_m^\ominus=-N_0k\left(\frac{N_A}{N_0}\ln\frac{N_A}{N_0}+\frac{N_B}{N_0}\ln\frac{N_B}{N_0}\right)=-R(x_A\ln x_A+x_B\ln x_B)\qquad(2.7)$$

式中，R 为气体常数，$R=N_0k$；x_A，x_B 分别为 A，B 组元的摩尔分数。

由式(2.7)可求出绝对零度时溶体的 $S_m^\ominus$ 一成分曲线，如图 2.12 所示。

(3)溶体的自由能一成分曲线。

由于温度升高时，溶体的焓与熵也将增大，但它们与成分的关系曲线的形状不会发生本质上的变化。由溶体的自由能公式

$$G=H-TS$$

可知，溶体的自由能一成分曲线应该是溶体的焓一成分曲线、负的温度和熵的乘积与成分的曲线之和，如图 2.13 所示。由该图可以看出，当 $E_{AB}\leqslant(E_{AA}+E_{BB})/2$ 时，溶体的自由能一成分曲线呈简单的 U 形，只有一个极小值；当 $E_{AB}>(E_{AA}+E_{BB})/2$ 时，溶解的自由能一成分曲线上有两个极小值，具体分析可见 1.5.1 小节。

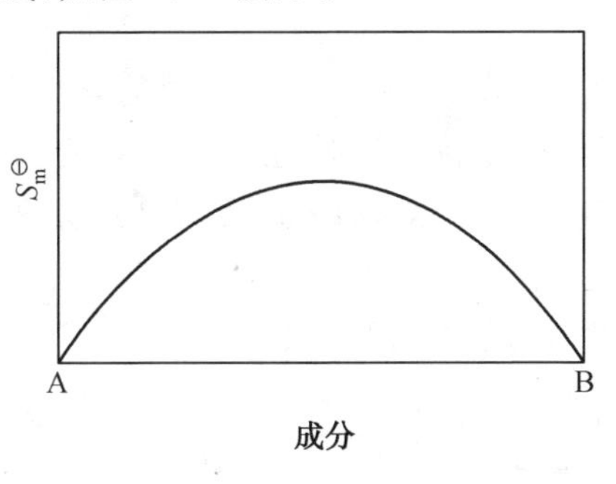

图 2.12　$S_m^\ominus$ 一成分曲线

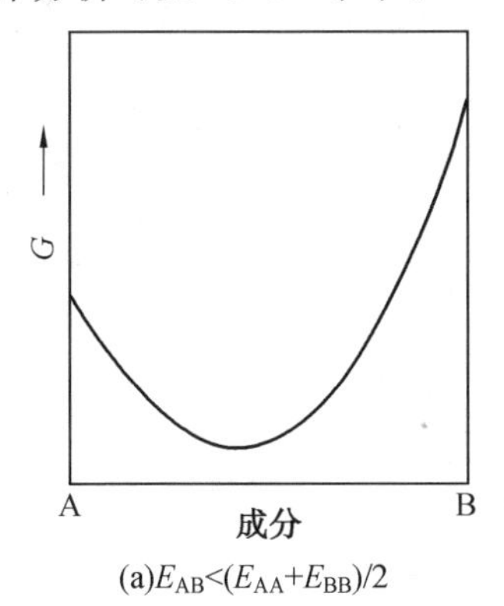

(a)$E_{AB}<(E_{AA}+E_{BB})/2$

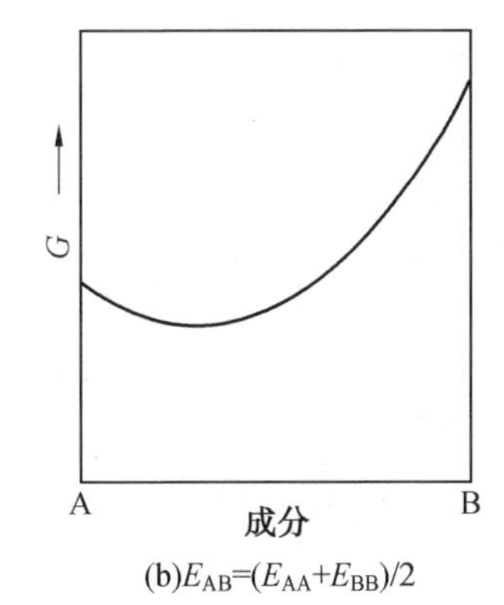

(b)$E_{AB}=(E_{AA}+E_{BB})/2$

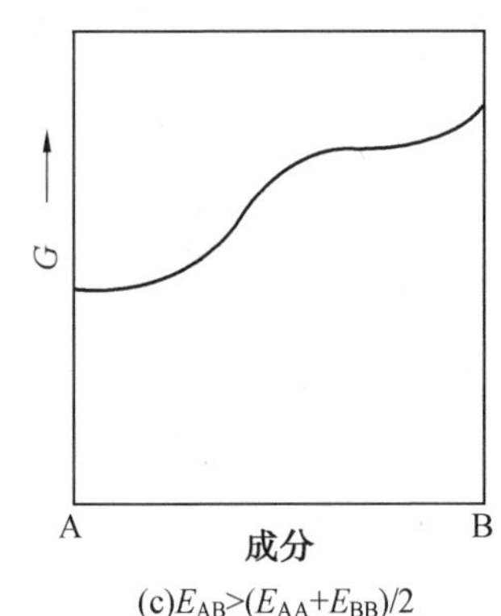

(c)$E_{AB}>(E_{AA}+E_{BB})/2$

图 2.13　三种自由能一成分曲线

2.3.3　多相平衡的公切线法则

由相平衡热力学条件的介绍可知，合金系实现多相平衡的条件是同一组元在各平衡相中的化学势相等，即 $\mu_A^\alpha=\mu_A^\beta=\mu_A^\gamma$，…，式中下标为组元，上标为平衡相。若 A－B 二元合金

系在某温度时，实现 α，β 两相平衡，即 $\mu_A^\alpha=\mu_A^\beta$，$\mu_B^\alpha=\mu_B^\beta$ 要满足该相平衡热力学条件，只有作该温度时 α 相和 β 相的自由能一成分曲线的公切线，如图 2.14 所示。

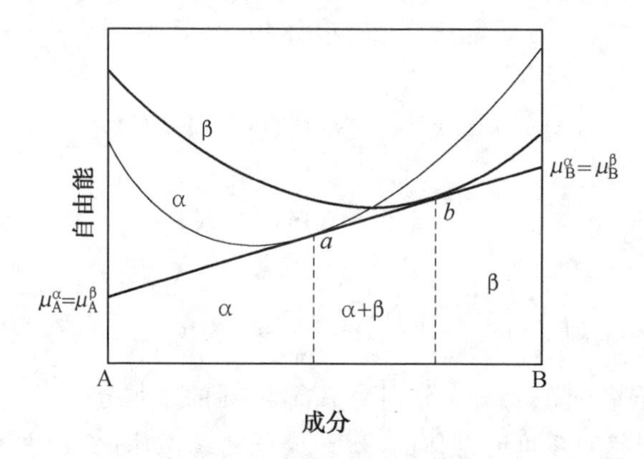

图 2.14　两相平衡的自由能曲线

由图 2.14 可以看出，这时合金系具有最低的自由能，并且满足了 α，β 两相平衡的热力学条件。因为该公切线与 A 组元纵坐标的截距表示 A 组元在两平衡相切点成分时的化学势，即 $\mu_A^\alpha=\mu_A^\beta$，而公切线与 B 组元纵坐标的截距表示 B 组元在两平衡相切点成分时的化学势，即 $\mu_A^\alpha=\mu_B^\beta$。公切线与两平衡相 α，β 的自由能一成分曲线的切点的成分坐标值，为该温度时两平衡相的平衡成分。同理可知二元系在特定的温度出现 α，β，γ 三相平衡，根据相平衡热力学条件 $\mu_A^\alpha=\mu_A^\beta=\mu_A^\gamma$，$\mu_B^\alpha=\mu_B^\beta=\mu_B^\gamma$，只能作三平衡相的自由能一成分曲线的公切线，如图 2.15 所示，因为只有这样，合金系才具有最低的自由能。

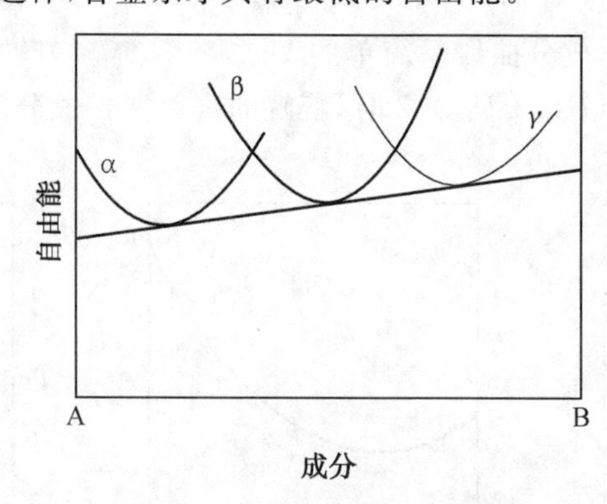

图 2.15　二元系中三相平衡时的自由能一成分曲线

2.4　相律、杠杆定律和重心法则

相律、杠杆定律和重心法则是分析相图的重要依据，相律用以说明合金或其他材料在平衡结晶过程中温度和相成分的变化；杠杆定律定量地给出了结晶过程中两相相对含量的变化和最后形成组织中两相的相对含量及组织的相对含量；重心法则则是三元合金出现三相平衡时，合金的成分点与其三平衡相成分点所遵循的法则。

2.4.1　相律

相律是物质发生相变时所遵循的规律之一，它是检验、分析和使用相图的重要理论基础。相律是表示材料系统相平衡状态条件的热力学表达式，用来确定相平衡时组成材料系统的独立组元数(C)、平衡相数(P)与系统自由度(f)三者之间的关系。组元是指系统中每个能单独分离出来并能独立存在的化学均匀物质，例如在盐水溶液中，NaCl，H_2O 就是组元，而 Na^+，Cl^-，H^+，OH^- 均不是组元。独立组元数指的是决定一个相平衡系统成分所必需的最少的组分数，组元和独立组元数只有在以下特定的条件下，其含义才相同：

①系统中不发生化学反应，则独立组元数＝组元数。

②系统中如果发生化学反应，则每个独立化学反应都要建立一个化学反应平衡关系式，就有一个化学反应平衡常数 K。这时，独立组元数 ＝ 组元数－独立化学平衡关系式数。

例如，$CaCO_3$ 在加热时发生分解，其化学反应式可以写为

$$CaCO_3 \rightleftharpoons CaO + CO_2$$

此时，独立组元数＝3－1＝2。

在相律中还有一个重要的因素——平衡相数(P)。相是体系中具有相同物理与化学性质的均匀部分的总和，相与相之间有界面，各相可以用机械方法加以分离，越过界面时性质发生突变。系统中相的总数称为相数，用 P 表示。气体，不论由多少种气体混合，只有一个气相。液体，按其互溶程度可以分为单相、两相或三相共存。固体，一般有一种固体便有一个相。两种固体粉末无论混合得多么均匀，仍是两个相(固体溶液除外，它是单相)。相主要有以下四个特征：

①一个相中可以包含几种物质，即几种物质可以形成一个相，如空气、盐水等。

②一种物质可以有几个相。例如，水可以有气相、液相和固相。

③固体机械混合物中有几种物质就有几个相。例如，将砂子和糖机械地混合在一起，就存在两个相。

④一个相可以连续成一个整体，也可以不连续，例如冰。

自由度是指在温度、压强、组分的摩尔分数等可能影响系统平衡状态的变量中，可以在一定范围内任意改变而不会引起旧相消失或新相产生的独立变量的数目。自由度数的最小值为 0，这时称为无变量系统。

当温度和压强改变时，吉布斯相律的表达式为

$$f = C - P + 2 \tag{2.8}$$

对于凝聚态系统，压强的影响极小，一般可忽略不计。当压强恒定不变时，相律的表达式为

$$f = C - P + 1 \tag{2.9}$$

相律的应用范围很广，利用相律可以解释金属或合金结晶过程中的许多现象，如可以用它来确定体系在组元数不同时，最多能够实现平衡共存的相数。例如，纯金属结晶时存在两个相(固、液共存)，$P=2$，纯金属 $C=1$，由于结晶时压强几乎不变，代入式(2.9)，$f=1-2+1=0$，这说明，纯金属结晶时只能在恒温下进行。也可以这么理解，对于纯金属 $C=1$，在恒压时，代入式(2.9)，当 $f=0$ 时，$0=1-P+1$，可知 $P=2$，即最多能实现两相平衡共存，也就

是说，纯金属的凝固只能在恒温下进行，并且能实现固、液两相平衡共存。对于二元合金，对两相区中的两相反应，如 L→α，在两相平衡条件下，相数 $P=2$，组元数 $C=2$，则自由度数 $f=1$，这说明在两相反应过程中，有一个可独立变动的参数，另外的参数则随之变化，如温度变化，则相的成分相应变化，或相成分变化，则温度相应变化。当温度固定，两相成分也一定，相应于一定温度下两相的吉布斯自由能曲线公切线切点所对应的平衡相成分。随着温度变化，两相的吉布斯自由能曲线发生变化，相应两相的平衡成分也发生变化，一个自由度说明二元合金是在一定温度范围内结晶。在二元合金结晶过程中，当出现三相平衡时，如 L→α+β，相数 $P=3$，则自由度 $f=2-3+1=0$，说明在保持平衡的三相反应过程中没有任何一个独立的变数，因此温度恒定时，参加反应的三相成分不变，故在相图中三相反应对应一条水平线。对于单相区，自由度数为 2，说明温度和相成分变化仍能保持平衡状态，当合金成分确定时，相成分限定，则实际只有一个温度变数。

此外根据相律，也可确定合金系中可能出现的最多相数，因为自由度数最小为 0，所以

$$f=C-P+1=0 \tag{2.10}$$

$$P=C+1 \tag{2.11}$$

在二元系中，最多相数为 3 个，三元系中，最多出现 4 相，依此类推。

相律应用必须注意以下四点：

①相律是根据热力学平衡条件推导而得到的，因而只能处理真实的热力学平衡体系。

②相律表达式中的“2”是代表外界条件温度和压强。如果电场、磁场或重力场对平衡状态有影响，则相律中的 “2”应为“3”“4”“5”。如果研究的体系为固态物质，可以忽略压强的影响，相律中的“2”应为“1”。

③必须正确判断独立组元数、独立化学反应式、相数以及限制条件数，才能正确应用相律。

④自由度只取“0”以上的正值。如果出现负值，则说明体系可能处于非平衡态。

利用相律可检验和校核相图中出现的错误，凡违背相律、在热力学上不符合平衡状态的相图必然是错误的。如图 2.16 所示，部分相图中 α 相和 β 相区被一条相界线分开，依据相律分析，对于合金 1，当发生 α→β 二相反应时，$f=1$，反应中温度可变，应有两相区存在，图 2.16 所示一条线显然是错误的，但因实验条件的限制，不能精确地测出窄的两相区范围，则可以用虚线表示。

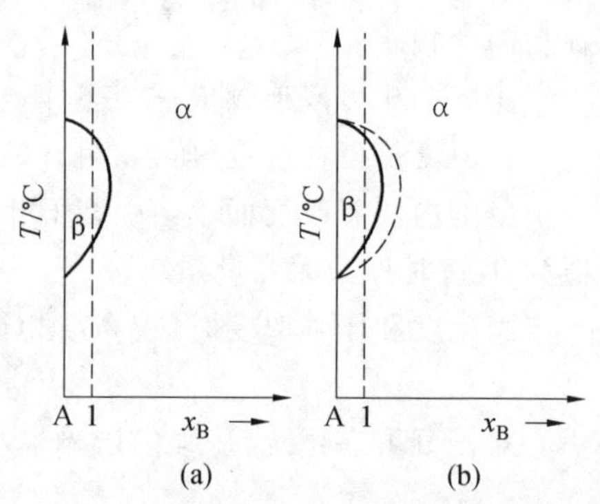

图 2.16 利用相律校核相图

相律可以由热力学相平衡条件推导，由影响状态的可变因素减去相平衡决定的条件数即可确定自由度数。

设某一多元多相体系中，有 C 个组元，P 个相，当体系的状态不受电场、磁场及重力场等外力场影响时，每个相的独立可变因素只有温度、压强及其成分(即所含各组元的摩尔分数)。但确定每个相的成分，只需确定$(C-1)$个组元的摩尔分数，因体系有 P 个相，故有 $P(C-1)$个摩尔分数变量，再加上温度和压强两个变量，则描述体系的平衡状态共有

$(P(C-1)+2)$个变量。但这些变量不是彼此独立的，有些是相互制约的，如当系统处于平衡状态时，每个组元在各相间的化学位相等，有以下关系：

$$\begin{aligned}&\mu_1^1=\mu_1^2=\mu_1^3=\cdots=\mu_1^P\\&\mu_2^1=\mu_2^2=\mu_2^3=\cdots=\mu_2^P\\&\qquad\vdots\\&\mu_C^1=\mu_C^2=\mu_C^3=\cdots=\mu_C^P\end{aligned}\tag{2.12}$$

式中，符号的下标表示组元，上标表示相的个数。

式(2.12)表示了各相化学位彼此之间的关系，每个组元都可以写出$(P-1)$个等式。由于化学位是浓度的函数，因此用来确定体系状态的这些变量中，C个组元的平衡条件总数应为$C(P-1)$，也就是说，有$C(P-1)$个摩尔分数变量是不能独立改变的，所以，反映整体体系状态的自由度数为

$$\begin{aligned}f&=\text{变数}-\text{条件数}\\&=P(C-1)+2-C(P-1)\\&=C-P+2\end{aligned}$$

2.4.2 杠杆定律

杠杆定律是利用相图确定和计算合金在两相区中，两平衡相的成分和相对含量的方法，因其与力学中的杠杆定律很相似，故称为杠杆定律。

设由A,B两组元所形成的α和β两相，它们物质的量和摩尔吉布斯自由能分别为n_1，n_2和G_{m1},G_{m2}，又设α和β两相中含B组元的摩尔分数分别为x_1和x_2，则混合物中B组元的摩尔分数为

$$x=\frac{n_1x_1+n_2x_2}{n_1+n_2}\tag{2.13}$$

而混合物的摩尔吉布斯自由能为

$$G_m=\frac{n_1G_{m1}+n_2G_{m2}}{n_1+n_2}\tag{2.14}$$

由以上两式可得

$$\frac{G_m-G_{m1}}{x-x_1}=\frac{G_{m2}-G_m}{x_2-x}\tag{2.15}$$

式(2.15)表明，混合物的摩尔吉布斯自由能G_m应和两组成相α和β的摩尔吉布斯自由能G_{m1}和G_{m2}在同一直线上，并且x位于x_1和x_2之间。该直线即为α相和β相平衡时的公切线，如图2.17所示。

当二元系的成分$x\leqslant x_1$时，α固溶体的摩尔吉布斯自由能低于β固溶体的摩尔吉布斯自由能，故α相为稳定相，即体系处于单相α状态；当$x\geqslant x_2$时，β相的摩尔吉布斯自由能低于α相的摩尔吉布斯自由能，则体系处于单相β状态；当$x_1\leqslant x\leqslant x_2$时，公切线上表示混合物的摩尔吉布斯自由能低于α相或β相的摩尔吉布斯自由能，故α相和β相混合(共存)时体系能量最低。两平衡相共存时，多相的成分是切点所对应的成分x_1和x_2，固定不变。此时，可以导出

$$\begin{cases}\dfrac{n_1}{n_1+n_2}=\dfrac{x_2-x}{x_2-x_1}\\[2ex]\dfrac{n_2}{n_1+n_2}=\dfrac{x-x_1}{x_2-x_1}\end{cases}\tag{2.16}$$

上式被称为杠杆定律，在 α 相和 β 相共存时，可用杠杆定律求出两相的相对含量，α 相的相对含量是$(x_2-x)/(x_2-x_1)$，β 相的相对含量是$(x-x_1)/(x_2-x_1)$，两相的相对含量随体系的成分 x 而变。

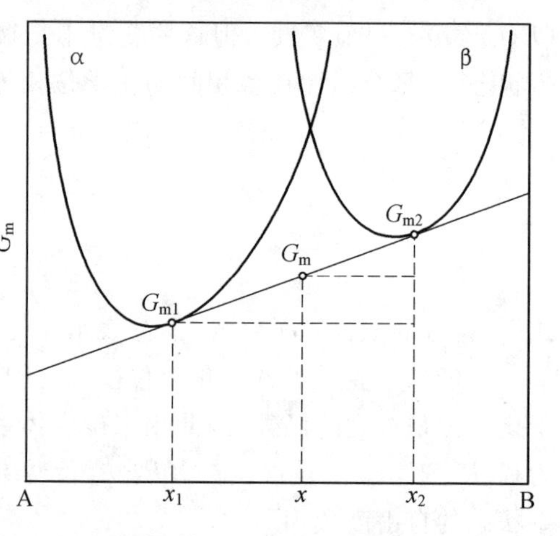

图 2.17　混合物的自由能

1. 二元系相图中杠杆定律的应用

以二元 Pb－Sb 合金为例（图 2.18）介绍杠杆定律在二元合金相图中的应用方法，计算合金 I 在温度为 t 时液、固两相平衡状态下的相对含量。首先应该沿 t 温度作水平线，该水平线与固相 Pb 的交点为 a，与液相线的交点为 c，与合金 I 的交点为 b。a、b、c 三点在成分坐标上的对应值分别为固相 Pb（铅）、合金 I 和液相 L 的成分值。设固相 Pb 的质量分数为 w_{Pb}，液相的质量分数为 w_L，合金 I 的质量分数为 $w_I=100\%$。因固相与液相的质量之和应该等于合金质量，因而有 $w_{Pb}+w_L=w_I=100\%$。又因为固相中溶质组元 Sb（锑）的质量分数（$w_{Pb}\times a$）加上液相中溶质组元 Sb 的质量分数（$w_L\times c$），应该等于合金 I 中溶质组元 Sb 的质量分数（$w_I\times b$），则有

$$w_{Pb}\times a+w_L\times c=w_I\times b\tag{2.17}$$

将式 $w_{Pb}+w_L=w_I=100\%$代入，得到

$$w_{Pb}\times a+w_L\times c=(w_{Pb}+w_L)\times b\tag{2.18}$$

移项整理后，得到

$$\frac{w_L}{w_{Pb}}=\frac{b-a}{c-b}=\frac{ab}{bc}\tag{2.19}$$

上式表明合金在两相区内，两平衡相的相对含量之比与合金成分点两边的线段长度呈反比关系。合金中两平衡相的质量分数也可以用下式来表达：

$$\begin{aligned}w_{Pb}&=\frac{bc}{ac}\times 100\%\\ w_L&=\frac{ab}{ac}\times 100\%\end{aligned}\tag{2.20}$$

应该注意的是，在二元系合金相图中，杠杆定律只能在两相平衡状态下应用。

【例 2.1】　根据图 2.19 所示的 Bi－Sb 二元系相图，求成分 $x_{sb}=0.6$（R 点）在 700 K 时的相对含量。

解　在图中作出 700 K 的连接线，它在液相线和固相线的交点分别是 P 点和 Q 点，对应的成分分别是 $x_{Sb}=0.37$ 和 $x_{Sb}=0.82$。根据杠杆定律，液相的相对含量为

$$A_L(0.37)=\frac{0.82-0.6}{0.82-0.37}=48.9\%$$

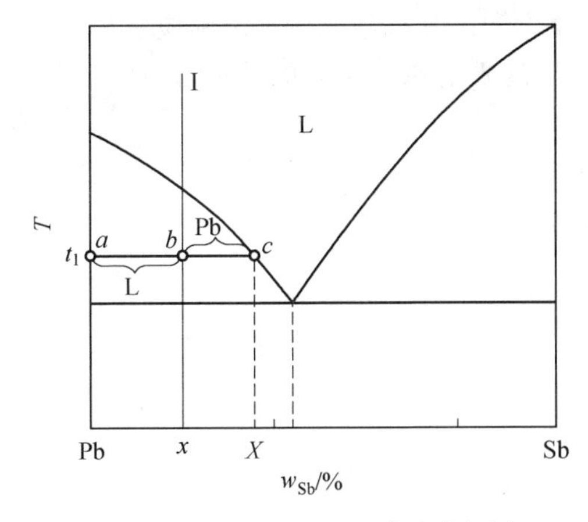

图 2.18 二元 Pb—Sb 合金的相图

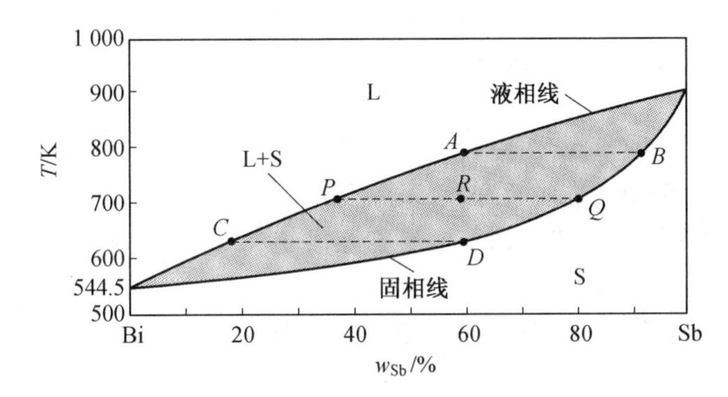

图 2.19 Bi—Sb 二元系相图

固相的相对含量为

$$A_S(0.37)=1-A_L(0.37)=1-48.9\%=51.1\%$$

2. 三元系相图中杠杆定律的应用

(1)共线法则。共线法则是三元系出现两相平衡时,两平衡相化学成分所遵循的法则。因为三元合金在一定温度下出现两相平衡时,合金的成分点与两平衡相的成分点必定位于成分三角形内的同一条直线上,因而这一规律就称为共线法则。

如图 2.20 所示,两个不同成分的三元合金 P 和 Q 混合熔化后构成一个新成分的三元合金 R,则这三个合金 P,Q 和 R 的成分点应位于成分三角形中的同一条直线上,并且 R 合金的成分点一定位于 PQ 合金成分点连成的线段内。另外,如果 R 合金在一定温度下分解成 α 和 β 两个新相,则 R 合金的成分点与这两个新相的成分点也必然位于成分三角形中的同一条线段上。

三元合金出现两相平衡时,遵循的共线法则可以证明如下:

如图 2.21 所示,在用等边三角形所表示的 A,B,C 三元素组成的三元合金相图,当合金 O 在某一温度下分解成 α 和 β 两个新相时,若 α,β 两相的成分点分别为 a,b 两点,由成分三角形可以分别读出合金 O 和 α,β 相中含 B 组元的量分别为 A_{O_1},A_{a_1} 和 A_{b_1},含 C 组元的量分别为 A_{O_2},A_{a_2} 和 A_{b_2},若此时 α 相的质量分数为 w_α,则 β 相的质量分数应该是 $1-w_\alpha$。那

么 α 和 β 相中的 B 组元质量之和以及 C 组元质量之和应分别等于合金 O 中的 B 组元的质量和 C 组元的质量，也就是说存在下列等式：

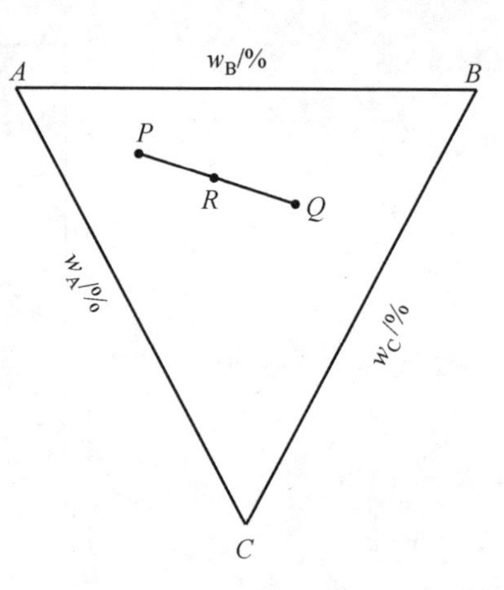

图 2.20　三元相图中的共线法则

$$\begin{cases} A_{a_1} w_\alpha + A_{b_1}(1-w_\alpha) = A_{O_1} \\ A_{a_2} w_\alpha + A_{b_2}(1-w_\alpha) = A_{O_2} \end{cases}$$

移项计算，可得

$$\begin{cases} w_\alpha(A_{a_1} - A_{b_1}) = A_{O_1} - A_{b_1} \\ w_\alpha(A_{a_2} - A_{b_2}) = A_{O_2} - A_{b_2} \end{cases}$$

上下两式相除可以得到

$$\frac{A_{a_1} - A_{b_1}}{A_{a_2} - A_{b_2}} = \frac{A_{O_1} - A_{b_1}}{A_{a_2} - A_{b_2}} \tag{2.21}$$

由上式可以看出三元合金在二相平衡时，两平衡相的成分点与合金的成分点为直线关系，即 O,a,b 三点共线。

(2)杠杆定律在三元合金相图中的应用。

因为三元合金在两相平衡时遵守共线法则，所以在该直线上可以利用杠杆定律来计算两平衡相的相对含量，若以图 2.21 中的合金 O 为例，它在一定温度下处于 α，β 两相平衡，若设 α 相的质量分数为 w_α，则由上述讨论可知

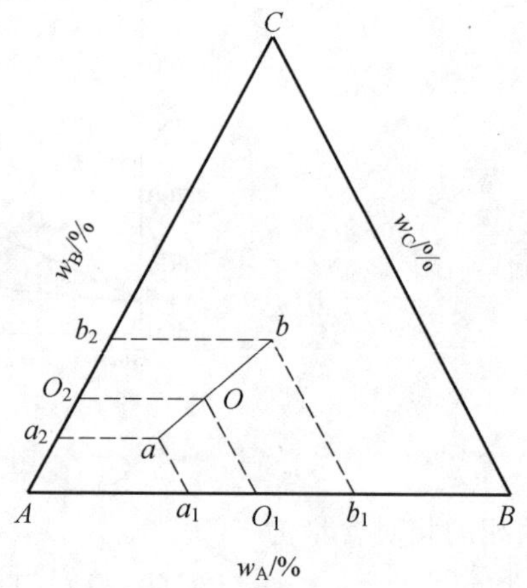

图 2.21　共线法则的证明

$$w_\alpha(A_{a_1} - A_{b_1}) = A_{O_1} - A_{b_1}$$

移项得

$$w_\alpha = \frac{A_{b_1} - A_{O_1}}{A_{b_1} - A_{a_1}} = \frac{O_1 b_1}{a_1 b_1} = \frac{Ob}{ab}, \quad w_\beta = 1 - w_\alpha - \frac{Oa}{ab}$$

即两平衡相的相对含量与共线段长度成反比。

需要注意的是，在实际计算两平衡相的相对含量时，应先确定出合金和两平衡相的成分(即它们含各组元的量)，若合金 O 含 30％的 B 组元和 30％的 C 组元，α 相含 20％的 B 组元和 20％的 C 组元，β 相含 40％的 B 组元和 40％的 C 组元，则 $w_\alpha = \frac{40-30}{40-20} \times 100\% = 50\%$，$w_\beta = 1 - w_\alpha = 50\%$。

由三元合金系中共线法则和杠杆定律的讨论，可以得出以下推论：

①当一定成分的三元合金在一定温度下处于两相平衡时，如果知道其中一相的成分，则另一相的成分一定位于已知相成分点和合金成分点连线的延长线上。

②当两平衡相的成分点已知时，合金的成分点一定位于两平衡相成分点的连线上。

2.4.3　重心法则

重心法则是三元合金出现三相平衡时，合金的成分点与其三平衡相成分点所遵循的法则，也称为重心法则。重心法则可以表述为：在一定温度下，三元合金三相平衡时，合金的成

分点位于三个平衡相的成分点组成的三角形的质量重心(不是几何重心)位置上。

因为三元合金处于三相平衡时,其自由度为1。当温度一定时,三个平衡相的成分是一定的。图2.22所示为三元合金系的重心法则,图中合金O在某温度下处于α,β和γ三相平衡状态,α,β和γ三平衡相的成分点在图中分别标示为P,Q和S,则合金O的成分点一定位于α,β和γ三平衡相成分点P,Q,S组成的三角形的质量重心位置上。

另外,如果三个不同成分的三元合金,在一定温度下熔配成一个新的三元合金,则新三元合金的成分点一定位于三个熔配合金的成分点组成的三角形的质量重心位置上。

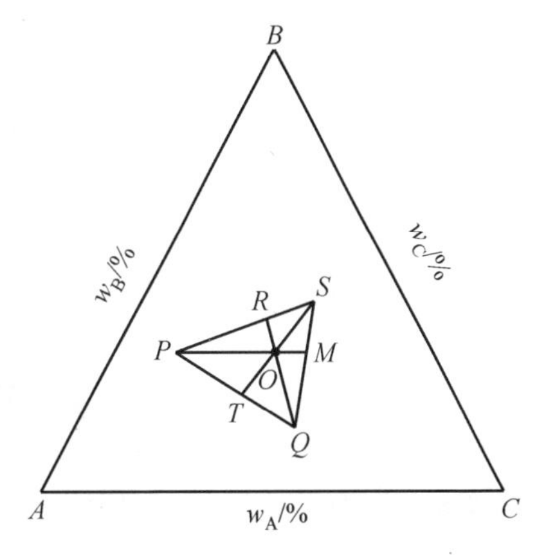

图2.22 三元合金系的重心法则

根据重心法则,利用杠杆定律可以计算三元合金处于三相平衡时各相的相对含量。例如,在图2.22中,在计算α,β和γ三个平衡相的相对含量时,可设想先把其中任意两相混合成一个整体,则由共线法则可知,该混合体的成分点一定在两混合相成分点的连接线上。若将α相和β相混合,则混合体的成分点一定在P点和Q点的连线上,再将混合体与γ相混合成合金O,则由共线法则可知,混合体、γ相和合金O的成分点应在同一条直线上,并且混合体的成分点应是γ相成分点与合金O成分点连线的延长线与α,β相成分点P,Q连线的交点,即T点。因此由杠杆定律可知,γ相的相对含量$w_\gamma=\dfrac{OT}{ST}$,用同样的方法可以求得α相和β相的相对含量为$w_\alpha=\dfrac{OM}{PM}$,$w_\beta=\dfrac{OR}{QR}$。

应该注意,求三元合金三种平衡相相对含量的具体方法是,必须首先知道各平衡相和合金的成分,若合金O中A,B,C组元的量为x_O,y_O,z_O;α相中A,B,C组元的量为x_α,y_α,z_α,β相中A,B,C组元的量为x_β,y_β,z_β,γ相中A,B,C组元的量为x_γ,y_γ,z_γ。若设α,β和γ三个平衡相的相对含量分别为w_α,w_β和w_γ,则各平衡相中同一组元的量之和应该等于合金O中该组元的量,即下列方程组成立:

$$\begin{cases} w_\alpha x_\alpha + w_\beta x_\beta + w_\gamma x_\gamma = x_O & \text{(A 组元的量)} \\ w_\alpha y_\alpha + w_\beta y_\beta + w_\gamma y_\gamma = y_O & \text{(B 组元的量)} \\ w_\alpha z_\alpha + w_\beta z_\beta + w_\gamma z_\gamma = z_O & \text{(C 组元的量)} \end{cases} \tag{2.22}$$

解该方程组就可求出

$$w_\alpha = \frac{\begin{vmatrix} x_O & x_\beta & x_\gamma \\ y_O & y_\beta & y_\gamma \\ z_O & z_\beta & z_\gamma \end{vmatrix}}{\Delta}$$

$$w_\beta = \frac{\begin{vmatrix} x_\alpha & x_O & x_\gamma \\ y_\alpha & y_O & y_\gamma \\ z_\alpha & z_O & z_\gamma \end{vmatrix}}{\Delta}$$

$$w_\gamma=\frac{\begin{vmatrix} x_\alpha & x_\beta & x_O \\ y_\alpha & y_\beta & y_O \\ z_\alpha & z_\beta & z_O \end{vmatrix}}{\Delta} \tag{2.23}$$

式中

$$\Delta=\begin{vmatrix} x_\alpha & x_\beta & x_\gamma \\ y_\alpha & y_\beta & y_\gamma \\ z_\alpha & z_\beta & z_\gamma \end{vmatrix} \tag{2.24}$$

2.5 相图的基本原理和规则

正确建立相图并检查相图的正确与否，除相律之外还要遵循以下基本原理或基本规则。

(1)连续原理。

当决定体系状态的参变量(如温度、压强、摩尔分数等)做连续改变时，体系中每个相的性质改变也必须是连续的。同时，如果体系内没有新相产生或旧相消失，那么整个体系的性质改变也必须是连续的。假如体系中相的数目发生了变化，则体系的性质也要发生跳跃式的变化。

(2)相应原理。

在确定的相平衡体系中，每个相或由几个相组成的相组都和相图上的几何图形相对应，图上的点、线、区域都与一定的平衡体系相对应，组成和性质的变化反应在相图上是一条光滑的连续曲线。

(3)化学变化的统一性原理。

无论什么物质构成的体系(如水盐体系、有机物体系、熔盐体系、硅酸盐体系及合金体系等)，只要体系中所发生的变化相似，它们所对应的几何图形(相图)就相似。所以，从理论上研究相图时，往往不是以物质分类，而是以发生什么变化来分类。

(4)相区接触规则。

与含有 P 个相的相区接触的其他相区，只能含有($P\pm1$)个相。或者说，只有相数相差为 1 的相区才能互相接触。这是相律的必然结果，违背了这条原则的相图就是违背了相律，就是错误的。

(5)溶解度规则。

相互平衡的各相之间，相互都有一定的溶解度，只是溶解度有大有小而已，绝对纯的相是不存在的。

(6)相线交点规则。

相线在三相点相交时，相线的延长线所表示的亚稳定平衡线必须位于其他两条平衡相线之间，而不能处于任意的位置。

以上六条不仅适用于二组分体系，也适用于单组元、三组元等体系。

2.6　相图热力学的计算

相图主要是用各种实验方法测定和绘制的，世界上公认的第一张相图是 1897 年 Roberts－Austen发布的 Fe－Fe_3C 相图，此后相图的实验测定工作逐步展开。自 20 世纪 30 年代以来，随着 X 射线衍射、电子探针显微分析、热分析等现代实验手段的出现和不断完善，相图的实验测定得到了蓬勃发展。时至今日已经积累了大量实测的相图数据，但以二元、三元体系为主。随着体系组元数目的增加和体系对实验材料的要求逐渐苛刻，这些实验方法已很难提供各种相图，特别是多元体系相图。

相图和热力学密切相关。相图不仅能够直观给出目标体系的相平衡状态，而且能够表征体系的热力学性质；由相图可以提取热力学数据，根据热力学原理和数据也可构筑相图。借助计算机使用热力学计算法，已能建立简单的相图。用热力学计算法绘制相图，就是通过计算得出合金系在不同温度时各相的自由能一成分曲线，根据能量最小原理，用公切线法则找出平衡相的成分和存在的范围，然后将它们对应地画在温度一成分坐标图上，就能得出所求相图。早在 1908 年，Van Laar 就尝试利用被称为“正规溶体模型”的溶体模型计算二元相图的一些基本类型。图 2.23 所示为由一系列自由能曲线求得两组元组成匀晶系的相图，图 2.24 为由一系列自由能曲线求得两组元组成共晶系的相图。

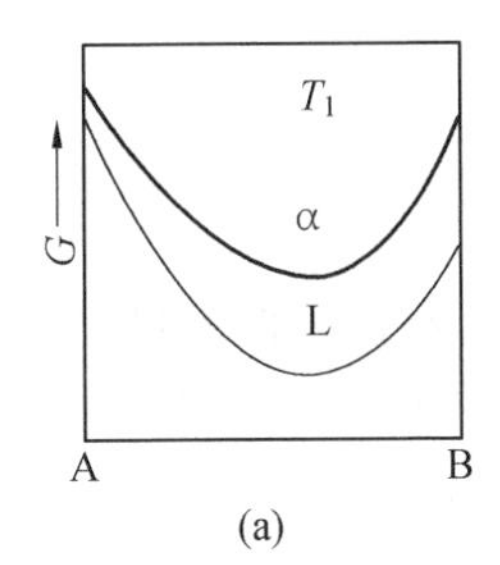

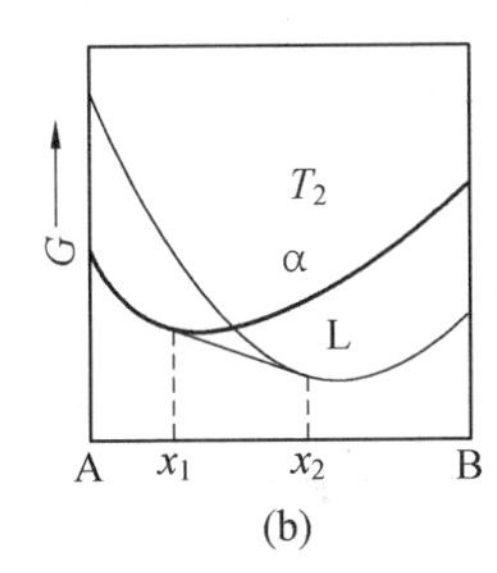

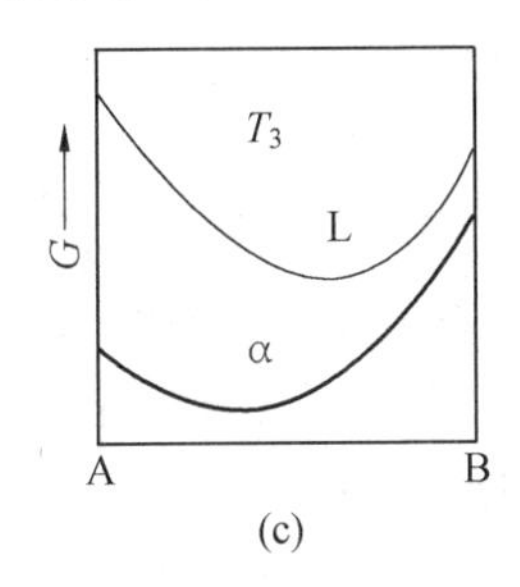

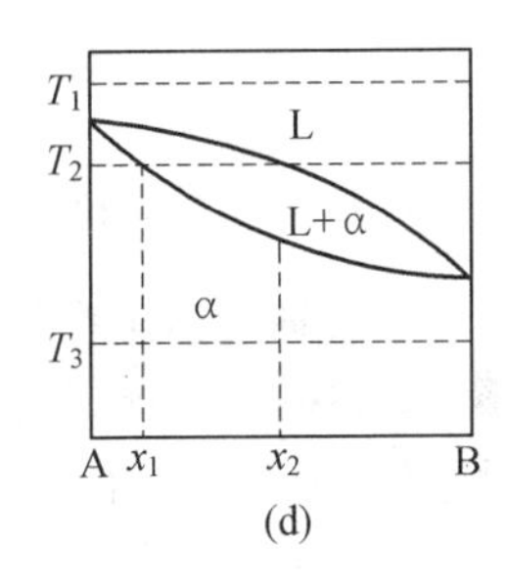

图 2.23　由一系列自由能曲线求得两组元组成匀晶系的相图

20 世纪 70 年代以来，随着热力学、统计力学、溶液理论和计算机技术的发展，相图研究从以相平衡的实验测定为主进入了计算相图的新阶段，并发展成为一门介于热化学、相平衡和溶液理论与计算技术之间的交叉学科分支——相图计算学（Calculation of Phase Diagrams，CALPHAD），其实质是相图和热化学的计算机耦合。在严格的热力学框架下，利用各种渠道获得的相关热力学数据计算得到相图。和实验相图相比，计算相图具有以下特点：

（1）可以用来判别实测相图数据和热力学数据本身及它们之间的一致性；对来自不同作者和不同实验方法获得的相图实验结果进行合理评估，为使用者提供准确可靠的相图信息。

（2）可以外推和预测相图的亚稳部分，从而得到亚稳相图。

（3）可以外推和预测多元相图。

（4）可以提供相变动力学研究所需要的相变驱动力、活度等重要信息。

（5）可以方便地获得以不同热力学变量为坐标的各种相图，以便用于不同条件下材料的制备及其使用过程中的研究与控制。

本节简要介绍了相图热力学计算的一般原理和常用的热力学模型。

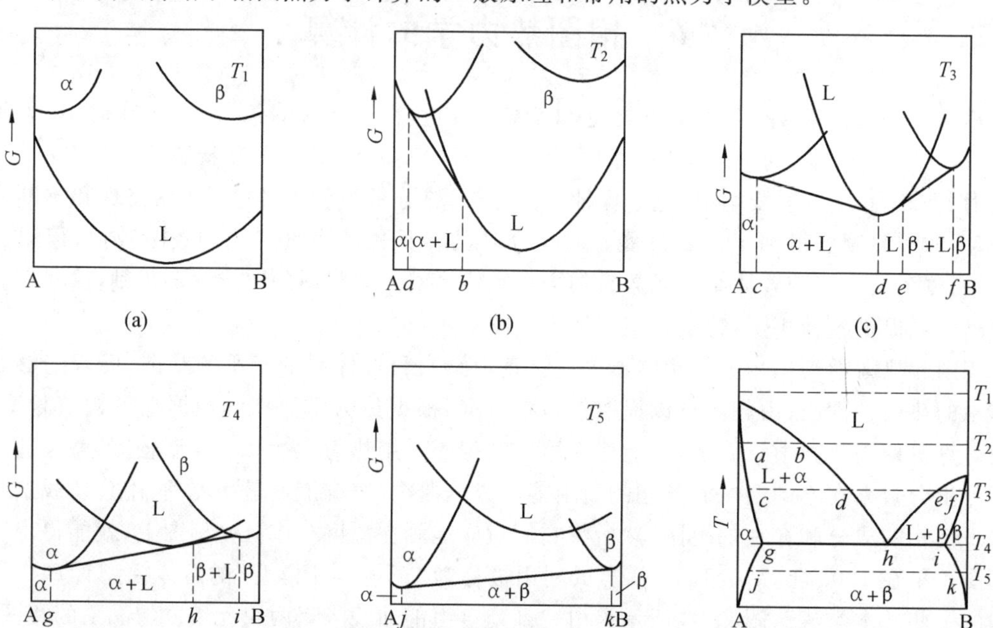

图 2.24 由一系列自由能曲线求得两组元组成共晶系的相图

2.6.1 相图热力学计算的一般原理

相图是目标体系相平衡关系的几何图示。恒压下，相图通常是指目标体系的温度与组成的关系图。因此，根据热力学原理计算相图的本质，就是确定目标体系的温度与组成关系的过程，即求解在给定温度、压强的条件下，体系达到平衡后各相的平衡成分。

恒温恒压下，体系达到相平衡的基本判据是体系的总吉布斯自由能值最小，即

$$G_{\text{total}} = \sum_{\varphi=\alpha}^{\psi} n^{\varphi} G^{\varphi} = \min \tag{2.25}$$

式中，φ 代表体系中平衡共存的任意相，$\varphi=\alpha,\beta,\cdots,\psi$；$G^{\varphi}$，$n^{\varphi}$ 分别为 φ 相的摩尔吉布斯自由能和 φ 相的物质的量。

同时，在平衡共存的状态下，任意组元的化学位在各相中也应该是相等的，即

$$\mu_i^{\alpha} = \mu_i^{\beta} = \cdots = \mu_i^{\psi} \tag{2.26}$$

式中，μ_i^{α}，μ_i^{β}，μ_i^{ψ} 为组元 i 在平衡共存的 α 相、β 相和 ψ 相中的化学势。

无论利用恒温恒压下相平衡的吉布斯自由能判据来求解达到平衡后各相的平衡成分，还是利用恒温恒压下相平衡后的化学势判据来求解体系达到平衡后各相的平衡成分，其核心都是建立在吉布斯自由能与温度、压强和成分之间的关系上，即

$$G^{\varphi} = f(T, p, n_1^{\varphi}, n_2^{\varphi}, \cdots, n_C^{\varphi}) \tag{2.27}$$

或者

$$G^{\varphi} = f(T, p, x_1^{\varphi}, x_2^{\varphi}, \cdots, x_{C-1}^{\varphi}) \tag{2.28}$$

式中，上标 φ 代表体系中的任意相；C 是体系的独立组元数。

二元系中平衡共存两相平衡成分的公切线法则就是一个已知恒温恒压下吉布斯自由能与成分的关系，通过绘图的方法直观求解平衡相中相成分的例子。因此，相图热力学计算的基本内容，可以归纳为两个部分：一是确定体系在各个温度下吉布斯自由能对成分变化的表达式；二是借助计算机，直接求出体系总的吉布斯自由能达到最小值时平衡共存的各相成分，从而得到平衡共存的各相成分。

2.6.2　常用的热力学模型

相图热力学计算的关键是建立目标体系中平衡共存的各相吉布斯自由能表达式。吉布斯自由能表达式的建立主要有两种方法：一是直接提出描述体系吉布斯自由能的热力学模型；二是由实验数据经数学拟合得到数学表达式，并赋予物理意义。

恒压下，吉布斯自由能是温度和成分的函数。任一多组元溶体相的吉布斯自由能可表示为

$$G=G^{\mathrm{ref}}+\Delta G_{\mathrm{mix}}^{\mathrm{id}}+G^{\mathrm{E}} \tag{2.29}$$

式中，G^{ref}为构成溶体相的纯组元对吉布斯自由能的贡献，即简单机械混合对吉布斯自由能的贡献；$\Delta G_{\mathrm{mix}}^{\mathrm{id}}$为理想混合熵对吉布斯自由能的贡献；$G^{\mathrm{E}}$为超额吉布斯自由能，表示溶液偏离理想溶液的程度。

构成溶体相的纯组元对吉布斯自由能的贡献是纯组元吉布斯自由能的线性叠加，相当于纯组元之间的简单机械混合，G^{ref}的表达式为

$$G^{\mathrm{ref}}=\sum_i x_i G_i^0 \tag{2.30}$$

式中，$G_i^{\ominus}$为纯组元i的标准吉布斯自由能。

$\Delta G_{\mathrm{mix}}^{\mathrm{id}}$表示理想混合熵对吉布斯自由能的贡献，其表达式为

$$\Delta G_{\mathrm{mix}}^{\mathrm{id}}=-T\Delta S_{\mathrm{mix}}^{\mathrm{id}}=RT\sum_i x_i \ln x_i \tag{2.31}$$

1. 纯组元和化学计量比化合物

恒压下，纯组元的吉布斯自由能与温度的关系一般写成下面的形式：

$$G_i-H_{i,298.15}^{\mathrm{SER}}=a+bT+cT\ln T+\sum d_n T^n \tag{2.32}$$

式中，$H_{i,298.15}^{\mathrm{SER}}$为纯组元$i$在298.15 K时的焓，假定其为0，用作各种能量数据的参考态；a，b，c，d_n是待定参数，通常根据纯组元的热容、相变温度和相变过程的焓变通过拟合的方法得到，n通常取2，3，−1。上式同样适合于描述化学计量比化合物的吉布斯自由能与温度的关系。

2. 溶体相和中间化合物

（1）理想溶体模型。

如果溶体中各组分间的相互作用很弱，可以忽略不计，则这种溶体可以用理想溶体模型描述。理性溶体的超额吉布斯自由能等于0，即

$$G^{\mathrm{E}}=0 \tag{2.33}$$

满足理想溶体模型的二元溶体相的吉布斯自由能表示为

$$G=x_1G_1^{\ominus}+x_2G_2^{\ominus}+RT(x_1\ln x_1+x_2\ln x_2) \tag{2.34}$$

式中，$G_1^\ominus$ 和 $G_2^\ominus$ 为纯组元 1 和 2 的标准吉布斯自由能；R 为理想气体常数；T 为温度。在绝对零度，$G=x_1G_1^\ominus+x_2G_2^\ominus$，理想溶体的 $G-x$ 关系曲线是一条直线；在其他温度下，理想溶体的 $G-x$ 关系曲线总是一条向下弯曲的曲线，温度越高，曲线位置越低。

(2)正规溶体模型。

正规溶体模型是目前应用较为广泛的一种模型，由 Hildebrand 于 1929 年提出。这个模型假设在置换式溶体中，任一原子都具有 Z 个最近邻原子，Z 为常数，与中心原子的种类无关，而且原子在溶体中的分配完全无序，即其超额熵为 0。对于这种情况，其超额吉布斯自由能可以表示为

$$G^E=\sum_{i=1}^{C-1}\sum_{j=i+1}^{C}\Omega_{ij}x_ix_j \tag{2.35}$$

式中，Ω_{ij} 为组元 i 和组元 j 之间的相互作用参数；C 为体系中的独立组元数。对于二元系有

$$G^E=\Omega_{12}x_1x_2 \tag{2.36}$$

满足正规溶体模型的二元溶体相的吉布斯自由能表示为

$$G=x_1G_1^\ominus+x_2G_2^\ominus+RT(x_1\ln x_1+x_2\ln x_2)+\Omega_{12}\cdot x_1x_2 \tag{2.37}$$

Bragg－Williams 统计理论给出了正规溶体模型的相互作用参数 Ω_{12} 的物理意义：

$$\Omega_{12}=Z\cdot N_A\cdot\left(\mu_{12}-\frac{\mu_{11}+\mu_{22}}{2}\right) \tag{2.38}$$

式中，Z 为配位数；N_A 为阿伏伽德罗常数；μ_{11}，μ_{22}，μ_{12} 分别为 1－1，2－2，1－2 各类原子键的键能。

当 $\Omega_{12}=0$ 时，$\mu_{12}=\frac{\mu_{11}+\mu_{22}}{2}$，溶体中不同原子之间的结合引力和同类原子之间的结合引力相等，溶体为理想溶体，理想溶体可以看成是正规溶体的一种特殊情况。

当 $\Omega_{12}<0$ 时，$\mu_{12}<\frac{\mu_{11}+\mu_{22}}{2}$，溶体中不同原子之间的结合引力小于同类原子之间的结合引力，使溶体趋向形成同类原子的偏聚。在绝对零度，$G=x_1G_1^\ominus+x_2G_2^\ominus+\Omega_{12}\cdot x_1x_2$，$G-x$ 关系曲线是向下弯的抛物线；在其他温度，其 $G-x$ 关系曲线总是一条向下弯曲的曲线，温度越高，曲线位置越低。

当 $\Omega_{12}>0$ 时，$\mu_{12}>\frac{\mu_{11}+\mu_{22}}{2}$，溶体中不同原子之间的结合引力大于同类原子之间的结合引力，使溶体趋向形成化合物或者有序相。在这种情况下，溶体的吉布斯自由能－成分关系曲线的走向随温度的改变变化很大。在绝对零度，$G=x_1G_1^\ominus+x_2G_2^\ominus+\Omega_{12}\cdot x_1x_2$，$G-x$ 关系曲线是向上弯的抛物线；温度升高时，理想混合熵开始起作用，这时 $G-x$ 关系曲线成为有两个拐点的曲线，当温度足够高时，理想混合熵的作用进一步增大，$G-x$ 关系曲线的拐点消失，成为一条单纯向下弯曲的曲线。

正规溶体模型虽然简单，却可以描述很多类型的相图，在相图的热力学计算中发挥了较大的作用。

(3)亚正规溶体模型。

正规溶体模型的统计理论基础是 Bragg－Williams 近似，其特征是相互作用参数为常数。正规溶体模型的不合理性表现在以下三方面：

① 混合熵的不合理性。正规溶体模型中沿用了理想溶体的混合熵的计算方法，然而，当相互作用参数不为0时，实际原子的排布状态并不是随机排布。

② 没有考虑原子间结合能对温度和成分的依存性。按照Bragg－Williams近似，正规溶体模型的相互作用参数是溶体中各类原子键的键能和配位数的函数。温度和成分的改变将影响原子间距离，继而影响各类原子键的键能，所以相互作用参数应该与温度和成分有关。

③ 不同原子混合时振动频率将发生变化，正规溶体模型没有考虑原子振动频率对混合焓和混合熵的影响。

亚正规溶体模型的出发点是保留正规溶体模型的形式，并对其相互作用参数进行修正，使之成为温度和成分的函数，以达到准确描述实际溶体的吉布斯自由能的目的。亚正规溶体模型的相互作用可以表示为

$$\Omega_{ij}=\sum_{l=0}^{n}(A_{ij}^{l}+B_{ij}^{l}\cdot T)\cdot(x_i-x_j)^{l} \tag{2.39}$$

式中，A_{ij}^{l}和B_{ij}^{l}为待定参数。对于二元系，有

$$\Omega_{12}=A_{12}^{\ominus}+B_{12}^{\ominus}\cdot T+(A_{12}^{1}+B_{12}^{1}\cdot T)\cdot(x_1-x_2)+\cdots \tag{2.40}$$

满足亚正规溶体模型的二元溶体相的吉布斯自由能可以表示为

$$G=x_1G_1^{\ominus}+x_2G_2^{\ominus}+RT(x_1\ln x_1+x_2\ln x_2)+\Omega_{12}\cdot x_1x_2 \tag{2.41}$$

需要指出的是，这里的相互作用参数Ω_{ij}不再具有明确的物理意义。这种牺牲物理意义而强调描述效果的亚正规溶体模型在实际的相图计算中发挥了很大的作用，取得了许多非常重要的成果。

(4)缔合溶液模型。

缔合溶液模型首先是由Hildebrand提出用来描述液态合金的热力学性质，后来该模型被成功地用来描述固溶体和有机物体系的热力学性质。

缔合溶液模型的基本假设是：短程有序体积内的原子被看作具有确定化学组成的缔合物；其他原子之间随机混合；缔合物和非缔合物满足动态平衡。在给定的温度和组成下，短程有序区域的体积分数和组成由能量状态确定。

假设A－B二元系中存在一个缔合物A_iB_j，A，B和A_iB_j的摩尔分数分别为y_A，y_B和$y_{A_iB_j}$，则有

$$\begin{cases} x_A=\dfrac{y_A+i\cdot y_{A_iB_j}}{y_A+y_B+i\cdot y_{A_iB_j}+j\cdot y_{A_iB_j}} \\ x_B=\dfrac{y_B+j\cdot y_{A_iB_j}}{y_A+y_B+i\cdot y_{A_iB_j}+j\cdot y_{A_iB_j}} \end{cases} \tag{2.42}$$

该相的吉布斯自由能为

$$\begin{aligned} G=&y_AG_A^{\ominus}+y_BG_B^{\ominus}+y_{A_iB_j}G_{A_iB_j}^{\ominus}+RT(y_A\ln y_A+y_B\ln y_B+y_{A_iB_j}\ln y_{A_iB_j})+\\ &y_Ay_{A_iB_j}\cdot L_{A,A_iB_j}+y_By_{A_iB_j}\cdot L_{B,A_iB_j}+y_Ay_B\cdot L_{A,B} \end{aligned} \tag{2.43}$$

式中，L_{A,A_iB_j}，L_{B,A_iB_j}，$L_{A,B}$分别为组元A与缔合物A_iB_j之间，组元B和缔合物A_iB_j之间，组元A和组元B之间的相互作用参数，它们是温度和成分的函数。$G_A^{\ominus}$，$G_B^{\ominus}$，$G_{A_iB_j}^{\ominus}$分别为1 mol组元A、组元B和缔合物A_iB_j的标准吉布斯自由能，其中

$$G^{\ominus}_{A_iB_j}=i\cdot G^{\ominus}_{A}+j\cdot G^{\ominus}_{B}+\Delta_f G^{\ominus}_{A_iB_j} \tag{2.44}$$

式中，$\Delta_f G^{\ominus}_{A_iB_j}$ 为缔合物 A_iB_j 的标准生成吉布斯自由能。

(5)亚点阵模型。

亚点阵模型是20世纪70年代开始应用的模型，在间隙固溶体、置换固溶体及离子型熔体等的相图计算中发挥了明显的优势。亚点阵模型认为晶格是由几个亚点阵相互穿插构成的，粒子在每个亚点阵中随机混合。下面以双亚点阵模型为例，讨论亚点阵模型的吉布斯自由能表达式。

考虑用$(A,B)_a(C,D)_c$描述的双亚点阵模型，其中A，B表示同处于一个亚点阵的两种组元；C，D表示同处于另外一个亚点阵的两种组元；a 和 c 表示两个亚点阵的结点数的比例，a 和 c 分别为2和1与分别为1和0.5是等效的。

①亚点阵模型基本假设。每个亚点阵内的组元只与其他亚点阵内的组元相邻；各亚点阵之间的相互作用可以忽略不计，超额吉布斯自由能是描述同一亚点阵内组元的相互作用，此相互作用与其他亚点阵内组元的种类无关。

②点阵分数。点阵分数 y_i^s 定义为亚点阵 s 中组元 i 的摩尔分数，如果亚点阵 s 的结点全部被实体组元所占据（即不包含空位），则点阵分数 y_i^s 就是组元 i 在亚点阵 s 中所占据的结点数 n_i^s 与亚点阵 s 中所有结点数 N^s 的比值，即

$$y_i^s=\frac{n_i^s}{N^s}=\frac{n_i^s}{\sum_i n_i^s} \tag{2.45}$$

式中，$\sum_i$ 表示对亚点阵 s 中的所有组元求和。如果亚点阵 s 中有空位，则点阵分数定义为

$$y_i^s=\frac{n_i^s}{n_{V_a}^s+\sum_i n_i^s} \tag{2.46}$$

式中，$n_{V_a}^s$ 是亚点阵 s 中空位占据的结点数。点阵分数 y_i^s 和体积成分 x_i 之间的关系为

$$x_i=\frac{\sum_s y_i^s N^s}{\sum_s N^s(1-y_{V_a}^s)} \tag{2.47}$$

式中，$\sum_s$ 表示对所有亚点阵求和。

对于用$(A,B)_a(C,D)_c$描述的双亚点阵模型，亚点阵分数为

$$\begin{cases} y'_A=\dfrac{n'_A}{n'_A+n'_B}=\dfrac{x_A}{a/(a+c)} \\ y'_B=\dfrac{n'_B}{n'_A+n'_B}=\dfrac{x_B}{a/(a+c)} \\ y''_C=\dfrac{n''_C}{n''_C+n''_D}=\dfrac{x_C}{c/(a+c)} \\ y''_D=\dfrac{n''_D}{n''_C+n''_D}=\dfrac{x_D}{c/(a+c)} \end{cases} \tag{2.48}$$

式中，上标“′”表示第一个亚点阵；上标“″”表示第二个亚点阵；x 为相应组元的摩尔分数。

③吉布斯自由能参考面。吉布斯自由能的参考面是由每个亚点阵中只有一种组元存在

时的状态所定义的,如图 2.25 所示。

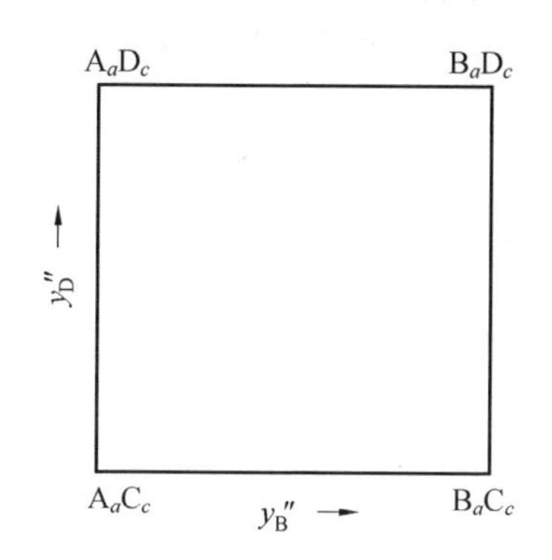

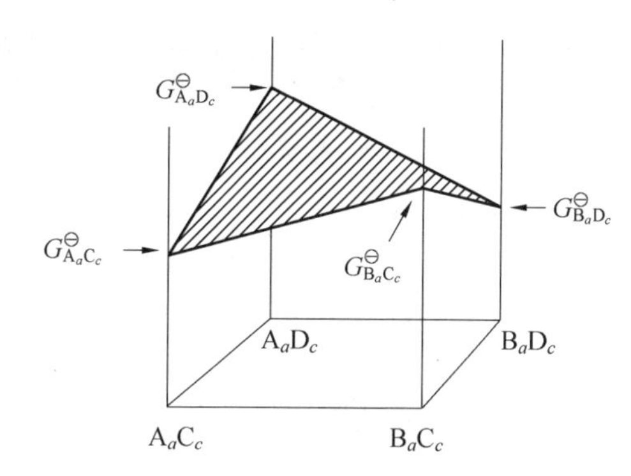

图 2.25 用$(A,B)_a(C,D)_c$描述的双亚点阵模型的成分空间和对应的吉布斯自由能参考面

对于用$(A,B)_a(C,D)_c$描述的双亚点阵模型,其吉布斯自由能参考面由 A_aC_c,A_aD_c,B_aC_c,B_aD_c等结构式所定义的化合物的吉布斯自由能所定义,即

$$G^{ref}=y'_A y''_C G^{\ominus}_{A_aC_c}+y'_B y''_C G^{\ominus}_{B_aC_c}+y'_A y''_D G^{\ominus}_{A_aD_c}+y'_B y''_D G^{\ominus}_{B_aD_c} \tag{2.49}$$

式中,$G^{\ominus}_{A_aC_c}$,$G^{\ominus}_{B_aC_c}$,$G^{\ominus}_{A_aD_c}$,$G^{\ominus}_{B_aD_c}$ 分别表示由 A_aC_c,B_aC_c,A_aD_c,B_aD_c 等化合物的吉布斯自由能,这些化合物可以是实际存在的,也可以是虚拟的。

④理想混合熵对吉布斯自由能的贡献。亚点阵模型假设各亚点阵之间的相互作用可以忽略不计,一个亚点阵内组元的相互作用与其他亚点阵内组元的种类无关。将每个亚点阵中不同组元混合的理想混合熵相加,就得到理想混合熵对吉布斯自由能的贡献。对于用$(A,B)_a(C,D)_c$ 描述的双亚点阵模型,1 mol 第一个亚点阵的理想混合熵为

$$\Delta S^{id}_{mix}=-R(y'_A\ln y'_A+y'_B\ln y'_B) \tag{2.50}$$

1 mol 第二个亚点阵的理想混合熵为

$$\Delta S^{id}_{mix}=-R(y''_C\ln y''_C+y''_D\ln y''_D) \tag{2.51}$$

单位结构式$(A,B)_a(C,D)_c$ 的理想混合熵为

$$\Delta S^{id}_{mix}=-aR(y'_A\ln y'_A+y'_B\ln y'_B)-cR(y''_C\ln y''_C+y''_D\ln y''_D) \tag{2.52}$$

理想混合熵对单位结构式$(A,B)_a(C,D)_c$ 的吉布斯自由能的贡献 ΔG^{id}_{mix}为

$$\Delta G^{id}_{mix}=RT[a(y'_A\ln y'_A+y'_B\ln y'_B)+c(y''_C\ln y''_C+y''_D\ln y''_D)] \tag{2.53}$$

⑤超额吉布斯自由能。亚点阵模型的超额吉布斯自由能是描述同一亚点阵内组元的相互作用对理想溶体的偏差。如果换一个亚点阵上只有一种组元,则这个亚点阵上的超额吉布斯自由能为 0。当亚点阵中有两种以上的组元时,可以按正规溶体模型计算其超额吉布斯自由能。对于用$(A,B)_a(C,D)_c$ 描述的双亚点阵模型,其超额自由能为

$$G^E=y'_A y'_B(y''_C L_{A,B:C}+y''_D L_{A,B:D})+y''_C y''_D(y'_A L_{A:C,D}+y'_B L_{B:C,D}) \tag{2.54}$$

式中,$L_{A,B:C}$表示当第二个亚点阵中充满了 C 组元时,第一个亚点阵中 A 和 B 之间的相互作用参数;$L_{A,B:D}$,$L_{A:C,D}$,$L_{B:C,D}$表示相似的含义。

一般情况下,相互作用参数是温度和成分的函数:

$$\begin{cases} L_{A,B:*}=\sum\limits_V L^v_{A,B:*}\ (y'_A-y'_B)^v \\ L_{*:C,D}=\sum\limits_V L^v_{*:C,D}\ (y''_C-y''_D)^v \end{cases} \tag{2.55}$$

式中，$L^{v}_{A,B:*}$ 和 $L^{v}_{*:C,D}$ 为待定参数。

单位结构式 $(A,B)_a(C,D)_c$ 的吉布斯自由能是上述三项的加和，即

$$
\begin{aligned}
G &= G^{ref} + \Delta G^{id}_{mix} + G^{E} \\
&= y'_A y''_C G^0_{A_aC_c} + y'_B y''_C G^0_{B_aC_c} + y'_A y''_D G^0_{A_aD_c} + y'_B y''_D G^0_{B_aC_c} + \\
&\quad RT[a(y'_A \ln y'_A + y''_B \ln y'_B) + c(y''_C \ln y''_C + y''_D \ln y''_D)] + \\
&\quad y'_A y'_B (y''_C L_{A,B:C} + y''_D L_{A,B:D}) + y''_C y''_D (y'_A L_{A:C,D} + y'_B L_{B:C,D})
\end{aligned}
\tag{2.56}
$$

Sundman 和 Agren 给出了单位结构式中包含多个亚点阵，每个亚点阵中也同时由多种组元占据的普遍化的亚点阵模型的吉布斯自由能表达式。

⑥亚点阵模型在间隙固溶体中的应用。间隙固溶体可以看作由两个亚点阵组成，一个由基体元素及其他置换元素充满，而另一个仅部分地为间隙元素所占据，未被占据的部分是空位，可以当作间隙元素处理。这样的间隙固溶体可以用 $(A,B)_a(C,V_a)_c$ 所示的双亚点阵模型描述，其中，A 和 B 分别为基体元素和置换元素，C 为间隙元素，V_a 为空位。例如，体心立方结构的 α 铁素体，Fe 及置换式溶质（如 Cr，Mn，Mo 等）进入结点点阵，C 及间隙式溶质（如 N，O，H 等）进入空隙点阵，此时，不同亚晶格中组元的占位分数可以表示为

$$
\begin{cases}
y'_A = \dfrac{n'_A}{n'_A + n'_B} = \dfrac{x_A}{1 - x_C} \\
y'_B = \dfrac{n'_B}{n'_A + n'_B} = \dfrac{x_B}{1 - x_C} \\
y''_C = \dfrac{n''_C}{n''_{V_a} + n''_C} = \dfrac{a}{c}\dfrac{x_C}{1 - x_C}
\end{cases}
\tag{2.57}
$$

$$y''_{V_a} = 1 - y''_C$$

知道了占位分数以后，可以根据吉布斯自由能表达式计算间隙固溶体的自由能。需要注意的是，间隙固溶体的吉布斯自由能参考面中包含 $G^{\ominus}_{A_aV_{a_c}}$ 和 $G^{\ominus}_{B_aV_{a_c}}$ 的贡献，$G^{\ominus}_{A_aV_{a_c}}$ 代表第二个亚晶格中仅为空位的 $A_aV_{a_c}$ 的吉布斯自由能，$A_aV_{a_c}$ 实际上就是指纯 A；$G^{\ominus}_{B_aV_{a_c}}$ 代表第二个亚晶格中仅为空位的 $B_aV_{a_c}$ 的吉布斯自由能，$B_aV_{a_c}$ 实际上就是指纯 B，所以，$G^{\ominus}_{A_aV_{a_c}}$ 和纯 A 的吉布斯自由能之间有如下关系：

$$G^{\ominus}_{A_aV_{a_c}} = aG^{\ominus}_A \tag{2.58}$$

同理有

$$G^{\ominus}_{B_aV_{a_c}} = aG^{\ominus}_B \tag{2.59}$$

⑦亚点阵模型在线性化合物中的应用。受原子半径、电负性等因素的限制，实际中存在大量满足严格化学计量比的化合物，如过渡金属的硼化物和硅化物、Ⅲ～Ⅴ族化合物、碳化物等。虽然这些化合物在对应的二元系中满足化学计量比，然而第三种元素往往可以置换这些化学计量比化合物中的一种元素，并可以有很大的溶解度。例如，

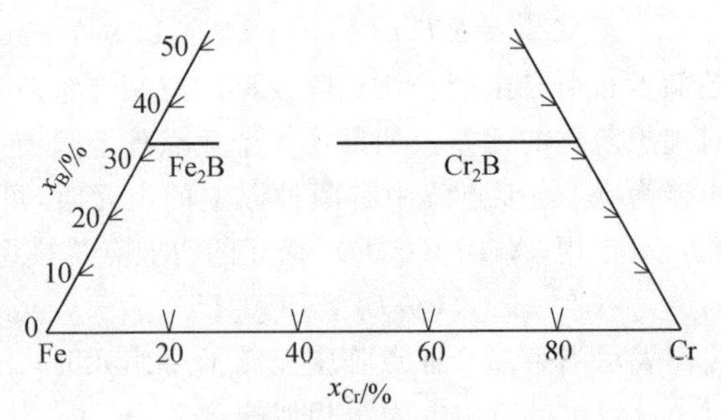

图 2.26　Cr－Fe－B 等温截面中的线性化合物 $(Cr,Fe)_2B$

在 Cr—B 二元系中,Cr_2B 是化学计量比化合物,但 Fe 可以置换 Cr_2B 中相当一部分的 Cr,形成$(Cr,Fe)_2B$ 的线性化合物,如图 2.26 所示。

用双亚点阵模型描述线性化合物的通式为

$$(A,B,C,\cdots)_a(Z)_c$$

式中,A,B 和 C 表示可以相互置换的组元;Z 为满足化学计量比的组元。

对应的吉布斯自由能可以写为

$$G=\sum_i y_i' G^{\ominus}_{i_a Z_c} + RTa\sum_i y_i' \ln y_i' + \sum_i \sum_{j>1} y_i' y_j' L_{i,j:Z} \tag{2.60}$$

式中,i 和 j 为第一个亚点阵中相互置换的组元;$G^{\ominus}_{i_a Z_c}$ 为第一个亚点阵中全部被组元 i 占据时的标准吉布斯自由能;$L_{i,j:Z}$为第二个亚点阵被 Z 占据时,第一个亚点阵中 i 和 j 之间的相互作用参数。$L_{i,j:Z}$可以表示为占位分数的函数,即

$$L_{i,j:Z}=\sum_v L^v_{i,j:Z}(y_i'-y_j')^v \quad (v=0,1,2,\cdots) \tag{2.61}$$

式中,$L^v_{i,j:Z}$为待定参数。

2.6.3 磁性有序无序和化学有序无序对热力学性质的贡献

1. 磁性有序无序对热力学性质的贡献

对于磁性材料而言,相应的吉布斯自由能应由两部分组成:

$$G=G_{nmg}+G_{mag} \tag{2.62}$$

式中,G_{nmg}为非磁性部分对吉布斯自由能的贡献;G_{mag}为磁性部分对吉布斯自由能的贡献,可以根据由 Inden 提出、由 Hillert 和 Jarl 修正的模型给出:

$$G_{mag}=RT\ln(B_0+1)g(\tau) \tag{2.63}$$

式中,$\tau=T/T^*$,且 T^* 为材料在某一成分磁性转变的临界温度,对于铁磁性材料而言,T^* 为Curie 温度(T_C),而对于反铁磁性材料,T^* 为 Neel 温度(T_N);B_0是 Bohr 磁子中每摩尔原子的平均磁通量;$g(\tau)$可以由下面的多项式表示:

$$g(\tau)=1-\left[\frac{79\tau^{-1}}{140p}+\frac{474}{479}\left(\frac{1}{f}-1\right)\left(\frac{\tau^3}{6}+\frac{\tau^9}{135}+\frac{\tau^{15}}{600}\right)\right]/D \quad (\tau\leqslant 1)$$

$$g(\tau)=-\left[\frac{\tau^{-5}}{10}+\frac{\tau^{-15}}{315}+\frac{\tau^{-25}}{1\,500}\right]/D \quad (\tau>1) \tag{2.64}$$

而且

$$D=\frac{518}{1\,125}+\frac{11\,692}{15\,975}\left(\frac{1}{f}-1\right) \tag{2.65}$$

式中,f 为临界温度 T^* 以上的磁性焓的贡献占总磁性焓的分数,对于 BCC 相,$f=0.4$;对于 FCC 相和 HCP 相,$f=0.28$。

与之相类似,还可以得到磁性对熵、热容和焓贡献的表达式,这里不详细论述。

目前,Dinsdale 已经在 Hillert 和 Jarl 工作的基础上将所有磁性纯元素的磁性参数收进其编辑的 SGTE 数据库。然而,现实中的磁性材料均是多组元的。在应用上述方程解决实际问题时,相应的 T^* 和 B_0应表示为成分的方程,对于二元系,有

$$T^*=x_1\cdot T_1^*+x_2\cdot T_2^*+x_1\cdot x_2\cdot\sum_{i=0}^{n} T^{*;i}_{1,2}(x_1-x_2)^i \tag{2.66}$$

$$B_0 = x_1 \cdot B_0^1 + x_2 \cdot B_0^2 + x_1 \cdot x_2 \cdot \sum_{i=0}^{n} B_{0,i}^{1,2} (x_1 - x_2)^i \tag{2.67}$$

式中，x_1 和 x_2 为二元系中两组元的摩尔分数；T_1^* 和 T_2^* 为二元系中两组元的临界温度；$T_{1,2}^{*,i}$ 为两组元相互作用的临界温度；B_0^1 和 B_0^2 为二元系中两组元的平均磁通量；$B_{0,i}^{1,2}$ 为两组元相互作用的平均磁通量。

2. 化学有序无序对热力学性质的贡献

伴随化学有序无序转变，材料的热力学性质也会随之变化，化学有序无序对吉布斯自由能的贡献一直是各国材料学家研究的热点和难点。目前，相图界广泛接受的一种方法是由 Ansara 等人于 1988 年提出的，即利用一个亚点阵方程来表示化学有序无序转变对能量的贡献。图 2.27 所示为常见的 FCC－A_1 结构和 L_{12}结构化学有序无序相的晶体结构。

图 2.27(a)所示为无序的 FCC－A_1 结构，其中所有的点阵都是相同的；图 2.27(b)所示为有序的 L_{12}结构，其中各面的中心位置占据的点阵与各顶点的点阵不等同。

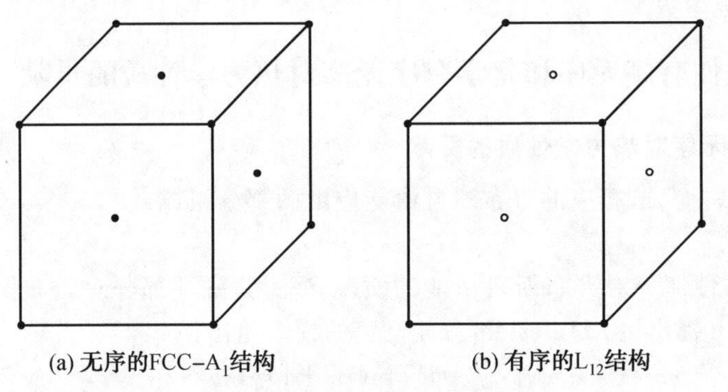

图 2.27　常见的 FCC－A_1 结构和 L_{12}结构化学有序无序相的晶体结构

根据 Ansara 的思想以及上述的亚点阵模型，Al－Ni 体系中的 FCC－A_1/L_{12} 化学有序无序转变对吉布斯自由能的贡献可以表示为

$$G^{\text{ord}} = G^{\text{ref,ord}} + G^{\text{id,ord}} + G^{\text{E,ord}} \tag{2.68}$$

若用双点阵模型($(\text{Al},\underline{\text{Ni}})_{0.75}(\underline{\text{Al}},\text{Ni})_{0.25}$，下划线表示的是该亚点阵中的主要组元)来表示该化学有序无序转变，那么式(2.68)中的三项可以依次表示为

$$G^{\text{ref,ord}} = \sum_i \sum_j y'_i y''_j G_{i:j}^{\text{ord}}$$

$$G^{\text{id,ord}} = RT\left[\frac{3}{4}\sum_i y'_i \ln y'_i + \frac{1}{4}\sum_j y''_j \ln y''_j\right]$$

$$G^{\text{E,ord}} = \sum_i \sum_{j>i} y'_i y'_j \sum_k y''_k L_{i,j:k}^{\text{ord}} + \sum_i \sum_{j>i} y''_i y''_j \sum_k y'_k L_{i,j:k}^{\text{ord}} + \sum_i \sum_{j>i} \sum_k \sum_{l>k} y'_i y'_j y''_k y''_l L_{i,j:k}^{\text{ord}}$$

$$L_{i,j:k}^{\text{ord}} = L_{i,j:k}^{\text{ord}} + (y'_i - y'_j)^1 L_{i,j:k}^{\text{ord}}$$

$$L_{k,i:j}^{\text{ord}} = L_{k,i:j}^{\text{ord}} + (y''_i - y''_j)^1 L_{k,i:j}^{\text{ord}} \tag{2.69}$$

式中，i,j,k 为 Al 或 Ni。而且，该相总体的摩尔分数 x_i 与其在相应的亚点阵中的点阵分数的关系式为

$$x_i = \frac{3}{4} y_i' + \frac{1}{4} y_i'' \tag{2.70}$$

当 $x_i = y_i' = y_i''$ 时，该相为无序状态，反之则为有序状态。为了保证无序状态总是可能存在的，就必须要求系统的吉布斯自由能在 $x_i = y_i' = y_i''$ 时存在一个极小值，即

$$\left\{ \mathrm{d}G = \frac{3}{4}\left(\frac{\partial G}{\partial y'_{\mathrm{Al}}}\mathrm{d}y'_{\mathrm{Al}} + \frac{\partial G}{\partial y'_{\mathrm{Ni}}}\mathrm{d}y'_{\mathrm{Ni}}\right) + \frac{1}{4}\left(\frac{\partial G}{\partial y''_{\mathrm{Al}}}\mathrm{d}y''_{\mathrm{Al}} + \frac{\partial G}{\partial y''_{\mathrm{Ni}}}\mathrm{d}y''_{\mathrm{Ni}}\right) \right\}_{x_{\mathrm{Al}}} = 0 \tag{2.71}$$

这种方法可以用图 2.28 来解释，图中横坐标表示的是第一个亚点阵中 Ni 元素的摩尔分数的变化，而纵坐标表示的是第二个亚点阵中 Ni 元素的点阵分数的变化，因此该图涵盖了两个亚点阵所有可能的点阵分数组合的成分空间。图 2.28 中的对角线表示无序状态（FCC－Al 相），而虚线则表示某一总体成分时两个亚点阵中各点阵分数所有可能的组合。

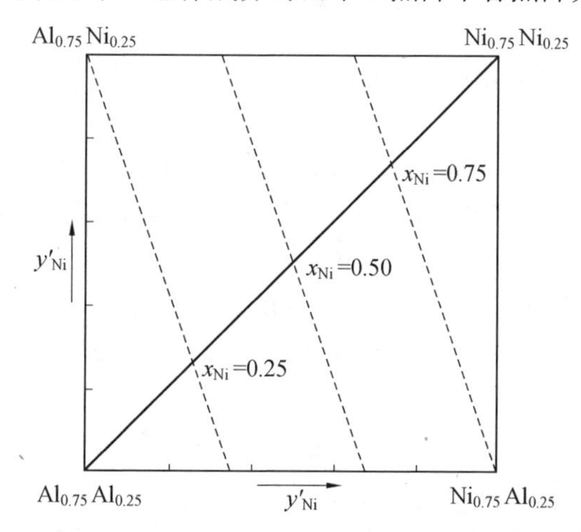

图 2.28　Al－Ni 体系有序无序状态（FCC－Al 和 $L1_2$ 相）中对应各个成分的点阵分数（空间对角线表示无序状态（FCC－Al 相）的成分）

此外，还可知

$$\mathrm{d}x_i = \frac{3}{4}\mathrm{d}y_i' + \frac{1}{4}\mathrm{d}y_i'' = 0 \tag{2.72}$$

代入上式，可以获得下面的参数：

$$G^{\mathrm{ord}}_{\mathrm{Al:Ni}} = \mu_1 \qquad G^{\mathrm{ord}}_{\mathrm{Ni:Al}} = \mu_2$$

$$^0G^{\mathrm{ord}}_{\mathrm{Al,Ni:Al}} = 3\mu_1 + \mu_2/2 + 3\mu_3 \qquad ^1G^{\mathrm{ord}}_{\mathrm{Al,Ni:Al}} = 3\mu_4$$

$$^0G^{\mathrm{ord}}_{\mathrm{Ni,Ni:Al}} = \mu_1/2 + 3\mu_2 + 3\mu_3 \qquad ^1G^{\mathrm{ord}}_{\mathrm{Ni,Ni:Al}} = 3\mu_5$$

$$^0G^{\mathrm{ord}}_{\mathrm{Al,Al:Ni}} = \mu_2/2 + \mu_3 \qquad ^1G^{\mathrm{ord}}_{\mathrm{Al,Al:Ni}} = \mu_4$$

$$^0G^{\mathrm{ord}}_{\mathrm{Ni,Al:Ni}} = \mu_1/2 + \mu_3 \qquad ^1G^{\mathrm{ord}}_{\mathrm{Ni,Al:Ni}} = \mu_5$$

$$^0G^{\mathrm{ord}}_{\mathrm{Al,Al:Ni,Ni}} = 4\mu_4 - 4\mu_5$$

式中，$\mu_1 \sim \mu_5$ 为相应的参数。

从上面式子可以看出，Ansara 等人提出的模型可以用一个方程来描述一组化学有序无序对吉布斯自由能的贡献，但是该模型的缺点在于不能对无序相的参数进行单独的评估。

为了克服这个缺点，同时保持一个方程同时描述一组化学有序无序，Ansara 等人将化学有序无序对吉布斯自由能的贡献分成以下三项：

$$G_m = G_m^{dis}(x_i) + G_m^{ord}(y_i', y_i'') - G_m^{ord}(x_i) \tag{2.73}$$

式中，$G_m^{dis}(x_i)$为无序态的吉布斯自由能；$G_m^{ord}(y_i', y_i'')$为由亚点阵模型描述的吉布斯自由能，其中包括无序态对有序态能量的贡献；$G_m^{ord}(x_i)$表示的是无序态对有序态能量的贡献。后两项在 $x_i = y_i' = y_i''$ 时可以互相抵消，这样一来有序相和无序相的参数就可以单独进行评估了。

本章习题

1. 杠杆定律和重心法则有什么关系？在三元相图的分析中应怎样运用杠杆定律和重心法则？

2. Cu－Ni 合金在 t 温度下如果处于两相平衡，则按相律 $f=C-P=2-2=0$，但这时合金的成分在 $X_L^{Ni} < X_0^{Ni} < X_\alpha^{Ni}$ 之间变化并不改变合金相的数目与类型，这能否说明合金的自由度应为 $f=1$？为什么？

3. 试述合金的相平衡条件。Cu－Ni 合金在某温度 t 时刻，处于 L 相和 α 相平衡的状态，这时液相中 Ni 的摩尔分数明显小于 α 相中 Ni 的摩尔分数，问这时 Ni 原子是否会从 α 相向 L 相扩散？为什么？

4. 二元相图中的三相平衡反应为什么是在恒温下进行的？

5. 试根据下列数据绘制 Mg－Cu 相图。Mg 的熔点为 649 ℃，Cu 的熔点为 1 084.5℃，Mg 和 Cu 可形成稳定化合物 Mg_2Cu（$w_{Cu}=57\%$，熔点 568 ℃）及有一定溶解度的稳定化合物 γ 相 $MgCu_2$（$w_{Cu}=84\%$，熔点 820 ℃）。室温下，α 固溶体的成分近似为 Mg，β 固溶体的成分近似全部为 Cu。Mg－Cu 合金有如下三相平衡转变：①$L_{(w_{Cu}=90.3\%)} \xleftrightarrow{772\ ℃} \gamma + \beta_{(w_{Cu}=96.7\%)}$；②$L_{(w_{Cu}=64.3\%)} \xleftrightarrow{552℃} Mg_2Cu + \gamma$；③$L_{(w_{Cu}=30.7\%)} \xleftrightarrow{465\ ℃} Mg_2Cu + \alpha_{(w_{Cu}=0.61\%)}$。

6. 图示浓度三角形中，C，D，E，F，G，H 各合金点的成分是什么？它们在浓度三角形的位置上有什么特点？

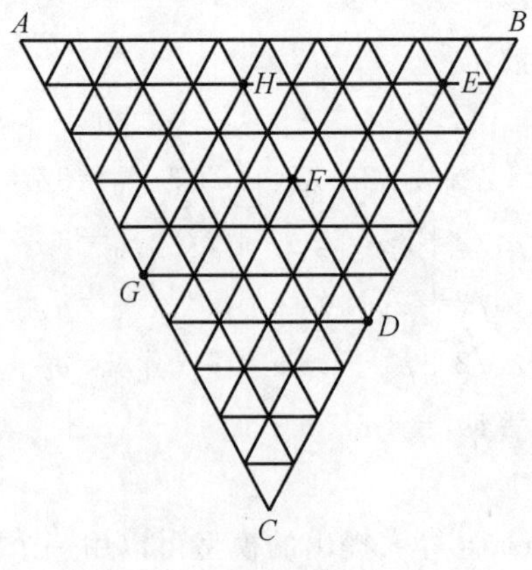

题 6 图

7. 下图所示为 ABC 三元合金的浓度三角形，请回答：

(1)确定图中合金Ⅰ和Ⅱ的成分。

(2)请在图中标出 75%A+10%B+15%C 和 50%A+20%B+30%C 两种成分(摩尔分数)的合金。

(3)请在图中绘出 $x_A=40\%$以及 $x_C=30\%$的合金。

(4)绘出 $x_A/x_C=1/4$ 的合金。

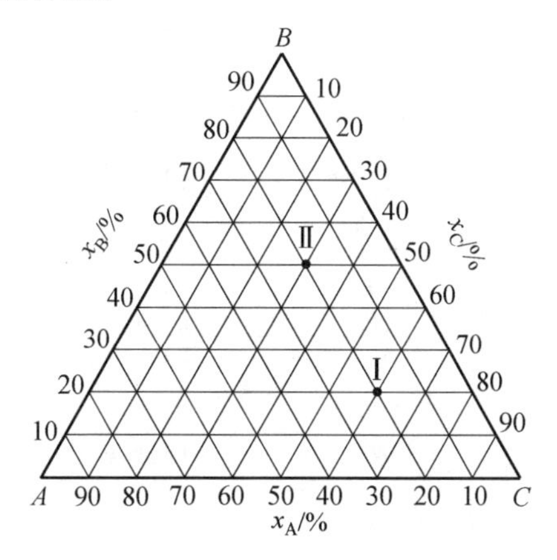

题 7 图　ABC 三元合金的浓度三角形

8. 下图所示为 ABC 三元合金的浓度三角形，请回答：

(1)确定 P，R，S 三点的成分，若 P,R,S 三点合金的质量分别为 2 kg,4 kg,7 kg，求混合构成新合金的成分。

(2)确定 $x_C=0.8$，求 x_A/x_B 等于 S 中 x_A/x_B 时的合金成分。

(3)有 4 kg 成分为 P 点的合金，欲配成 10 kg 成分为 R 点的合金，求需加入的合金成分。

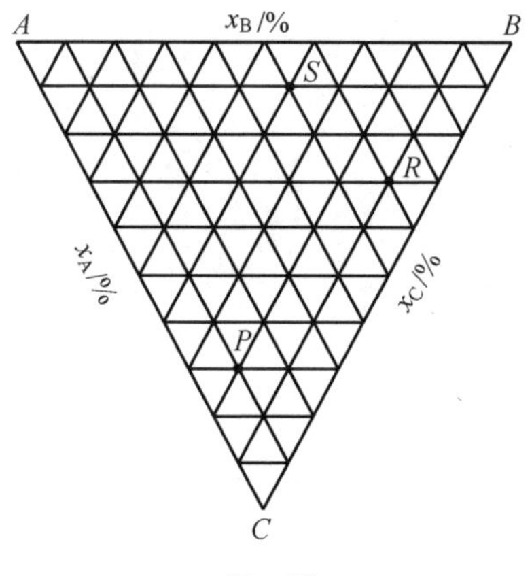

题 8 图

9. 利用相律指出下图所示相图中的错误之处。

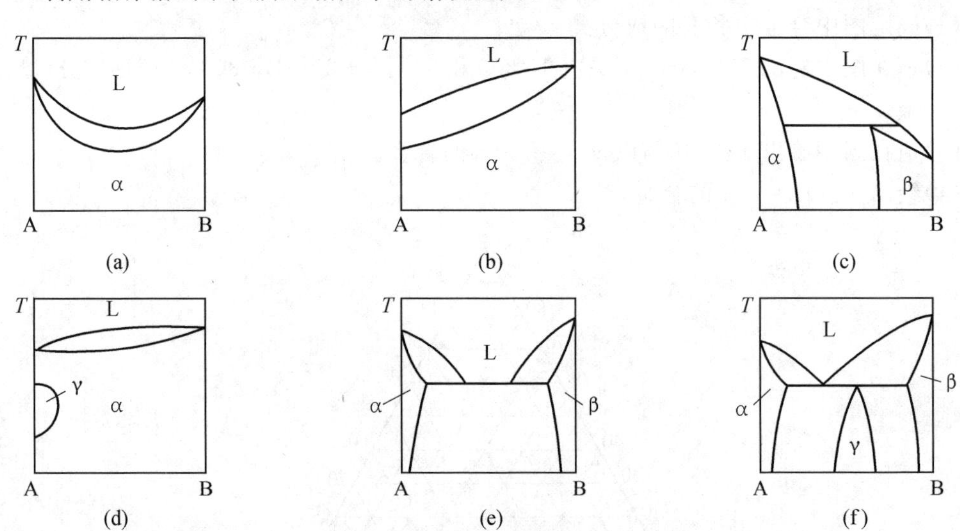

题 9 图　错误二元相图举例

第3章　单组元相图及纯金属的凝固

由一种元素或化合物构成的晶体称为单组元晶体或纯晶体，对于单组元晶体而言，随着温度和压强的变化，材料的组成相会发生变化。从一种相到另一种相的转变称为相变，由液相至固相的转变称为凝固。如果凝固后的固体是晶体，则又可以称为结晶；而由不同固相之间的转变称为固态相变，由气相到固相的转变称为气－固相变，这些相变的规律可以借助相图直观简明地表示出来。单组元相图表示在热力学平衡条件下，所存在的相与温度和压强之间的对应关系。本章将从相平衡的热力学条件出发，来理解相图中的相平衡变化规律，并在此基础上讨论纯晶体凝固过程中内外因素对晶体生长因素的影响。

3.1　单组元相图的热力学及相平衡

由相律可知，在平衡条件下，一个系统的组成物的组元数、相数和自由度数之间的关系可以通过相律 $f=C-P+2$ 来确定。对于绝大多数的常规材料系统，压强的影响极小，可以不把压强当作变量而将其看作常量：一个大气压(1 atm)，因此自由度数减少一个，相律的表达式为 $f=C-P+1$。

对于单组元体系而言，在压强不变(通常为1 atm)的条件下，$f=C-P+1=2-P$。自由度数 f 的最小值为0，当 $f=0$ 时，$P=2$。这说明，在压强不变(1 atm)的条件下，单元系统最多只能有两相同时存在。如果压强也是可变的，当 $f=0$ 时，由公式 $f=C-P+2$ 可知 $P=3$，这意味着单组元系统最多可以有三相共存。

$f=0$ 的含义是在保持系统平衡状态不变的条件下，没有可以独立变化的变量，即任何变量的变化都会造成系统平衡状态的变化。

3.2　单组元相图

单组元相图就是一元相图，它主要用来反映纯元素或者纯化合物的相图。在压强不变时，只需要用一个温度坐标表示；当温度和压强改变时，它需要用温度、压强两个坐标轴表示，即用一个二维平面表示。单组元相图采用几何图形描述了单一组元构成的体系在不同温度和应力条件下可能存在的相及多相的平衡。下面分别以纯铁和水为例，说明单元系相图的表示和测定方法。

3.2.1　纯铁的相图

研究纯铁一般是在一个大气压下进行，并且是在液态和固态进行研究，因此通常采用热分析法测出纯铁的冷却曲线来绘制纯铁的相图(图3.1，1 atm＝101 325 Pa)。由图3.1可见,纯铁在其熔点以上为液相L,当冷却到1 538 ℃时发生凝固,结晶出体心立方结构的δ－Fe(L→δ－Fe),继续冷却到1 394 ℃,纯铁发生同素异构转变,形成面心立方结构的γ－Fe(δ－Fe →γ－Fe);温度继续降低到912 ℃时,纯铁又发生一次同素异构转变,形成体心立方结构的α－Fe(γ－Fe →α－Fe)。由纯铁的相图可以看出,在1 538 ℃至纯铁的沸点,1 394～1 538 ℃,912～1 394 ℃和0～912 ℃时,纯铁分别以液相,δ－Fe,γ－Fe和α－Fe存在,由相律$f=C-P+1$可知,纯铁以单相存在时,$f=1-1+1=1$,其自由度为1,即温度是可以独立改变的。而纯铁在其熔点(1 538 ℃)和同素异构转变点(1 394 ℃和912 ℃),当自由度$f=0$时,由相律$f=C-P+1$可知,$0=1-P+1$,也就是说$P=2$。因此,纯铁在发生上述相变时可以两相平衡共存,如液相与δ－Fe,δ－Fe与γ－Fe,γ－Fe与α－Fe两相平衡存在。

上述讨论的是纯铁在一个大气压下的相图。当温度和压强同时改变时,纯铁的相图如图3.2所示。由图3.2可以看出,在不同的温度和压强下纯铁所处的状态不同,但主要可以出现固、液、气三种状态。由于纯铁在固态具有同素异构转变,因此在α－Fe,γ－Fe与δ－Fe相区之间均存在相应的转变线分开,在各转变线上纯铁以两相共存,如液、气两相共存及液相与δ－Fe两相共存,而在各转变线的交点为三相共存,如从下往上分别为气相、α－Fe和γ－Fe,气相、γ－Fe和δ－Fe,气相、液相和δ－Fe三相共存。

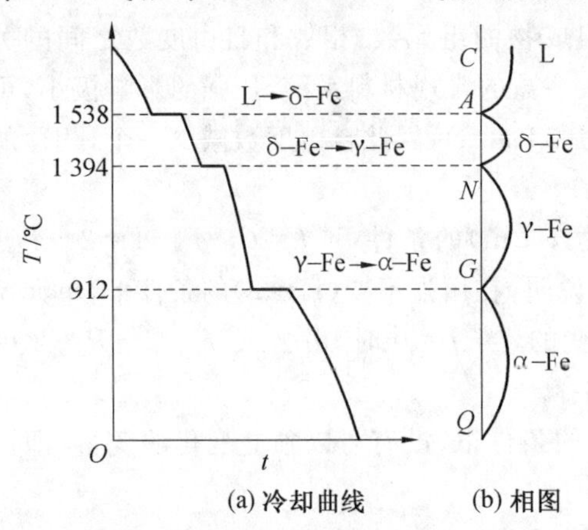

图3.1 纯铁的冷却曲线与相图(压力不变,1 atm)

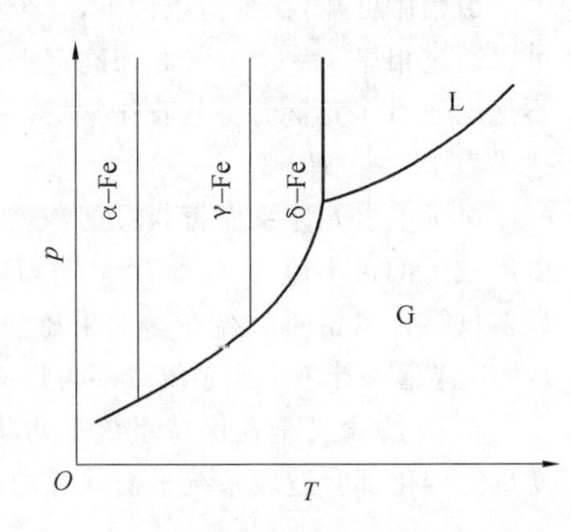

图3.2 纯铁的相图

3.2.2 水的相图

水可以以气态(水汽)、液态(水)和固态(冰)的形式存在,绘制水的相图,首先在不同温度和压强条件下,测出水－气、冰－气和水－冰两相平衡时相应的温度和压强,然后,以温度为横坐标,压强为纵坐标作图,把每一个数据都在图上标出一个点,再将这些点连接起来,得到如图3.3所示的H_2O相图。依据相律,$f=C-P+2=3-P$,因为$f\geqslant0$,所以$P\leqslant3$,故在温度和压强这两个外界条件变化下,单组元系中最多只能有三相平衡。

图3.3中有3条曲线,水和蒸汽共存的平衡线cb;冰和蒸汽共存的平衡曲线cO以及水与冰的平衡曲线ca。它们将整个相图分为三个区域,蒸汽区(G区)、水区(L区)和冰区(S区)。在每个区中只有一相共存,由相律可知,其自由度为2,表示在该区域内温度和压强的

变化不会产生新相。在 ca,cb 以及 cO 三条曲线上,两相平衡(共存),$P=2$,故 $f=1$。这表明,为了维持两相平衡,温度和压强两个变量中只有一个可以独立变化,另一个必须按曲线做相应改变。cb,ca 和 cO 三条曲线交于 c 点,它是水、冰、蒸汽三相平衡点,依据相律,此时 $f=0$,因此要保持三相共存,温度和压强都不能变动。

如果外界压强保持恒定(如 1 atm),那么单组元系相图只用一个温度轴来表示,如 H_2O 的情况。根据相律,在蒸汽、水、冰的各相区内($f=1$),温度可在一定范围内变动。在熔点和沸点处,两相共存,$f=0$,故温度不能变动,即相变为恒温过程。

在单组元系相图中,除了可以出现气、液、固三相之间的转变外,某些物质还可能出现纯金属固态的同素异构转变(例如,图 3.2 中 Fe 的同素异构转变)以及某些化合物所具有的同分异构转变或多晶型转变。由于化合物结构较金属复杂,因此,更容易出现多晶型转变。例如,全同聚丙烯在不同结晶温度下,可形成单斜(α 型)、六方(β 型)和三方(γ 型)三种晶型。又如在硅酸盐材料中,用途最广的 SiO_2 在不同温度和压强下可有四种晶体结构出现,即 α－石英、β－石英、β－鳞石英和 β－方石英,如图 3.4 所示。

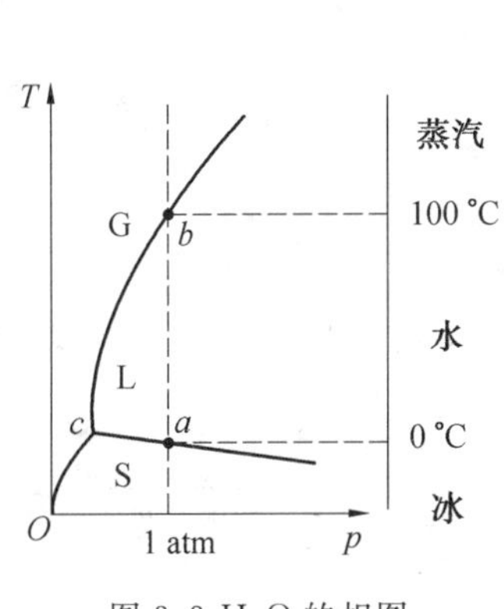

图 3.3 H_2O 的相图

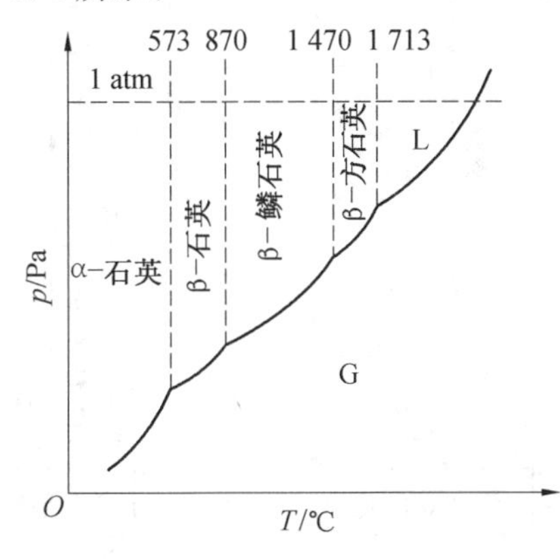

图 3.4　SiO_2 相平衡图

上述相图中的曲线所表示的两相平衡时温度和压强的定量关系,可由克劳修斯－克拉佩龙方程(Clausius－Clapeyron 方程)决定,即

$$\frac{\mathrm{d}p}{\mathrm{d}T}=\frac{\Delta H}{T\Delta V_{\mathrm{m}}}$$

式中,ΔH 为相变潜热;ΔV_{m} 为摩尔体积变化;T 为两相平衡温度。多数晶体由液相转变为固相或高温固相转变为低温固相时,会放热和收缩,即 $\Delta H<0$ 和 $\Delta V_{\mathrm{m}}<0$,因此 $\frac{\mathrm{d}p}{\mathrm{d}T}>0$,故相界线的斜率为正。但也有少数晶体凝固时或高温相变为低温相时,$\Delta H<0$ 和 $\Delta V_{\mathrm{m}}>0$,得 $\frac{\mathrm{d}p}{\mathrm{d}T}<0$,则相界线的斜率为负,例如图 3.2 纯铁相图中的 γ－Fe 和 α－Fe 的相界线以及图 3.3 中 H_2O 相图中水和冰的相界线,斜率均为负。对于固态中的同素异构转变,因为 ΔV_{m} 常很小,所以固相线通常几乎是垂直的,如纯铁相图(图 3.2)和 SiO_2 相平衡图(图 3.4)。

上述讨论的是平衡相之间的转变图,但是有些物质的相之间达到平衡有时需要很长时间,稳定相形成速度甚慢,因而会在稳定相形成前,先形成自由能较稳定相高的亚稳相,这称为奥斯瓦尔德(Oswald)阶段。例如,SiO_2相图中,在一个标准大气压下,α－石英⇌β－石英在573 ℃能较快地进行,而且是可逆的。但图中示出的其他相变却是缓慢的、不可逆的,其原因在于前者是位移型转变,后者是重建型转变。为实际应用方便,有时可扩充相图,使其同时包含可能出现的亚稳型SiO_2,如图3.4所示,这样就不是平衡相图了。图3.5所示为SiO_2可能出现的多晶型转变。室温下的稳定晶型是低温型石英,它在573 ℃时由低温型石英相变成高温型石英;在867 ℃时通过重建型相变缓慢地变成稳定的高温型鳞石英;直至1 470 ℃,高温型鳞石英又一次通过重建型相变为高温型方石英。从高温冷却下来时,方石英和鳞石英会通过位移型相变形成亚稳相:高温型方石英在200～270 ℃时转变为低温型方石英;高温型鳞石英在160 ℃时转变成中间型鳞石英,后者到105 ℃时再转变成低温型鳞石英。

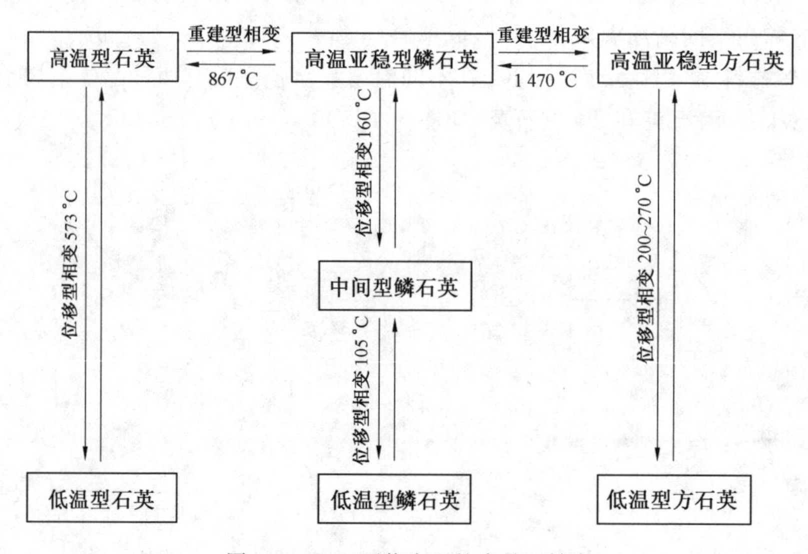

图3.5　SiO_2可能出现的多晶型转变

3.3　纯金属的凝固

3.3.1　液态金属的结构

物质由液态到固态的转变过程称为凝固。如果液态转变为结晶态固体,这个过程又称为结晶。由于凝固是由液相变为固相的相变过程,因此了解物质的凝固过程,掌握凝固过程的规律,可以为研究固态相变打下基础。

了解凝固过程首先应该了解液态的结构。现代液体金属结构理论认为,液体中原子堆积是密集的,但排列不那么规则。X射线衍射对某些金属的径向分布密度函数的测定见表3.1。可以发现,液态金属中原子间的平均距离比固体中原子间的平均距离略大,液态金属中原子的配位数比密排结构晶体的配位数减少,通常为8～11。上述两点均导致金属熔化时体积略为增加,但对非密排结构的晶体,如Sb,Bi,Ga,Ge等,则液态金属的配位数反而增大,故熔化时体积略微收缩。

表 3.1　X 射线衍射得到的液态金属和固体结构数据的比较

金属	液体		固体	
	原子间距/nm	配位数	原子间距/nm	配位数
Al	0.296	10～11	0.286	12
Zn	0.294	11	0.265 0.294	6 6
Cd	0.306	8	0.297 0.330	6 6
Au	0.286	11	0.288	12

除此之外，液态金属结构最重要的特征是原子排列的不规则性。1963 年，班克(Banker)提出了准晶体结构模型，认为在略高于熔点的液态金属中，大范围看，液态金属原子排列是不规则的，但在局部微小区域，原子可以偶然地在某一瞬间出现规则的排列，也就是说，在略高于熔点的液态金属中，某一瞬间存在许多与固态金属中原子排列近似的微小原子集团，而在这些小原子集团之间是宽泛的原子紊乱排列区，这种现象称为“近程有序”。液态金属中的原子热运动比较激烈，导致这种近程有序排列的原子集团不稳定，时聚时散。这种近程有序的原子集团不是固定不变的，它是一种此消彼长、瞬息万变、尺寸不稳定的结构，大小不一的近程有序排列的此起彼伏(结构起伏)就构成了液体金属的动态图像。这种近程有序的原子集团就是晶胚。在具备一定条件时，大于一定尺寸的晶胚就会成为可以长大的晶核。

在 1965～1970 年，贝尔纳(Bernal)等人提出了随机密堆模型(非晶体模型)来描述液体结构。这个模型的基本点是认为液态金属结构属于非晶态，其结构相当于把许多相同的刚性小球倒入一个具有不规则光滑表面的容器中，用力晃动容器，使刚性小球密切接触。贝尔纳认为，液态金属与固态金属结构的主要差别在于液态金属是随机密堆的，而固态金属是“有序排列密堆”。

尽管这些结构模型都仅仅是定性地描述了液态金属中原子的排列状态，但液态金属中结构起伏的观点普遍为人们所接受。根据这个观点，金属的结晶实际上是近程规则排列的液态结构转变为长程规则排列的固态结构的过程，起伏中的晶胚对于液态金属的结晶过程有着重要的作用。

3.3.2　纯金属的结晶过程

液态金属的凝固可以形成晶体，也可以形成非晶体。凝固后是否形成晶体主要由液态物质的黏度和冷却速度决定。一般来说，黏度高的物质易形成非晶体，而黏度小的物质易形成晶体；冷却速度也有直接的影响，如果冷却速度大于 10^7℃/s 时，金属也能获得非晶态。在通常的凝固条件下，金属及合金凝固后都是晶体，故也称其为结晶。

液态金属的结晶过程是一个形核及长大的过程，金属由液体冷凝成固体时要放出凝固潜热，如果这一部分热量恰好能补偿系统向环境散失的热量，凝固将在恒温下进行，表现为

图 3.6 中的平台。

实验表明，纯金属的实际凝固温度 T_n 总比其熔点低，这种现象称为过冷。T_m 与 T_n 之间的差值称为过冷度。不同金属的过冷倾向不同，同一种金属的过冷度也不是恒定值，凝固过程总是在或大或小的过冷度下进行，过冷是凝固的必要条件。特别是结晶开始往往发生在较大的过冷度下，即 $\Delta T = T_m - T_n$ 为在该条件下所达到的最大过冷度。最大过冷度也不是一个恒定的数值，而是随具体凝固条件而变化的。

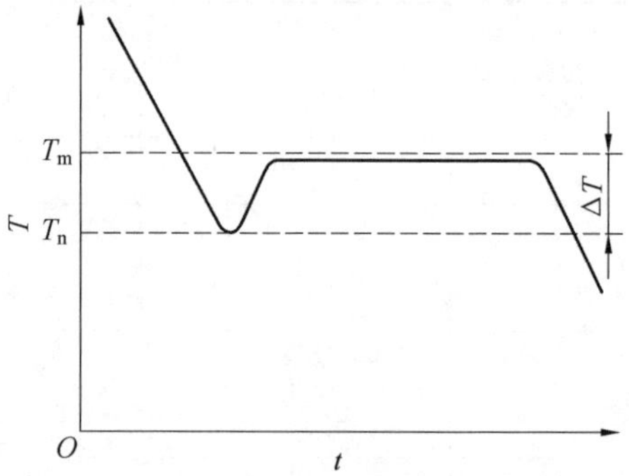

图 3.6　纯铁的冷却曲线

1. 晶体凝固的热力学条件

晶体的凝固通常是在常压下进行，由相律可知，在纯晶体凝固过程中，液固两相共存，自由度等于 0，所以温度不能改变。按热力学第二定律，在等温等压下，过程自发进行的方向是体系自由能降低的方向。

纯金属是单组元系，没有成分的变化，其吉布斯自由能与温度变化的关系可确定平衡状态和转变。纯金属中参加转变的有液、固两相，其吉布斯自由能由下式确定：

$$G_L = H_L - TS_L \quad (液相)$$

$$G_S = H_S - TS_S \quad (固相)$$

式中，H_L，H_S分别为液、固相的焓；S_L，S_S分别为液、固相的熵。H 和 S 随温度的变化决定了吉布斯自由能 G 随温度的变化。

焓 H 随温度的变化可由式 $\mathrm{d}H = C_p \mathrm{d}T$ 得出，对该式积分，并取 298 K 下稳定状态纯组元的 $H=0$，可以得到

$$H = \int_{298}^{T} C_p \mathrm{d}T$$

可以发现，温度越高，焓值越大，如图 3.7 所示。

图 3.8 所示为纯金属的熵随温度的变化关系。由图 3.8 可以发现，与焓随温度的关系类似，纯金属的温度升高，熵也增大。取 0 K 下金属的熵为 0，有以下关系成立：

$$S = \int_{0}^{T} (C_p / T) \mathrm{d}T$$

综合焓、熵与温度的变化关系，可以得出吉布斯自由能随温度的变化关系。在一定温度下，吉布斯自由能等于该温度下的焓减去相应温度下的熵与绝对温度的乘积($G = H - TS$)。经推导可得 $\mathrm{d}G = V\mathrm{d}p - S\mathrm{d}T$，在等压条件下，$\mathrm{d}p = 0$，则 $\mathrm{d}G/\mathrm{d}T = -S$，所以吉布斯自由能随温度变化曲线的斜率由熵决定。因为熵恒为正值，所以吉布斯自由能随温度升高而减小。

图 3.9 所示为焓 H 吉布斯自由能 G 随温度变化的关系曲线。从图中可以看出，随着温度的升高，吉布斯自由能下降，但其下降的斜率对固相和液相是不同的。

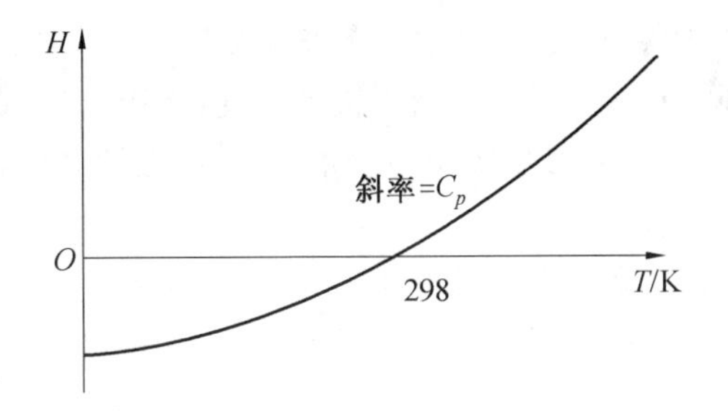

图3.7　纯金属的焓随温度的变化关系

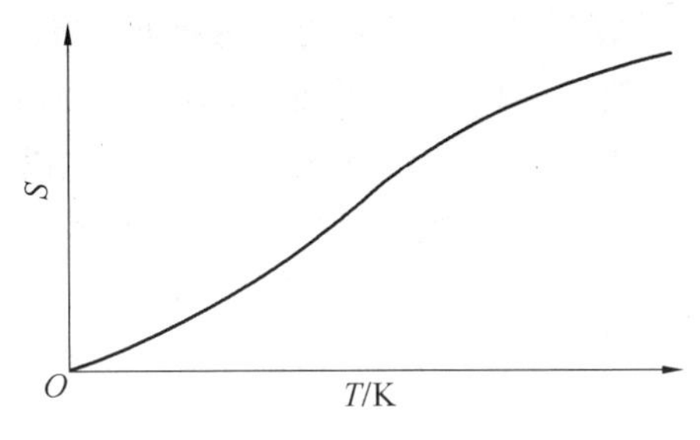

图3.8　纯金属的熵随绝对温度的变化关系

图3.10所示为纯金属固、液相的焓 H 和吉布斯自由能 G 随温度的变化曲线。在温度很低时，吉布斯自由能中的 TS 项可以忽略不计，在 $H=U+pV$ 中，pV 项也可忽略，因此，可以近似地认为，金属的吉布斯自由能等于其热力学能（$G\approx U$），也就是说，$G_L\approx U_L$，$G_S\approx U_S$。由于液相的热力学能要高于固相，因有 $U_L>U_S$，$G_L>G_S$。金属熔化破坏了晶态原子排列的长程有序，使原子空间几何配置的混乱程度增加，导致组态熵增加；同时，原子振动振幅增大，振动熵也略有增加，这就导致液态熵 S_L 大于固态熵 S_S，相应的 $TS_L>TS_S$，故 G_L 比 G_S 下降得要快（液相自由能随温度变化曲线的斜率较大），因而两条曲线在一定温度下相交，在相交温度液固两相的自由能相等，故液固两相处于平衡而共存，此温度即为理论凝固温度或平衡溶化温度（熔点 T_m）。在低于相交温度（$T<T_m$），$G_S<G_L$，固相处于稳定状态；在高于相交温度（$T>T_m$），$G_L<G_S$，液相处于稳定状态。事实上，在 T_m 温度，既不能完全结晶，也不能完全熔化，要发生结晶则体系必须降至低于 T_m 的温度，而发生熔化则温度必须高于 T_m。

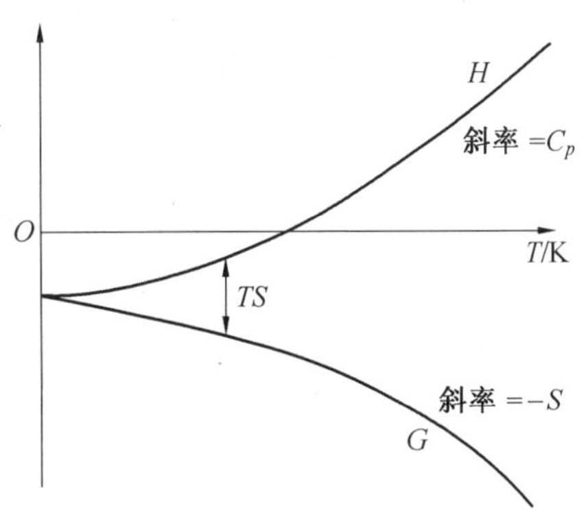

图3.9　焓 H 和吉布斯自由能 G 随温度变化的关系曲线

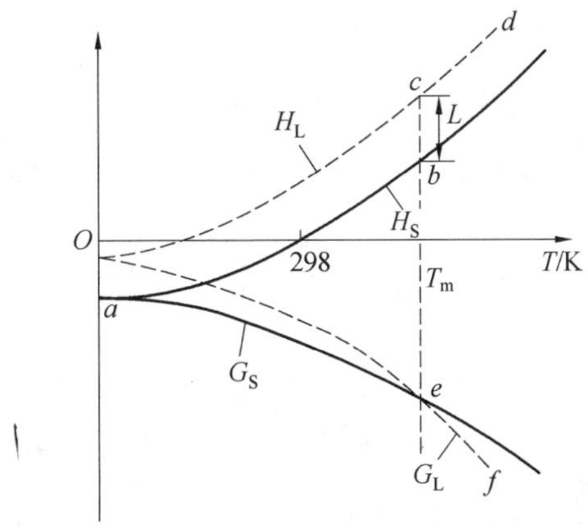

图3.10　纯金属固、液相的焓 H 和吉布斯自由能 G 随温度的变化曲线

L—熔化潜热；T_m—平衡熔化温度

从图 3.10 中焓的变化曲线可以看出，纯组元从 0 K 加热，所供给的热量以 C_p 为速率沿 ab 线使焓提高，相应的吉布斯自由能沿 ae 线下降，在 T_m 所供热量不提高温度，而用于提供熔化潜热，使固相转变为液相，H 曲线沿 bc 变化，当全部固相转变为液相后，温度继续升高，系统焓沿 cd 增加，相应吉布斯自由能 G 沿 ef 线下降。

如上所述，热力学分析可给出纯组元在不同温度下平衡存在的相的状态和发生转变的方向，T_m 温度以上，液相稳定存在；T_m 温度以下，固相稳定存在。因而将发生液相至固相的相变，即凝固。

2. 纯金属晶体凝固的热力学驱动力

由液、固两相吉布斯自由能变化曲线可以给出晶体凝固的热力学驱动力，如图 3.11 所示。在一定温度下，液、固两相吉布斯自由能的差 ΔG 即表示凝固转变的热力学驱动力，ΔG 越大，转变驱动力越大。

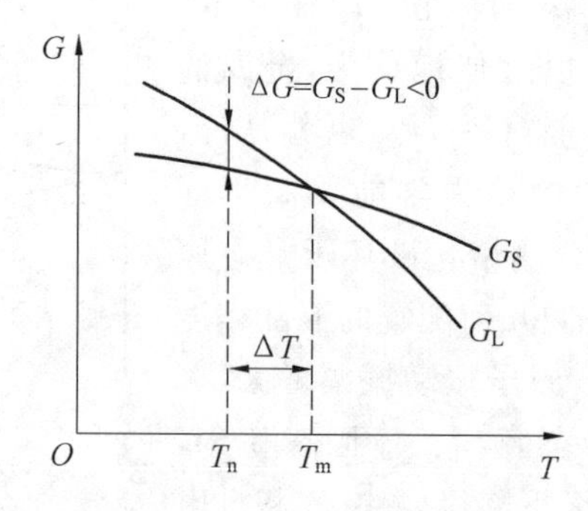

图 3.11　靠近熔点处液相与固相之间的自由能差

因 $\Delta G=G_S-G_L=\Delta H-T\Delta S$，在 T_m 温度下，$\Delta G=0$，故有以下关系：

$$\Delta S=\frac{\Delta H}{T_m}=\frac{L_m}{T_m}$$

式中，L_m 为熔化潜热；ΔS 为熔化熵。实验得出，对于大多数金属，熔化熵是常数，约等于气体常数 R（$R=8.314\ \mathrm{J\cdot mol^{-1}\cdot K^{-1}}$）。在接近 T_m 温度，即在小的过冷条件下，液相和固相间的定压热容差（$C_p^S-C_p^L$）可以忽略，故 ΔH，ΔS 可认为与温度无关，仍保持上述关系。在此过冷条件下，有

$$\Delta G=\Delta H-T\Delta S=L_m-\frac{TL_m}{T_m}=\frac{L_m(T_m-T)}{T_m}=\frac{L_m\Delta T}{T_m}$$

因而，纯金属液－固相变转变驱动力 ΔG 取决于过冷度 ΔT，过冷度越大，转变的驱动力也越大。

以上的热力学分析从吉布斯自由能随温度变化的关系提供了纯金属的平衡条件、转变方向和驱动力。

在特定条件下，系统的压强会发生变化，引起吉布斯自由能的变化，从而影响转变的平衡温度。当两相平衡时，$\Delta G=G_2-G_1=0$，进行微分得到 $\mathrm{d}G_1=\mathrm{d}G_2$，由于过程是可逆的，将 $\mathrm{d}G=-S\mathrm{d}T+V\mathrm{d}p$ 代入，得到

$$-S_1\mathrm{d}T+V_1\mathrm{d}p=-S_2\mathrm{d}T+V_2\mathrm{d}p$$

$$\frac{\mathrm{d}p}{\mathrm{d}T}=\frac{S_2-S_1}{V_2-V_1}=\frac{\Delta S}{\Delta V}=\frac{\Delta H}{T\Delta V} \tag{3.1}$$

式(3.1)称为 Clausius－Claperon 方程。当相变温度变化与 ΔH,ΔV 相比较小时,T 可视为常量,对式(3.1)积分,可得压强对相变温度的变化,即

$$\Delta T=\left(\frac{T\Delta V}{\Delta H}\right)\Delta p \tag{3.2}$$

(3)纯金属凝固结晶的一般过程。

如图 3.12 所示,当液态金属冷却到熔点 T_m 以下的某一温度开始结晶时,在液体中首先形成一些稳定的微小晶体,称为晶核;随后这些晶核逐渐长大,与此同时,在液态金属中又形成一些新的稳定的晶核并长大,这一过程一直延续到液体全部耗尽为止,形成了固态金属的晶粒组织。各晶核长大至相互接触后形成的外形不规则的小晶体称为晶粒。晶粒之间的界面称为晶界。单位时间、单位液态金属中形成的晶核数称为形核率,用 N 表示,单位为 $cm^{-3}\cdot s^{-1}$。单位时间内晶核增长的线长度称为长大速度,用 μ 表示,单位为 $cm\cdot s^{-1}$。

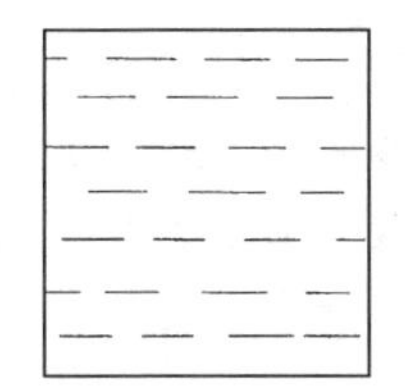
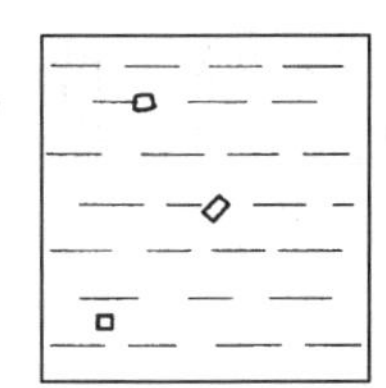
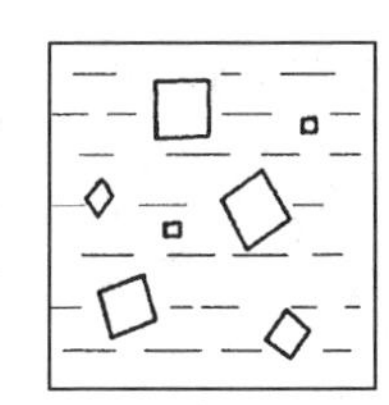

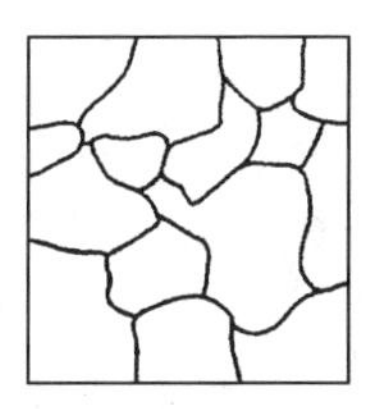

图 3.12　金属结晶过程示意图

液态金属的结晶过程是通过同时并进的形核和长大两个基本过程进行到液相耗尽为止,液态金属结晶时形成的晶核越多,则结晶后的晶粒越细小,反之晶粒越粗大。

3.3.3　纯金属的形核

在母相或液态金属中形成大于或等于一定临界大小的新相晶核的过程称为形核。例如,当天空中云的温度低于 0 ℃时变为过冷的云,而冰晶体在云中形核,并依靠消耗小水滴而长大。当冰晶体足够大时,便下降为雪或冰雹。

液态金属中的形核有两类形式:均匀形核和非均匀形核。均匀形核是指新相晶核在母相中均匀地生成,即晶核由液相中的一些原子团直接形成,不受杂质粒子或外表面的影响。非均匀形核是指新相优先在母相中存在的异质处形核,即依附于液相中的杂质或外来表面形核。

均匀形核与非均匀形核相比较,均匀形核较难而后者较容易,加之实际金属液中不可避免地总是存在杂质和外表面,因此,实际金属的凝固形核主要以非均匀形核的方式进行,但均匀形核的基本规律十分重要,不仅是由于非均匀形核的原理是建立在均匀形核基础上的,而且均匀形核也是研究金属凝固问题及固态相变的基础。

1. 均匀形核

(1)晶核形成时的能量变化和临界晶核。

如前文所述,液态金属的结构从长程范围来说,原子排列是无序的,而在短程范围内(微观)来看,其结构是不稳定的,每个瞬间都存在大量尺寸不等的规则排列的原子团,由于液态金属中原子热运动较为强烈,在其平衡位置停留时间很短,因此这种局部有序排列的原子集团只能维持短暂的时间,很快就会消失,同时在其他地方又会出现新的尺寸不等的规则排列

的原子集团，然后又立即消失。因此，液态金属中的规则排列的起伏现象称为相起伏或结构起伏。

相起伏是产生金属晶核的基础，当液态金属的温度降到熔点以下，在液相中时聚时散的短程有序原子集团就可能被冻结下来，成为规则排列的固相，就有可能成为均匀形核的“胚芽”或“晶胚”。晶胚中的原子呈现晶态的规则排列，而其外层原子与液体中不规则排列的原子相接触而构成界面。但晶胚是否都能成为晶核则涉及晶核形成时的能量变化。

当过冷液体中出现晶胚，一方面在这个区域中原子由液态的聚集状态转变为晶态的排列状态，使体系内的自由能降低，这是液一固相变的驱动力；另一方面，晶胚构成新的表面，又会引起表面自由能的增加，这构成相变的阻力。因此，晶胚形成时体系的总自由能的变化为

$$\Delta G=\Delta G_V\cdot V+\sigma\cdot A$$

式中，ΔG_V 是液、固两相单位体积自由能差，为负值；σ 是晶胚单位面积表面能，为正值；V 和 A 分别为晶胚的体积和表面积。在液一固相变中，晶胚形成时的体积应变能可在液相中完全释放掉，故在凝固中不考虑这项阻力。但在固一固相变中，体积应变能这一项是不能忽略的。

设晶胚为球形，其半径为 r，则上式可改写为

$$\Delta G=-\Delta G_V\cdot\frac{4}{3}\pi r^3+\sigma\cdot 4\pi r^2 \tag{3.3}$$

由上式可知，体积自由能的降低与 r^3 成正比，而表面能的增加与 r^2 成正比。ΔG 随 r 的变化曲线如图 3.13 所示。

由图 3.13 可见，ΔG 在半径为 r^* 处达到最大值。当晶胚较小（$r<r^*$）时，其长大将导致体系总自由能的增加，因此这种尺寸的晶胚不稳定，不能成为晶核，会重新熔化而消失。当晶胚较大（$r>r^*$）时，其进一步的长大将使得体系自由能减小，这些晶胚就成为稳定的晶核。因此，半径为 r^* 的晶核称为临界晶核，而 r^* 称为临界半径，即能成为晶核的晶胚的最小半径。形成临界形核时，体系能量增加至最大值，这部分能量称为临界晶核形成功，用 ΔG^* 表示。由此可见，在过冷液体（$T<T_m$）中，不是所有的晶胚都能成为稳定的晶核，只有达到临界半径的晶胚才能实现。ΔG^* 和 r^* 可以通过式(3.3)获得，其步骤如下：

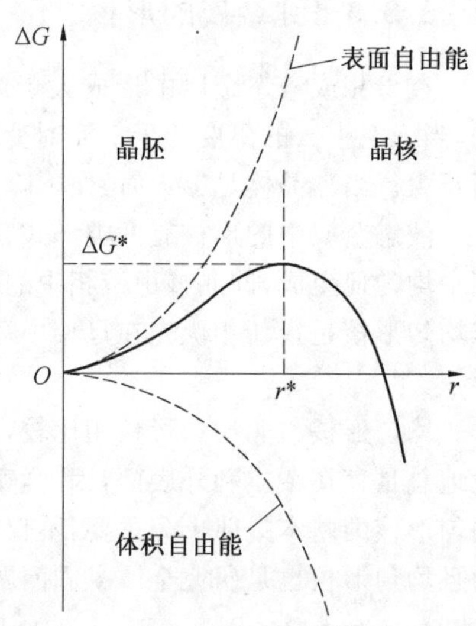

图 3.13　ΔG 随 r 的变化曲线示意图

将式(3.3)对 r 求导得到

$$d(\Delta G)/dr=-\Delta G_V\cdot 4\pi r^2+\sigma\cdot 8\pi r$$

令 $d(\Delta G)/dr=0$，则可以求得

$$r^*=\frac{2\sigma}{\Delta G_V}$$

将上式代入式(3.3)得

$$\Delta G^* = \frac{16\pi\sigma^3}{3\Delta G_V^2} \tag{3.4}$$

将 $\Delta G_V = \frac{L_m \Delta T}{T_m}$ 分别代入式(3.3)和式(3.4)，得

$$r^* = \frac{2\sigma T_m}{L_m \Delta T} \tag{3.5}$$

$$\Delta G^* = \frac{16\pi\sigma^3 T_m^2}{3\,(L_m \Delta T)^2} \tag{3.6}$$

由以上两式可见，过冷度 ΔT 越大，ΔG^* 和 r^* 越小，这就意味着过冷度增大时，可使较小的晶胚成为晶核，所需的形核功也较小，从而使晶核数目增多。由于球形临界晶核的表面积为

$$A^* = \frac{16\pi\sigma^2 T_m^2}{(L_m \Delta T)^2} \tag{3.7}$$

由此可得

$$\Delta G^* = \frac{\sigma A^*}{3} \tag{3.8}$$

可见，形成临界晶核时自由能仍然是升高的($\Delta G^* > 0$)，其增值相当于其表面能的 1/3，这意味着，形成临界晶核时液、固两相自由能差只能补偿临界晶核表面能的 2/3，而不足的 1/3 则会依靠液相中存在的能量起伏来补充。能量起伏就是指体系中每个微小体积所具有的能量偏离体系的平均能量，而且微小体积的能量处于时起时伏、此起彼伏的瞬间涨落的现象。系统(液相)的能量分布有起伏，呈正态分布形式，如图 3.14 所示。能量起伏包含两个含义，一是在瞬时，各微观体积的能量不同；二是对某一微观体积，在不同瞬时，能量分布不同。在具有高能量的微观区域形核可以全部补偿表面能，使得 $\Delta G < 0$。

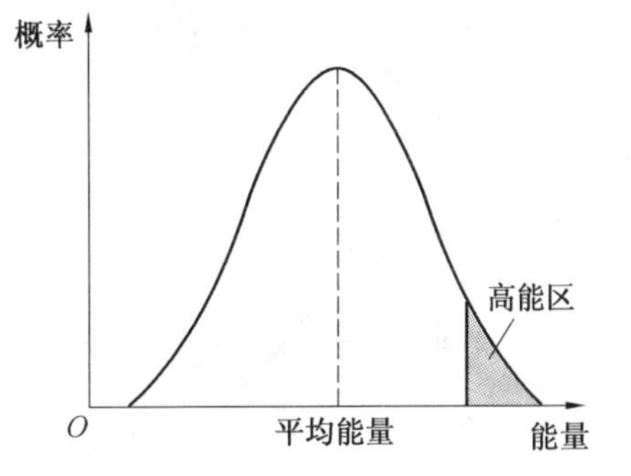

图 3.14　液相中的能量起伏

由上述的分析可知，过冷度是形核的必要条件，液相必须处于一定的过冷条件下才能凝固结晶，而液相中客观存在的结构起伏和能量起伏也是均匀形核的必要条件，只有同时满足这三个条件才能形成稳定晶核。

(2)均匀形核的形核率。

当温度低于 T_m 时，单位体积液体在单位时间内所形成的晶核数称为形核率。形核率受两个相互矛盾的因素控制：一方面从热力学考虑，过冷度越大，晶核的临界半径及临界形核功越小，因而需要的能量起伏小，满足 $r \geq r^*$ 的晶胚数越多，稳定晶核容易形成，则形核率越高；但另一方面，从动力学考虑，晶核形成需要原子从液相转移到临界晶核上才能成为稳定晶核。过冷度越高，原子活动能力越弱，原子从液相转移到临界晶核上的概率减小，不利于稳定晶核形成，则形核率越低。综合考虑上述两个因素，形核率可以表示为

$$N = N_1 \times N_2$$

式中，N 为总的形核率；N_1 为受形核功控制的形核率因子；N_2 为受原子扩散影响的形核率因子。其中

$$N_1 \propto \exp\left(-\frac{\Delta G^*}{kT}\right), N_2 \propto \exp\left(-\frac{Q}{kT}\right)$$

所以，形核率为

$$N = K\exp\left(-\frac{\Delta G^*}{kT}\right) \cdot \exp\left(-\frac{Q}{kT}\right)$$

式中，K 为比例常数；ΔG^* 为临界形核功；Q 为原子从液相转移到固相晶胚的扩散激活能；k 为玻耳兹曼常数；T 为绝对温度。

由于 Q 的数值随温度变化很小，因此可近似看成一个常数，故 N_2 项是随着温度降低而下降，也就是说 N_2 随着过冷度增加而下降，如图 3.15 中曲线 b 所示。但另一方面，由

$$\Delta G^* = \frac{16\pi\sigma^3 T_m^2}{3\,(L_m \Delta T)^2}$$

可以发现，ΔG^* 与 $(\Delta T)^2$ 成反比，故当温度接近于 T_m（即 ΔT 趋近于 0）时，N_1 趋近于 0，当 ΔT 增大时则 N_1 也增大，如图 3.15 中曲线 a 所示。这样，形核率 N 与温度的关系应是图 3.15 中 a 和 b 两条曲线的综合结果，如图 3.16 所示。

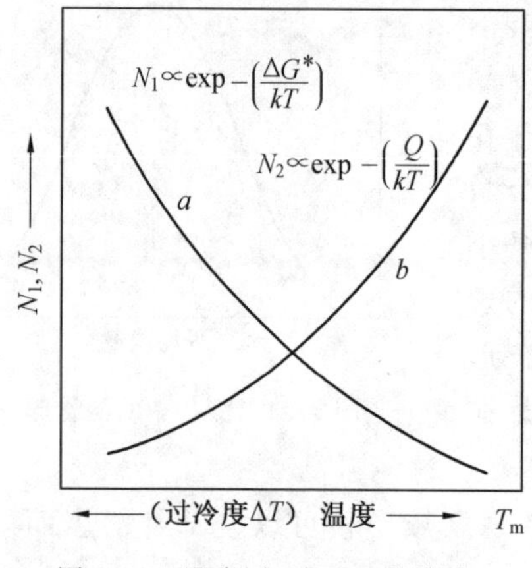

图 3.15 温度对 N_1，N_2 的影响

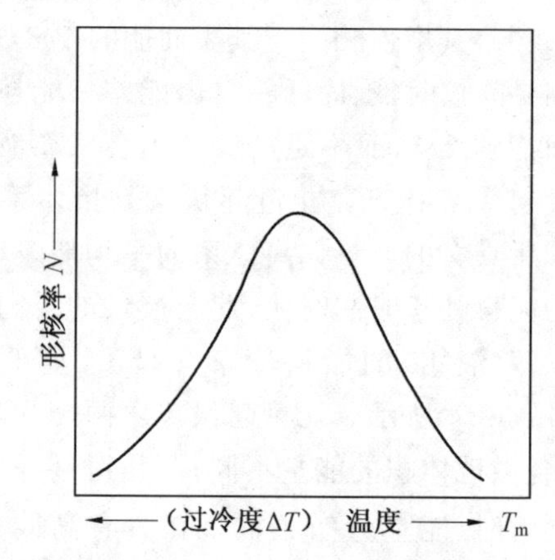

图 3.16 形核率与温度的关系

可见，当过冷度较小时，形核率主要受 N_1 项的控制，随着过冷度增大，形核率迅速增大；但当过冷度很大时，由于原子活动能力减小，此时形核率主要由 N_2 控制，随着过冷度增大，形核率迅速减小。对于金属材料而言，其结晶倾向极大，形核率与过冷度的关系通常如图 3.17 所示。可见，在达到某一过冷度之前，N 的数值一直保持很小，几乎为 0，此时液态金属不发生结晶，而当温度降至某一过冷度时，N 值突然增加，形核率突然增大的温度称为有效形核温度。在此温度以上，液态金属处于亚稳定状态。多种液态金属的凝固结晶研究结果（见表 3.2）表明，对于大多数流动性良好的液态金属，观察到均匀形核的相对过冷度 $\Delta T^*/T_m$ 为 0.15～0.25，其中 $\Delta T^* = T_m - T^*$，或者说有效形核过冷度 $\Delta T^* \approx 0.2T_m$（$T_m$ 用绝对温度表示）。而对于高黏滞性的液体，均匀形核速率很小，以致常常不存在有效形核温度。应该指出，均匀形核所需的过冷度大小，不同的研究者有不同的数值。这是因为人们

在获得均匀形核的微滴技术不断改进。佩雷派茨科(Perepezko)等人认为，根据目前的实验结果，均匀形核的最大过冷度应由 $0.2T_m$ 提高到 $0.33T_m$ 左右，但这是不是均匀形核过程仍需进一步的工作验证。

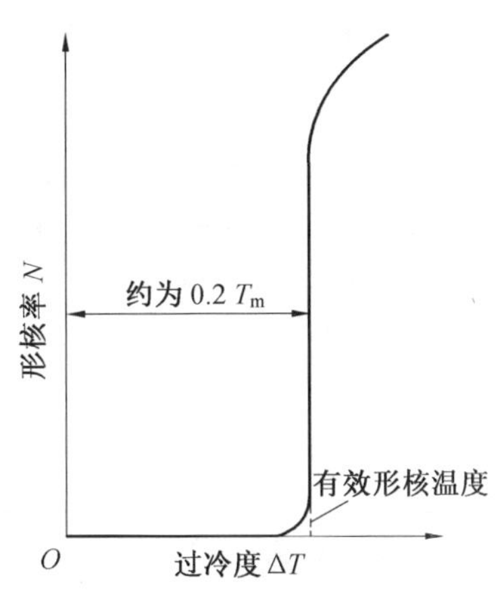

图 3.17　金属形核率 N 与过冷度 ΔT 之间的关系

表 3.2　实验的成核温度

金属材料	T_m/K	T^*/K	$\Delta T^*/T_m$
汞	234.3	176.3	0.247
锡	505.7	400.7	0.208
铅	600.7	520.7	0.133
铝	931.7	801.7	0.140
锗	1 231.7	1 004.7	0.184
银	1 233.7	1 006.7	0.184
金	1 336	1 106	0.172
铜	1 356	1 120	0.174
铁	1 803	1 508	0.164
铂	2 043	1 673	0.181

注：T_m 为熔点；T^* 为液体可过冷的最低温度；$\Delta T^*/T_m$ 为折算温度单位的最大过冷度

【例 3.1】在均匀形核时，形核率方程为 $N=K\exp\left(-\dfrac{A}{kT}\right)\exp\left(-\dfrac{Q}{kT}\right)$。

(1)讨论 A 和 Q 的意义、单位和计算公式。

(2)讨论比例系数 K 的意义、单位和计算公式。

讨论：

(1)式中，A 代表了临界晶核的形成功，计算单位为 J/原子；Q 代表原子越过液、固界面的扩散激活能，计算单位为 J/原子。

对于金属，Q 的数值随温度变化不大。当 $A\gg 0$ 时，可将 $\exp\left(-\dfrac{Q}{kT}\right)$ 近似地看作常数，所以

$$A=\frac{16\pi}{3}\frac{\sigma^3 T_m^2}{(L_m \Delta T)^2}$$

(2)K 是比例常数,计算单位与 N 相同,即为 $1/(s \cdot cm^3)$。

$$K=n\nu=n\frac{kT}{h}$$

式中,n 为单位体积内的原子总数;ν 为液相原子振动频率;h 为普朗克常数。

研究表明,超纯金属熔液达到均匀形核过冷度时,晶核的临界半径 r^* 约为 10^{-7} cm,即 1 nm左右,这样大小的晶核约包括 200 个原子。但在实际生产中金属凝固的过冷度一般不超过 20 ℃,这是由于实际生产条件下都是非均匀形核。下面以铜为例,简要进行说明。

已知纯铜的凝固温度 $T_m=1\ 356$ K,$\Delta T=236$ K,熔化热 $L_m=1\ 628\times10^6$ J/m^3,比表面能 $\sigma=177\times10^{-3}$ J/m^2,可以得到

$$r^*=\frac{2\sigma T_m}{L_m \Delta T}=\frac{2\times177\times10^{-3}\times1\ 356}{1\ 628\times10^6\times236}=1.249\times10^{-9}(m)$$

铜的点阵常数 $a_0=3.615\times10^{-10}$ m,晶胞体积为

$$V_L=a_0^3=(3.615\times10^{-10})^3=4.724\times10^{-29}(m^3)$$

而临界晶核的体积为

$$V_C=\frac{4}{3}\pi(r^*)^3=8.157\times10^{-27}(m^3)$$

所以临界晶核中晶胞的数目为

$$n=\frac{V_C}{V_L}\approx173$$

由于铜是面心立方结构,每个晶胞里有 4 个原子,因此,一个临界晶核有 692 个原子。上述的计算因各参数的实验测定的差异略有变化,总之,几百个原子自发地聚合在一起成核的概率很小,故均匀形核的难度较大。

2. 非均匀形核

如前所述,高纯液态金属均匀形核所需的过冷度很大,除非在特殊的实验条件下,高纯液态金属中不会出现均匀形核。

在实际生产条件下,金属中难免含有少量杂质,而且熔体总要在容器或铸型中凝固,如此,形核优先在某些固态杂质表面及容器或铸型内部进行。这种由于外界因素促进结晶晶核的形成,就是非均匀形核。非均匀形核所需的过冷度要显著小于均匀形核,例如纯铁均匀形核时的过冷度达 295 ℃,而在通常情况下,金属凝固形核的过冷度一般不超过 20 ℃,要解释这个问题就涉及非均匀形核的形核功。

(1)非均匀形核的形核功。

金属熔液 L 注入铸型中,设晶核 α 在铸型壁平面 W 上形成。假设晶核 α 的形状是从半径为 r 的圆球上被 W 平面所截取的球冠,故其顶视图为圆,令其半径为 R,如图 3.18(a)所示。

晶核形成后体系的体积自由能降低值为 $\Delta G_V \cdot V$,表面能增加值为 ΔG_S,则体积总自由能变化为

$$\Delta G=\Delta G_V \cdot V+\Delta G_S \tag{3.9}$$

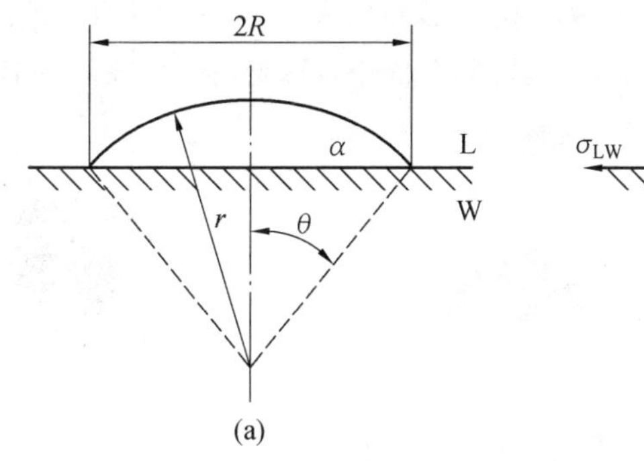

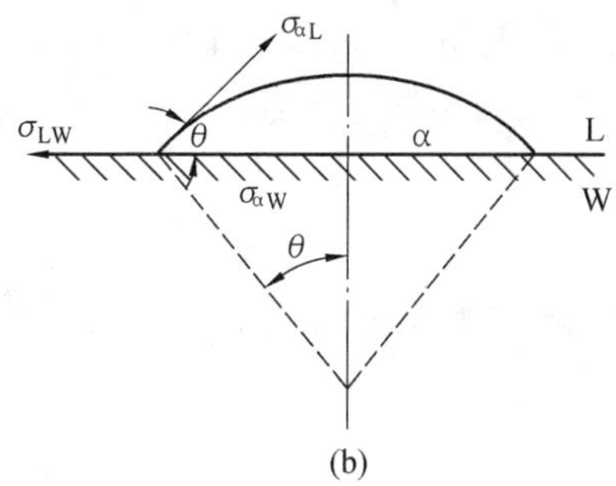

图 3.18　非均匀形核示意图

式中,V 为晶核体积;ΔG_V 为负值。根据立体几何知识可知

$$V=\pi r^3(2-3\cos\theta+\cos^3\theta)/3 \tag{3.10}$$

$$\Delta G_S=A_{\alpha L}\cdot\sigma_{\alpha L}+A_{\alpha W}\cdot\sigma_{\alpha W}-A_{LW}\cdot\sigma_{LW} \tag{3.11}$$

式中,$\sigma_{\alpha L}$,$\sigma_{\alpha W}$,σ_{LW}分别是晶核—液相、晶核—型壁和液相—型壁间单位面积界面能;$A_{\alpha L}$,$A_{\alpha W}$,A_{LW}分别为晶核—液相、晶核—型壁和液相—型壁的界面面积。由图 3.18(b)中表面张力平衡可知

$$\sigma_{LW}=\sigma_{\alpha L}\cos\theta+\sigma_{\alpha W}$$

而

$$A_{LW}=A_{\alpha W}=\pi R^2=\pi r^2(1-\cos^2\theta)$$

$$A_{\alpha L}=2\pi r^2(1-\cos\theta)$$

将以上三式代入式(3.11)中可得

$$\Delta G_S=\pi r^2\sigma_{\alpha L}(2-3\cos\theta+\cos^3\theta)$$

将上式与式(3.10)代入式(3.9)中,得

$$\Delta G=(4\pi r^3\cdot\frac{\Delta G_V}{3}+4\pi r^2\cdot\sigma_{\alpha L})\left[\frac{(2-3\cos\theta+\cos^3\theta)}{4}\right] \tag{3.12}$$

由 $d(\Delta G)/dr=0$,可求得

$$r^*=\frac{-2\sigma_{\alpha L}}{\Delta G_V}$$

将上式代入式(3.12),得

$$\Delta G^*_{非}=(16\pi\sigma^3_{\alpha L}/3\Delta G^2_V)[(2-3\cos\theta+\cos^3\theta)/4] \tag{3.13}$$

将上式与均匀形核功作比,可得

$$\frac{\Delta G^*_{非}}{\Delta G^*_{均}}=(2-3\cos\theta+\cos^3\theta)/4 \tag{3.14}$$

由图 3.18(b)可以看出,θ 可以在 $0\sim\pi$ 之间变化,θ 称为接触角或润湿角,由式(3.14)可见:

①当 $\theta=0°$时,$\cos\theta=1$,则 $\Delta G^*_{非}=0$,非均匀形核不需额外形核功,即为完全润湿情况,说明固体杂质或型壁可作为现成晶核,这是无核长大的情况,如图 3.19(a)所示。

②当 $\theta=180°$时,$\cos\theta=-1$,则 $\Delta G^*_{非}=\Delta G^*_{均}$,说明固体杂质或型壁不起非均匀形核的基底作用,即相当于均匀形核的情况,如图 3.19(c)所示。

③当 $0<\theta<\pi$ 时，$\Delta G_{非}^{*}<\Delta G_{均}^{*}$，此时形成非均匀形核所需的形核功小于均匀形核功，这便是非均匀形核的条件，如图 3.19(b)所示。显然，θ 越小，$G_{非}^{*}$ 越小，形核时所需的过冷度 ΔT 也越小，非均匀形核越容易。

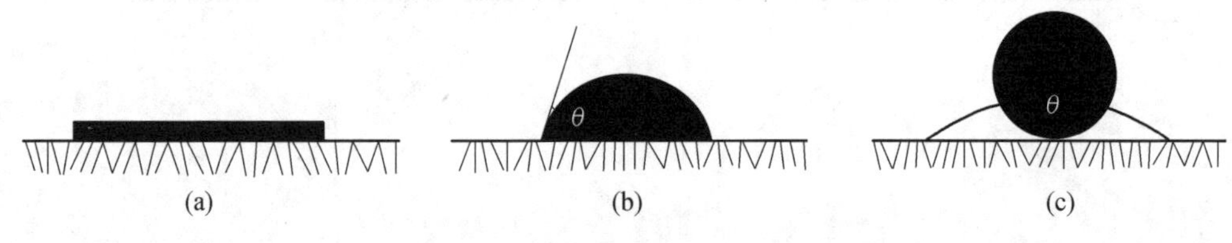

图 3.19 不同润湿角的晶核形貌

(2)非均匀形核的形核率。

非均匀形核时的形核率表达式与均匀形核相似。只是由于 $\Delta G_{非}^{*}<\Delta G_{均}^{*}$，非均匀形核与均匀形核之间存在差异，如图 3.20 所示。由图可知，最主要的差异在于非均匀形核的形核功小于均匀形核的形核功，所以非均匀形核时达到的最大形核率所需的过冷度较小，在约为 $0.02T_m$ 的过冷度获得最大形核率，而均匀形核所需的过冷度较大，约为 $0.2T_m$；另外，非均匀形核率由低向高的过渡较为平缓，达到最大值后，结晶并未结束，还要下降一段然后中断，凝固完毕。同时，非均匀形核的最大形核率小于均匀形核的最大形核率。这是因为非均匀形核需要合适的基底，而基底的数量是有限的，晶核沿基底很快铺展时，随着新相晶核的增多使得适合新相形核的基底面积减小，在基底减少到一定程度时，将使形核率降低。

应当指出，不是任何固体杂质均能作为非均匀形核的基底促进非均匀形核。实验表明，只有那些与晶核的晶体结构相似，点阵常数相近的固体杂质才能促进非均匀形核，这样可以减小固体杂质与晶核之间的表面张力，从而减小 θ 角，以减小 $\Delta G_{非}^{*}$。例如，Zr 能促进 Mg 的非均匀形核，其原因是两者都是密排六方结构，而且点阵常数也很相近(对于 Mg，$a=0.320\,2$ nm，$c=0.519\,9$ nm；对于 Zr，$a=0.322$ nm，$c=0.512\,3$ nm)；又如 WC(碳化钨)能促进 Au 的非均匀形核，虽然二者晶体结构不同，前者为扁六方结构，后者为面心立方结构，但是由于面心立方结构的{111}晶面与六方结构的{0001}晶面的原子排列情况完全相同，而且 Au 与 WC 在此二面上的原子间距也非常接近(Au 为0.288 4 nm，WC 为 0.290 1 nm)。也有人认为，碳化物之所以有较强烈的促进形核作用是因为其导电性较好。由于表面能中含有一项恒为负值的静电能 γ_e，其绝对值随基底导电性增加而增加，基底导电性越好，γ_e 绝对值越高，从而使基底与晶核之间的表面能减少，因而促进形核。

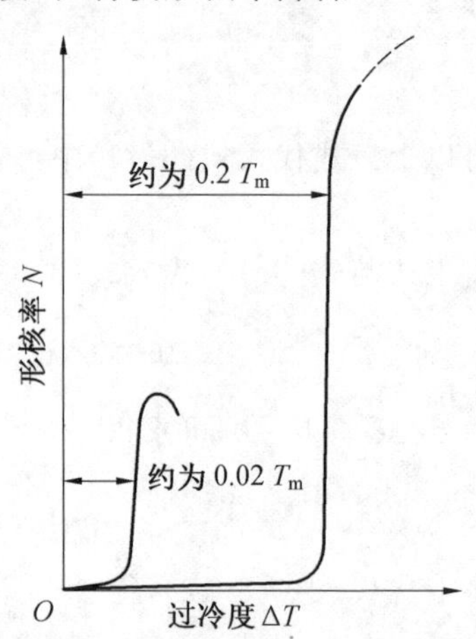

图 3.20 均匀形核率和非均匀形核率随过冷度变化的对比示意图

在杂质和型壁上形核可减少单位体积的表面能，因而使临界晶核的原子数较均匀形核的原子数少。仍以铜为例，计算其非均匀形核时临界晶核中的原子数。球冠体积为

$$V_{cap}=\frac{\pi h^2}{3}(3r-h)$$

式中，h 为球冠高度，假定取为 $0.2r$；而 r 为球冠的曲率半径，取铜的均匀形核临界半径 r^*。

通过前述的方法可得 $V_{cap}=2.284\times10^{-28}\,m^3$，而 V_{cap}/V_L 约等于 5 个晶胞，最终每个临界晶核约有 20 个原子。由此可见，非均匀形核中临界晶核所需的原子数远小于均匀形核时的原子数，因此可在较小的过冷度下形核。

3.3.4 纯金属晶核的长大

一旦核心形成，晶核就继续长大而形成晶粒，主要涉及长大的形态、长大方式和长大速度。系统总自由能随晶体体积的增加而下降是晶体长大的驱动力。晶体的长大过程可以看作液相中原子向晶核表面迁移、液一固界面向液相不断推进的过程。界面推进的速度与界面处液相的过冷程度有关。液相中原子向晶核表面迁移的过程（即晶体生长方式）取决于液一固界面的微观结构；而晶体生长的形态（即界面的宏观形态）则取决于界面前沿温度的分布。晶体长大方式决定了长大速度，也是决定结晶动力学的重要因素，而晶体生长的形态反映出凝固后晶体的性质。

1. 晶体长大的动力学条件

如上所述，晶体的长大过程可以看作液相中原子向晶核表面迁移、液一固界面向液相不断推进的过程，因而晶体长大可以作为一个正在移动的液一固界面考虑，如图 3.21 所示。

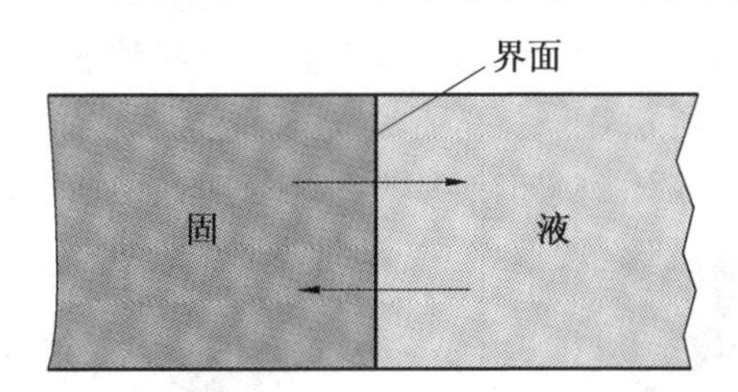

图 3.21　液一固界面上的原子迁移

在界面上可能同时存在两种原子的迁移过程，即固相原子迁移到液相中的熔化过程(M)和液相原子迁移到固相中的凝固过程(S)。

由统计热力学可以得出，两个过程单位界面上原子迁移速度为

$$(\mathrm{d}n/\mathrm{d}t)_M=n_S\nu_S P_M\exp(-\frac{\Delta G_M}{kT}) \tag{3.15}$$

$$(\mathrm{d}n/\mathrm{d}t)_S=n_L\nu_L P_S\exp(-\frac{\Delta G_S}{kT}) \tag{3.16}$$

式中，n_L，n_S 分别为单位面积界面处液相和固相的原子数；ν_L，ν_S 分别为界面处液相和固相原子的振动频率；P_S，P_M 分别为原子从液相迁移向固相和从固相迁移向液相的概率；ΔG_M，ΔG_S 分别为一个原子从固相迁移向液相和从液相迁移向固相的激活能，如图 3.22 所示。由以上两式分别作出示意曲线，如图 3.23 所示。由图可知：

① 当界面温度 T_i 等于熔点 T_m 时，$(\mathrm{d}n/\mathrm{d}t)_M=(\mathrm{d}n/\mathrm{d}t)_S$，这就意味着晶核既不长大也不熔化。

② 当界面温度 T_i 小于熔点 T_m 时，$(\mathrm{d}n/\mathrm{d}t)_M<(\mathrm{d}n/\mathrm{d}t)_S$，此时界面向液相中的推移可以进行，表现为晶核长大。

③ 当界面温度 T_i 高于熔点 T_m 时，$(dn/dt)_M>(dn/dt)_S$，此时晶核将熔化，界面向液相中的推移不可以进行，晶核不可以长大。

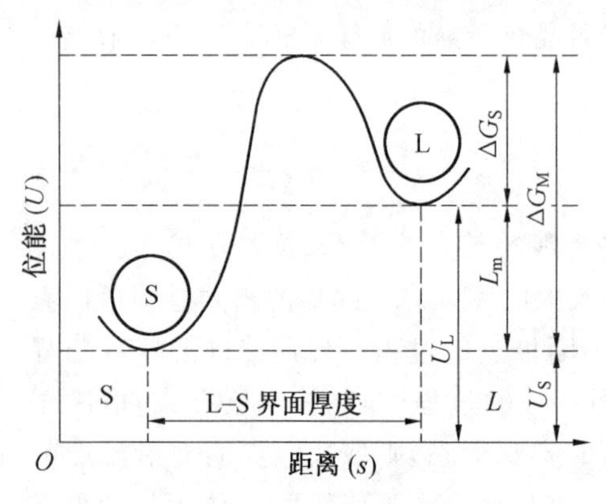

图 3.22　液一固界面原子的能量状态示意图

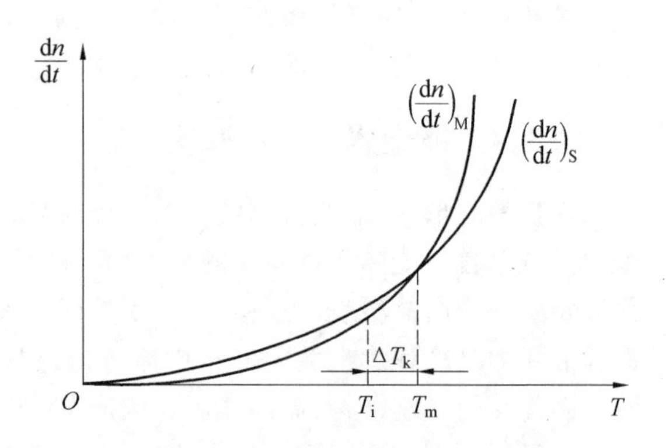

图 3.23　温度对晶核熔化和长大的影响

$T_m-T_i=\Delta T_k>0$，ΔT_k 称为界面动态过冷度。晶核要长大，就必须在界面处有一定的过冷度，$\Delta T_k>0$ 是晶核长大的动力学条件。

2. 液一固界面的微观构造

晶体凝固后呈现不同的形状，如水杨酸苯酯呈一定晶形长大，由于它的晶边呈小平面，称为小平面形状，如图 3.24 所示，硅、锗等晶体也属于这种类型。而环乙烷长成树枝形状，如图 3.25 所示，大多数金属晶体属于此种类型，它不具有一定的晶形，称为非小平面形状。

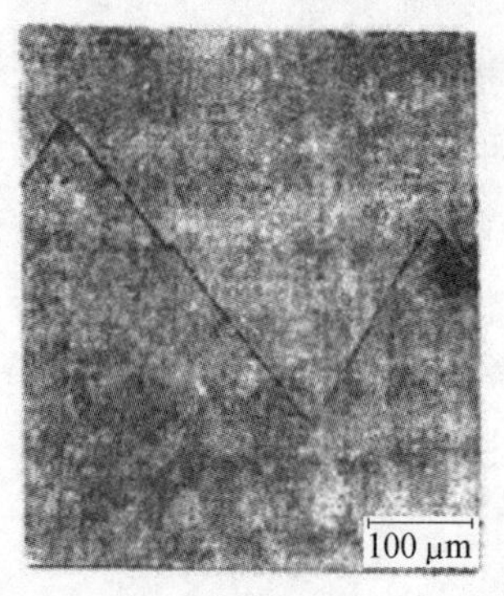

图 3.24　透明水杨酸苯酯晶体的小面形态(60×)

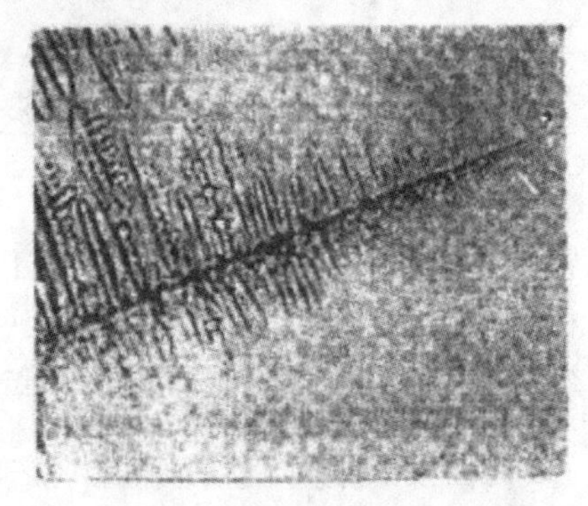

图 3.25　透明环乙烷凝固成树枝形晶体(60×)

经典理论认为，晶核长大属于液一固界面两侧原子的迁移过程，晶体长大的方式和形态与液一固两相的界面微观结构有关。可以这么认为，晶核的长大是通过液相中单个原子或若干个原子同时吸附到晶核表面上，并按照晶面原子排列的要求与晶核表面原子结合起来。按照原子尺度，界面的微观结构必然会影响到晶核长大的方式。目前普遍认为，液一固界面按其微观结构可以分为两种，即光滑界面和粗糙界面。

① 光滑界面。在液一固界面处液相和固相截然分开，在光滑界面以上为液相，在光滑界面以下为固相，固相表面为基本完整的原子密排面。从微观上看，界面是光滑的，但宏观上它往往由若干弯折的小平面组成，呈小平面台阶状特征，因此光滑界面又称为小平面界

面。图 3.26 所示为光滑界面的微观和宏观界面示意图。

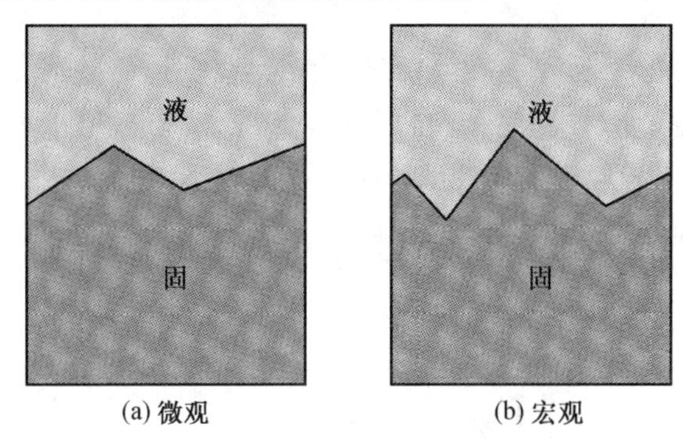

图 3.26　光滑界面的微观和宏观界面示意图

② 粗糙界面。粗糙界面可以认为是在液、固两相之间的界面处存在几个原子层厚度的过渡层，在过渡层中只有大约半数的位置被固相原子分散地占据着。但由于过渡层很薄，因而从宏观上看，界面呈平直状，不出现曲折的小平面，但从微观上看，界面是高低不平的，无明显边界。图 3.27 所示为粗糙界面的微观和宏观界面示意图。常用的金属元素均属于粗糙界面，如 Fe，Al，Cu 及 Ag 等。

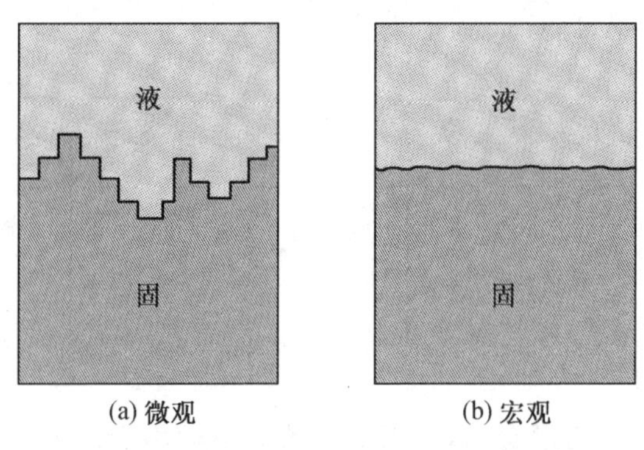

图 3.27　粗糙界面的微观和宏观界面示意图

杰克逊(K. A. Jackson)的工作从理论上证明了这两种界面的存在。杰克逊等人分析了平衡熔点时光滑界面叠放不同数量原子后界面自由能的变化，提出决定液一固界面结构的定量模型。他假设液一固两相在界面处于局部平衡，因而界面的平衡结构是界面能最低的结构。

如果有 N 个原子随机地沉积到具有 N_T 个原子位置的固一液界面时，则界面自由能的相对变化 ΔG_S 可表示为

$$\frac{\Delta G_S}{N_T k T_m}=\alpha x(1-x)+x\ln x+(1-x)\ln(1-x) \tag{3.17}$$

式中，N_T 为界面上可能具有的原子位置数目；k 为玻耳兹曼常数；T_m 为熔点；x 为界面上固相原子的位置占有率，$x=N_A/N$，N_A 是界面上被固相原子所占据的位置数目；α 为材料系数，取决于材料的种类和晶体由之成长的母相的性质，不同的物质具有不同的 α 值。

上式中的 α 可以表示为

$$\alpha=\frac{\xi L_m}{kT_m}$$

式中，L_m 为熔化潜热；ξ 为界面的晶体学因子，相当于晶体界面原子的平均配位数与该晶体内部的原子配位数之比，如对于 fcc 的{111}面，ξ 为 6/12。ξ 值恒小于 1，晶体的最密排面的 ξ 值最高为 0.5～1.0，对于原子密度较低的晶面，ξ 值较小。

将式(3.17)按 $\frac{\Delta G_S}{N_T kT_m}$ 与 x 的关系作图，并改变 α 值，可以得到一系列曲线，如图 3.28 所示。从图中可以得出两类液－固界面的结论：

① 当 $\alpha\leqslant 2$ 时，在 $x=0.5$ 处，界面能处于最小值，这意味着界面上约有一半原子位置被固相原子占据时最为稳定，这样的界面就对应于微观粗糙界面。

② 当 $\alpha\geqslant 5$ 时，在 $x=1$ 和 $x=0$ 处，界面能具有两个最小值，说明界面的平衡结构应该具有两种类型，一种是界面的平衡结构是只有少数几个原子位置被占据，另一种是绝大部分原子位置都被固相原子占据，即界面基本上为完整平面，这两种界面均为光滑界面。

③ 当 $2<\alpha<5$ 时，情况比较复杂，往往形成以上两种类型的混合界面。

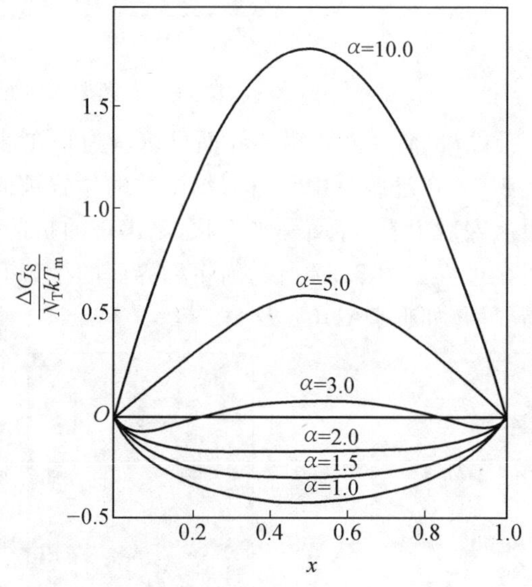

图 3.28 取不同的 α 值时 $\frac{\Delta G_S}{N_T kT_m}$ 与 x 的关系

金属及某些低熔化熵的有机化合物在 $\alpha\leqslant 2$ 时，其液－固界面为粗糙界面；多数无机化合物在 $\alpha\geqslant 2$ 时，其液－固界面为光滑界面，而对于亚金属铋、锑、镓、砷和半导体锗、硅等，α 在 2～5之间，其液－固界面多为混合型，但以上的预测不适用于高分子，由于它们具有长链分子结构的特点，其固相结构不同于上述的原子模型。

应该指出，这里所讨论的仅限于自由能随界面上原子位置占有率而变化的情况，没有考虑界面推移的动力学因素、晶体长大的导向性及凝固条件等的影响，故不能解释在非平衡温度凝固时过冷度对晶体形状的影响。例如，磷在接近熔点凝固(1 ℃范围内)长大速度甚低时，液－固界面为小平面界面，但过冷度增大、长大速度快时，液－固界面则为粗糙界面。尽管如此，这些理论还是很有价值，与许多实际情况大体相符。

3. 晶体长大方式和长大速度

晶体的长大是指在结晶过程中晶体结晶面的生长方式。一般认为，晶体生长时通过单个或若干个原子同时依附到晶体表面上，并按晶格规则排列与晶体连接起来。当晶体生长时，液态原子以什么方式添加到固相中，与其液－固界面的微观结构有关。液－固界面的微观结构不同，晶体长大的机制也不同。

(1) 具有粗糙界面晶体的生长。

对于具有粗糙界面的晶体，在长大时由于其液－固界面上约有一半的原子位置是空的，它们对于接纳液相中的单原子具有等效性，因而液相的原子可以随机地进入这些位置与晶体结合起来而成为固相原子，随着液相原子的不断吸附，液一固界面便连续地沿其法线方向推进，表现为晶体连续地向液相中生长。晶体的这种生长方式称为垂直生长机制，如图3.29所示。

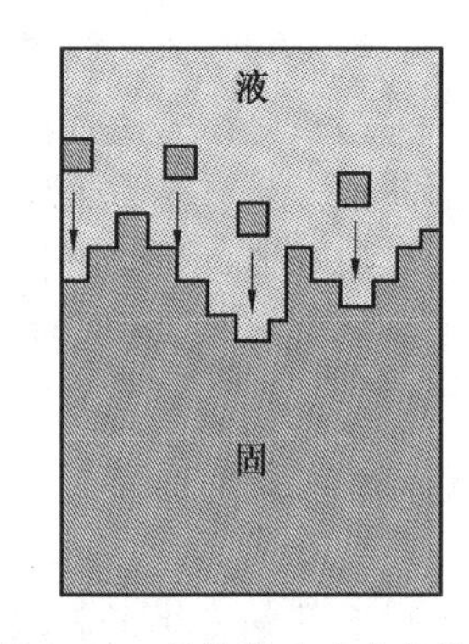

图 3.29　晶体的垂直生长机制

在晶体长大过程中，液相原子在液一固界面的附着不需要附加能量，界面呈连续推移，所以晶体的长大速度比较快。例如，一般金属定向凝固的长大速度约为 10^{-2} cm/s。因此，按这种方式生长，需要的动态过冷度（液一固界面向液相移动时所需的过冷度，称为动态过冷度，表示为 ΔT_k）很小。一般情况，当动态过冷度 ΔT_k 增大时，平均长大速度 v_g 呈线性增大，如图 3.30(a)所示。对于大多数金属来说，由于动态过冷度很小，因此其平均长大速度与动态过冷度成正比，即

$$v_g = \mu_1 \Delta T_k \tag{3.18}$$

式中，μ_1 为比例常数，视材料而定，单位是 m/(s·K)，μ_1 约为 10^{-2} m/(s·K)，故在较小的过冷度下，即可获得较大的平均长大速度。当然，晶体的长大速度还与热量的传导速率有关，热传导速率越快，长大速度越快。因为粗糙界面的物质一般只有较小的结晶潜热，所以长大速度较快。

但对于无机化合物（如氧化物）及有机化合物等黏性材料，随动态过冷度增大到一定程度后，平均长大速度达到极大值而后下降，如图 3.30(b)所示。

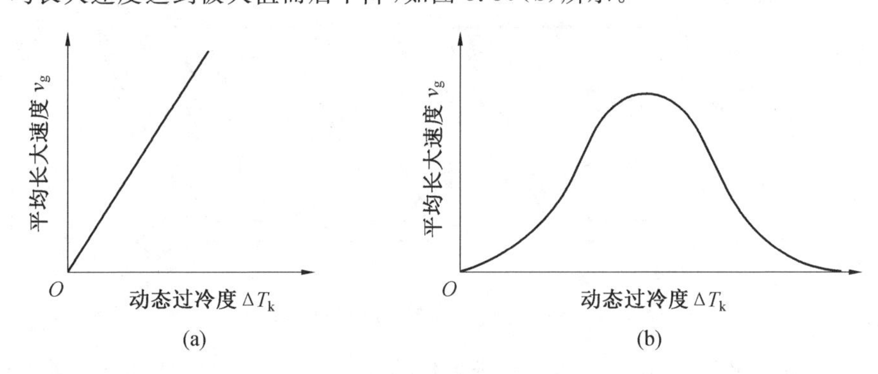

图 3.30　平均长大速度与动态过冷度的关系

同时，由于晶体中各晶面族的原子排列状态不同，液相原子向各晶面族上的附着速度也不同。研究表明，液相原子在体心立方和面心立方晶体上最快附着的晶面族是{100}，晶体最快生长方向是〈100〉，密排六方晶体的原子最快附着晶面族是{1010}，晶体最快生长方向是〈1010〉。

(2)具有光滑界面晶体的生长。

光滑界面的晶体在长大过程中，由于其液一固界面上空位数目与占位数目的比例要么较小，要么很大，由液相扩散来的单个原子不易与晶体牢固连接。在光滑界面上有一个原子a，如图 3.31 所示，由于相邻原子极少而难以稳定结合，随时可能返回液相中。只有当液态

原子扩散至相邻原子较多的台阶 j 处，则结合较为稳定。也就是说，光滑界面的晶体在生长时，液－固界面总是保持比较完整的平面，界面的生长主要依靠小台阶接纳液态原子的横向生长方式向前推移，其中具有代表性的模型有以下两种：二维晶核台阶生长模型和晶体缺陷台阶生长模型。

①二维晶核台阶生长模型。

二维晶核是指一定大小的单分子或单原子的平面薄层。具有光滑界面的晶体长大时首先在平整界面上通过均匀形核形成一个具有单原子厚度的二维晶核，然后液相中的原子不断吸附在二维晶核侧边所形成的台阶上，使得此二维晶核很快向四周横向扩展而铺满整个晶体表面，如图 3.32 所示。这时生长中断，需要在此界面上形成新的二维晶核，并向横向扩展而长满一层，如此反复进行，界面的推移通过二维形核的不断形成和横向扩展而进行。每覆盖一层，界面就沿其法线方向推进了一个原子层的距离，相当于该生长晶面族的面间距。晶体中不同生长晶面族的面间距是不同的，因此在晶体生长过程中，不同晶面族的晶面沿其法线的长大速度不同。在晶体中，原子最密排面的面间距最大，在生长时，长大速度较慢的非原子密排面逐渐被长大速度较快的原子密排面所淹没，最终结晶成的晶粒外表面多由原子密排面和次密排面组成，具有较为规则的几何外形。

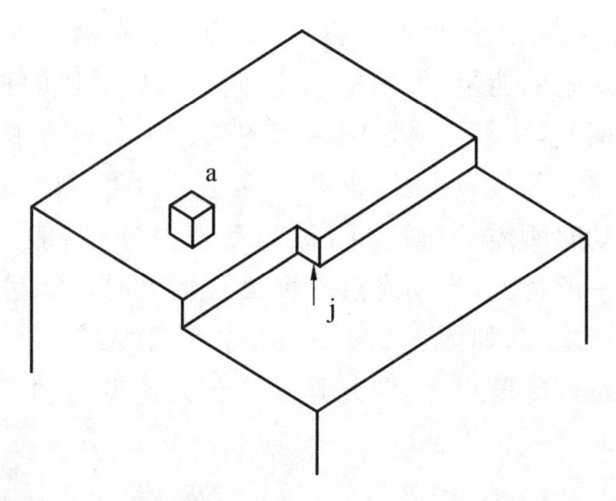

图 3.31　光滑界面上的一个台阶(j)及吸附原子(a)

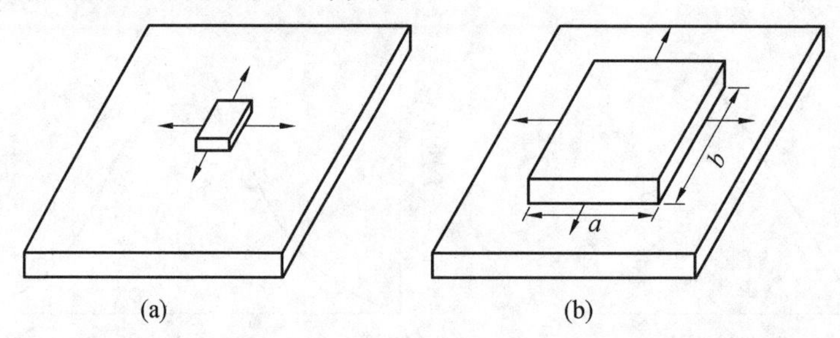

图 3.32　二维晶核长大机制示意图

由于二维晶核的形核功较大，而在二维形核的侧面成长时较为容易，因此这种界面的推移不能连续进行，也就是说二维晶核台阶生长随时间是不连续的，其平均长大速度为

$$v_g = u_2 \exp\left(\frac{-b}{\Delta T_k}\right) \tag{3.19}$$

式中，u_2 和 b 均为常数。因二维晶核的形核功较大，当 ΔT_k 很小时，v_g 非常小。因为二维晶核需要达到一定的临界尺寸后才能进一步扩展，所以这种生长方式实际上甚少见到。

②晶体缺陷台阶生长模型(又称螺型位错生长)。

由于二维晶核的形成需要一定的形核功，因此需要较强的过冷条件。如果在结晶过程中，在光滑界面上存在螺型位错时，垂直于位错线的界面就会呈现螺旋形的台阶且不会消失，液相原子或二维晶核就会优先附着在这些台阶上，而当一个面的台阶被原子进入后，又会出现新的螺旋形台阶。也就是说,界面以台阶机制生长和按螺旋方式连续地扫过界面,晶体的生长只在台阶侧边进行,当台阶围绕整个台面转一圈后,又出现高一层的台阶,在成长的界面上不断形成螺旋状新台阶,如此反复,总是沿着台阶螺旋生长,如图 3.33 所示。

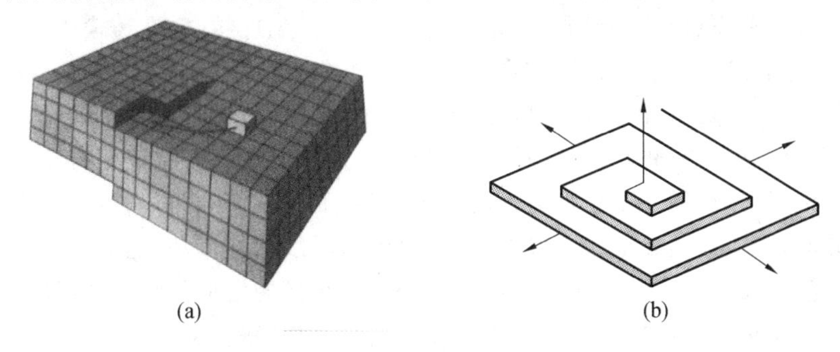

图 3.33　螺型位错长大机制

在最接近位错处,只需要加入少量原子就可以完成一周,而在离位错较远处需较多的原子加入,这样就使得晶体表面呈现由螺旋形台阶形成的蜷线。这种生长是连续的,其平均长大速度可以表示为

$$v_g = u_3 \Delta T_k^2 \tag{3.20}$$

式中,u_3为比例常数。由于界面上所提供的缺陷有限,即添加原子的位置有限,因而长大速度慢,即 $u_3 \ll u_1$。在 Si,Ge,Bi 等一些具有平滑液－固界面的非金属晶体上观察到了依赖螺型位错回旋生长的蜷线,表明晶体缺陷台阶生长机制是可行的。为此可以利用一个位错形成单一螺旋台阶,生长出晶须,这种晶须除了中间核心部分外是完整的晶体,故具有许多特殊优越的机械性能,如很高的屈服强度。目前已经从多种材料中生长出晶须,包括氧化物、硫化物、碱金属、卤化物及许多金属。

上述介绍的几种晶体长大的方式,都是从不同界面结构分别进行讨论的;若从整个结晶过程的宏观界面考虑,在不同晶粒之间,或一个晶粒的不同界面上,尽管以某种方式长大为主,但是也还存在着其他方式的长大。因此,一个晶粒各个界面的长大速度不会一致,有时甚至相差很大。通常以宏观的界面推移速度平均值来表示晶体长大的速度,它与过冷度的关系与形核率很类似,图 3.34所示为上述三种机制与过冷度之间的关系比较。

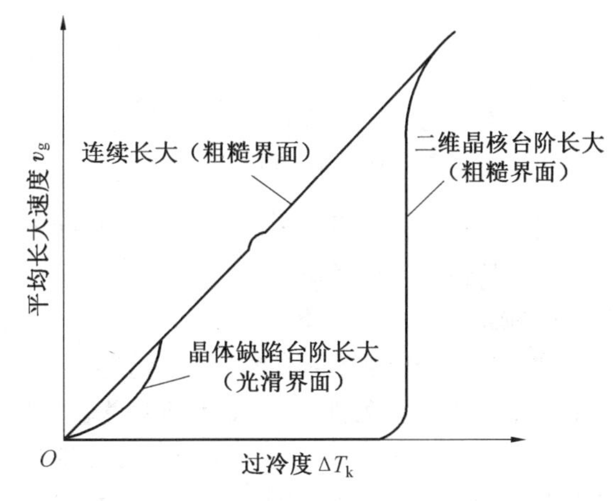

图 3.34　连续长大、晶体缺陷台阶长大及二维晶核台阶长大的平均长大速度与过冷度之间的关系比较示意图

4. 晶体生长形态

晶体凝固时的生长形态是指生长过程中液－固界面的形态。晶体的生长形态主要取决于液－固界面结构的类型(界面的微观结构)和液－固界面前沿液相中的温度分布。研究表明,晶体的生长形态主要有两种类型:

平面状长大和树枝状长大。

(1) 液一固界面前沿液相中的温度梯度。

一般情况下，液态金属在铸型中凝固时，型壁的温度往往比较低，型壁附近散热快，使得靠近型壁的液体首先过冷而凝固。而越靠近铸模中心，温度越高，在铸模中心的液体温度最高，液体的热量和结晶潜热通过固相和型壁的传导而迅速散出。这就造成了液一固界面前沿液相中的温度分布为正的温度梯度，即液相中的温度随着离开界面距离的增加而升高，如图 3.35(a)所示，由图 3.35(a)可以看出，液相中的过冷度随着界面距离的增加而减小。

在某些情况下，结晶并不是从铸模的型壁开始，而是在型腔内，当达到一定过冷度后，开始凝固。此时，在液一固界面上产生的结晶潜热既可以通过固相，也可以通过液相传导散出，因而，在液一固界面前沿液相的温度随着距界面距离的增加而降低，如图 3.35(b)所示，这样的温度分布称为“负温度梯度”。为了便于理解，以纯锡为例：将纯锡熔化，注入模中，令其缓慢而均匀地冷却，使整个液体过冷至其熔点以下约 15 ℃，如图 3.36(a)中的曲线 1；当在模壁上开始形核并向液体中成长时，由于释放凝固潜热，液一固界面的温度升高并保持在 $(T_m-\Delta T_k)$温度。因为锡界面的动态过冷度 ΔT_k一般小于 1 K，所以界面前沿的温度分布如图 3.36(a)中的曲线 2 所示。当界面向中心移动时，界面前沿液相就呈现负温度梯度，如图 3.36(b)所示。

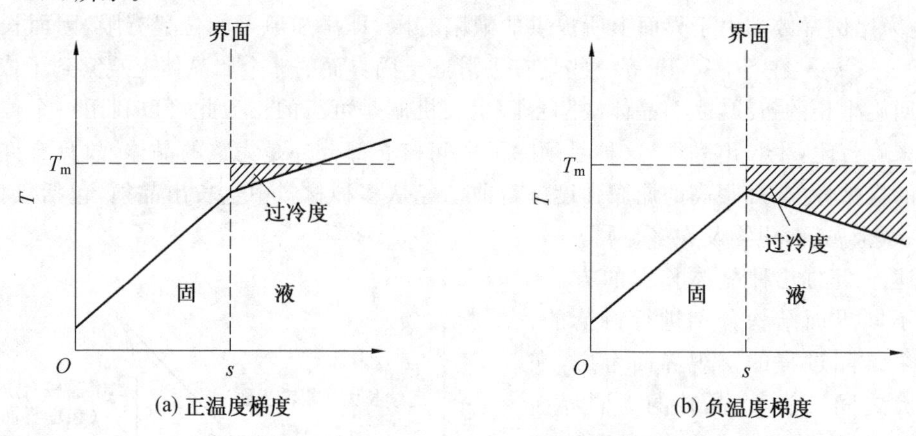

图 3.35　液一固界面前沿液相中的两种温度分布方式①

(2) 晶体长大的形态。

①在正的温度梯度下。

如前所述，正的温度梯度指的是随着离开液一固界面的距离增大，液相温度 T 随之升高的情况。在这种条件下，结晶潜热只能通过固相而散出，相界面的推移速度受固相传热速度所控制。晶体的生长以接近平面状向前推移，这是由于在正温度梯度下，当界面上偶尔有凸起部分而伸入温度较高的液体中时，它的长大速度就会减缓甚至停止，周围部分的过冷度较凸起部分大，其长大速度就快，这时周围部分就会迅速赶上来，使得凸起部分消失，液一固界面上的温度相同并保持不变，这种过程使得液一固界面始终保持平面的稳定状态，但界面

① 如无特殊说明，本书中 s 表示距离。

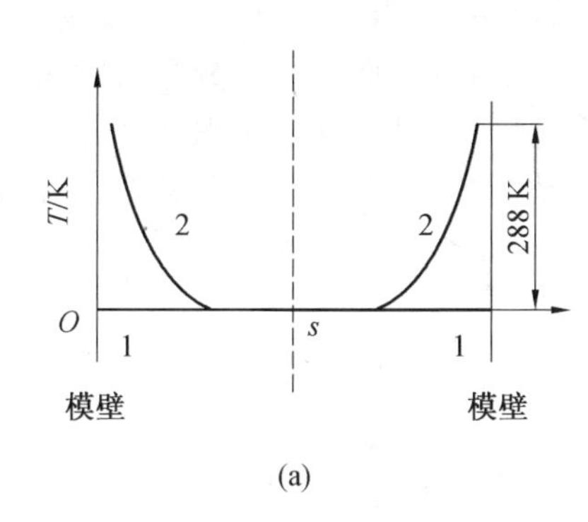

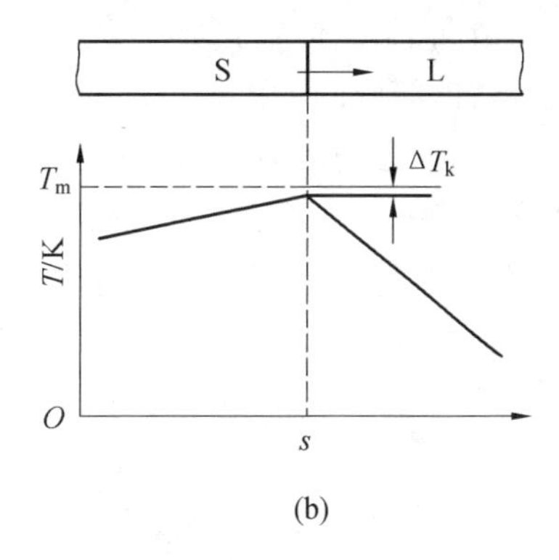

图 3.36　纯锡凝固时液一固界面前沿液相中的负温度梯度

的形态按界面的性质仍有不同。

对于粗糙界面结构的晶体，由于粗糙界面上空位较多，界面推进也没有择优取向，其生长界面以垂直长大的方式推进。同时，粗糙界面的推移所需要的能量较小，因此，大多数金属的动态过冷度 ΔT_k 相当小，仅为 0.01～0.05 K，因此晶体的生长界面与熔点 T_m 等温线几乎重合，如图 3.37(a)所示。

对于光滑界面结构的晶体，其生长界面以小平面台阶生长方式推进，组成台阶的平面是晶体的特定晶面，小平面台阶的扩展同样不能深入到前方温度高于 T_m 的液体中去。因此，从宏观来看，液一固界面似乎与 T_m 等温线平行，但小平面与 T_m 等温线呈一定角度，如图 3.37(b)所示。在这种情况下，晶体生长时的动态过冷度比粗糙界面要大得多，一般在 1～2 ℃。

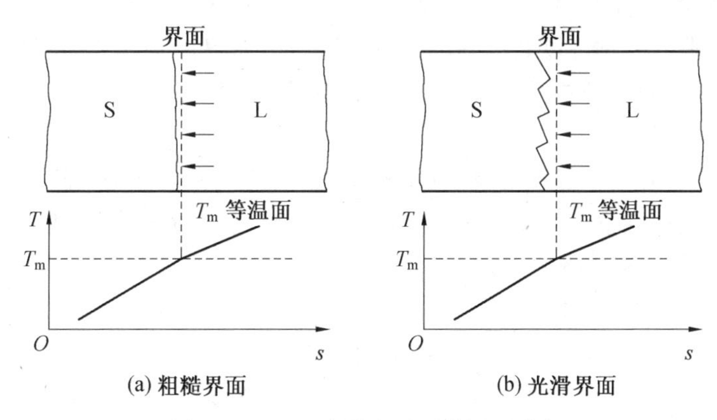

图 3.37　正温度梯度下两种界面形态

总体来说，在正的温度梯度下，晶体的这种生长称为平面状生长，晶体的生长方向与散热方向相反，长大速度取决于固相的散热速度。

②在负的温度梯度下。

负的温度梯度是指液相温度随离液一固界面的距离增大而降低。液一固界面处的温度因结晶潜热的释放而升高，使液相处于过冷条件时，则可能产生负的温度梯度。此时，相界面上产生的结晶潜热既可通过固相也可通过液相而散失。液一固界面的推移不只由固相的传热速度所控制。

在这种情况下,晶体生长界面一旦出现局部凸出生长,由于前方的液相温度更低(即过冷度更大),凸出部分的长大速度增大而进一步伸向液相中,而凸起部分生长时又要放出结晶潜热,不利于近旁的晶体生长,只能在较远处形成另一凸起。在这种情况下液－固界面就不可能继续保持平面状而会形成许多伸向液体的结晶轴,同时在这些晶轴上又可能会长出二次晶轴,在二次晶轴再长出三次晶轴等,如图 3.38 和图 3.39 所示。晶粒的这种生长方式称为树枝状生长或树枝状结晶。

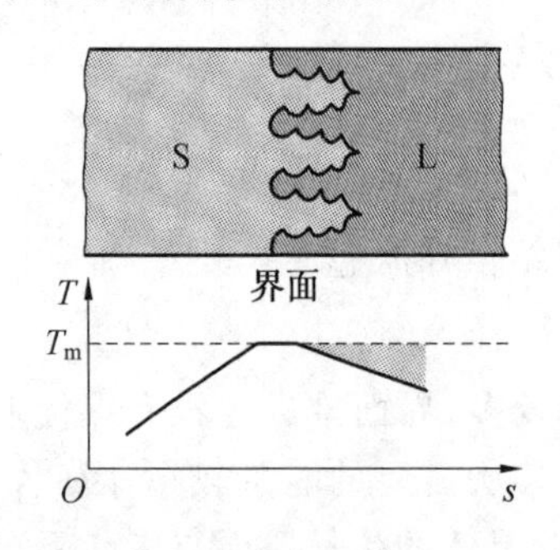

图 3.38　晶体生长界面与 T_m 等温线

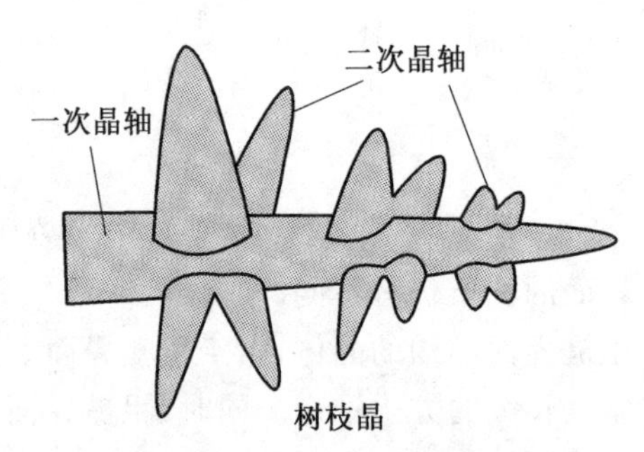

图 3.39　树枝状晶体生长示意图

树枝状结晶时,伸展的晶轴具有一定的晶体取向以降低界面能,晶轴的取向与其晶体结构的类型有关,例如,对于面心立方结构和体心立方结构的物质,其长大方向主要为〈100〉,密排六方结构主要为〈1010〉,体心正方结构为〈110〉。这是因为从热力学原理上讲,开始形核时的相界面应为能量最低的晶面露在表面。例如,在面心立方结构中,开始形成的晶核为具有{111}的八面体,这样就显示出相互垂直的〈100〉方向的六个尖端。由于界面处液体中呈负温度梯度,尖端处的过冷度较大,长大速度较快,因而很快从〈100〉方向长出一次轴来。

对于同一晶核发展成的枝晶,各次晶轴上的原子排列位向基本一致,最后各次晶轴相互接触形成一个充实的晶粒。

树枝状生长在具有粗糙界面的物质(如金属)中表现得最为显著,而对于光滑界面结构的晶体,在负的温度梯度下虽然也出现树枝状生长的倾向,但往往不甚明显,仍以平面生长方式为主;而某些亚金属(α 值大)则具有小平面的树枝状结晶特征。

本章习题

1. 比较说明过冷度、动态过冷度及临界过冷度三个概念的区别。
2. 试述结晶相变的热力学条件、动力学条件、能量及结构条件。
3. 说明动态过冷度与晶体生长的关系,以及在单晶制备时控制动态过冷度的意义。
4. 液态金属凝固时都需要过冷,那么固态金属熔化是否会出现过热? 为什么?
5. 分析纯金属生长形态与温度梯度的关系。
6. 什么是临界晶核? 它的物理意义及与过冷度的定量关系如何?
7. 简述纯金属晶体长大的机制及其与液－固界面微观结构的关系。
8. 纯晶体均匀形核时为什么需要临界形核功? 该临界形核功有多大?

9. 试比较均匀形核与非均匀形核的异同点。非均匀形核一定比均匀形核容易吗？为什么？

10. 形核时两相之间的界面能的大小对形核功的大小是否与过冷度的影响相同？为什么？

11. 分析在负温度梯度下，为什么 Pb 结晶出树枝状晶而 Si 的结晶平面却是平整的？

12. 什么是成分过冷？请用示意图进行说明。推导发生成分过冷的临界条件，指出影响成分过冷的因素，并说明成分过冷对液一固界面形貌的影响。

13. 简述晶体长大的机制。

14. 根据单组元金属凝固结晶理论，简述细化晶粒的基本途径。

第 4 章　二元相图

在实际工业中，被广泛使用的往往不是前述的单组元材料，而是由二组元及以上组元组成的多元系材料。多组元的加入使得材料的凝固过程和凝固产物趋于复杂，这为材料性能的多变性及其选择提供了契机。

在多元系中，二元系是最基本的，也是目前研究最充分的体系，常见于冶金学和金属学所讨论的领域，例如，钢铁中的平衡问题就是借助于 Fe－C 二元相图进行分析和研究的。所谓二元系，是指体系中有两个组元，它含有两个成分变量 C_A 和 C_B，但其中只有一个是独立的变量。若此二组元的物质的量分别为 n_A 和 n_B，则可用式(4.1)表示其成分，两个组元的摩尔分数之和必为 1。那么，二元系的成分就可以用平面上的一条线段来表示，线段上的点即表示体系中的一个相点。

$$x_A = \frac{n_A}{n_A + n_B} \tag{4.1}$$

二元系相图是研究二元体系在热力学平衡条件下，相与温度、成分之间关系的有力工具，它已在金属、陶瓷以及高分子材料中得到广泛的应用。本章将详细描述二元相图的有关知识，着重对不同类型的相图特点及其相应的组织进行分析。

4.1　二元系合金的吉布斯相律与平衡类型

按照吉布斯相律 $f=C+2-P$（P 为相数），在二元系中，组元数 $C=2$，因此在 $p-T-x$ 空间，自由度 $f=2+2-P=4-P$。若所研究的对象为恒压（或恒温）体系，其吉布斯相律 $f=C+1-P=3-P$。按照平衡时相数 P 的不同，系统处于不同的平衡状态，表 4.1 为 $p-T-x$ 空间和恒压（或恒温）二元系中平衡的自由度和平衡特性。

表 4.1　$p-T-x$ 空间和恒压（或恒温）二元系中平衡的自由度和平衡特性

平衡相区	相数 P	$p-T-x$ 空间		恒压（或恒温）	
		自由度 f	平衡特性	自由度 f	平衡特性
单相区	1	3	三变平衡	2	双变平衡
两相区	2	2	双变平衡	1	单变平衡
三相区	3	1	单变平衡	0	零变平衡
四相区	4	0	零变平衡	—	—

4.2　二元系的 $p-T-x$ 图和恒温(恒压、成分)相图

一个二元系相图可以在 $p-T-x$ 空间中表示，如图 4.1 所示。这是一个液相和固相均能无限互溶的例子，这里有三个单相区、三个两相区和一个三相区。

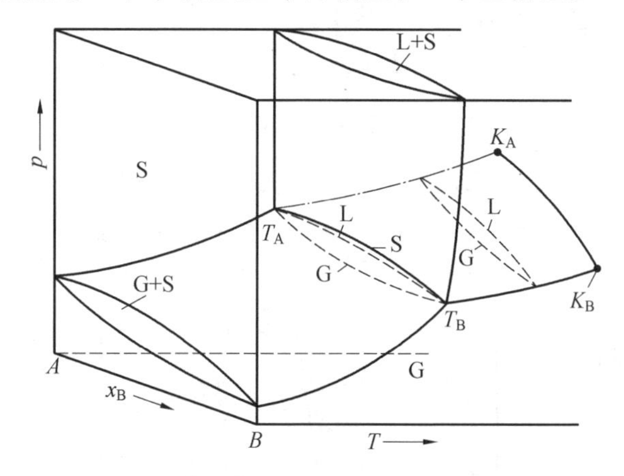

图 4.1　$p-T-x$ 空间中的二元系相图

由表 4.1 可知，在 $p-T-x$ 空间中单相区的自由度为 $f=4-P=3$，它表明压强 p、温度 T 和成分 x 三个参量均可以独立变化，而不会改变其单相存在的状态。两相区是由两个曲面围成的空间，其自由度 $f=4-P=2$，在 p，T 和 x 中仅有两个参量可以独立变化，从而保证体系仍处于两相平衡状态。三相平衡区为 T_A 和 T_B 之间形成的曲面，其自由度 $f=1$，即 p，T 和 x 中仅有一个参量可以独立变化。

在等温、等压或等成分的条件下，则可得到一系列二维的 $p-x$，$T-x$ 和 $p-T$ 相图。若为等压条件，则得到恒压 $T-x$ 相图，如图 4.2 所示；在等温条件下，得到的是恒温 $p-x$ 相图，如图 4.3 所示，在研究合金腐蚀和氧化等问题时，往往会采用此类相图；若为恒定成分的 AB 合金，则可以在 $p-T$ 空间表示其相的存在状态，如图 4.4 所示。

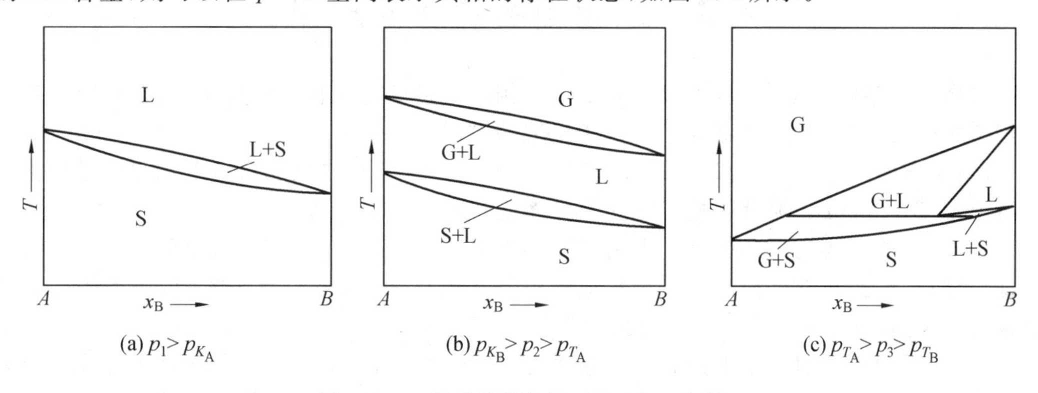

图 4.2　二元系等压条件下的 $T-x$ 相图

在二元合金恒压相图中，处于单相区时，自由度为 2，成分和温度均可以独立变化，体系仍处于单相平衡；处于两相区时，自由度为 1，成分或温度中仅有一个变量可以独立变化，体

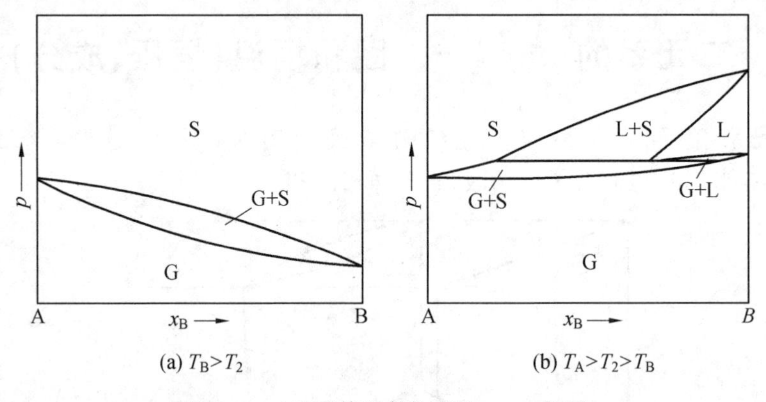

(a) $T_B>T_2$　　(b) $T_A>T_2>T_B$

图 4.3　二元系等温条件下的 $p-x$ 相图

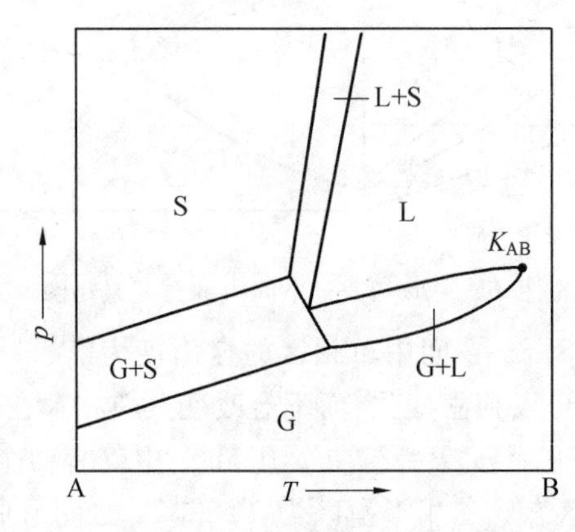

图 4.4　二元系的 $p-T$ 相图

系仍处于两相平衡;处于三相区时,自由度为 0,即成分和温度均不能变化,如若改变,则体系就偏离三相平衡。在二元合金恒压相图中三相区为零变平衡,因此在图 4.2(c)中三相区必为一条水平线。同样在图 4.3(b)等温条件相图中,三相区也必为一条水平线。

4.3　二元相图的几何规律

根据热力学的基本定理,可以推导出二元相图应遵循的一些几何规律,由此可以帮助理解相图的构成,并判断所测定的相图可能出现的错误:

(1)相图中所有的线条都代表发生相转变的温度和平衡相的成分,所以相界线是相平衡的体现,平衡相成分必须沿着相界线随温度而变化。

(2)两个单相区之间必定有一个由该两相组成的两相区把它们分开,而不能以一条线接界,两个两相区必须以单相区或三相水平线隔开。也就是说,在二元相图中,相邻相区的相数差为 1(点接触情况除外),这个规则称为相区接触法则。

(3)二元相图中的三相平衡必为一条水平线,表示恒温反应。在这条水平上存在三个表示平衡相的成分点,其中两点应在水平线的两端,另一点在端点之间。水平线的上下方分别与三个两相区相接。

(4)当两相区与单相区的分界线与三线等温线相交,则分界线的延长线应进入另一个两相区,而不会进入单相区。

4.4　二元相图分析

本节以匀晶、共晶和包晶三种基本相图为主要的研究对象，深入讨论二元系的凝固过程以及所得到的组织，使我们对二元系在平衡凝固和非平衡凝固下的成分与组织的关系有较系统的认识。除此之外，对二元相图中的溶混间隙和相应的调幅分解进行了分析。最后，还将对其他二元系相图进行介绍，并对二元相图的分析方法进行解析。

4.4.1　二元匀晶相图

由液相直接结晶出单相固溶体的过程，称为匀晶相变。绝大多数的二元相图都包括匀晶转变部分。当二元合金的液相和固相均能够无限互溶时，这样的二元系所构成的相图就称为二元匀晶相图，如 Cu－Ni，Au－Ag，Au－Pt，Fe－Ni，W－Mo 等。在二元匀晶相图中，除液相外，仅有单一的固相。除在两个纯组元处有零变平衡外，在二元系中未出现零变平衡区，相图中仅包含单相区和两相平衡区，它们分别具有双变平衡和单变平衡。

在两个金属组元之间形成合金时，要能无限互溶必须服从以下条件：两者的晶体结构相同；原子尺寸相近，尺寸差小于 15%；两者有相同的原子价和相似的电负性。这一适用于合金固溶体的规则，也基本适用于以离子晶体化合物为组元的固溶体形成，只是上述规则中以离子半径替代原子半径。例如，NiO 和 MgO 之间能无限互溶，正是因为两者的晶体结构都是 NaCl 型的，Ni^{2+} 和 Mg^{2+} 的离子半径分别为 0.069 nm 和 0.066 nm，十分接近，两者的原子价又相同。而 CaO 和 MgO 之间不能无限互溶，虽然两者晶体结构和原子价均相同，但 Ca^{2+} 的离子半径太大，为 0.099 nm。Cu－Ni 和 NiO－MgO 二元匀晶相图分别如图 4.5 所示。

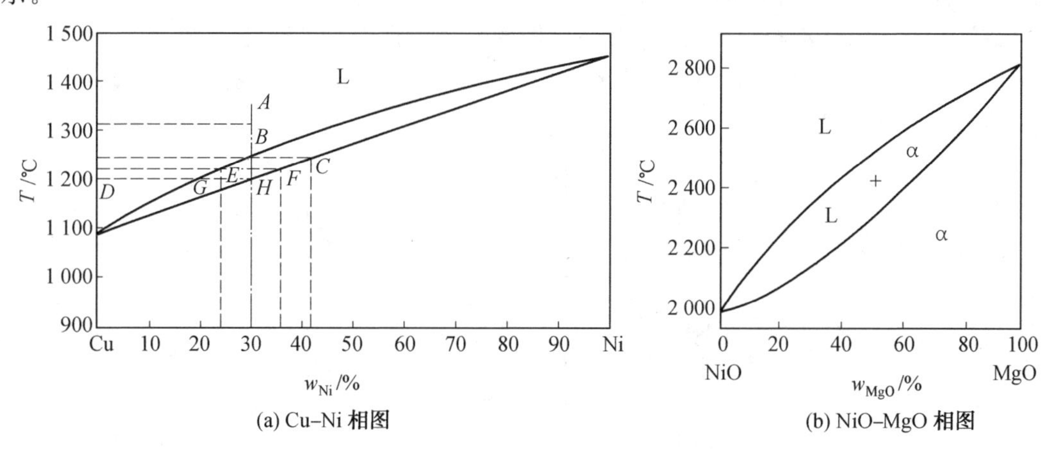

图 4.5　Cu－Ni 相图和 NiO－MgO 相图

匀晶相图还可以有其他形式，如 Au－Cu，Fe－Co 等在相图上具有极小点，而在 Pb－Tl 等相图上具有极大点，这两种类型的相图分别如图 4.6(a)和(b)所示。对应于极大点和极小点的合金，由于液固两相的成分相同，此时用来确定体系状态的变量数应去掉一个，于是自由度 $f=C-P+1=1-2+1=0$，即此时发生的是恒温转变。

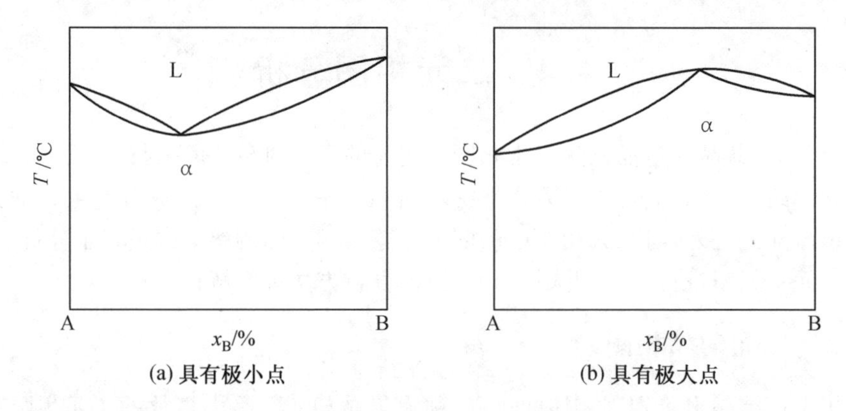

图 4.6 具有极小点和极大点的相图

1. 二元匀晶相图的图形分析

前已述及，两个组元在液态和固态下均能无限固溶，形成固溶体的二元相图称为二元匀晶相图。Cu－Ni 合金是最典型的二元匀晶相图，下面以它为例进行分析。Cu－Ni 合金二元匀晶相图如图 4.7 所示，可以按照相图中的点、线和相区进行相图分析。

(1)点：相图中的 T_a，T_b 点分别为纯组元 Cu，Ni 的熔点。

(2)线：图中 T_aT_b 凸曲线为液相线，各不同组分的合金加热到该线以上时全部转变为液相，而冷却到该线时开始凝固出 α 固溶体。T_aT_b 凹曲线为固相线，各不同组分的合金加热到该线时开始熔化，而冷却到该线时全部转变为 α 固溶体。

(3)相区：在 T_aT_b 凸曲线以上为液相的单相区，用 L 表示；在 T_aT_b 凹曲线下方为固相的单相区，用 α 表示；α 是 Cu－Ni 互溶形成的置换式无限固溶体。在 T_aT_b 凸曲线和 T_aT_b 凹曲线之间为液、固两相平衡区，用 L＋α 表示。

(4)匀晶转变：从液相中直接凝固出一个固相的过程称为匀晶转变，一般用 L→α 表示。匀晶转变是匀晶相图中液相、固相之间的主要转变方式，而且几乎在所有的二元合金相图中都含有匀晶转变部分。

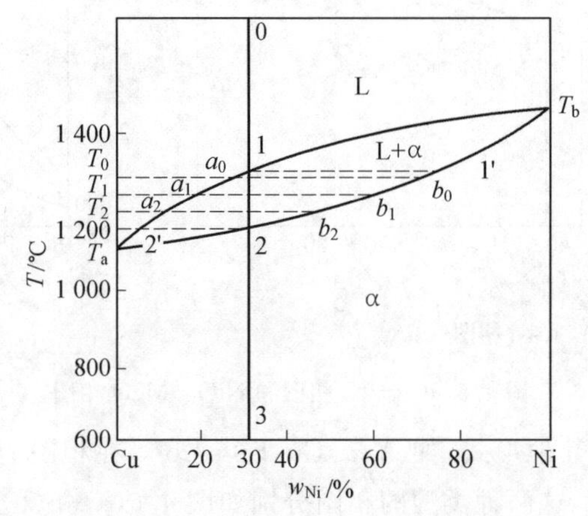

图 4.7 Cu－Ni 合金二元匀晶相图

2. 二元匀晶相图的结晶过程分析

(1)平衡结晶过程分析。

平衡结晶是液态合金在无限缓慢的冷却条件下进行的结晶过程。因冷却速度十分缓慢,原子能够进行充分扩散,在凝固过程的每一时刻都能达到完全的相平衡,这种结晶过程称为平衡结晶。

以 $w_{Ni}=30\%$的 Cu－Ni 合金为例,分析单相固溶体合金在平衡状态下的结晶过程。首先画出其冷却曲线,如图 4.8 所示。

由图 4.7 可知,在冷却过程中,合金在液相线以上,即在温度 1 以上为单相的液体 L,从高温冷却时只是发生温度降低而不发生状态的改变。当冷却到温度 1 时,液相开始发生匀晶转变,凝固出含高熔点组元 Ni 较多的固溶体,而液相的成分与合金的成分相同,此时液固两相的平衡关系为 $L\rightarrow\alpha_1$。根据相律,在反应过程中,两相共存,自由度为 1,故温度可变,结晶在一个温度范围内进行。由相图可以看出,α_1 的含 Ni 量大于该合金的含 Ni 量(即大于 30%),这种现象称为选份凝固。由杠杆定律可知,在温度 1 时,α_1 的质量分数为 0,这说明在温度 1 时,由于没有过冷度,固相还不能形成。当温度略低于温度 1 时,固相便可以形成,并且随着温度的降低,固相的相对含量不断增加,而液相的相对含量不断减少,液固两相成分也在不断地变化。反应过程中,液相成分沿图 4.7 中液相线 12′变化,固相 α 成分沿固相线 1′2 段变化。在一定温度下,两相成分固定。如在 t_1 温度下,液相成分为 a_1,α 相成分为 b_1;在 t_2 温度下,液相成分为 a_2,α 相成分为 b_2。两相的量也在过程中变化,一定温度下两相的量的比值可以通过杠杆定律确定,可以看出,随着结晶过程进行,α 相的量增加,液相量减少,直到温度 2 时,全部形成 α 相,液相消失,温度在 2～3 范围内,不发生变化,在温度 3 或室温下,全部为 α 相。

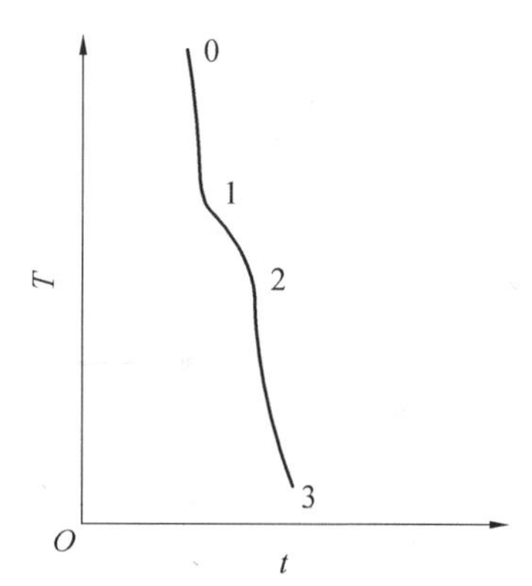

图 4.8　Cu－0.3Ni 合金的冷却曲线

匀晶合金在室温下的组织为单相固溶体,由单一晶粒组成,类似纯金属。

(2)平衡结晶时的扩散过程分析。

固溶体的凝固过程与纯金属一样,也包括形核与长大两个阶段,但合金中存在第二组元,使其凝固过程较纯金属的凝固过程复杂。例如,合金结晶出的固相成分与液态合金不同,所以形核时除需要能量起伏外还需要一定的成分起伏。另外,固溶体的凝固在一个温度区间内进行,这时液、固两相的成分随温度下降而不断变化。

如前所述,固相 α 在形成的过程中不仅其成分是变化的,而且与合金的平均成分也不一致,例如,在温度冷却到 t_2 温度时形成的 α 相成分与 t_1 时形成的 α 相成分不同,而在最后形成成分与合金成分一致的均匀固溶体 α 相,在结晶过程中必然伴随有原子的扩散发生。在平衡结晶过程中,一般伴随有两种扩散,一种是在单相(L 相或 α 相)内进行的体内扩散,另一种是在两相界面处发生的相间扩散。图 4.9 所示为在过冷度不大的 T_0 温度下,在成分为 Cu－30%Ni 的液相内形成极少量的固相晶体,成分为 b_0,相应的与之平衡的周围液相成

分为 a_0，a_0 稍低于合金的平均成分 1，因而在液相中出现浓度梯度，引发 Ni 原子在液相中的体内扩散，自液相内部扩散向 α/L 相界面，使液相界面浓度提高，破坏与 α 相的界面平衡。为了恢复界面平衡，发生相间扩散，α 相由液相中结晶出来，以降低界面处液相浓度，此时，α 相长大，界面向液相推移，而由于液相界面浓度降低，又引起液相中的体内扩散和界面处的相间扩散，直至液相中没有浓度差，并在 α/L 界面处保持平衡浓度，至温度 T_0 以下的结晶过程停止。

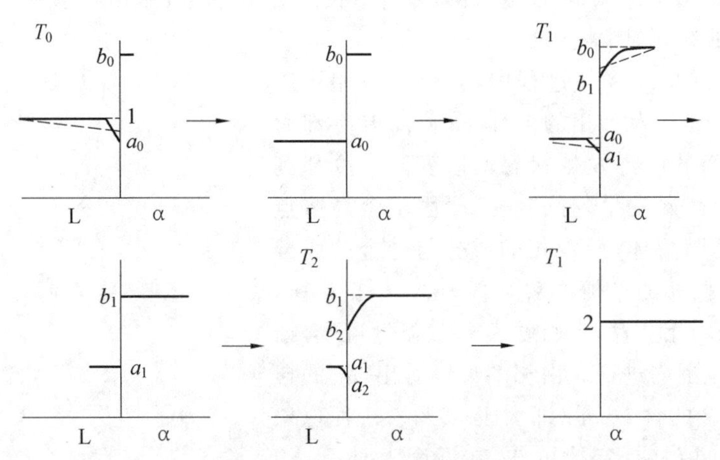

图 4.9　固溶体结晶中的扩散长大

当温度降至 T_1，界面处 α 相成分变为 b_1，与之平衡的液相成分变为 a_1，则在液相和 α 相内又出现新的成分不均匀，引起两相的体内扩散，体内扩散破坏界面平衡浓度，通过相间扩散再恢复平衡浓度，二者交替进行，新相 α 得以长大。过程不断进行，直至两相内没有浓度差，界面达到该温度下的平衡浓度为止。当温度降至 T_2，液相 L 与固相 α 相中又出现新的不平衡，再进行类似过程，结晶出 α 相，达到新的平衡。上述过程直到温度降至温度“2”以下，全部形成 α 相为止。

显然，为使结晶过程中原子扩散能充分进行，以获得成分均匀的 α 相，极其缓慢的冷却以保持平衡条件是至关重要的。

图 4.10 所示为 Cu－0.4Ni 合金在平衡凝固过程中的组织变化，其中 Ni 原子和 Cu 原子在冷却过程中必须扩散以满足相图要求，并形成均匀的平衡组织。如图 4.11 所示，在较高温度(t_1 温度)下结晶出的 α_1 固相含 Ni 量最高，在较低温度下结晶出来的 α_2 固相含 Ni 量低于 α_1 固相的含 Ni 量，但高于 L 相的含 Ni 量；因而在结晶过程中，先形成的 α_1 固相必须通过扩散使得成分由 α_1 变为 α_2，而且液相的成分也必须通过扩散由 L_1 变为 L_2。先凝固出的固相含 Ni 量最高，由里往外向液相中扩散，Ni 的扩散方向为 $\alpha_1 \rightarrow \alpha_2 \rightarrow L_2$，而固相外层的液相中含 Cu 量最高，由外至内向 α_1 扩散，Cu 的扩散方向为 $L_2 \rightarrow \alpha_2 \rightarrow \alpha_1$。

比较固溶体合金与纯金属的凝固过程，可以发现它们具有许多异同点。

① 相同点：二者都需要过冷度、能量起伏和结构起伏，并以形核长大的方式进行。

② 不同点：纯金属是在恒温下凝固，而固溶体合金是在一个温度范围内凝固，具有变温凝固特征，这也是固溶体凝固的重要规律之一。固溶体具有变温凝固特征，可以用相律来证明，因为对于二元合金，组元数 $C=2$，在液、固两相共存区平衡相数 $P=2$，则自由度 $f=2-$

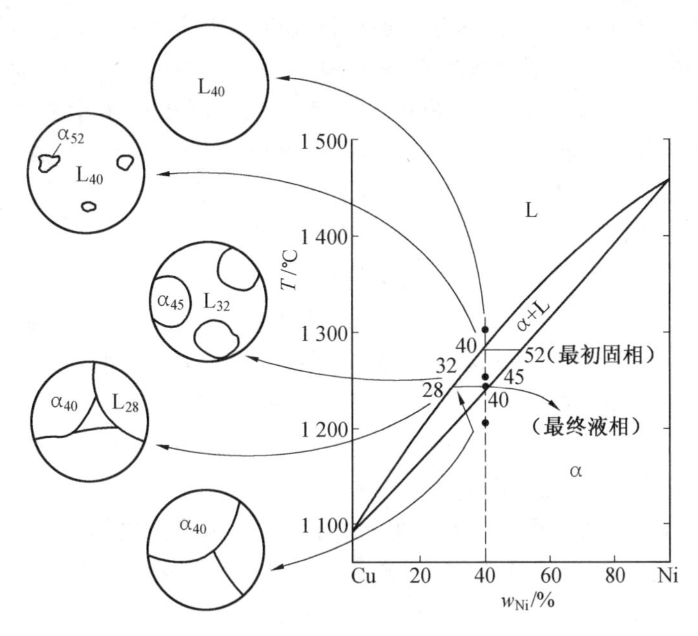

图 4.10　Cu－0.4Ni 合金在平衡凝固过程中的组织变化

2＋1＝1，这说明在液、固两相区，温度和成分只有一个是独立可变的因素，当温度一定时，液、固两平衡相的成分一定，只有合金的成分是唯一的独立可变因素；当合金的成分一定时，温度成为唯一的独立可变因素，因此合金的凝固与结晶是在一个温度范围内进行的，是变温凝固过程。

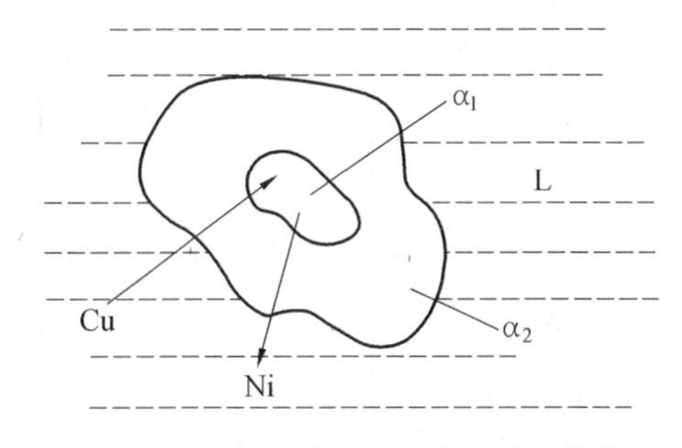

图 4.11　匀晶转变过程中的原子扩散

③ 纯金属形核时只需要能量起伏和结构起伏，而固溶体合金形核时不仅需要能量起伏和结构起伏，还需要成分起伏。成分起伏是指液态合金中某些微小区域的成分时起时伏地偏离其平均成分的现象。固溶体合金均匀形核时，就是在那些能量起伏、结构起伏和成分起伏都能满足要求的地方首先形核。

(2)非平衡结晶过程分析。

匀晶系合金的平衡凝固过程是一种比较理想的情况，要达到平衡凝固，必须有足够的时间使得原子能够进行充分的扩散，合金的成分能够达到完全的均匀一致。但在实际生产中，合金铸造时的冷却总是在砂模或金属模中进行，合金凝固时冷却速度比较快，在每个温度下不能保持足够的扩散时间，原子来不及进行充分扩散，合金的成分也达不到完全的均匀一致，因此使得凝固结晶过程偏离平衡条件，称为非平衡凝固。

合金在非平衡凝固过程中，液、固两相的成分将偏离平衡相图中的液相线和固相线。固相内原子扩散速率较液相中的扩散速率要慢得多，故偏离固相线的程度就大得多，它成为非平衡凝固过程中的主要矛盾。依然以 Cu－Ni 二元合金为例来分析固溶体合金的非平衡凝固过程。以合金Ⅰ为例，合金Ⅰ在 t_1 温度时首先结晶出成分为 α_1 的固溶体，因其含铜量远低于合金的原始成分，此时液－固两相界面处液相含铜量势必升高，液相成分为 L_1。当温度降至 t_2 时，在成分为 α_1 的固溶体表面形成一层成分为 α_2 的固溶体，此时液－固界面处液相的成分为 L_2。由于冷却速度较快，液相和固相（尤其是固相）中的扩散不充分，在 t_1 温度下形成的固溶体成分来不及由 α_1 转变成 α_2，因此固相的内部和外层的成分不一致，它们的平均成分介于 α_1 和 α_2 之间，可以记为 α_2'；同样液相的成分也来不及由 L_1 转变为 L_2，所以液相的平均成分 L_2' 也应该在 L_1 和 L_2 之间。同理，当温度降至 t_3 时，结晶后的固体平衡成分应变为 α_3，即在已凝固出的固溶体表面又将形成一层成分为 α_3 的固溶体，此时液相的成分应该变为 L_3。同样，扩散进行得不充分，使得固相和液相均达不到平衡凝固成分，固相的实际成分是 α_1，α_2 和 α_3 的平均值 α_3'，液相的实际成分则是 L_1，L_2 和 L_3 的平均值 L_3'。如果平衡凝固合金将在 t_4 温度凝固结束，但在非平衡凝固时，该合金冷却到 t_4 温度时，液相还没有完全消失，固相的平均成分也没有达到合金的成分，必须要冷却到 t_5 温度时，固溶体的平均成分才能达到合金成分，这时液相完全消失，凝固宣告结束。因此，在非平衡凝固时，凝固的终止温度总是低于平衡凝固的终止温度。如果把每一温度下的固相和液相的平均成分点连接起来，则可以得到图 4.12 中的虚线，分别称为固相平均成分线和液相平均成分线。

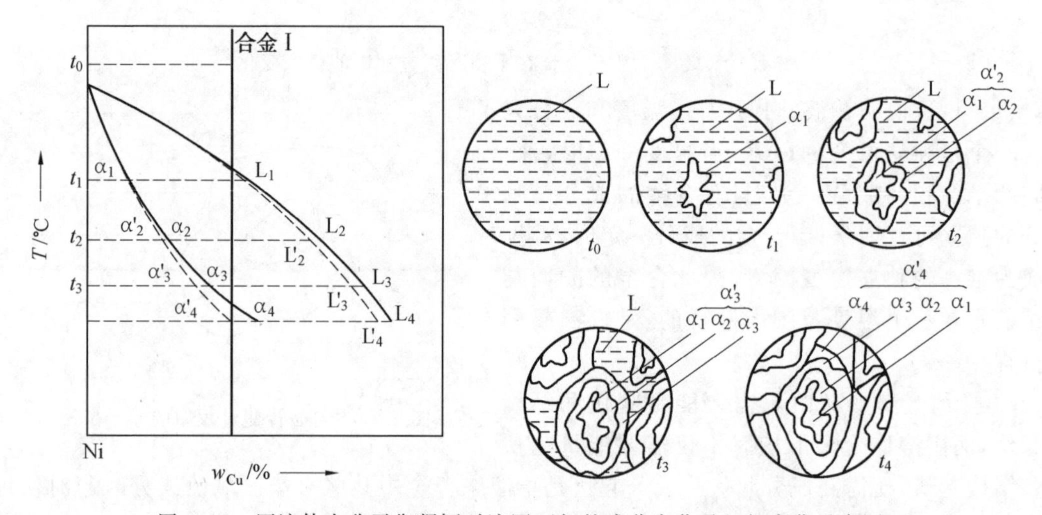

图 4.12　固溶体在非平衡凝固时液固两相的成分变化及组织变化示意图

从以上非平衡凝固过程的分析，应该注意到：

① 非平衡凝固时，液、固相在各个温度时的相平衡成分仍然在平衡凝固时的液、固线上，只是它们的平均成分偏离了平衡凝固时的液、固相线。

② 非平衡凝固时，固相平均成分线与液相平均成分线的偏离程度大小主要取决于冷却速度。冷却速度越快，偏离的程度就越严重；反之，冷却速度越慢，它们越接近于固、液相线，表明冷却速度越接近平衡冷却条件。

③ 由于液相中的原子扩散速率快于固相中的原子扩散速率，因此非平衡凝固时液相平均成分线偏离程度比固相平均成分线的偏离程度小，在冷却速度较慢时，可以认为液相的平均成分线与平衡凝固时液相线重合。

④ 非平衡凝固时，先结晶部分总是富高熔点组元，后结晶部分是富低熔点组元。以 Cu－Ni二元合金为例，先结晶部分总是富高熔点组元 Ni，后结晶部分总是富低熔点组元 Cu。

⑤ 非平衡凝固总是导致凝固终结温度低于平衡凝固时的终结温度。

(3)固溶体合金非平衡凝固组织。

由上述分析可以发现,固溶体合金在非平衡凝固时,先凝固出的固溶体与后凝固出的固溶体成分不同,并且没有足够的时间使成分扩散均匀。因此在凝固完成后,整个固溶体的成分是不一致的,这种成分不均匀的现象称为成分偏析,而在一个晶粒内部的成分不均匀现象称为晶内偏析。

固溶体通常以树枝状生长方式结晶,非平衡凝固导致先结晶的枝干的成分和后结晶的枝间的成分不同,称为枝晶偏析。由于一个树枝晶是由一个核心结晶而成的,因此枝晶偏析属于晶内偏析。

以 Cu－Ni 合金为例,它在非平衡凝固时的铸态组织如图 4.13 所示。固溶体组织呈树枝状,如图 4.13(a)所示,树枝晶形貌的显示是由于枝干和枝间的成分差异引起浸蚀后颜色的深浅不同。采用电子探针微区分析可以发现,先凝固的枝干部分含高熔点组元 Ni 较多,由于富 Ni 不易浸蚀而呈白色,后凝固的枝间部分含低熔点组元 Cu 比较多,富 Cu 区域由于易受浸蚀而呈黑色,如图 4.13(b)所示。

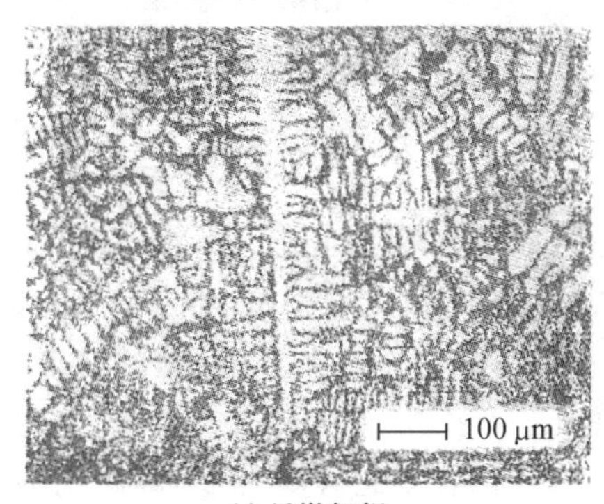

(a) 显微组织

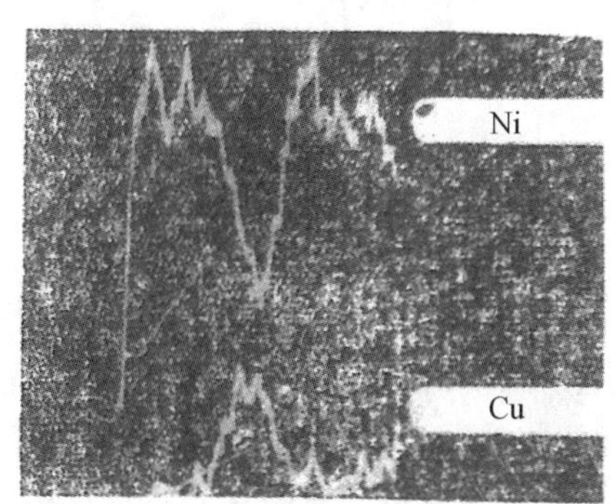

(b) 电子探针测量结果

图 4.13　Cu－Ni 合金非平衡凝固时的铸态组织(树枝晶)

固溶体在非平衡凝固条件下产生上述的枝晶偏析是一种普遍现象。固溶体合金非平衡凝固后枝晶偏析程度的大小通常受内外两种因素的影响。

① 内因:(a)合金液、固相线之间的距离,包括水平距离和垂直距离。水平距离越大,合金凝固时的成分间隔越大,先后凝固出的固溶体成分差别越大,偏析越严重;垂直距离越大,合金凝固的温度间隔越大,高温和低温凝固出的固溶体成分差别越大,而且低温也不利于原子扩散;另外,一般垂直距离较大时,水平距离也较大,因此,这种情况的偏析程度更严重。所以,合金的液、固相线间距越大,合金凝固后的偏析程度越严重。(b)组元的扩散能力,一般扩散能力越小,偏析程度越大;扩散能力越大,偏析程度越小。

② 外因:即合金的浇铸条件,冷却速度越大,偏析越严重;冷却速度越小,偏析越小。

合金的枝晶偏析是非平衡凝固的产物,是一种微观偏析。它是一个晶粒内部成分不均匀的现象。成分不均匀使得晶粒内部性能也不均匀,降低了合金的机械性能(主要是塑性和韧性)、耐蚀性能和加工工艺性能,所以生产上必须设法将其消除和改善。枝晶偏析是一种非平衡组织,在热力学上是不稳定的,可以通过扩散退火或均匀化退火的方法予以消除,即将合金加热到固相线以下的较高温度(低于固相线100～200 ℃,确保不能出现液相,否则会使合金过烧),进行长时间的保温,让原子进行充分扩散,使晶粒内部成分基本均匀一致,然后缓慢冷却下来,使得枝晶偏析得以消除,转变为平衡组织。图4.14所示为Cu－Ni合金非平衡凝固铸态组织扩散退火后的显微组织,可以看出,树枝状形态已消失,枝晶偏析已被消除,组织与平衡组织基本相同,电子探针微区分析的结果也证实了枝晶偏析已消除。

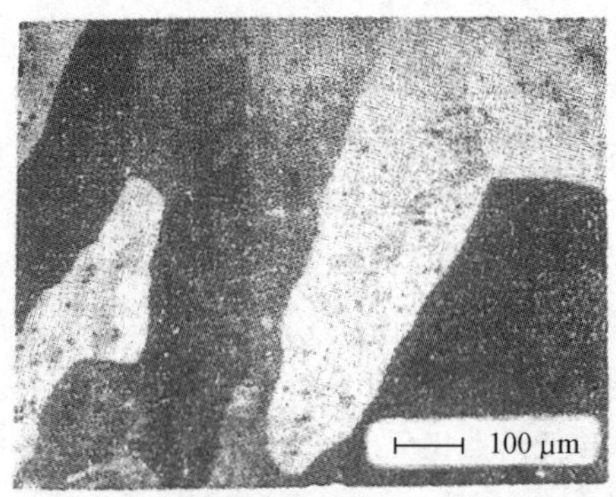

(a) 显微组织

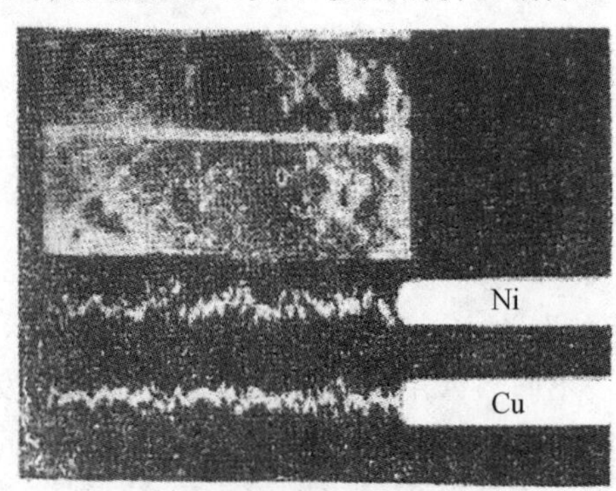

(b) 电子探针测量结果

图 4.14　Cu－Ni合金非平衡凝固铸态组织扩散退火后的显微组织

4.4.2　二元共晶相图

组成共晶相图的两组元在液态能无限互溶,而在固态下只能有限互溶,甚至完全不溶。两组元的混合使合金的熔点比各组元低,因此,液相线从两端纯组元向中间凹下,两条液相线的交点所对应的温度称为共晶温度。在该温度下,液相通过共晶凝固同时结晶出两个固相,这样两相的混合物称为共晶组织或共晶体。

共晶合金在铸造工业中具有非常重要的作用,其原因在于它有以下一些特殊的性质:

① 比纯组元熔点低,简化了熔化和铸造的操作。

② 共晶合金比纯金属有更好的流动性,其在凝固之中防止了阻碍熔液流动的枝晶形成,从而改善了铸造性能。

③ 共晶转变属于恒温相变,无凝固温度范围,减少了铸造缺陷,如偏聚和缩孔。

④ 共晶凝固可以获得多种形态的显微组织,尤其是规则排列的层状或杆状共晶组织可能成为具有优异性能的原位复合材料。

金属材料中的Al－Si,Al－Sn,Pb－Sn,Pb－Bi,Ag－Cu等合金的相图都属于共晶相图,而在Fe－C相图、陶瓷材料MgO－CaO系也具有此类相图。下面以典型的Pb－Sn二元合金共晶相图为例进行讲解。

1. 相图分析

图4.15所示为Pb－Sn二元共晶相图。组元Pb和Sn在成分线的两端,为相图的独立组成物。

(1)点。

t_A点和t_B点:分别是纯组元Pb和Sn的熔点,为327.5 ℃和231.9 ℃。

M点:Sn在Pb中的最大溶解度点。

N 点：Pb 在 Sn 中的最大溶解度点。

E 点：共晶点，具有该点成分的合金在恒温 183 ℃发生共晶转变 $L_E \to \alpha_M + \beta_N$，共晶转变是具有一定成分的液相在恒温下同时转变为两个具有一定成分和结构的固相的过程。

F 点：室温时 Sn 在 Pb 中的固溶度。

G 点：室温时 Pb 在 Sn 中的固溶度。

(2)线。

$t_A E t_B$线：液相线，其中 $t_A E$ 线为冷却时 $L \to \alpha$ 的开始温度线，$E t_B$线是冷却时 $L \to \beta$ 的开始温度线。

$t_A MEN t_B$线：固相线，其中 $t_A M$ 线为冷却时 $L \to \alpha$ 的终止温度线，$N t_B$线为冷却时 $L \to \beta$ 的终止温度线。

MEN 线：共晶线，成分在 $M \sim N$ 之间的合金在恒温 183 ℃时均发生共晶转变 $L_E \to \alpha_M + \beta_N$，形成两个固溶体所组成的机械混合物，通常称为共晶体或共晶组织。

MF 线：Sn 在 Pb 中的溶解度曲线，表示 α 固溶体的溶解度随温度的降低而减少的变化。

NG 线：Pb 在 Sn 中的溶解度曲线，表示 β 固溶体的溶解度随温度的降低而减少的变化。

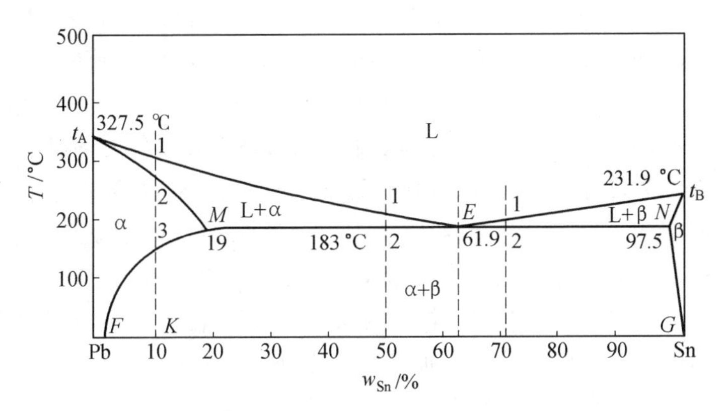

图 4.15　Pb－Sn 二元共晶相图

(3)相区。

①单相区。

在 $t_A E t_B$液相线以上的相区为单相的液相区，用 L 表示，它是 Sn 和 Pb 组成的合金溶液。

在 $t_A MF$ 线以左的相区为单相 α 固溶体区，α 相是 Sn 在 Pb 中有限溶解的固溶体。

在 $t_B NG$ 线以右的相区为单相 β 固溶体区，β 相是 Pb 在 Sn 中有限溶解的固溶体。

②两相区。

$t_A EM t_A$区为 L＋α 相区；$t_B EN t_B$区为 L＋β 相区；$FMENGF$ 为 α＋β 相区。

③三相线。

MEN 线为 L+α+β 三相共存线，根据相律，在二元合金系中，三相共存时，$f=2-3+1=0$，自由度为 0，所以共晶转变是恒温转变，在相图中是一条水平线。

对于具有共晶相图的二元系合金，通常可以根据它们在相图中的位置不同，分为以下几类：

① 成分对应于共晶点 E 的合金称为共晶合金，如 Pb－Sn 相图中 $w_{Sn}=61.9\%$ 的合金。

② 成分位于共晶点 E 以左且 M 点以右的合金称为亚共晶合金，如 $w_{Sn}=19\%\sim61.9\%$ 的合金。

③成分位于共晶点 E 以右且 N 点以左的合金称为过共晶合金，如 $w_{Sn}=61.9\%\sim97.5\%$ 的合金。

④ 成分位于 M 点以左或 N 点以右的合金称为端部固溶体合金，如 $w_{Sn}<19\%$ 和 $w_{Sn}>97.5\%$ 的合金。

2. 共晶系典型合金的平衡凝固及其组织

下面以 Pb－Sn 合金为例，分别讨论各种典型成分合金的平衡凝固过程及其显微组织特征。

(1)端部固溶体合金(Pb－10%Sn)。

从图 4.15 可见，当 $w_{Sn}=10\%$ 的 Pb－Sn 合金由液相缓慢冷却到 t_1 温度(图中标记为 1)时开始发生匀晶转变，从液相 L 中开始结晶出 α 固溶体。随着温度的降低，初生 α 固溶体的量不断增加，液相 L 的量较少，并且 α 相的成分沿着固相线 t_AM 变化，液相 L 的成分沿着液相线 t_AE 变化。当冷却到 t_2 温度(图中标记为 2)时，合金凝固结束，液相 L 全部转变为单相 α 固溶体。这一结晶过程与匀晶相图中的平衡转变相同。继续冷却温度，α 相自然冷却，不发生成分和相的变化。当温度冷却到 t_3(图中标记为 3)时，Sn 在 α 固溶体中达到饱和状态，随着温度的继续降低，Sn 在 α 固溶体中将处于过饱和状态，因此，多余的 Sn 以 β 固溶体的形式从 α 固溶体中析出。这种 β 固溶体称为次生 β 固溶体(β_{II})，以区别于从液相中直接结晶出的初生 β 固溶体。次生 β 固溶体通常优先沿初生 α 固溶体的晶界或者晶内的缺陷处析出。随着温度的不断降低，β_{II} 固溶体的相对含量不断增多，α 固溶体的相对含量逐渐减少，α 和 β_{II} 相的平衡成分将分别沿着 MF 和 NG 溶解度曲线变化。通常，我们将固溶体中析出另一种固相的过程称为脱溶转变，脱溶转变的产物一般称为次生相或二次相。因为次生相是从固相中析出的，而原子在固相中的扩散速率慢，所以次生相一般都较细小，并分布在晶界上或固溶体的晶粒内部。图 4.16 为 10%Sn－Pb 合金的平衡凝固过程示意图，由上述分析可知，10%Sn－Pb 合金在室温时的组织为($\alpha+\beta_{II}$)两相组织。图 4.17 所示为该合金的显微组织，其中黑色基体为 α 相，白色颗粒为 β_{II} 相。

由图 4.15 可以看出，在 F 点以左、G 点以右的合金凝固过程与匀晶合金完全相同，而成分位于 F 点和 M 点之间的所有合金的平衡凝固过程都与上述合金相同，显微组织都为 $\alpha+\beta_{II}$ 两相组织，只是 α 和 β_{II} 相的相对含量不同。合金成分越接近 M 点，其含 β_{II} 相越多；越接近 F 点，其含 β_{II} 相越少。β_{II} 相的质量分数可以根据杠杆定律确定，例如，对于上述 10%Sn－Pb合金，室温下 β_{II} 相的质量分数为

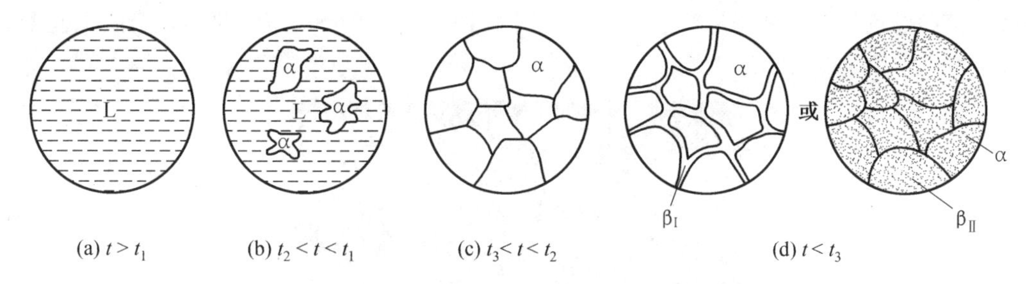

图 4.16　10%Sn－Pb 合金的平衡凝固过程示意图

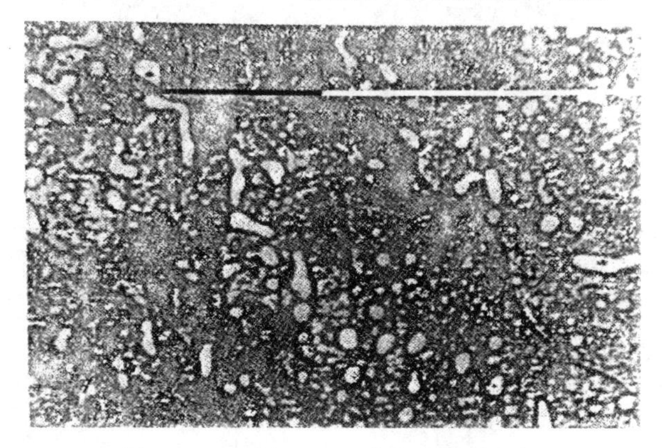

图 4.17　10%Sn－Pb 合金的显微组织

$$w_{\beta_{\text{II}}}=\frac{FK}{FG}\times 100\%=\frac{0.1-0.02}{1-0.02}\times 100\%\approx 8\%$$

另外，由图 4.15 还可以看出，成分位于 N 点和 G 点之间的所有合金的平衡凝固过程与上述合金相似，所不同的是变化过程为 $\text{L}\rightarrow\beta,\beta\rightarrow\alpha_{\text{II}}$。由于某些固溶体合金的溶解度随温度的降低而降低，因此可以通过热处理来控制次生相的析出量和大小，从而达到改善合金性能的目的。所以，由相图不仅可以判断合金的特性，还可以指导热处理生产。

(2)共晶合金 (61.9%Sn－Pb)。

由图 4.15 可以看出，61.9%Sn－Pb 共晶合金从液态缓慢冷却至 t_E 温度(183 ℃)时，由液相中同时结晶出两个成分完全不同的固相，即发生共晶转变 $\text{L}_E\rightarrow\alpha_M+\beta_N(\text{L}_{61.9\%}\rightarrow\alpha_{19\%}+\beta_{97.5\%})$。因为发生共晶转变时是三相平衡，所以可以用相律证明它是在恒温下进行的。共晶转变在恒温下一直进行到液相完全消失。此时结晶出的共晶体中的 α 相和 β 相的相对含量可以采用杠杆定律计算，在共晶线下方两相区(α＋β)中画出连接线，其长度可近似认为是 MN，则有

$$w_{\alpha_M}=\frac{EN}{MN}\times 100\%=\frac{97.5-61.9}{97.5-19}\times 100\%=45.4\%$$

$$w_{\beta_N}=\frac{ME}{MN}\times 100\%=\frac{61.9-19}{97.5-19}\times 100\%=54.6\%$$

继续冷却，α_M 和 β_N 分别析出次生相 β_{II} 和 α_{II}，成分分别沿着 MF 线和 NG 线变化。由于析出的 α_{II} 和 β_{II} 与共晶体中的 α 相和 β 相常常混合在一起，因此在显微镜下很难分辨。因此，该合金在室温时的组织一般认为是由(α＋β)共晶体组成的，如图 4.18 所示，它是由黑

色的 α 相和白色的 β 相呈层片状交替分布。图 4.19 为 61.9%Sn－Pb 共晶合金的平衡凝固过程示意图。

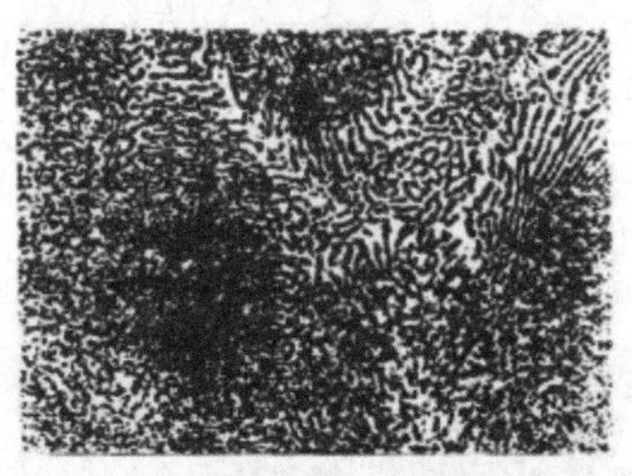

图 4.18　61.9%Sn－Pb 共晶合金的显微组织(250×)

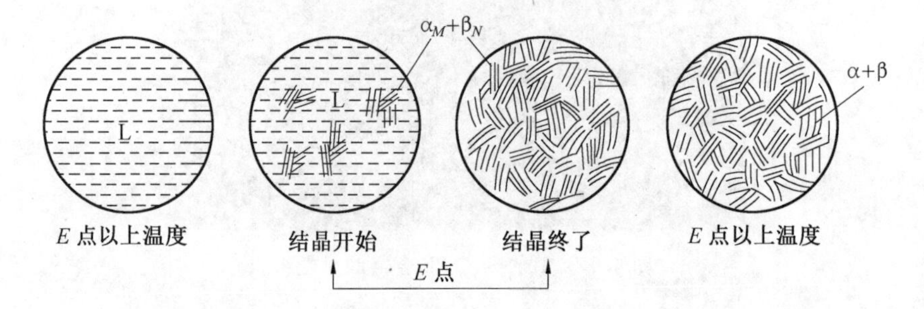

图 4.19　61.9%Sn－Pb 共晶合金的平衡凝固过程示意图

共晶合金的显微组织由 α 和 β 两相组成,所以它的相组成物为 α 和 β 两相。相组成物是指组成合金显微组织的基本相。组织组成物是指合金在结晶过程中,形成的具有特定形态特征的独立组成部分。

(3)亚共晶合金。

在图 4.15 中,成分位于 M,E 两点之间的合金称为亚共晶合金,因为它的成分低于共晶成分而只有部分液相可以结晶形成共晶体。下面以 50%Sn－Pb 合金为例,分析其平衡凝固过程。

由图 4.15 可以看出,当 50%Sn－Pb 合金冷却到 t_1 温度(标记为 1)时,开始发生匀晶转变(L→α),从液相 L 中结晶出 α 相,该 α 相称为初生相或先共晶相,用 $\alpha_{初}$ 表示。随着合金在 t_1 和 t_2 温度之间缓慢冷却,$\alpha_{初}$ 相的成分沿着 t_AM 固相线变化,相对含量不断增加,而液相 L 的成分沿着 t_AE 液相线变化,相对含量不断减少,当冷却到 t_2 温度时,$\alpha_{初}$ 相的成分 M 点的成分,而剩余液相的成分达到 E 点的成分,它们的相对含量可以采用杠杆定律计算:

$$w_{\alpha_{初}}=\frac{t_2E}{ME}\times 100\%=\frac{61.9-50}{61.9-19}\times 100\%=27.8\%$$

$$w_L=\frac{t_2M}{ME}\times 100\%=\frac{50-19}{61.9-19}\times 100\%=72.2\%$$

在该温度(略低于 t_2 温度),剩余液相发生共晶转变 $L_E\to\alpha_M+\beta_N$,剩余液相全部转变为共晶体。共晶转变结束后,此时合金的平衡组织为初生的 $\alpha_{初}$ 固溶体和共晶体(α+β),可以看出，共晶体的量就等于 t_2 温度时液相的量。初生 $\alpha_{初}$ 固溶体和共晶体（α+β）具有不同的显微组织形态而成为不同的组织。两种组织的相对含量也称为组织组成体相对含量，也可以用杠杆定律计算，即在共晶线上方两相区（L+α）中画连接线，其长度可以近似认为是 ME，则用质量分数表示两种组织的相对含量为

$$w_{\alpha+\beta}=w_{L}=\frac{50-19}{61.9-19}\times 100\%\approx 72\%$$

$$w_{\alpha_{初}}=\frac{61.9-50}{61.9-19}\times 100\%\approx 28\%$$

上述的计算表明，50%Sn－Pb 合金在共晶反应结束后，初生 $\alpha_{初}$ 固溶体占 28%，共晶体（α+β）占 72%。在共晶反应结束后，组成相 α 和 β 的相对含量分别为

$$w_{\alpha}=\frac{t_2N}{MN}\times 100\%=\frac{97.5-50}{97.5-19}\times 100\%=60.5\%$$

$$w_{\beta}=w_{1-\alpha}=\frac{t_2M}{MN}\times 100\%=\frac{50-19}{97.5-19}\times 100\%=39.5\%$$

由上述计算可知，随着成分的不同，两种组织的质量分数不同，越接近共晶成分 E 的亚共晶合金，共晶体越多，反之，成分越接近 α 相成分 M 点，则初生 $\alpha_{初}$ 固溶体越多。上述分析强调了运用杠杆定律计算组织组成体的相对含量和组成相的相对含量的方法，其关键在于连接线应画的位置。组织不仅反映相的结构差异，而且反映相的不同形态。

在 t_2 温度以下继续冷却合金，由于固溶体溶解度随之减小，因此它们都要发生脱溶过程，$\alpha_{初}$ 固溶体和共晶体中的 α 相将沿着 MF 线变化析出二次相 $\alpha_{初}\rightarrow\beta_{Ⅱ}$，$\alpha\rightarrow\beta_{Ⅱ}$。而共晶体中 β 相的成分将沿着 NG 线变化析出二次相 $\beta_{共}\rightarrow\alpha_{Ⅱ}$，它们析出的二次相 $\alpha_{Ⅱ}$ 和 $\beta_{Ⅱ}$ 的成分也分别沿着 MF 和 NG 线变化，相对含量逐渐增加，此时室温组织应该为 $\alpha_{初}+(\alpha+\beta)+\alpha_{Ⅱ}+\beta_{Ⅱ}$。但由于 $\alpha_{Ⅱ}$ 和 $\beta_{Ⅱ}$ 析出量不多，除了在初生 $\alpha_{初}$ 固溶体中可能看到 $\beta_{Ⅱ}$ 外，共晶体（α+β）中析出的二次相与共晶体混合在一起，在显微镜下分辨不出来，共晶组织的特征保持不变，所以该合金室温下的组织可以写为 $\alpha_{初}+(\alpha+\beta)+\beta_{Ⅱ}$。图 4.20 所示为 50%Sn－Pb 亚共晶合金经硝酸酒精溶液浸蚀后的室温显微组织，其中暗黑色块状的树枝晶为初生的 $\alpha_{初}$ 固溶体，在其上的白色颗粒是 $\beta_{Ⅱ}$ 相，而黑白相间的部分为（α+β）共晶体。

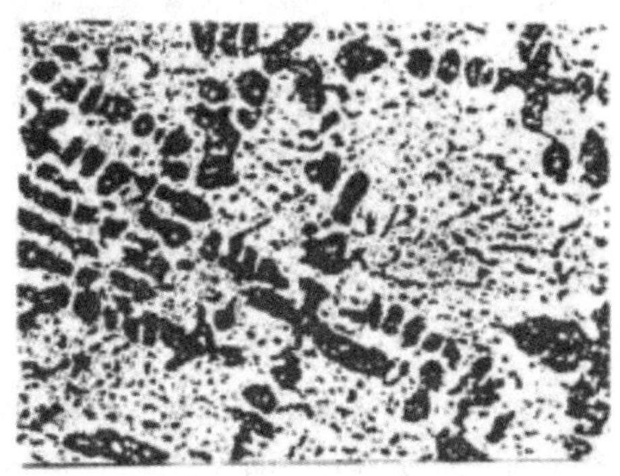

图 4.20　50%Sn－Pb 亚共晶合金室温显微组织（200×）

图 4.21 所示为亚共晶合金的平衡凝固示意图。可以看出亚共晶合金在室温下的相组

成为 α 和 β 两相，它们的相对含量为 $w_{\alpha_F}=\frac{t_3G}{FG}\times100\%$，$w_{\beta_G}=\frac{Ft_3}{FG}\times100\%$，而组织组成物为 $w_{\alpha_初}+(\alpha+\beta)+\beta_{\text{II}}$，它们的相对含量也可以用杠杆定律计算。由上文计算可知 $w_{\alpha_初}=27.8\%$，$w_{\alpha+\beta}=72.2\%$，现在要计算从 $\alpha_初$ 相中析出的 β_{II} 相，应先计算出 β_{II} 相的最大析出量（即为 100%$\alpha_初$ 相中能析出的 β_{II} 相的量），$w_{\beta_{\text{II}最大}}=\frac{FM'}{FG}\times100\%$，则从 $\alpha_初$ 相中析出的 β_{II} 相的量为 $w_{\beta_{\text{II}}}=w_{\beta_{\text{II}最大}}\times w_{\alpha_初}=\frac{FM'}{FG}\times100\%\times27.8\%$。另外由相图可以看出，所有亚共晶合金的凝固过程都与该合金的凝固过程相同，不同的是，当合金成分靠近 M 点时，$\alpha_初$ 固溶体的相对含量增加，析出的 β_{II} 相增加，(α+β)的相对含量减少。而当合金成分靠近 E 点时，$\alpha_初$ 固溶体的相对含量减少，析出的 β_{II} 相减少，(α+β)的相对含量增加。

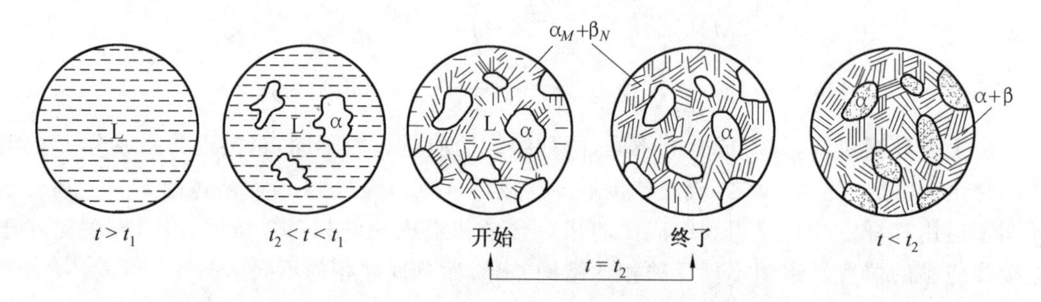

图 4.21　亚共晶合金的平衡凝固示意图

(4)过共晶合金。

在图 4.15 中，成分位于 E，N 两点之间的合金称为过共晶合金。其平衡凝固过程及平衡组织与亚共晶合金相似，只是过共晶合金的初生相为 β 固溶体而不是 α 固溶体。室温时的组织为 $\beta_初+(\alpha+\beta)+\alpha_{\text{II}}$。图 4.22 所示为 70%Sn−Pb 过共晶合金室温显微组织，图中白亮色卵形部分为 $\beta_初$，黑白相间部分为共晶体(α+β)。

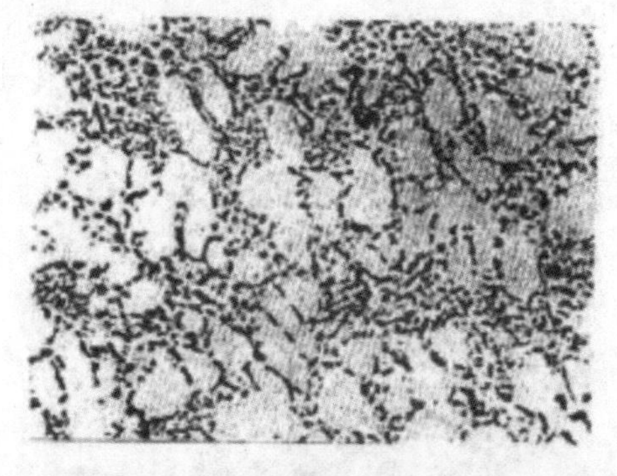

图 4 22　70%Sn−Pb 过共晶合金室温显微组织(200×)

根据上述不同成分合金的组织分析，不同成分范围的合金室温组织不同，可以在相图中给出相应的组织区。图 4.23 所示为 Pb−Sn 共晶合金的组织分区图。

3. 共晶系合金的非平衡凝固及其组织

(1)伪共晶。

在缓慢冷却的平衡过程中，只有共晶成分的合金可获得共晶组织。而共晶系合金在不

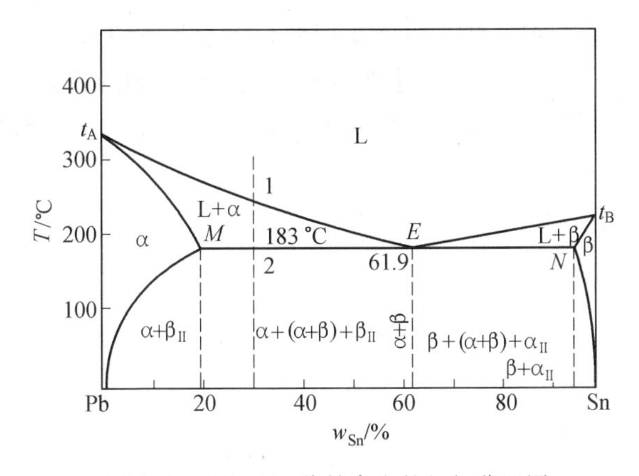

图 4.23　Pb－Sn 共晶合金的组织分区图

平衡凝固时，冷却速度较快，原子扩散不能充分进行，不仅使固溶体发生枝晶偏析，而且在较快的冷却速度下，某些亚共晶或者过共晶成分的合金也可以得到全部共晶组织，图 4.24 中影线所示液相线延伸的范围。在过冷条件下，影线成分范围内的液相同时处于 α 和 β 两相的过饱和区，因而在该成分范围内的合金可全部获得共晶组织，这种非共晶成分所得到的共晶组织称为伪共晶。因过冷度增大、结晶速度加快，液相成分来不及均匀化，其平均成分偏离液相线，故伪共晶区范围要小于液相线延长所给的范围，如图 4.24(b)所示。凡是合金被过冷到该区域才凝固，都能得到伪共晶组织。

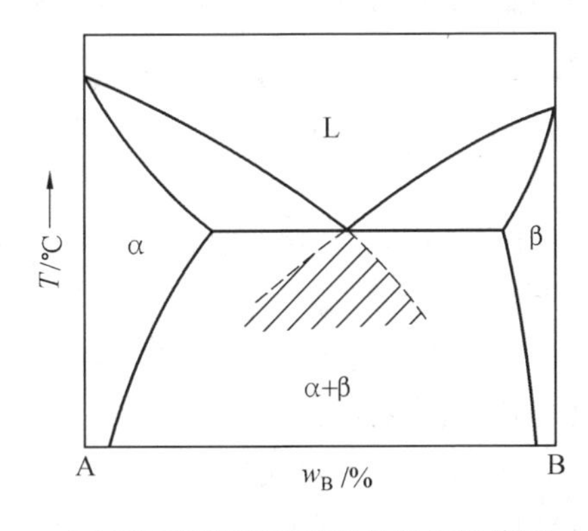

(a)不平衡状态下出现共晶组织范围

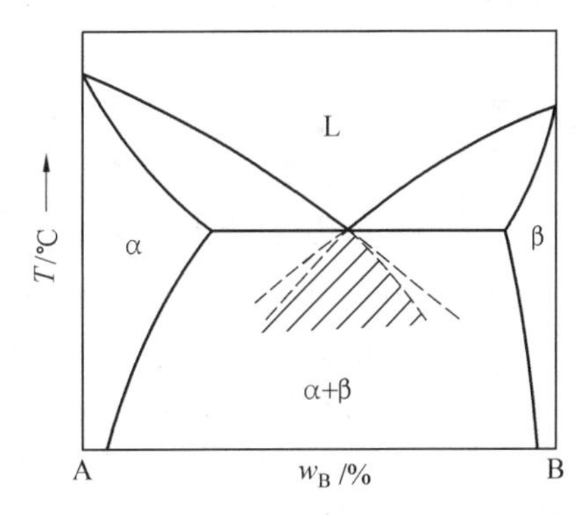

(b)伪共晶区位置

图 4.24　不平衡状态下出现的共晶组织范围及伪共晶区位置

通常亚共晶合金和过共晶合金在不平衡凝固时，随着冷却速度的增加，初晶量减少，共晶量增加，这种比平衡凝固时多出的共晶体都具有伪共晶特征，但不称其为伪共晶组织，因为伪共晶组织的形态特征与共晶组织完全相同，只是它的合金成分不是共晶成分。

值得注意的是，伪共晶区不是简单地由两液相线的延长线所构成，伪共晶区的形状和位置，通常与组成合金的两组元的熔点、组成共晶体的两相的长大速度、共晶点的位置等因素有关。在两组元熔点相近、共晶点的位置一般处于共晶线的中间，这时两组成相的长大速度相差不大，因此，伪共晶区大体上与共晶点对称，如图 4.25(a)所示。而在两组元熔点相差较大的合金系，共晶点的位置一般偏向低熔点一侧，只有当 α 相(与液相成分相近)生长到一定程度后，使液相中溶质浓度升高到一定程度时才能形成 β 相(与液相成分相差较大)，在这

种情况下形成 α 相比形成 β 相容易。如果 α 相的长大速度比 β 相的长大速度大得多，则伪共晶区偏向高熔点组元；当 α 相的长大速度约大于或等于 β 相的长大速度时，则伪共晶区逐渐向低熔点组元偏离，如图 4.25(b)～(d)所示。在这种情况下不平衡凝固时，共晶成分的合金也得不到全部共晶组织。

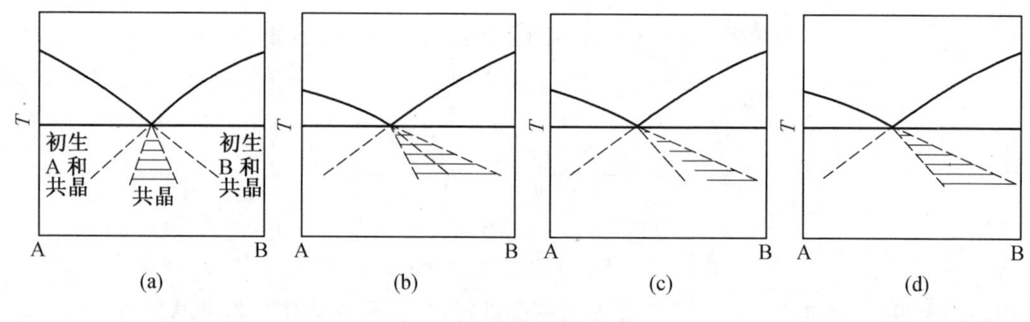

图 4.25　四种伪共晶区

知道伪共晶区在相图中的位置和大小，对于正确解释合金非平衡组织的形成是极其重要的。伪共晶区在相图中的位置通常是通过实验测定的，但定性知道伪共晶区在相图分布的规律，就可能解释用平衡相图方法无法解释的异常现象。例如，在 Al－Si 合金中，共晶成分的 Al－Si 合金在快冷条件下得到的组织不是共晶组织，而是亚共晶组织；而过共晶成分的合金则可能得到共晶组织或亚共晶组织。图 4.26 所示为 Al－Si 合金的伪共晶区范围，对于共晶成分的 Al－Si 合金，伪共晶区偏向右侧(Si 侧)，使其在不平衡凝固后得到 $\alpha_{初}$＋(α＋Si)的亚共晶组织。因为共晶成分的液相过冷后其表象点 a 没有落入伪共晶区，所以先凝固出 α 相，使液相成分移到 b 点才能发生共晶转变，这就相当于共晶点向右移动，共晶合金变成了亚共晶合金。

一般认为其原因是，共晶中两组成相的成分与液态合金不同，它们的形核和生长都需要两组元的扩散，而以低熔点组元为基体的组成相与液态合金成分差别较小，则通过扩散就能较容易地达到该组成相的成分，其结晶速度较大。所以，在共晶点偏于低熔点相时，为了满足两组成相形成对扩散的要求，伪共晶区的位置必须偏向高熔点相一侧。在 Al－Si 合金中伪共晶区偏向 Si 的一侧，使共晶成分过冷液体先析出 α 相，至液相平均成分进入伪共晶区，才发生共晶反应，形成伪共晶，因而共晶成分合金在过冷情况下得到亚共晶合金的组织。

(b)离异共晶组织。

某些合金在平衡凝固条件下获得单相固溶体，在快冷时可能出现少量的非平衡共晶体，如图 4.27 中 a 点以左或 c 点以右的合金。图中合金Ⅱ在非平衡凝固条件下，因冷却速度较快，原子扩散不能充分进行，形成的固溶体呈枝晶偏析，其平均浓度将偏离相图中固相线所示的成分(图 4.27 中虚线表示快冷时的固相平均成分线)，而液相中因原子扩散快，故可以认为它的平均成分线偏离得少或不偏离。因此，当该合金冷却到与固相线相交的温度时，还未结晶完毕，仍剩下少量液体。继续冷却到共晶温度或共晶温度以下时，剩余液相的成分达到或接近共晶成分，将发生共晶转变而形成共晶体。由于剩余液相的量很少，并且是最后凝固，因此形成的非平衡共晶组织往往是一薄层，分布在先共晶固溶体的晶界和枝晶间，这些均是最后凝固处。因非平衡共晶体数量较少，通常共晶体中的 α 相依附于初生的 α 相生长，

将共晶体中另一相 β 推到最后凝固的晶界处，从而使共晶体两组成相间的组织特征消失，这种两相分离的共晶体称为离异共晶。例如，对于 $w_{Cu}=4\%$ 的 Al－Cu 合金，在铸造状态下，非平衡共晶体中的 α 固溶体有可能依附在初生 α 相上生长，剩下共晶体中的另一相 $CuAl_2$ 分布在晶界或枝晶间而得到离异共晶。

应当指出，离异共晶可以通过非平衡凝固得到，也可能在平衡凝固条件下获得。例如，靠近固溶度极限的亚共晶或过共晶合金，如图 4.27 中 a 点右边附近或 c 点左边附近的合金，它们的特点是初生相很多，共晶量很少，因而可能出现离异共晶。

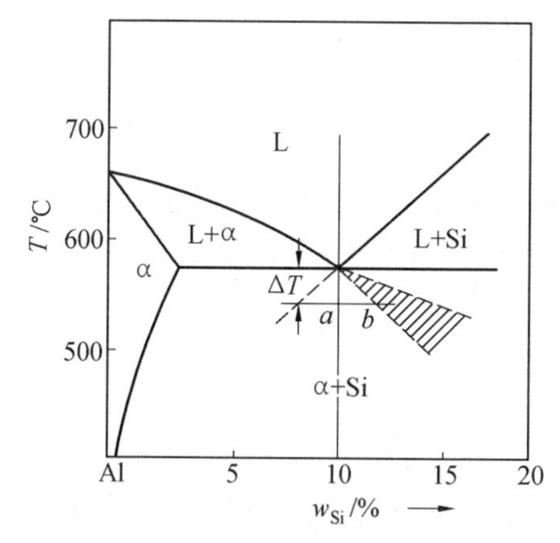

图 4.26　Al－Si 合金的伪共晶区范围

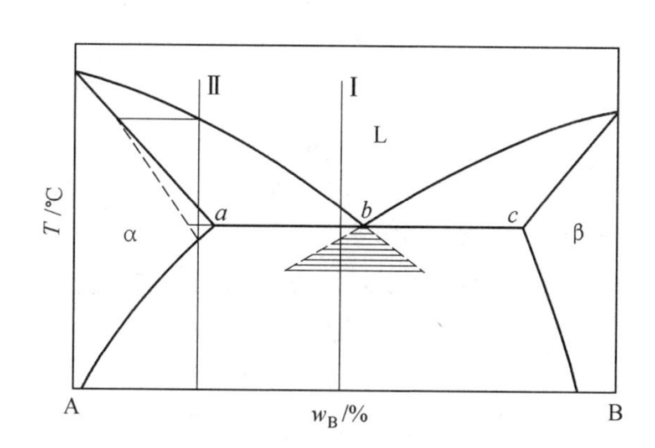

图 4.27　共晶系合金非平衡凝固

非平衡共晶组织的出现将严重影响材料的性能，应该消除。这种非平衡共晶组织在热力学上是不稳定的，可在稍低于共晶温度下长时间保温进行扩散退火，使得原子进行充分扩散，来消除非平衡共晶组织和固溶体的枝晶偏析，得到均匀单相的 α 固溶体组织。

4.4.3　二元包晶相图

组成包晶相图的两组元在液态可无限互溶，而固态只能部分互溶。在二元相图中，包晶反应就是已结晶的固相与剩余液相反应形成另一个固相的恒温转变，发生包晶反应的相图称为包晶相图。具有包晶相图的二元系合金主要有 Fe－C，Cu－Zn，Pt－Ag，Ag－Sn，Pt－Al 等，另外，在很多的二元合金系中也含有包晶转变部分。下面以 Pt－Ag 合金为例分析包晶反应。

1. 包晶相图分析

Pt－Ag 二元合金相图如图 4.28 所示，组元为 Pt 和 Ag，分别在相图成分线的两侧，为相图的独立组成物。

(1)点。

A 点：纯组元 Pt 的熔点和凝固点，为 1 772 ℃。

B 点：纯组元 Ag 的熔点和凝固点，为 961.9 ℃。

C 点：包晶相变时，液相的平衡成分点。

D 点：是 Ag 在 Pt 中的最大溶解度，也是包晶转变时 α 相的平衡成分点。

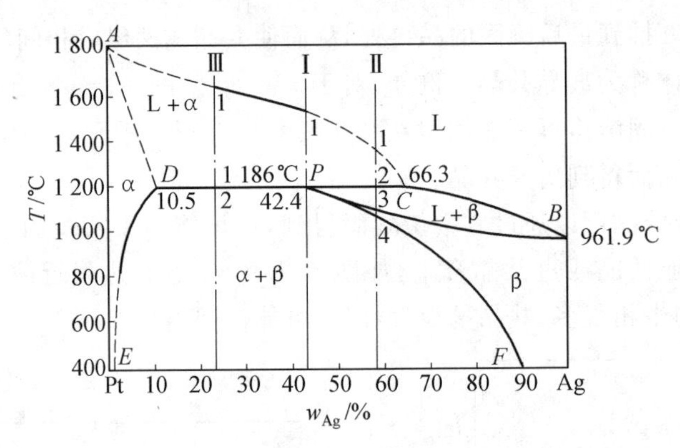

图 4.28　Pt－Ag 二元合金相图

P 点：包晶转变点，包晶转变是一定成分的固相和一定成分的液相，在恒温下转变成一个新的一定成分固相的过程。在 *P* 点成分的合金在恒温下发生包晶转变，$L_C+\alpha_D \to \beta_P$，得到 100%的包晶产物。

E 点：室温时 Ag 在 Pt 中的溶解度。

F 点：室温时 Pt 在 Ag 中的溶解度。

(2)线。

ACB 线：液相线，其中 *AC* 线为冷却时 L→α 的开始温度线，*CB* 线为冷却时 L→β 的开始温度线。

ADPB 线：固相线，其中 *AD* 线为冷却时 L→α 的终止温度线，*PB* 线为冷却时 L→β 的终止温度线。

CPD 线：包晶转变线，成分在 *DC* 范围内的合金在恒温 t_D 下都将发生 $L_C+\alpha_D \to \beta_P$ 的包晶反应，形成单相固溶体。由相律可以证明，三相平衡时 $f=0$，所以 *CPD* 线为水平线。

DE 线：Ag 在 Pt 为基的 α 固溶体中的溶解度曲线，冷却时 $\alpha \to \beta_{Ⅱ}$。

PF 线：Pt 在 Ag 为基的 β 固溶体中的溶解度曲线，冷却时 $\beta \to \alpha_{Ⅱ}$。

(3)相区。

在该相图中，存在三个单相区、三个两相区和一个三相区。

① 单相区。相图中存在三个单相区，即 L，α 和 β 单相区。在 *ACB* 液相线以上为单相的液相区(L)；在 *ADE* 线以左为单相的 α 固溶体区(α 固溶体是 Ag 在 Pt 中的置换固溶体)，在 *BPF* 线右下方为单相的 β 固溶体区(β 固溶体是 Pt 在 Ag 中的置换固溶体)。

② 两相区。相图中存在三个两相区，分别为(L＋α)，(L＋β)和(α＋β)，在 *ACDA* 区为(L＋α)相区，在 *BCPB* 区为(L＋β)相区，在 *EDPFE* 区为(α＋β)相区。

③三相区。相图中仅有一个三相区，为 *DPC* 线代表的(L＋α＋β)三相平衡共存线。

2. 包晶合金的平衡凝固及组织

仍然以 Pt－Ag 二元合金为代表分析包晶合金的平衡凝固过程及其组织。从图 4.27 中可以看出，成分在 *D* 点以左、*C* 点以右的合金，在平衡凝固时不发生包晶转变，其凝固过程与前面所述共晶相图中的端部固溶体合金完全相同，因此在本节中主要分析具有包晶转变合金的平衡凝固过程。

(1)合金 Ⅰ(w_{Ag}=42.4%的 Pt－Ag 合金)。

由图 4.28 可知,合金 Ⅰ 自高温液相冷却至 t_1 温度时与液相线相交,开始发生 L→α 匀晶转变,结晶出初生相 α。随着温度的降低,α 固相量逐渐增多,液相 L 的量不断减少,固溶体 α 和液相 L 的成分分别沿固相线 AD 和液相线 AC 变化。当冷却到 t_P 温度时,液相 L 的成分达到 C 点,合金中初生相 α 的成分达到 D 点,这时它们的相对含量可以用杠杆定律计算:

$$w_L=\frac{PD}{DC}\times100\%=\frac{42.4-10.5}{66.3-10.5}\times100\%=57.3\%$$

$$w_\alpha=\frac{PC}{DC}\times100\%=\frac{66.3-42.4}{66.3-10.5}\times100\%=42.7\%$$

在冷却到 t_D 温度时,具有 C 点成分的液相和具有 D 点成分的 α 固溶体发生包晶转变,$L_C+\alpha_D\rightarrow\beta_P$,包晶转变结束后,液相和 α 相反应正好全部转变为具有 P 点成分的 β 固溶体。在大多数情况下,为了降低形核功,β 固溶体倾向于在 α 相与液相的界面处形核,并且包围着 α 相,通过消耗液相 L 与 α 相而生长,所以称为包晶转变。当 α 相被新生的 β 相包围之后,α 相就不能直接与液相 L 接触。由于 β 相中的 Ag 含量低于 L 相中的 Ag 含量并高于 α 相中的 Ag 含量,而 β 相中的 Pt 含量低于 α 相中的 Pt 含量,高于 L 相中的 Pt 含量,因此 β 相在生长时,α 相中的 Pt 原子必须向 β 相和 L 相扩散,而 Ag 原子则必须由 L 相向 α 相和 β 相中扩散。Pt－Ag 二元合金发生包晶转变时的原子迁移如图 4.29 所示。这样,β 相同时向液相和 α 相方向生长,直至把液相和 α 相全部吞食为止。也有少数情况,例如 α 相与 β 相间的表面能很大,或者过冷度较大,这时 β 相可能不依赖初生的 α 相形核,而是在液相 L 中直接形核,并在生长过程中 L 相、α 相和 β 相三者始终相互接触,以通过 L 相和 α 相的直接反应来生成 β 相。显然,这种方式的包晶反应速度比上述方式的包晶反应速度快得多。

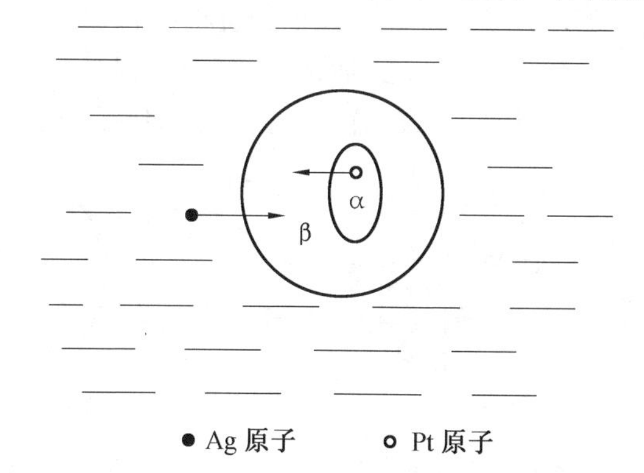

图 4.29　Pt－Ag 二元合金发生包晶转变时的原子迁移示意图

在包晶转变结束之后,L 相和 α 相完全消失,只剩下包晶转变产物 β 相。随着温度的继续下降,由于 Pt 在 β 相中的溶解度沿着 PF 线减小,Pt 在 β 相中的溶解度达到过饱和,因此将不断从 β 相中析出 $\alpha_{Ⅱ}$ 相,相对含量 β% 逐渐减少,$\alpha_{Ⅱ}$ 相的成分则沿着 PF 线变化,其相对含量 $\alpha_{Ⅱ}$% 逐渐增加,最后在室温获得的平衡组织为($\beta+\alpha_{Ⅱ}$)相,该合金的平衡凝固过程如图 4.30 所示。

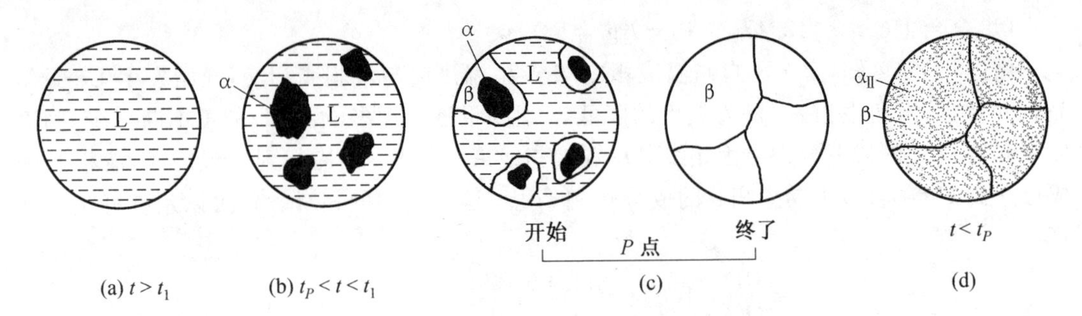

图 4.30　Pt－42.4%Ag 合金的平衡凝固过程示意图

(2)合金Ⅱ(42.4%$<w_{Ag}<$66.3%的 Pt－Ag 合金)

由相图 4.28 可以看出，在这个成分范围内的合金缓慢冷却至包晶转变温度前的结晶过程与合金Ⅰ是相同的。当冷却到 2 点温度时，液相 L 的成分达到 C 点，α 相的成分达到 D 点，它们的相对含量为 $w_L=\frac{D2}{CD}\times100\%$，$w_\alpha=\frac{C2}{CD}\times100\%$，而$\frac{w_L}{w_\alpha}=\frac{D2}{C2}>\frac{PD}{DC}$。也就是说，该合金中的液相的相对含量大于包晶转变所需的相对含量，所以包晶转变结束后有液相剩余，而 α 相却已经消耗完，这时合金由($L_{剩}$+β)组成。包晶转变完毕后，继续冷却，在 $t_3<t<t_2$ 的温度范围内，剩余液相将发生匀晶转变 L→β，继续结晶出 β 相，这时液相 L 的成分沿着液相线 CB 变化，$L_{剩}$ 的相对含量不断减少，而 β 相的成分则沿着 PB 线变化，β 的相对含量不断增加。当冷却到 t_3 点温度时，剩余的液相 $L_{剩}$ 凝固完毕，得到单相的 β 固溶体。在 $t_4<t<t_3$ 的温度区间随温度的降低，β 相自然冷却；在冷却到 4 点温度以下时，Pt 在 β 相中的固溶度达到过饱和，随着温度下降将从 β 相中不断地析出 $\alpha_{Ⅱ}$。这时，随着温度的降低，β 相的成分沿着 PF 变化，相对含量逐渐减少，而 $\alpha_{Ⅱ}$ 相的成分沿着 DE 变化，相对含量逐渐增加，当冷却到室温时，得到的平衡组织为(β+$\alpha_{Ⅱ}$)。该合金的平衡凝固过程示意图如图 4.31 所示。由相图 4.28 可以看出，成分在 PC 之间的合金凝固过程都与合金Ⅱ相同，只是成分越接近 P 点，包晶转变后剩余液相越少；而成分越接近 C 点，包晶转变后剩余的液相越多。

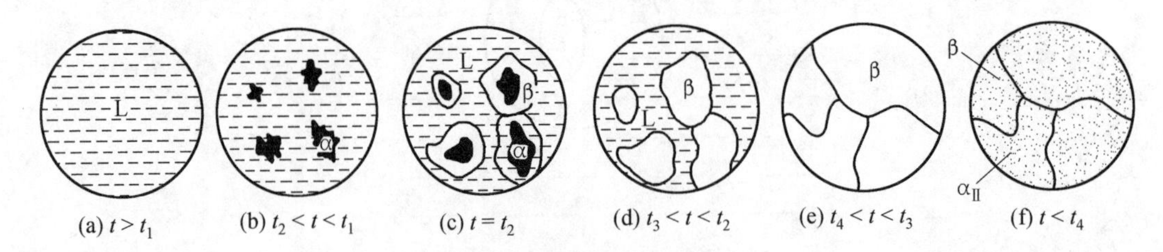

图 4.31　合金Ⅱ的平衡凝固过程示意图

(3)合金Ⅲ(10.5%$<w_{Ag}<$42.4%的 Pt－Ag 合金)。

由相图 4.27 可以看出，合金Ⅲ在包晶转变前的结晶情况与合金Ⅰ和合金Ⅱ相同，在 $t_2<t<t_1$ 的温度范围内发生匀晶转变，当冷却到 t_2 温度时，液相 L 的成分达到 C 点，而合金中 α 相的成分达到 D 点，它们的相对含量为

$$w_L=\frac{D2}{DC}\times100\%$$

$$w_\alpha = \frac{C2}{DC} \times 100\%$$

$$\frac{w_L}{w_\alpha} = \frac{D2}{C2} < \frac{PD}{PC}$$

以 30%Ag－Pt 合金为例，液相量与 α 固溶体量分别为

$$w_L = \frac{30-10.5}{66.3-10.5} \times 100\% = 35\% < 57.3\% = w_{L包}$$

$$w_\alpha = 1-35\% = 65\% > 42.7\% = w_{\alpha包}$$

即在包晶转变前合金中 α 相的相对含量大于包晶反应所需的量，所以包晶转变后，除了新形成的 β 相外，还有剩余的 α 相存在。因此，这时的组织是(α＋β)，继续冷却 α 固溶体的成分沿 DE 变化，将析出 β_{II}，同时 β 相的成分沿着 PF 变化，析出 α_{II}。而且，随着温度的降低，α 相和 β 相的相对含量不断减少，而 α_{II} 和 β_{II} 的相对含量逐渐增加，当冷却至室温时合金的平衡组织为($\alpha+\beta+\alpha_{\text{II}}+\beta_{\text{II}}$)。图 4.32 所示为合金Ⅲ的平衡凝固示意图。由图 4.28 可以看出，成分在 DP 之间合金，凝固过程都与合金Ⅲ相同，只是成分越接近 D 点，剩余 α 相的量越多；而越接近 P 点，剩余 α 相的量越少。

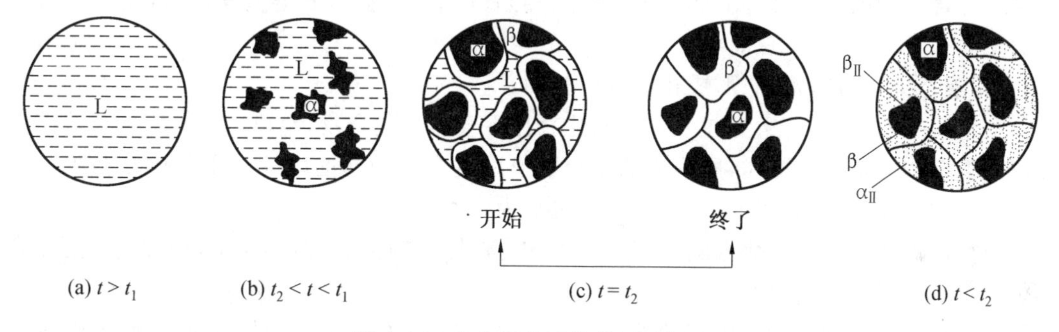

图 4.32　合金Ⅲ的平衡凝固示意图

3. 包晶合金的非平衡凝固及组织

如前所述，包晶转变的产物 β 相包围着初生相 α 相长大，使得液相与 α 相隔开，阻止了液相和 α 相原子之间直接的相互扩散，液相和 α 相中的 A，B 组元的扩散都必须通过 β 相进行，而原子在固相中的扩散速率很慢，因此包晶转变的速率也相当慢。显然，影响包晶转变能否进行完全的主要矛盾是包晶转变产物 β 相内的原子扩散速率。

在慢冷条件下，包晶成分合金在包晶反应温度下，以一定量比的 α 相和 L 相进行反应，由于扩散充分，包晶反应得以完全进行，最后 α 相消失，全部得到均匀成分的 β 相。

在实际生产条件下，由于冷却速度较快，固体中的原子扩散往往不能充分进行，因此包晶反应也不能充分进行，即在低于包晶温度下，将同时存在未参与转变的液相和 α 相，其中液相在继续冷却过程中可能直接结晶出 β 相或参与其他反应，而 α 相仍保留在 β 相的心部，形成包晶反应的非平衡组织。所以具有包晶转变的合金在非平衡凝固后的组织与平衡凝固组织相比，一般具有较多的 α 固溶体(包晶反应相)，而具有较少的 β 固溶体(包晶生成相)，但在包晶转变温度很高时，原子扩散较快，包晶反应能充分进行。

另外，某些原来不发生包晶反应的合金，在快冷条件下也有可能发生包晶反应，出现某些平衡状态下不应该出现的相。例如图 4.33 中的合金Ⅰ，在快冷非平衡凝固时，原子扩散

受到抑制，匀晶转变时发生枝晶偏析，平均固相线成分偏移，使冷却到包晶转变温度以下仍有少量的液相存在，因此也可以发生包晶转变，形成本不应出现的β相。

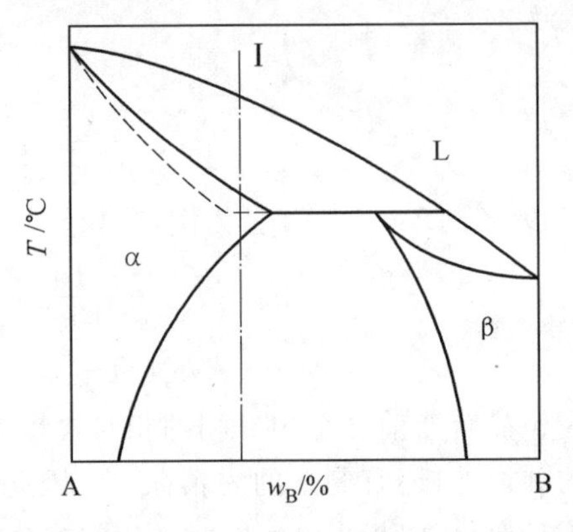

图 4.33　因快冷而可能发生的包晶反应示意图

应该指出，上述包晶反应不完全性主要与新相β包围α相的生长方式有关。因此，当某些合金(如 Al－Mn)的包晶相单独在液相中形核和长大时，其包晶转变可迅速完成。包晶反应的不完全性特别容易在那些包晶转变温度较低或原子扩散速率小的合金中出现。与非平衡共晶组织一样，包晶转变产生的非平衡组织也可以通过扩散退火的方法，使原子进行充分的扩散来得到改善或消除。

4.4.4　其他类型的二元合金相图

二元合金相图除了具有上述三种(匀晶、共晶、包晶)最基本的类型外，通常还有一些其他类型的二元合金相图，现简要介绍如下：

(1)液态无限溶解，固态形成化合物的相图。

在某些二元系中，二组元在一定原子化合比下会形成化合物，也可以在一定成分范围内形成以化合物为基的固溶体，所形成的化合物或以化合物为基的固溶体是晶体结构不同于组元元素的新相，位于相图的中间部分，故也称为中间相。

所形成的化合物或以化合物为基的固溶体，按其结晶特点有两种类型，一种是稳定化合物，另一种为非稳定化合物。

所谓稳定化合物是指有确定的熔点，可熔化成与固态相同成分液体的那类化合物，其相图如图 4.34 所示。其特点是图形上有独立的熔点，在熔化前不分解，而且化合物熔点一般高于其组成组元的熔点。这种相图可以将化合物 A_mB_n 看作独立组元，而将相图一分为二，分成 A－A_mB_n 和 A_mB_n－B 两部分。稳定化合物相图可举出 Cu－Ti，Fe－P，Fe－B，Fe－Zr，Mg－Sn 及 Mg－Si 等合金系。相图中稳定化合物成分附近液、固相线的结构形式可显示化合物的稳定性，具有尖角形状液、固相线的化合物具有高的稳定性，在熔化前化合物不发生分解；具有弧形液、固相线的化合物稳定性不高，在熔化温度附近，固态化合物发生部分分解。图 4.35 所示为稳定化合物液、固相线的两种结构形式。

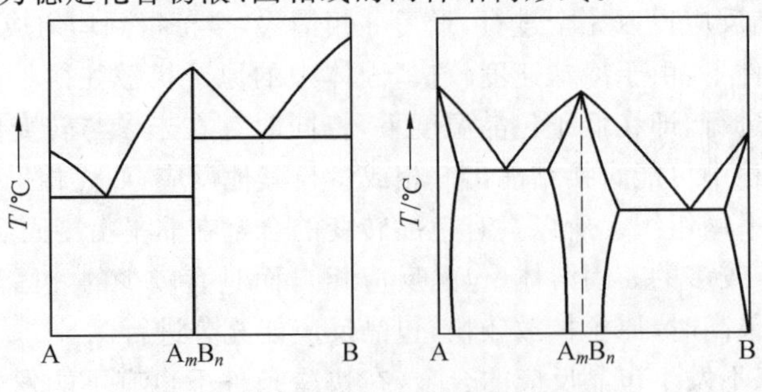

图 4.34　形成稳定化合物的相图

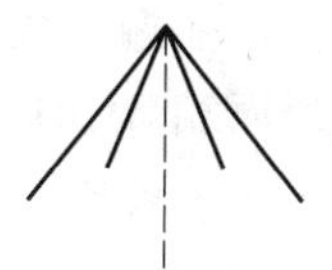
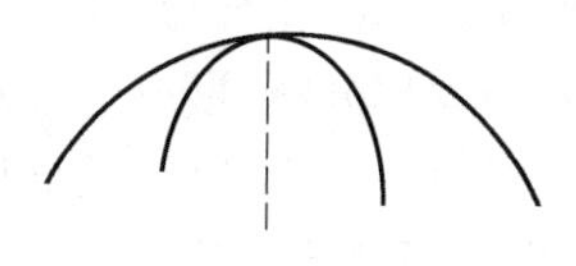

图 4.35　稳定化合物液、固相线的结构

如图 4.36 所示，下面以 Mg－Si 相图为例分析形成稳定化合物的相图。没有溶解度的化合物在相图中是一条垂线，可以将其看作一个独立组元而把相图分为两个独立部分，在 $w_{Si}=36.6\%$时形成稳定化合物 Mg_2Si。它具有确定的熔点(1 087 ℃)，熔化后 Si 的质量分数不变。所以可把稳定化合物 Mg_2Si 看作一个独立组元(因此在相图分析时，可用 Mg_2Si 划分相图)，把 Mg－Si 相图分成 Mg－Mg_2Si 和 Mg_2Si－Si 两个独立二元相图进行分析。如果所形成的化合物对组元有一定的溶解度，形成以化合物为溶剂的固溶体，这时相图中的垂直线变为一个相区，化合物在相图中有一定的成分范围，如图 4.37 所示的 Cd－Sb 相图。图中稳定化合物 β 相有一定的成分范围，若以该化合物熔点(456 ℃)对应的成分向横坐标作垂线(图中虚线)，该垂线把相图分成两个独立的相图。

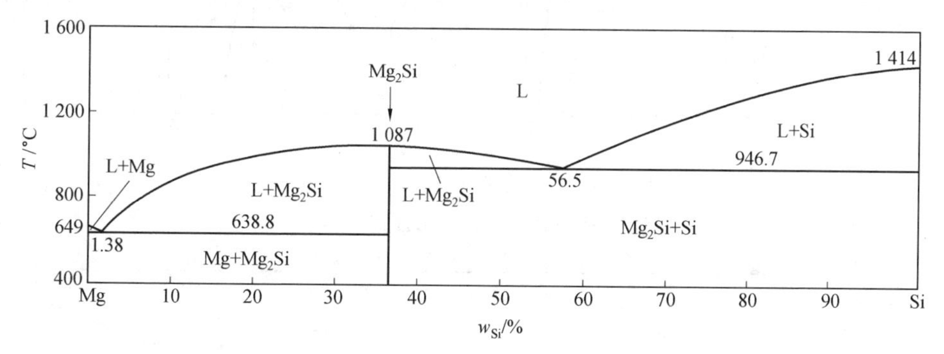

图 4.36　Mg－Si 相图

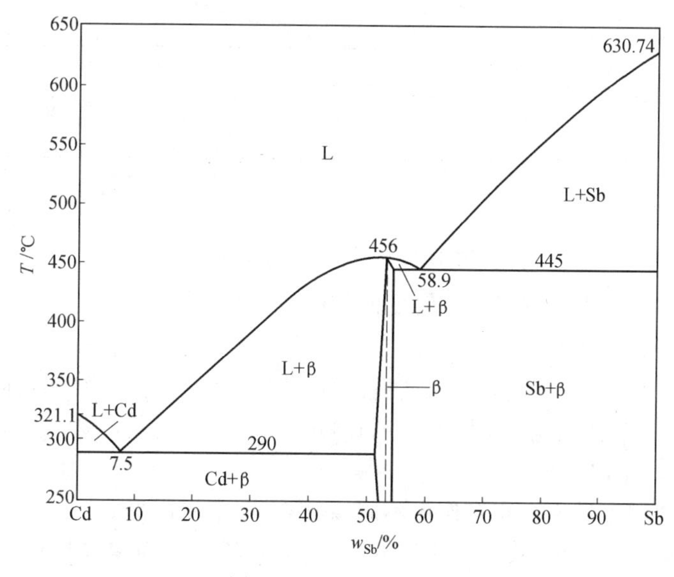

图 4.37　Cd－Sb 相图

另一类是不稳定化合物，其特点是化合物不能融化成与固态成分相同的液体，当加热到一定温度时会发生分解，形成一个液相和一个固相，$A_mB_n \rightarrow L+\beta$。而在冷却结晶时，不稳定化合物可通过包晶反应形成，其反应式为 $L+\beta \rightarrow A_mB_n$。不稳定化合物在相图上无熔点极大点，相图也不能分开，如图 4.38 所示。这类相图有 Au－Sb，Mg－Ni，Na－Bi 等合金系以及 $Al_2O_3-SiO_2$ 系等。图 4.39 是具有不稳定化合物（KNa_2）的 K－Na 合金相图，对于 $w_{Na}=54.4\%$ 的 K－Na 合金所形成的不稳定化合物 KNa_2，因为它的成分是一定时，所以在相图中以一条垂直线表示，当 KNa_2 被加热到 6.9 ℃时，KNa_2 便会分解为成分与之不同的液相和 Na 晶体。同样，不稳定化合物也可能有一定的溶解度，则在相图上为一个相区。值得注意的是，不稳定化合物无论是处于一条垂线上还是存在于具有一定溶解度的相区中，均不能作为组元而将整个相图划分为两个部分。

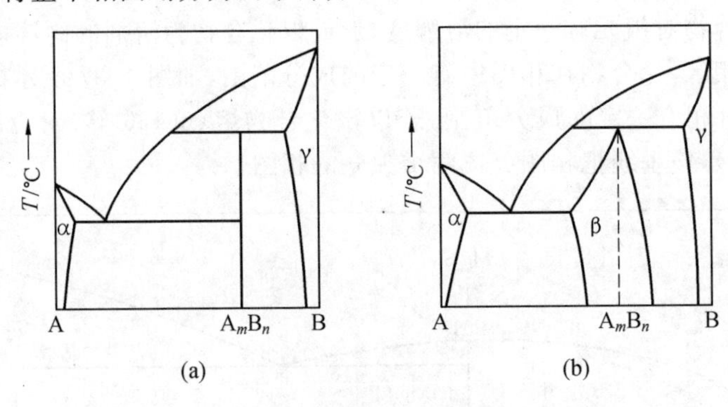

图 4.38　形成不稳定化合物的相图

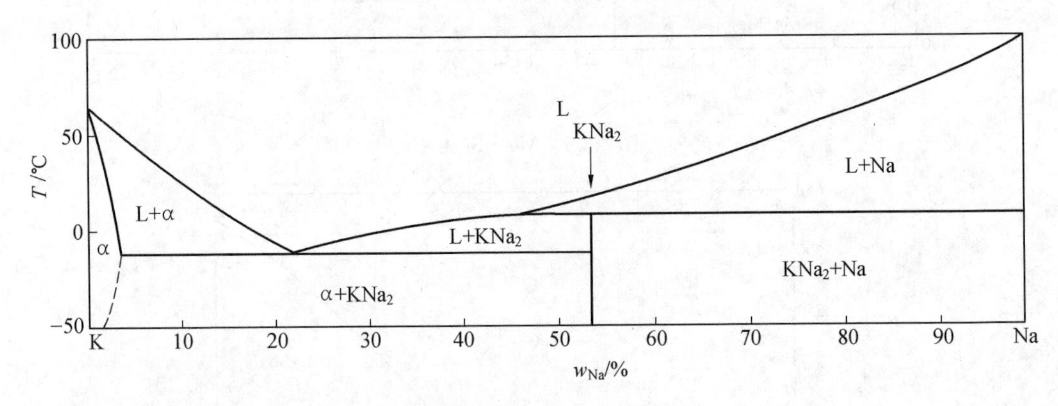

图 4.39　K－Na 合金相图

(2)液态无限溶解，固态有多晶型转变的相图。

许多金属在固态有同素异构转变，即在一定温度范围内以一定晶型存在，温度变化到另一范围，则以另一种晶型存在。如纯铁从室温到 912 ℃为体心立方结构，称为 α－Fe；912～1 394 ℃为面心立方晶体结构，称为 γ－Fe；1 394～1 538 ℃为体心立方结构，为与低温 α－Fe 相区别，将其命名为 δ－Fe。

由于两组元的同素异构体相互作用不同，相图有以下不同形式：

①A 组元有同素异构体 A_α，A_β；B 组元与 A 组元的两种同素异构体互不相溶，形成的相图如图 4.40 所示。Fe－Ag，Fe－Pb 系有此类相图。

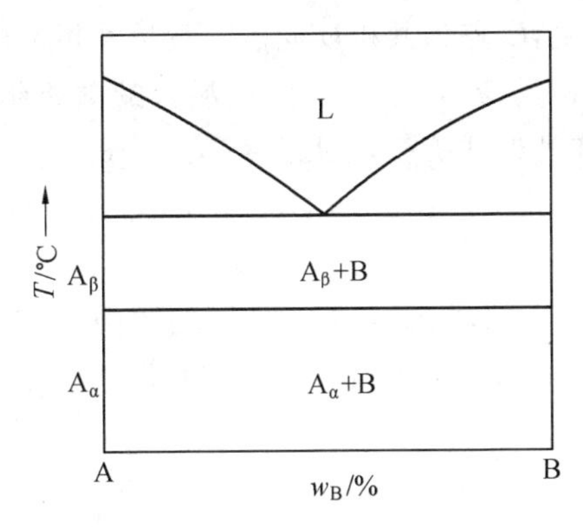

图 4.40　一组元有同素异构转变的相图(1)

②A 组元有同素异构体 A_α,A_β;B 组元与 A 组元的一种同素异构体可无限互溶,与另一种有限溶解,其相图如图 4.41 所示。图 4.41(a)中 B 与 A_α 无限互溶,形成 α 相;B 与 A_β 有限溶解,形成 β 相。图 4.41(b)中 B 与 A_α 有限互溶,形成 α 相;B 与 A_β 无限溶解,形成 β 相。图 4.41(a)中有包晶反应,L+β→α;图 4.41(b)中则为匀晶反应 L→β,并在固态下发生多晶反应 β→α。

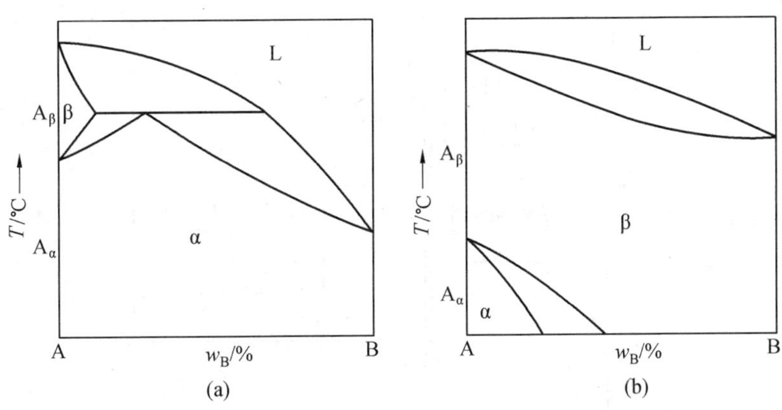

图 4.41　一组元有同素异构转变的相图(2)

③两组元都有同素异构转变,高温相可以无限互溶,低温相有限溶解,有共析反应(共析反应指由一个一定成分的固相在恒温下同时转化为另外两个一定成分的固相的过程),如图 4.42 所示。两组元高温相 A_β 和 B_β 可无限互溶形成 γ 相,低温相相互有限溶解。α 为 B_α 在 A_α 中有限溶解的固溶体,β 为 A_α 在 B_α 中有限溶解的固溶体。水平线 COD 为共析反应线,在此线成分范围的合金发生共析反应,由在一个固相中同时析出两种固相,$\gamma_O\rightarrow\alpha_C+\beta_D$,类似共晶反应、三相反应,自由度为 0,反应在恒温下进行,

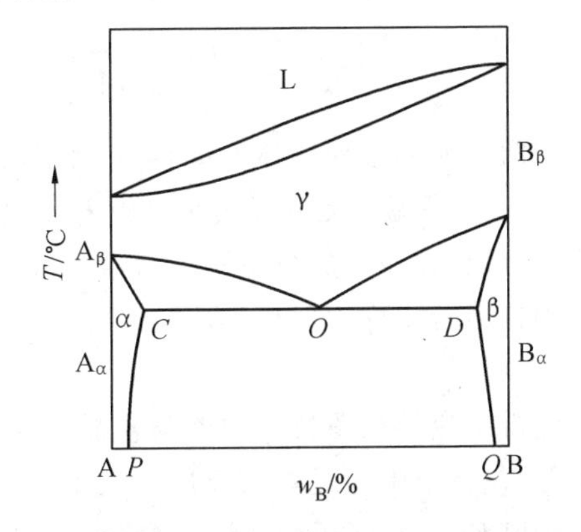

图 4.42　两组元有同素异构转变的共析相图

参加反应的三相成分固定不变，O 点为共析反应点。发生共析反应的 γ 相均具有此成分，在该点成分的合金全部发生共析反应，最后形成两相混合的共析组织。对于 O 点以左合金，共析反应前有 α 相先形成，称为先共析相，最后组织为 α＋(α＋β)共析；O 点以右合金先共析相为 β，最后组织为 β＋(α＋β)共析。在 Fe－C，Fe－Cu，Cu－Al 及 Cu－Sn 等合金系中均有共析反应发生。

以 Cu－Sn 二元合金相图为例，如图 4.43 所示，相图中 γ 相为 Cu_3Sn，δ 相为 $Cu_{31}Sn_8$，δ 相为 Cu_3Sn，ξ相为 $Cu_{20}Sn_6$，η 和 η′为 Cu_6Sn_5，它们都溶有一定的组元。该相图存在四个共析恒温转变：

Ⅳ：β⇌α＋γ

Ⅴ：γ⇌α＋δ

Ⅵ：δ⇌α＋ε

Ⅶ：ξ⇌δ＋ε

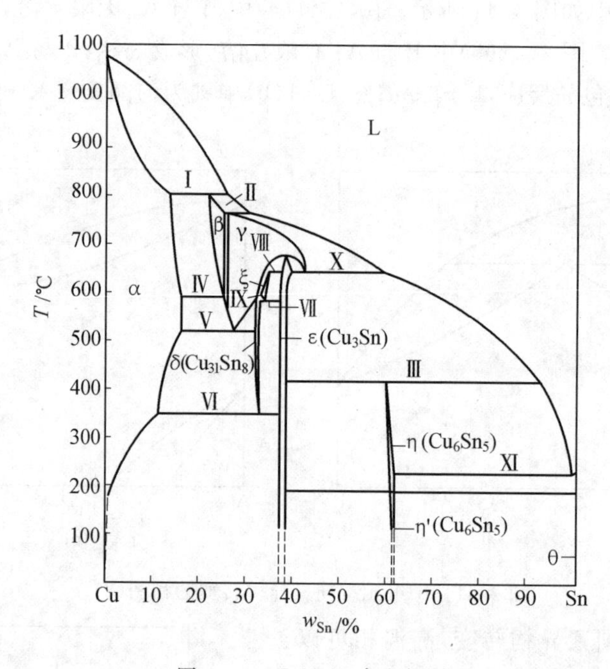

图 4.43　Cu－Sn 合金相图

④两组元同素异构体的高温相无限溶解、低温相有限溶解且有包析反应的相图，如图 4.44 所示。高温相无限互溶形成 γ 相，低温相有限溶解形成 α 相和 β 相。水平线 MON 为包析反应线，在该线成分范围的合金发生包析反应。两个一定成分的固相在恒温下转变为一个固相的转变称为包析反应，如

$$\gamma_M + \beta_N \rightarrow \alpha_O$$

包析反应的相图特征类似与包晶反应，只是包析转变中没有液相，只有固相。与包晶反应类似，包析范围为无变数反应。在 Fe－S 系和 Cu－Sn 系中有包析反应发生。

仍以 Cu－Sn 合金为例，在 Cu－Sn 二元合金相图中，有两个包析转变：

Ⅷ：γ＋ε⇌ξ

$$Ⅸ:\gamma+\xi \rightleftharpoons \delta$$

(3)二组元在液态有限溶解的相图。

①二组元在液态有限溶解,有偏晶反应的相图。有些合金系在接近结晶温度时,液相只能有限溶解,并发生偏晶反应,如 Ni－Pb,Cu－Pb,Zn－Pb,Mn－Pb,Mg－Ag,Fe－Cu 及 Co－Cu 等合金系。偏晶反应是一个液相 L_1 分解为一个固相和另一成分的液相 L_2 的转变。图 4.45 所示为有偏晶反应的典型相图。

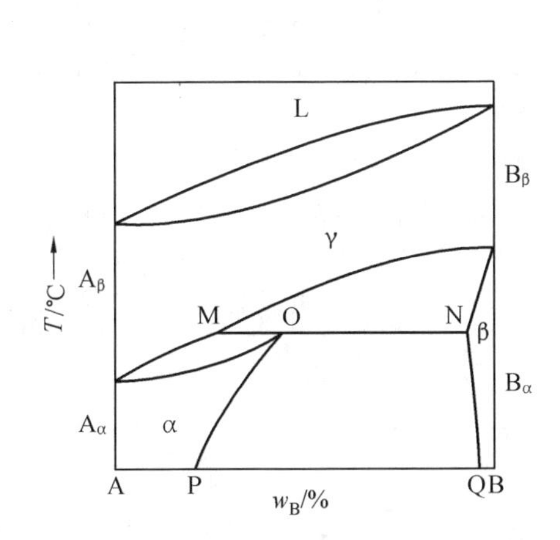

图 4.44　两组元有同素异构体的包析相图

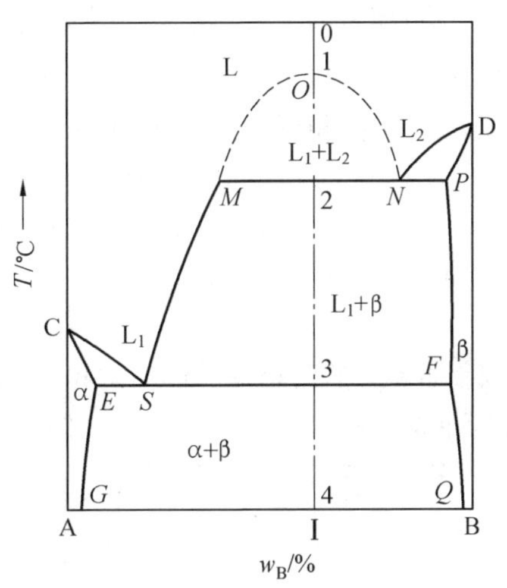

图 4.45　有偏晶反应的典型相图

图 4.45 中液相线为 *CSMND*,固相线为 *CESFPD*。虚线 *MON* 为液相不熔合线,其上为均匀单一液相,其下为成分不同的两相(L_1,L_2)。*MNP* 水平线为偏晶反应线,发生偏晶反应:

$$L_{2N} \rightarrow L_{1M} + \beta_F$$

该反应类似共晶反应,由一相生成两相,不同的是,反应后得到的不是两个固相,而是一个液相和一个固相。作为三相反应,自由度为 0,温度恒定,三相成分固定不变。

下面以合金Ⅰ为例,分析其结晶过程。

0→1:1 为均匀液相 L。

1→2:L 相有限溶解,分解出两种液相,即 $L_1 \rightarrow L_2$,$L_2 \rightarrow L_1$,其中 L_1 相沿着 1*M* 线变化,L_2 线沿着 1*N* 线变化。

2:L_1+L_2。

2→2′:偏晶反应,$L_2 \rightarrow L_1+\beta$。

2′:$L_1+\beta$,其中 $w_{L_1}=2P/MP\times100\%$,$w_\beta=2M/MP\times100\%$。

2′→3:$L_1 \rightarrow \beta$,L_1 成分沿着 *MS* 线变化,β 相成分沿着 *PF* 变化。

3:$L_1+\beta$,其中 $w_{L_1}=F3/FS\times100\%$,$w_\beta=S3/FS\times100\%$。

3→3′:发生共晶反应,$L_1 \rightarrow \alpha+\beta$。

3′:β +(α+β)共晶,$w_\beta=S3/FS\times100\%$,$w_{\alpha+\beta}=F3/FS\times100\%$。

3′→4:共晶组织 α 中有析出反应 $\alpha \rightarrow \beta_{Ⅱ}$,β 中无明显析出,最后组织仍为 β +(α+β)共晶。

在有偏晶反应的合金系中，当两组元密度接近，由均匀液相分解的两液相可以均匀混合，而不分层，最后得到比较均匀的组织。若两组元密度相差较大，如 Cu(或 Fe)与 Pb，则分解后的两液相将发生分层现象，含 Pb 多的液相 L_2 沉底，含 Cu(或 Fe)多的液相 L_1 上浮，L_2 以后发生共晶反应，形成 Cu－Pb 共晶，最后的组织显著不均匀，上部是以 Cu 为主的 Cu－Pb 共晶，下部是以 Pb 为主的 Cu－Pb 共晶，形成严重的区域偏析。为防止或减轻密度偏析的产生，可采用不熔合线以上温度快速冷却，或在结晶前加强搅拌的方法。

②二组元在液态有限溶解，有合晶反应的相图。二组元在液态有限溶解，有不熔合线存在，类似包晶反应，不熔合线以下的两液相可在恒定温度下，通过三相反应形成一个固相。具有合晶反应的相图如图 4.46 所示。虚线 *MPN* 为液相不熔合线，*MON* 水平线为合晶反应线，$L_1+L_2 \rightarrow \gamma$。在 Zn－K，Zn－Na 合金系中均有此类反应。

(4)二组元在液态无限溶解，固态有单析反应的相图。

图 4.47 为有单析反应的 Al－Zn 相图，图中水平线 *MON* 即为单析反应线，发生反应：

$$\alpha_O \rightarrow \alpha_M + \beta_N$$

其中，参加反应的两相是晶体结构相同，成分不同的 α 相。实际反应生成的仅是一个新相，故称为单析反应。

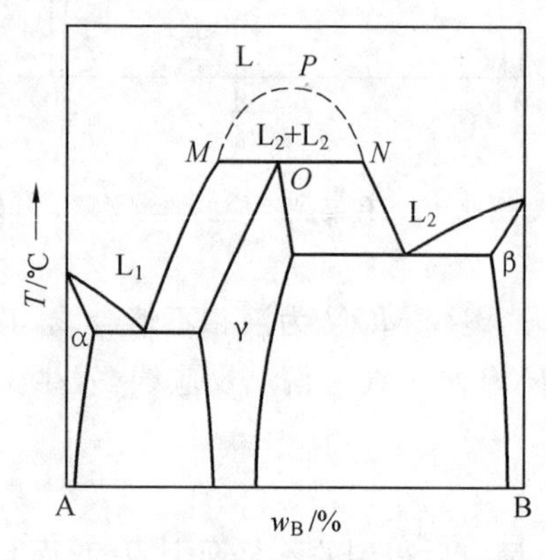

图 4.46　具有合晶反应的相图

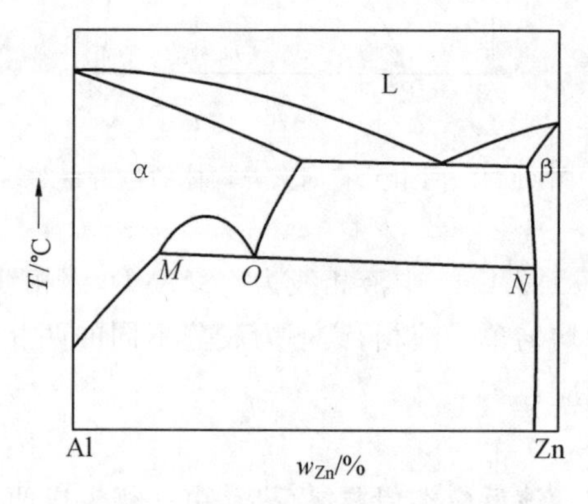

图 4.47　有单析反应的 Al－Zn 相图

(5)有熔晶反应的相图。

一个固相在恒温下转变为一个液相和另一个固相的过程称为熔晶反应。这种转变意味着一个固相在温度下降时可以部分熔化，所以称为熔晶转变。图 4.48 所示为有熔晶反应的部分相图，水平线 *MON* 为熔晶反应线，发生反应：

$$\delta_O \rightarrow \gamma_M + L_N$$

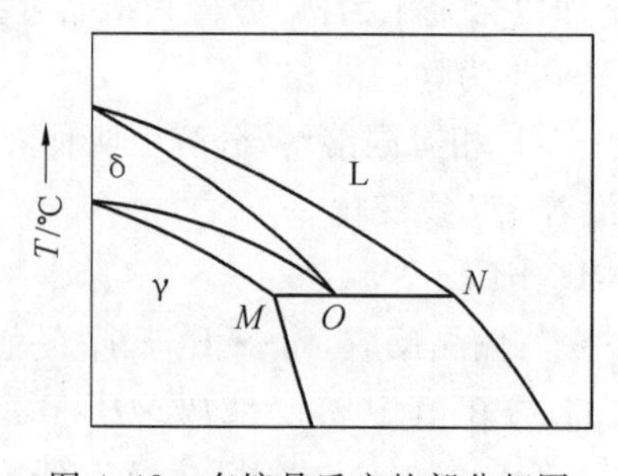

图 4.48　有熔晶反应的部分相图

三相反应为无变数反应，在恒定温度下发生，三相成分固定不变。

在 Fe－B 及 Cu－Sn 等合金系相图中，均存在熔晶反应，图 4.49 所示的 Fe－B 相图就含有 $\delta \xrightarrow{1\ 381\ ℃} L+\gamma$ 的熔晶相变。

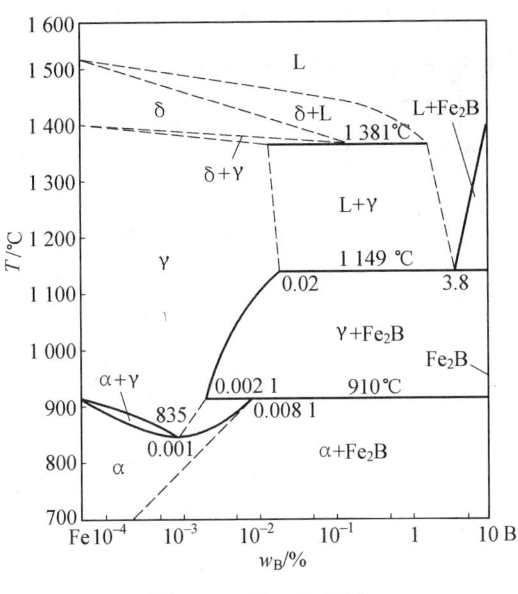

图 4.49　Fe－B 相图

(6)具有固态反应的相图。

①具有脱溶过程的相图。固溶体中常因温度降低而溶解度减小，析出第二相，如在 Cu－Sn二元合金相图中，α 固溶体在 350 ℃时具有最大溶解度，$w_{Sn}=11.0\%$，随着温度降低，溶解度不断减小，降至室温时，α 固溶体几乎不固溶 Sn，因此在 350 ℃以下，α 固溶体在降温过程中要不断析出 ε 相(Cu_3Sn)，这个过程称为脱溶。

②具有有序－无序转变的相图。有些合金在一定成分和一定温度范围内会发生有序－无序转变。一级相变的无序固溶体转变为有序固溶体时，相图上两个单相区之间应有两相区隔开，如图 4.50 所示的 Cu－Au 二元合金相图，为 $w_{Au}=50.8\%$ 的 Cu－Au 含金，在 390 ℃以上为无序固溶体，而在 390 ℃以下形成有序固溶体 α'($AuCu_3$)，除此以外，α''_1(AuCu Ⅰ)，α''_2(AuCu Ⅱ)和 α'''(Au_3Cu)也是有序固溶体。二级相变的无序固溶体转变为有序固溶体，则两个固溶体之间没有两相区间隔，而用一条虚线或细直线表示，如 Cu－Sn 相图中 $\eta\rightarrow\eta'$ 的无序－有序转变仅用一条细直线隔开，但也有人认为，该转变属一级相变，两者之间应有两相区隔开。所谓一级相变，就是新、旧两相的化学位相等，但化学位的一次偏导数不等的相变；而二级相变定义为相变时两相化学位相等，一次偏导数也相等，但二次偏导数不等。可证明在二元合金系中，如果是二级相变，则两个单相区之间只被一条单线所隔开，即在任一平衡温度和平衡浓度下，两平衡相的成分相同。

④具有固溶体形成中间相转变的相图。某些合金所形成的中间相并不是前文所述的由两组元的作用直接得到，而是由固溶体转变为中间相。图 4.51 所示为 Fe－Cr 二元合金相图，当 $w_{Cr}=46\%$的 α 固溶体将在 821 ℃发生 $\alpha\rightarrow\sigma$ 的转变，σ 相是以金属间化合物 FeCr 为基的固溶体。

⑤具有磁性转变的相图。磁性转变属于二级相变，固溶体或纯组元在高温时为顺磁性，在 T_C 温度以下呈铁磁性，T_C 温度称为居里温度，在相图上一般以虚线表示，如图 4.51 所示。

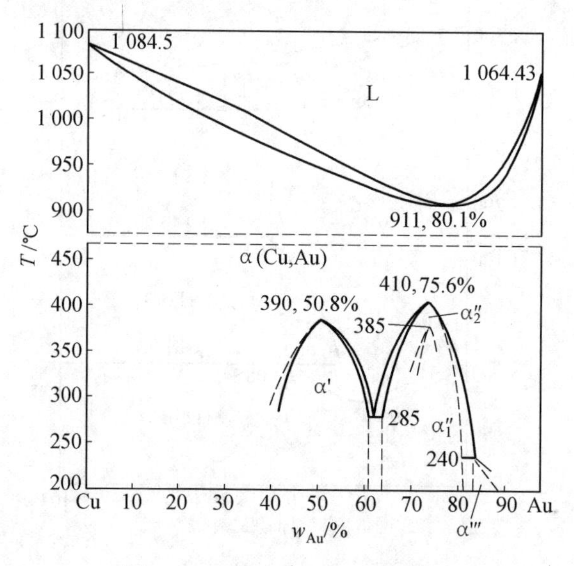

图 4.50　Cu－Au 二元合金相图

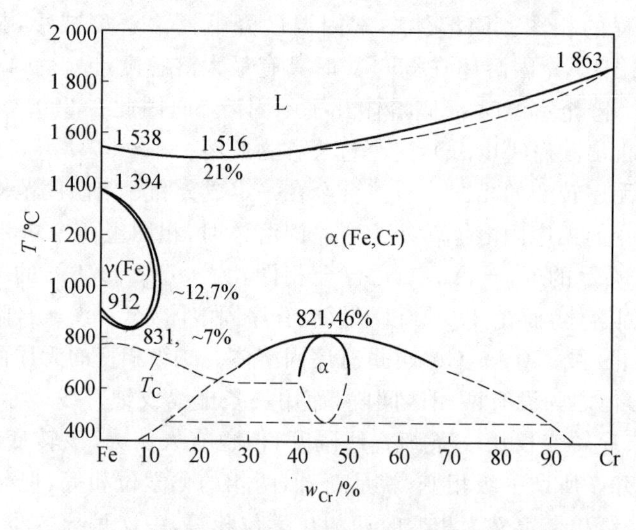

图 4.51　Fe－Cr 二元合金相图

4.5　相图基本类型小结

上述的二元相图的基本形式(图形和反应特点)见表 4.2。

表 4.2　二元相图的基本形式

序号	名称	图形特点	反应特点	合金实例
1	匀晶		$L\rightarrow\alpha$	Cu－Ni
2	共晶		$L\rightarrow\alpha+\beta$	Pb－Sn
3	包晶		$L+\alpha\rightarrow\beta$	Cu－Zn
4	共析		$\gamma\rightarrow\alpha+\beta$	Cu－Al
5	包析		$\alpha+\beta\rightarrow\gamma$	Fe－W
6	偏晶		$L_1\rightarrow L_2+\alpha$	Cu－Pb
7	合晶		$L_1+L_2\rightarrow\gamma$	Fe－Sn
8	熔晶		$\gamma\rightarrow\alpha+L$	Fe－S
9	单析		$\gamma\rightarrow\gamma'+\alpha$	Al－Zn
10	化合物 ①稳定 ②不稳定		①$L\rightarrow A_mB_m$ ②$L+\alpha\rightarrow A_mB_n$	

注:2,4,6,8,9 为共晶型;3,5,7,10(b)为包晶型

通过上述学习,可以发现组成二元相图的基本单元有单相区、两相区和三相水平线。这些单元以一定规律组合形成了不同合金的相图,这些单元所遵循的规律即相区接触法则。根据相图热力学的基本原理,可以推导出相图所遵循的一些几何规律,掌握这些规律,可以帮助我们理解相图的构成,判断所测定的相图中可能存在的错误。

(1)单相区和单相区只能有一个点接触,两个单相区之间必定有一个由这两个相组成的两相区,而不应该有一条边界线,如图 4.52 所示。

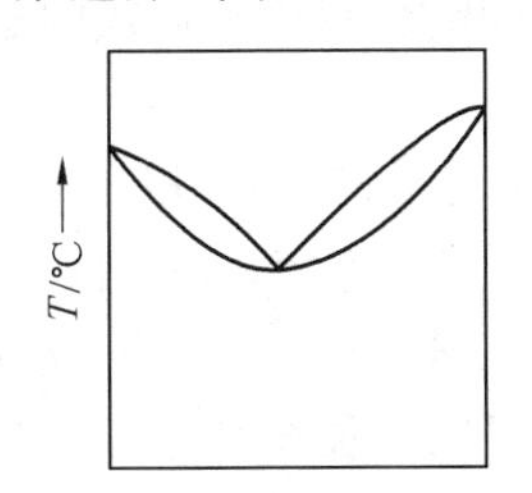

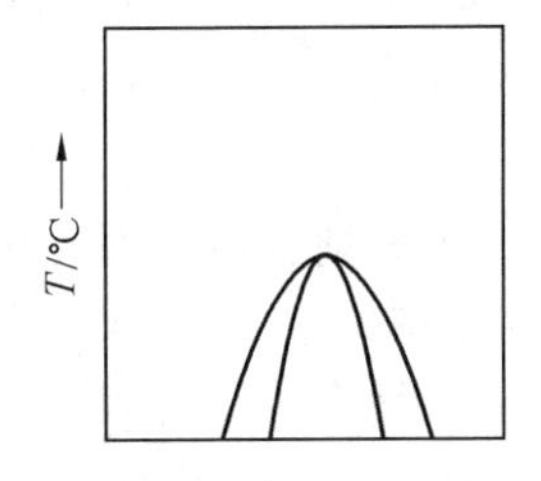

图 4.52　单相区的点接触

(2)二元相图中相邻相区的相数差为1(点接触除外),单相区与两相区相邻,两个两相区必须以单相区或三相水平线隔开,因而邻近的两个两相区被一个两相区隔开,两相区与三相区相邻。如图4.53所示,在Fe-C合金相图中,γ区、L区之间为L+γ区,α区、γ区之间为α+γ区,L+γ区与γ+Fe_3C区之间是L+γ+Fe_3C的三相水平线等。

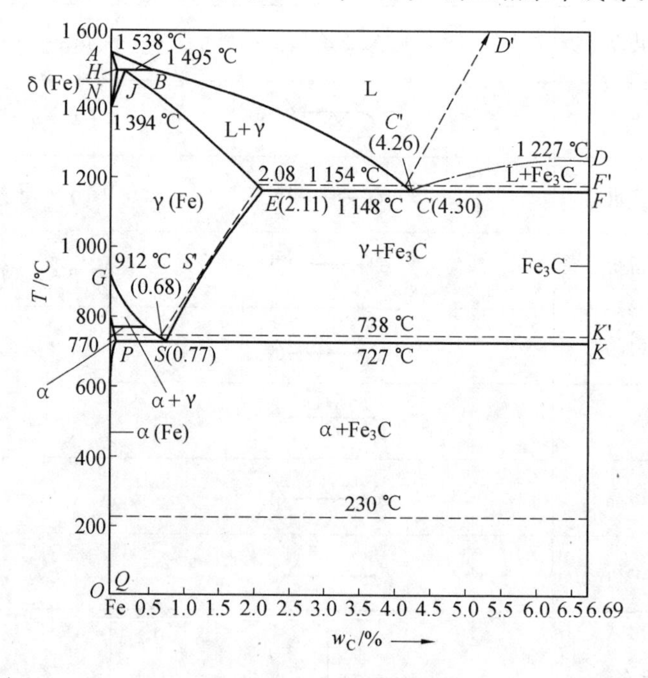

图4.53　Fe-C合金相图

(3)在二元相图中,若是三相平衡,则三相区必为一条水平线,这条水平线与三个单相区的接触点确定了三个平衡相及相的相对含量。一个三相反应的水平线必与三个两相区相遇,共有六条边界线。图4.53中的EC,PS水平线都是三相平衡线。PS水平线表示α+γ+Fe_3C三相区,α相的成分由P点确定,γ相的成分由S点确定,而Fe_3C的成分由三相水平线与Fe_3C的交点确定。

(4)如果两个恒温转变中有两个相同的相,则这两条水平线之间一定是由这两个相组成的两相区,如Fe-C合金相图中EC线(L+γ+Fe_3C)和PS线(α+γ+Fe_3C)的共同相为γ相和Fe_3C相,EC线与PS线之间为(γ+Fe_3C)两相区。

(5)根据热力学,所有两相区的边界线不应延伸到单相区,而应伸向两相区。也可以理解为,当两相区与单相区的分界线与三相等温线相交时,则分界线的延长线应进入另一个两相区,而不会进入单相区,如图4.54所示。

如图4.55所示,在T_n温度下,α与β不能实现平衡,因α相与β相吉布斯自由能曲线公切线ef在α-L和β-L吉布斯自由能曲线公切线的上面,e,f两点对应的成分在(α+β)相区分界线的延长线上,可以看出,只要液相吉布斯自由能曲线在ef线的下面,则α点在e点左侧,d点在f点的右侧,因而(α+β)相区的分界线延长线必然延伸在两相区。

根据上述原则,综合基本形式可组合出假想相图,如图4.56所示。假想相图包含了二元相图的各种基本形式,符合热力学条件,有些实际并不存在。

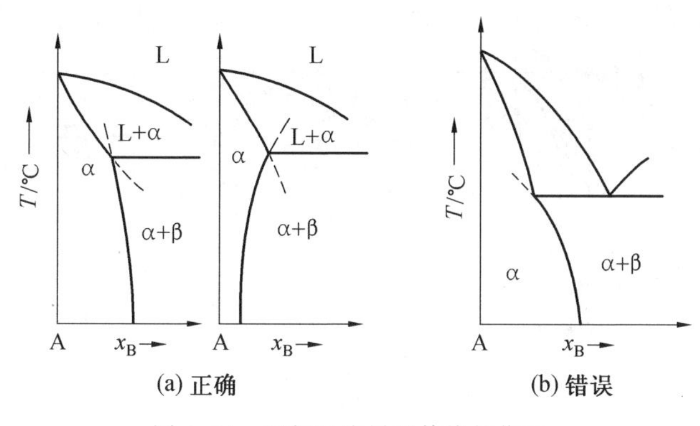

图 4.54　两相区边界延伸线的位置

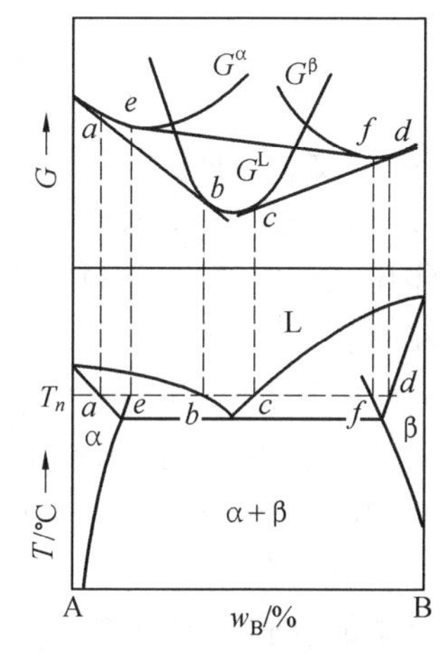

图 4.55　热力学分析两相区相界延长线走向

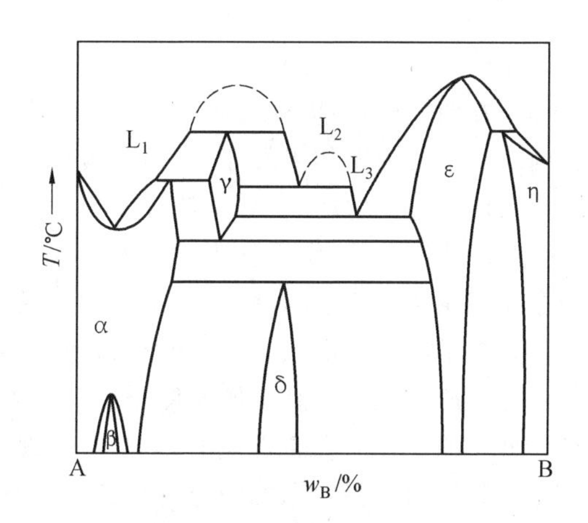

图 4.56　假想相图

4.6　复杂二元相图的分析方法

由上文介绍可以看出，当二元合金系中既形成化合物又存在各种固态相变时，它的相图看起来往往比较复杂，但实际上是由各种类型的基本相图组合而成，只要掌握各类相图的特点和转变规律，就能化繁为简，易于分析。下面，以 Ni－Be 相图为例来说明复杂相图分析的一般步骤：

(1)先看相图中是否存在稳定化合物，如果有，则以这些化合物为界，把相图分成几个区域进行分析。例如，在 Ni－Be 二元合金相图(图 4.57)中，可以用 γ 和 δ 化合物分成三个部分。

(2)根据相区接触法则，区别各相区。

(3)找出三相共存水平线，根据与水平线相邻的相区情况，确定转变的特性点及转变反应式，明确这时发生的恒温转变的类型，这是分析复杂相图的关键步骤，可以参考表 4.2 列出的二元系合金各类三相恒温转变的图形特征进行分析。例如，在 Ni－Be 合金相图中有四条水平线：Ⅰ共晶转变，L↔α＋γ；Ⅱ共晶转变，L↔γ＋δ；Ⅲ共晶转变，L↔δ＋β(Be)；Ⅳ共

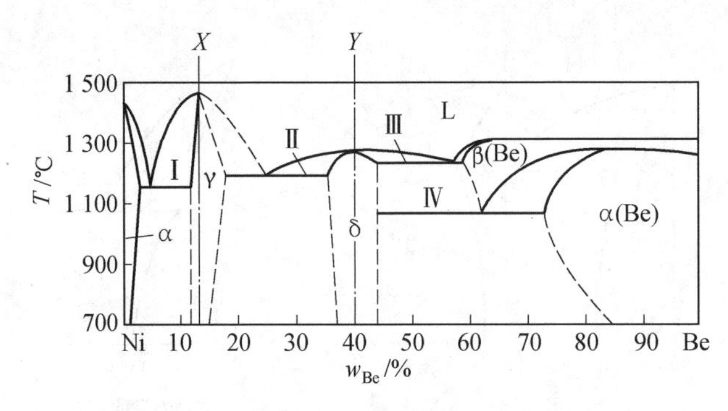

图 4.57　Ni－Be 相图

析转变，β(Be)↔δ＋α(Be)。

(4)利用相图分析具体合金随温度改变而发生的相转变和组织变化规律。这点在匀晶相图、共晶相图时已做了详细说明。在分析过程中要注意：在单相区，该相的成分与原合金的成分相同；在两相区，不同温度下两相成分分别沿其相界线变化。根据研究的温度画出连接线，其两端分别与两条相界线相交，由此根据杠杆定律可求出两相的相对含量。三相共存时，三个相的成分是固定的，杠杆定律不能用于三相区，只能用杠杆定律求恒温转变前(水平线上方两相区)或转变后(水平线下方的两相区)组成相的相对含量。

(5)在应用相图分析实际情况时，切记相图只能给出合金在平衡条件下存在的相和相对含量，并不能表示出相的形状、大小和分布，而这些主要取决于相的特性及形成条件。因此，在应用相图来分析实际问题时，既要注意合金中存在的相及相的特征，又要了解这些相的形状、大小和分布的变化对合金性能的影响，并考虑在实际生产中如何控制。

(6)相图只表示平衡状态的情况，而实际生产中，合金很少能达到平衡状态，因此在结合相图分析合金生产中的实际问题时，要特别重视它们在非平衡条件下可能出现的相和组织，尤其是陶瓷，其熔体的黏度较合金的黏度大，组元的扩散比合金的组元扩散慢，因此，许多陶瓷凝固后极易形成非晶体或亚稳相。

(7)相图的建立由于某些原因可能存在误差或错误，则可用相律来判断，实际研究的合金原材料的纯度与相图中的条件不同，也会影响分析结果的准确性。

4.7　根据相图判断合金的性能

合金的性能主要取决于合金的组织，而合金的组织又与合金的成分有着密切的关系，也就是说合金的性能很大程度上取决于组元的特性及其所形成的合金相的性质和相对含量，因为相图是反映合金成分与组织的关系图，所以借助于相图所反映出的这些特性和参量来判断合金的使用性能(如力学及物理性能等)和工艺性能(如铸造性能、压力加工性能、热处理性能等)，对于实际生产有一定的借鉴作用。

(1)根据相图判断合金的使用性能。

图 4.58 所示为几类基本型二元合金相图与合金硬度、强度及电导率之间的关系。由图 4.58 可以看出，当合金的组织为两相组成的机械混合物时，其性能是两组成相性能的平均值，即其性能与合金的成分呈线性关系。当形成稳定化合物(中间相)时，其性能在曲线上出

现奇点。另外，在形成机械混合物的合金中，各相的分散度对组织敏感的性能有较大的影响。例如对于共晶成分及接近共晶成分的合金，通常组成相细小分散，则其强度、硬度可提高。

从图 4.58(a)可以看出，当合金的组织为两相组成的混合物时，其性能与合金的成分呈线性关系，它的强度、硬度和导电性一般介于两组成相之间，大致为两组成相性能的算术平均值。

图 4.58(b)所示为形成单相固溶体，图 4.58(c)所示为两个固溶体组成的合金组织(两个固溶体在固态时溶解度不变)。可以看出，当合金组织为单相固溶体时，其性能与合金的成分呈曲线关系，固溶体合金的强度、硬度一般均高于纯金属的强度和硬度，并随溶质组元浓度的升高而增加；但导电性能低于纯金属的导电性能，并随溶质浓度的升高而降低。

图 4.58(d)所示为形成成分一定的稳定化合物，可以看出，当合金系中形成稳定化合物时，在合金系的性能一成分线上出现奇异点(即升高点或降低点)。而图 4.58(e)所示为形成具有一定成分范围的稳定化合物。

上文所述是合金为平衡组织时其性能与成分之间的关系，对于两相合金在不平衡凝固时，由于凝固速度越快，两组成相越细小，因此其强度、硬度越高，如图 4.58 中对应共晶点附近的虚线升高处。

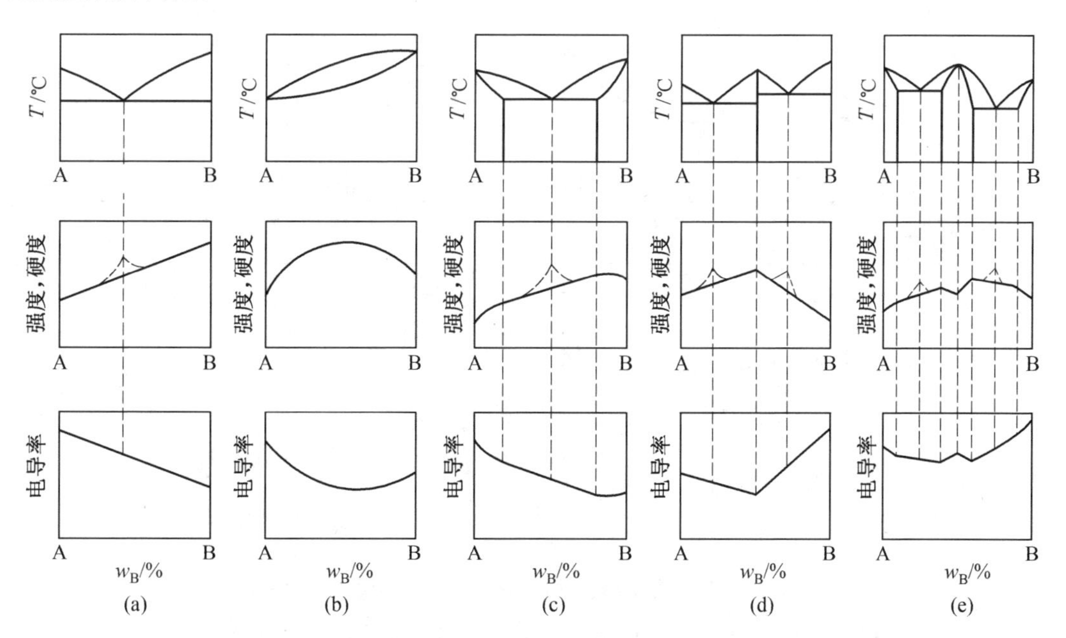

图 4.58　二元合金相图与温度、合金强度、硬度及电导率之间的关系

(2)根据相图判断合金的工艺性能。

由相图还可以判断合金的铸造性能。合金的铸造性能主要指合金的流动性(即液体金属充填铸型的能力)和缩孔性。好的流动性和形成集中缩孔是提高铸件质量的保证。合金的铸造性能与合金相图上的液、固相线距离(指水平距离和垂直距离，即凝固时的成分间隔和温度间隔)有很大关系。铸造工艺性与相图之间的关系如图 4.59 所示。若合金的液、固相线距离越大，即成分间隔和温度间隔越大，合金的流动性越差。因此，固溶体合金流动性

差，不如纯金属和共晶合金；而且液相线和固相线间隔越大，即结晶温度范围越大，树枝晶易粗大，对合金流动性妨碍严重，导致分散缩孔严重，合金不致密，且偏析严重，同时先后结晶区域容易形成成分的偏析。因此，单相固溶体合金一般不采用铸造成型，而采用锻造成型，即具有良好的锻造性能。由于共晶合金的熔点低，并且是恒温转变，熔体的流动性好，凝固后容易形成集中缩孔，合金致密，因此铸造合金宜选择接近共晶成分的合金。

压力加工性好的合金通常是单相固溶体，因为固溶体的强度低、塑性好、变形均匀；而对于两相混合物，由于它们的强度不同，变形不均匀，变形大时，两相的界面也易开裂，尤其是存在的脆性中间相对压力加工更为不利，因此，需要压力加工的合金通常是取单相固溶体或接近单相固溶体只含少量第二相的合金。

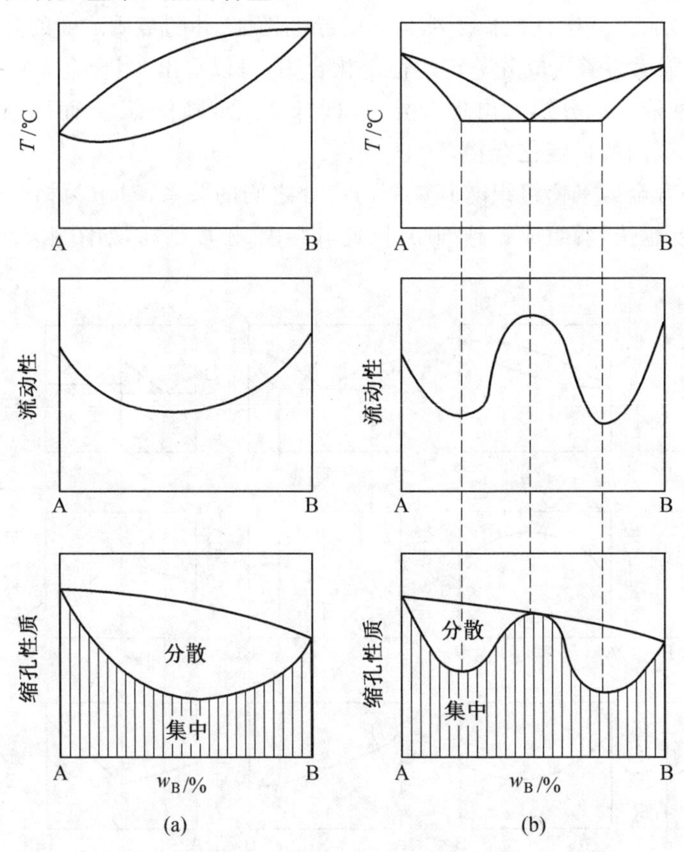

图 4.59 温度、合金的流动性、缩孔性质与相图之间的关系

此外，根据相图还可以制定合金的浇铸温度、始锻和终锻温度，以及判断合金的热处理可能性和制定合金热处理的加热温度等。例如，相图中没有固态相变的合金只能进行消除枝晶偏析的扩散退火，不能进行其他热处理；具有同素异构转变的合金可以通过再结晶退火和正火热处理细化晶粒；具有溶解度变化的合金可通过时效处理方法来强化合金；某些具有共析转变的合金，如 Fe—C 合金中的各种碳钢，先经加热形成固溶体 γ 相，然后快冷淬火，则共析转变将被抑制而发生性质不同的非平衡转变，由此获得性能不同的组织。

4.8　二元相图分析实例

二元合金中最为典型的实例是 Fe－C 合金，因 Fe－C 合金相图是反映使用量最广的钢铁材料的重要资料，工程上广泛使用的碳钢、铸铁都属于 Fe－C 合金，掌握 Fe－C 合金相图，对于了解钢铁材料的成分、组织与性能之间的关系，以及制定钢铁材料的各种热处理工艺，都具有十分重要的意义。下面以 Fe－C 相图为例进行介绍。

Fe－C 合金是由过渡族金属 Fe 与非金属元素 C 所组成，因为 C 原子半径小，它与 Fe 组成合金时，能溶入 Fe 的晶格间隙中，与 Fe 形成间隙固溶体。而间隙固溶体只能是有限固溶体，所以当 C 原子融入量超过 Fe 的极限溶解度后，C 与 Fe 将形成一系列化合物，如 Fe_3C，Fe_2C 及 FeC 等。在实际应用中发现，$w_C>5\%$ 的 Fe－C 合金脆性很大，使用价值很小，因此通常使用的 Fe－C 合金含碳量(质量分数)都不超过 6.69%。

碳在钢铁中可以有四种存在形式：C 原子溶于 α－Fe 形成的固溶体称为铁素体(体心立方结构)；C 原子溶于 γ－Fe 形成的固溶体称为奥氏体(面心立方结构)；C 原子与 Fe 原子形成复杂结构的化合物 Fe_3C(正交点阵)称为渗碳体；C 也可能以游离态石墨(六方结构)的稳定相存在。

由于 C 与 Fe 形成的化合物渗碳体 Fe_3C 是一个稳定的化合物，它的含碳量不超过 6.69%，因此可以把它看作一个组元，它与 Fe 组成的相图就是下面要介绍的 Fe－C 合金相图，实际上应该称为铁－渗碳体(Fe－Fe_3C)相图。在通常情况下，Fe－C 合金是按 Fe－Fe_3C 系进行转变的，其中 Fe_3C 是亚稳相，在一定条件下可以分解为 Fe 和石墨，即 $Fe_3C \rightarrow 3Fe + C$(石墨)。因此，Fe－C 相图可有两种形式：Fe－Fe_3C 相图和 Fe－C 相图，为了便于应用，通常将两者画在一起，称为 Fe－C 双重相图，如图 4.60 所示。Fe－Fe_3C 相图是反应含碳量为 0～6.69%的 Fe－C 合金在缓慢冷却条件下，温度、成分和组织的转变规律图。

4.8.1　图形分析

首先分析实线部分相图，组元为 Fe 和渗碳体 Fe_3C。纯铁在固态下有两种同素异构体，存在于不同的温度区间，在 912 ℃以下和 1 394～1 538 ℃之间为体心立方结构，为加以区别，在室温 912 ℃以下的范围称为 α－Fe，1 394～1 538 ℃范围的称为 δ－Fe，在 912 ～1 394 ℃温度范围内 Fe 以面心立方结构存在，称为 γ－Fe。Fe_3C 为稳定的间隙化合物，在熔化前不分解，可以看作独立组元，将相图分解为 Fe－Fe_3C 部分。

Fe－Fe_3C 相图看起来比较复杂，细致分析可以发现，Fe－Fe_3C 相图主要由包晶相图、共晶相图和共析相图三个部分构成。其主要出现的相包括：

①液相，用 L 表示，Fe 和 C 在液态能无限固溶形成均匀的溶体。

②δ 相，它是 C 与 δ－Fe 形成的间隙固溶体，具有体心立方结构，称为高温铁素体，常用 δ 表示，由于 δ 相点阵常数 $a=0.293$ nm，晶格间隙小，最大溶碳量在 1 495 ℃为 0.090%，是相图中的 H 点。

③γ 相，它是 C 与 γ－Fe 形成的间隙固溶体，具有面心立方结构，称为奥氏体，常用 γ 或者 A 表示。γ－Fe 点阵常数为 $a=0.366$ nm，晶格间隙较大，最大溶碳量在 1 148 ℃为

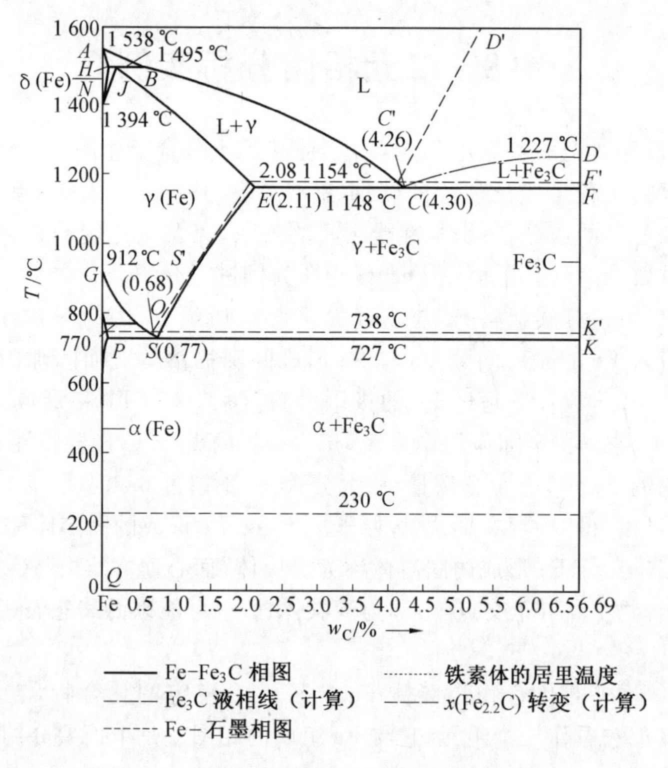

图 4.60　Fe－C 双重相图

2.11%，是相图中 *E* 点。

④α 相，它是碳与 α－Fe 形成的间隙固溶体，具有体心立方结构，称为铁素体，常用 α 或者 F 表示。α－Fe 点阵常数为 $a=0.287$ nm，晶格间隙很小，最大溶碳量在 727 ℃ 为 0.021 8%，是相图中的 *P* 点。

⑤中间相 Fe_3C，它是 Fe 与 C 形成的间隙化合物，$w_C=6.69\%$，称为渗碳体。

Fe－Fe_3C 合金相图中的特性点见表 4.3。

表 4.3　Fe－Fe_3C 合金相图中的特性点

特性点	温度/℃	含碳量(质量分数)/%	特性点含义
A	1 538	0	纯铁的熔点
B	1 495	0.53	包晶转变时液相成分
C	1 148	4.3	共晶反应点($L\rightarrow\gamma+Fe_3C$)，莱氏体用 L_d 表示
D	1 227	6.69	渗碳体的熔点
E	1 148	2.11	碳在 γ－Fe 中的最大溶解度，共晶转变时 γ 相的成分
F	1 148	6.69	共晶转变时 Fe_3C 的成分
G	912	0	纯铁的同素异构相变点，γ－Fe→α－Fe

续表 4.3

符号	温度/℃	含碳量(质量分数)/%	特性点含义
H	1 495	0.09	C 在 δ－Fe 中的最大溶解度，包晶转变时 δ 相的成分
J	1 495	0.17	包晶反应点 $L_B+\delta_H \to \gamma_J$
K	727	6.69	共析转变时 Fe_3C 的成分点
M	770	0	纯铁的居里点
N	1 394	0	纯铁的同素异构转变，δ－Fe→α－Fe
O	770	0.5	$w_C=0.5\%$的合金的磁性转变点
P	727	0.021 8	C 在 α－Fe 中的最大溶解度，共析转变时，α 相的成分点
S	727	0.77	共析反应点 $\gamma_S \to \alpha_P+Fe_3C(\alpha+Fe_3C)$
Q	室温	<0.001	室温时 C 在 α－Fe 中的溶解度

在 Fe－Fe_3C 相图中除了液相线和固相线外，还存在三个三相恒温转变，相图中的相界线有以下几种：

①液相线：$ABCD$ 线。

②固相线：$AHJECF$ 线。

③三相恒温转变线。

包晶反应线：HJB，在 1 495 ℃发生包晶转变，$L_B+\delta_H \to \gamma_J$，转变产物为奥氏体组织(A)。

共晶转变线：ECF，在 1 148 ℃发生共晶转变，$L_C \to \gamma_E+Fe_3C$，转变产物为奥氏体和渗碳体的机械混合物，称为莱氏体(L_d)。

共析转变线：PSK，在 727 ℃发生共析转变，$\gamma_S \to \alpha_P+Fe_3C$，转变产物是 Fe_3C 与铁素体的机械混合物，称为珠光体(P)。共析转变温度常表示为 A_1 温度。

④析出线：自单相中析出第二相。

GS 线：奥氏体中开始析出铁素体(降温时)或铁素体全部溶入奥氏体(升温时)的转变线，常称此温度为 A_3 温度。

ES 线：C 在奥氏体(γ－Fe)中的溶解度曲线。低于此温度，在奥氏体中将析出渗碳体 Fe_3C，称为二次渗碳体，用 Fe_3C_{II} 表示，以区别从液相中经 CD 线结晶出的一次渗碳体 Fe_3C_{I}。此温度常称为 A_{cm} 温度。

PQ 线：C 在铁素体(α－Fe)中的溶解度曲线。在 727 ℃时，C 在铁素体中的最大溶解度 w_C 为 0.021 8%，因此铁素体从 727 ℃冷却时也会析出极少量的渗碳体，称为三次渗碳体，记为 Fe_3C_{III}。

⑤磁性转变线：770 ℃的水平线表示铁素体的磁性转变，常称为 A_2 温度。230 ℃的水平线表示渗碳体的磁性转变。

⑥其他相界线，如 HN 线、GP 线等。

通过上述相界线分析，可以将相图分为如下相区：

(1)单相区。

在 $ABCD$ 线以上为液相区 L；在 $AHNA$ 区为 δ 相区(高温铁素体)；在 $NJESGN$ 区为 γ 相区(奥氏体)；在 $GPQG$ 区为 α 相区(铁素体区)；在 $DFKL$ 区为 Fe_3C 相区(渗碳体区)。

(2)两相区。

$ABJHA$ 区为(L+δ)区；$JBCEJ$ 区为(L+γ)区；$DCFD$ 区为(L+Fe_3C)；$HJNH$ 区为(γ+δ)区；$GSPG$ 区为(α+γ)区；$ECFKSE$ 区为(γ+Fe_3C)区；$QPSKLQ$ 区为(α+Fe_3C)区。

(3)三相区。

在 HJB 为(L+δ+γ)三相共存；在 ECF 为(L +γ+Fe_3C)三相共存；在 PSK 为(α+γ+Fe_3C)三相共存。

4.8.2 结晶过程分析

Fe－C 合金通常可按含碳量及其室温平衡组织分为三大类：

①工业纯铁：$w_C<0.021\,8\%$，室温组织为单相的铁素体或者"铁素体＋三次渗碳体"。

②碳钢：$0.021\,8\%<w_C<2.11\%$，高温组织为单相的奥氏体。

③铸铁：$2.11\%<w_C<6.69\%$，因 C 以 Fe_3C 的形式存在时，其断口为白亮色，故称为白口铸铁，它们在凝固时发生共晶转变，具有较好的铸造性能，但共晶转变后得到以 Fe_3C 为基的莱氏体，脆性很大，断口为灰色，称为灰口铸铁。

碳钢和铸铁是按有无共晶转变来区分的，无共晶转变，即无莱氏体的合金称为碳钢。在碳钢中，又分为亚共析钢($0.021\,8\%<w_C<0.77\%$,)、共析钢($w_C=0.77\%$)及过共析钢($0.77\%<w_C<2.11\%$)。

①亚共析钢：$0.021\,8\%<w_C<0.77\%$的 Fe－C 合金称为亚共析钢，其室温组织为"先共析铁素体＋珠光体(F+P)"。

②共析钢：$w_C=0.77\%$的 Fe－C 合金称为共析钢，其室温组织为 100%的珠光体(P)。

③过共析钢：$0.77\%<w_C<2.11\%$的 Fe－C 合金称为过共析钢，其室温组织为"珠光体＋二次渗碳体($P+Fe_3C_{II}$)"。

根据 Fe－Fe_3C 相图中获得的不同组织特征，将 Fe－C 合金按含碳量划分为七种类型，如图 4.61 所示。现对每种类型选择一个合金来分析其平衡凝固时的转变过程和室温组织。

(1)合金①($w_C=0.01\%$的工业纯铁)。

合金从液相冷却与液相线 1 点相交时，发生匀晶转变，从液相中凝固出 δ 相，随着温度降低，液相成分沿 AB 线变化，含碳量不断增加，但相对含量不断减少。而 δ 相成分沿着固相线 AH 变化，含碳量和相对含量不断增加。当冷却到 2 点时，匀晶转变结束，液相 L 消失，得到 $w_C=0.01\%$的单相 δ 固溶体。在 2～3 点之间，随着温度的降低，单相 δ 固溶体的成分和结构都不变，只是进行降温冷却。当冷却到 3 点时，发生固溶体的同素异构转变，由 δ 相转变为 γ 相。通常奥氏体相优先在 δ 相的晶界上形核并长大，在 3～4 点之间随着温度降低，δ 相的成分沿着 HN 线变化，含碳量和相对含量都不断减少，而 γ 相的成分沿着 JN

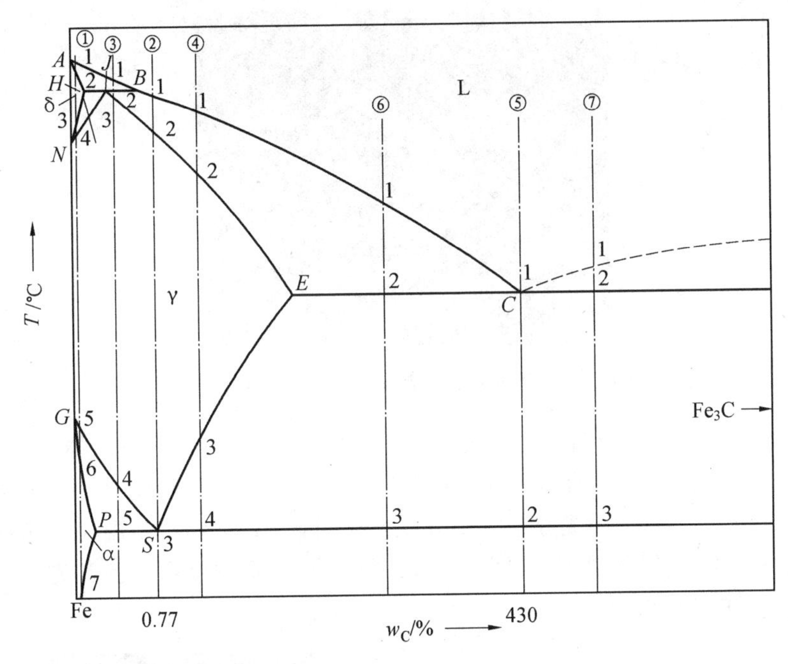

图 4.61　典型 Fe－C 合金冷却时的组织转变过程分析

线变化，含碳量不断减少，但相对含量不断增加。当冷却到 4 点时，固溶体的同素异构转变结束，δ 相全部消失，得到 $w_C=0.01\%$的单相奥氏体，并保持到 5 点温度以上。当冷却到 5 点时又开始发生固溶体的同素异构转变，由 γ 相转变为 α 相。通常铁素体的晶核优先在 γ 相的晶界处形成。在 5～6 点间，随着温度的下降，γ 相的成分沿 GS 线变化，含碳量不断增加，但相对含量不断减少；而 α 相的成分沿 GP 线变化，含碳量和相对含量都不断增加。当冷却到 6 点时，固溶体的同素异构相变结束，γ 相消失得到成分为 $w_C=0.01\%$的单相铁素体。在 6～7 点之间，随着温度降低，α 相的成分和结构都不变。当温度降至 7 点时，铁素体的溶碳量达到饱和。在 7 点以下，铁素体将发生脱溶转变，从铁素体中析出三次渗碳体 $Fe_3C_{Ⅲ}$，$\alpha \xrightarrow{析出} Fe_3C_{Ⅲ}$，此时铁素体 F 的成分沿着 PQ 线变化，相对含量不断减少，$Fe_3C_{Ⅲ}$的量逐渐增加。$Fe_3C_{Ⅲ}$一般沿着铁素体 F 的晶界分布，析出的量一般很少。工业纯铁在室温下的显微组织为 $F+Fe_3C_{Ⅲ}$，如图 4.62 所示。

(2)合金②（$w_C=0.77\%$的共析钢）。

合金从液相冷却到与液相线 BC 相交于 1 点时，发生匀晶转变，从液相中凝固出 γ 相（L→γ），随着温度降低，液相成分沿液相线 BC 变化，含碳量不断增加，但相对含量不断减少。而 γ 相成分沿着固相线 JE 变化，含碳量和相对含量不断增加。当冷却到 2 点时，匀晶转变结束，液相 L 消失，得到 $w_C=0.77\%$的单相奥氏体 γ 相。在 2～3 点之间，随着温度的降低，γ 相的成分和结构都不变，只是进行降温冷却。当冷却到 3 点时，奥氏体在恒温（727 ℃）发生共析转变，$\gamma_{0.77} \rightarrow \alpha_{0.0218}+Fe_3C$，转变后的相变产物通常被称为珠光体，用 P 表示，它是铁素体 F 与渗碳体 Fe_3C 的机械混合物。该铁素体称为共析铁素体，用 Fe_3C_k 表示，其组织特征为共析渗碳体呈层片状分布在共析铁素体基体上。共析渗碳体经适当球化退火后，可呈球状或粒状分布在共析铁素体基体上，称为球状珠光体。在 3 点以下，随着温

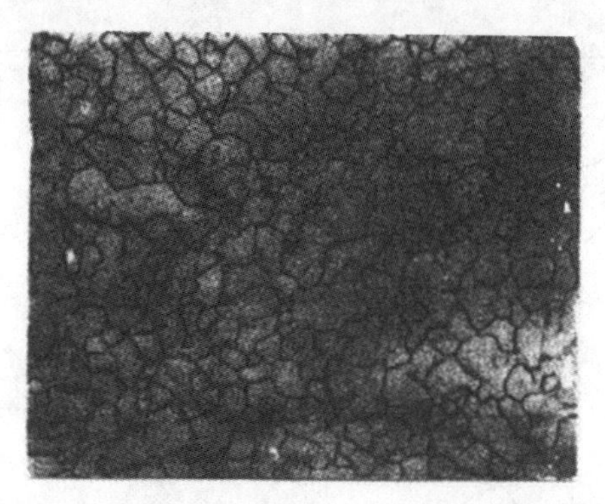

图 4.62　工业纯铁室温下的显微组织(300×)

度降低,共析铁素体相的成分沿着 PQ 线变,发生脱溶反应析出三次渗碳体,$\alpha_p \xrightarrow{析出} Fe_3C_{Ⅲ}$,它和共析渗碳体混合在一起,量很少,很难分辨出来,一般可以忽略不计,而共析渗碳体 Fe_3C_k 和三次渗碳体 $Fe_3C_{Ⅲ}$ 的成分基本不发生变化,因此共析钢在室温时的组织组成物为100%的珠光体组织,相组成物为(F+Fe_3C),共析钢的凝固过程示意图及光学显微镜下观察的珠光体组织如图 4.63 所示。

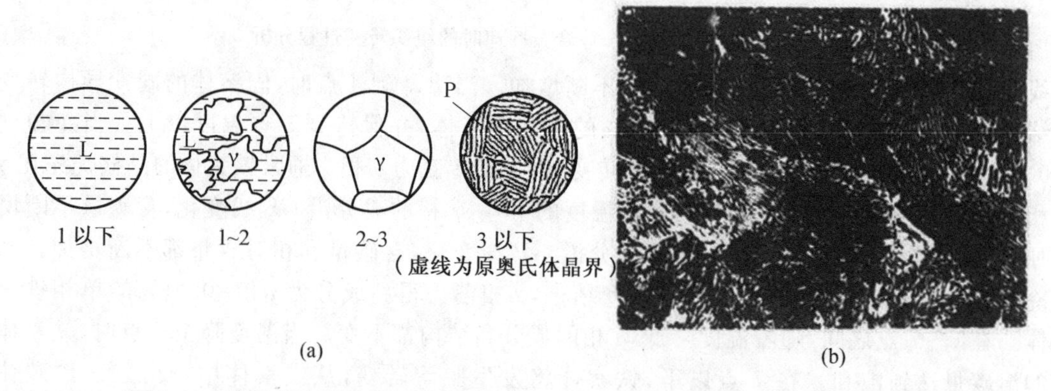

图 4.63　共析钢的凝固过程示意图及光学显微镜下观察的珠光体组织(600×)

在共析转变开始,对于珠光体的组成相中任意一相,铁素体或渗碳体优先在奥氏体晶界上形核并以薄片形态长大,通常情况下,渗碳体作为领先相在奥氏体晶界上形核并长大,导致其周围奥氏体中贫碳,这有利于铁素体晶核在渗碳体两侧形成,这样就形成了由铁素体和渗碳体组成的珠光体晶核。由于铁素体对 C 的溶解度有限,它的形成将原溶在奥氏体中的 C 绝大部分排挤到附近未转变的奥氏体中和晶界上,当这些区域中 C 的质量分数到达一定程度(6.69%)时,又出现第二层渗碳体,这样的过程继续地交替进行,便形成珠光体领域,或称为珠光体群。在生长着的珠光体领域和未转变的奥氏体之间的界面上,也可以与原珠光体领域不同位向形核生长出珠光体领域,或者在晶界上长出新的珠光体领域,直至各个珠光体领域彼此相碰,奥氏体完全消失为止。同一珠光体领域中的层片方向一致,铁素体和渗碳体具有一定的晶体学位向关系。另外,珠光体的层片间距随冷却速度增大而减小,珠光体层片越细,其强度越高,韧性和塑性也好。

(3)合金③（w_C＝0.4％的亚共析钢）。

合金从液相冷却到与液相线 AB 线相交于1点时，发生匀晶转变，从液相中凝固出 δ 相，随着温度降低，液相成分沿 AB 线变化，含碳量不断增加，但相对含量不断减少。而 δ 相成分沿着固相线 AH 变化，含碳量和相对含量不断增加。当冷却到2点时，匀晶转变结束，液相的成分达到 B 点，而 δ 相的成分达到 H 点。这时，残余的液相和 δ 相在恒温下（1 495 ℃）发生包晶转变，$L_{0.53}+\delta_{0.09}\rightarrow\gamma_{0.17}+L_{0.53}$（剩余），因为该合金的 w_C＝0.4％＞包晶成分的 w_C＝0.17％，所以在包晶转变完之后仍有部分液相剩余。在2～3点之间，随着温度的降低，剩余液相发生匀晶转变，不断析出 γ 相，液相成分沿液相线 BC 变化，含碳量不断增加，相对含量不断减少。而包晶得到的 γ 相和匀晶得到的 γ 相成分均沿着 JE 固相线变化，含碳量及相对含量均不断升高。当冷却到3点时，匀晶转变结束，液相消失，得到单相奥氏体，其 w_C＝0.4％。在3～4点之间随着温度降低，γ 相的成分和结构均不变。当冷却到4点时，发生固溶体的同素异构转变 γ→α，铁素体的晶核优先在奥氏体相的晶界处形成。在4～5点间，随温度的下降，γ 相的成分沿 GS 线变化，含碳量不断增加，但相对含量不断减少；而 α 相的成分沿 GP 线变化，含碳量和相对含量都不断增加。当冷却到5点时，α 相的成分达到 P 点（w_C＝0.021 8％），剩余的 γ 相成分达到共析成分 S 点（w_C＝0.77％），这部分 γ 相在恒温 727 ℃下发生共析转变 $\gamma_{0.77}\xrightarrow{727\ ℃}\alpha_{0.0218}+Fe_3C$，形成珠光体，通常将在共析转变之前由同素异构转变形成的 α 相称为先共析铁素体。在5点以下，先共析铁素体和共析铁素体的成分均沿着 PQ 线变化，发生脱溶反应析出三次渗碳体 $Fe_3C_{Ⅲ}$，而共析渗碳体的成分不变，由于析出的 $Fe_3C_{Ⅲ}$ 量很少，可忽略不计，w_C＝0.4％的亚共析钢室温组织为（α＋P）（即“铁素体＋珠光体”），其凝固过程示意图及典型的显微组织如图4.64所示。

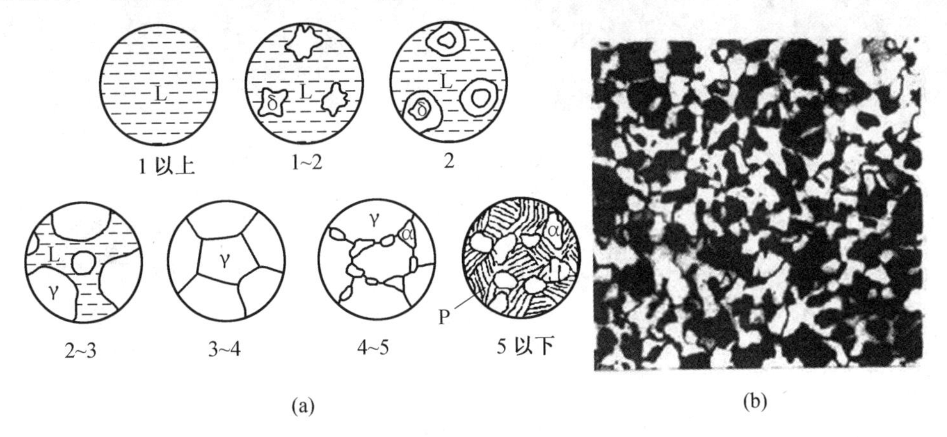

图4.64　亚共析钢的凝固过程示意图及典型的显微组织(200×)

由上述讨论可知，0.17％＜w_C＜0.53％的亚共析钢平衡凝固组织都与该合金类似，而0.53％＜w_C＜0.77％的亚共析钢在平衡凝固时只是不发生包晶转变，但其室温组织均为（α＋P），所不同的是随着含碳量的增加，亚共析钢组织中的珠光体（P）的质量分数增加，而铁素体的质量分数减少。

(4)合金④（w_C＝1.2％的过共析钢）。

当合金从液相冷却到与液相线 BC 相交的1点时，发生匀晶转变，从液相中凝固出

γ相。在1～2点之间，随着温度降低，液相成分沿液相线 BC 变化，含碳量不断增加，但相对含量不断减少。而γ相成分沿着固相线 JE 变化，含碳量和相对含量不断增加。当冷却到2点时，匀晶转变结束，液相L消失，得到 $w_C=1.2\%$ 的单相奥氏体γ相。在2～3点之间，随着温度的降低，γ相的成分和结构都不变，只是进行降温冷却。当冷却到3点时，与固相线 ES 相交，奥氏体的含碳量达到过饱和，开始发生脱溶反应，沿晶界析出二次渗碳体 $\gamma \xrightarrow{析出} Fe_3C_{II}$，随温度下降，$Fe_3C_{II}$ 的成分和结构不变，但相对含量不断增加，并呈网状分布在γ相的晶界上，而γ相的成分沿固相线 ES 转变，含碳量与相对含量均在不断减少。当达到4点时，γ相的成分达到共析成分点 S，这部分γ相在恒温727 ℃下发生共析转变 $\gamma_{0.77} \xrightarrow{727\ ℃} \alpha_{0.0218} + Fe_3C$，形成珠光体P，而 Fe_3C_{II} 保持不变。在4点以下，珠光体中的共析α相成分沿 PQ 线变化并发生脱溶反应析出三次渗碳体，$\alpha \xrightarrow{析出} Fe_3C_{III}$，由于量很少，很难分辨出来，可以忽略不计。由上文可以看出，该合金室温时的组织为（P＋网状二次渗碳体 Fe_3C_{II}）。用不同浸蚀剂时，P与 Fe_3C_{II} 的颜色不同，用硝酸浸蚀时，Fe_3C_{II} 呈白色网状，珠光体为黑色；而当用苦味酸钠浸蚀时，Fe_3C_{II} 呈黑色网状，而珠光体为浅灰色，如图4.65所示。

(a) 硝酸酒精浸蚀（白色网状为 Fe_3C_{II}，黑色为珠光体）

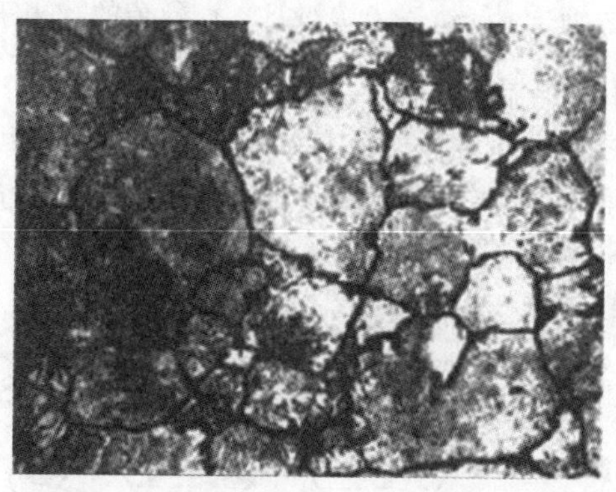

(b) 苦味酸钠浸蚀（黑色网状为 Fe_3C_{II}，浅灰色为珠光体）

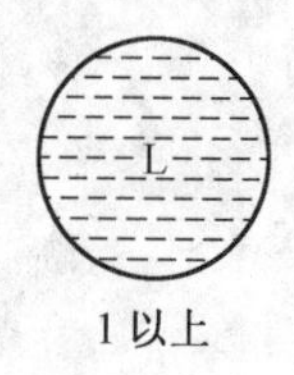

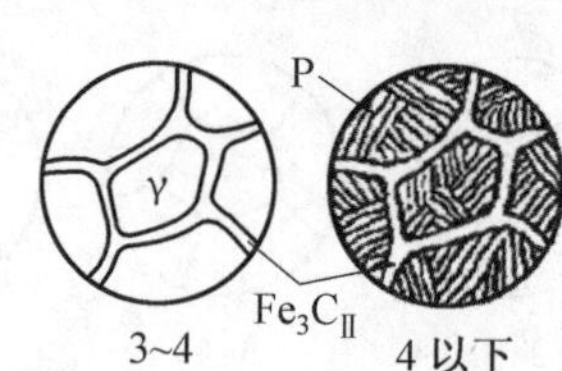

(c)

图4.65　$w_C=1.2\%$ 的过共析钢的凝固过程示意图及室温组织

由上文可以看出，所有的过共析钢凝固过程都与该合金类似，不同的是，w_C 接近0.77%时，析出的二次渗碳体少，呈断续网状分布，并且网很薄。而 w_C 接近2.11%时，析出的二次渗碳体多，呈连续网状分布，且网厚度较大。

(5)合金⑤（$w_C=4.3\%$ 的共晶白口铸铁）。

合金溶液冷却至1点（1 148 ℃）时，在恒温（1 148 ℃）下发生共晶转变 $L_{4.3} \rightarrow \gamma_{2.11} + Fe_3C$，该共晶体称为莱氏体，记为 L_d。莱氏体中的γ相称为共晶γ相，Fe_3C 称为共晶 Fe_3C。继续冷却至1～2点间，共晶体中的γ相发生脱溶反应，不断析出二次渗碳体

$Fe_3C_{Ⅱ}$，γ 相成分沿固相线 ES 变化，相对含量和含碳量均不断减少，而 $Fe_3C_{Ⅱ}$ 成分不变，相对含量不断增加。但共晶 Fe_3C 的成分和相对含量保持不变，只是进行降温冷却。当温度降至 2 点（727 ℃）时，共晶 γ 相的含碳量降至共析点成分为 0.77%（质量分数，图中的 S 点），这部分 γ 相在恒温下（727 ℃）发生共析转变，形成珠光体 P。而共晶 Fe_3C 和二次渗碳体 $Fe_3C_{Ⅱ}$ 不发生变化。当冷却到 2 点以下，珠光体 P 中的 α 相成分沿着 PQ 线变化，发生脱溶反应（$\alpha \xrightarrow{析出} Fe_3C_{Ⅲ}$）析出 $Fe_3C_{Ⅲ}$。而 Fe_3C 不发生变化，由于 $Fe_3C_{Ⅱ}$ 和 $Fe_3C_{Ⅲ}$ 均依附在共晶 Fe_3C 基体上，难以分辨，因此最后得到的组织是室温莱氏体，称为变态莱氏体用 L'_d 表示，$L'_d = P + Fe_3C_{Ⅱ} + Fe_3C$，它保持原莱氏体的形态，只是共晶奥氏体已转变为珠光体，其凝固过程示意图及室温组织如图 4.66 所示。

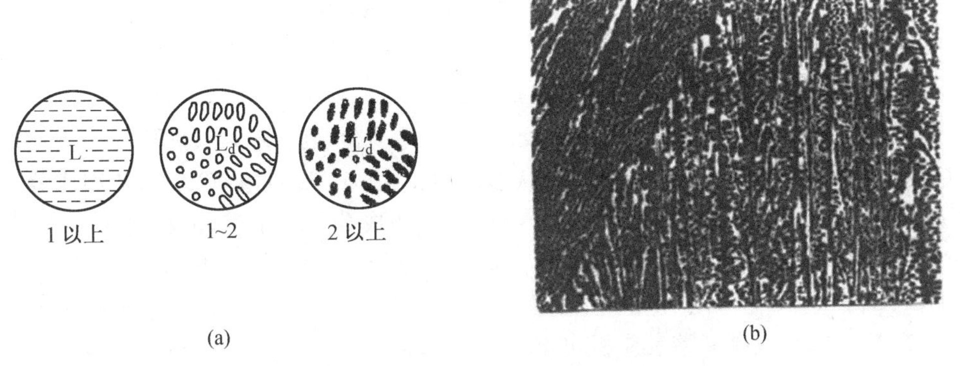

图 4.66　共晶白口铸铁的凝固过程示意图及室温组织

（白色基体为共晶渗碳体，黑色颗粒为共晶奥氏体转变来的珠光体）

（6）合金⑥（$w_C = 3.0\%$ 的亚共晶白口铸铁）。

合金溶液在冷却到与液相线 BC 相交 1 点时，开始发生匀晶转变 $L \to \gamma$。在 1～2 点随温度下降，液相成分沿 BC 线变化，而 γ 相成分沿 JE 线变化。当温度到达 2 点（1 148 ℃）时，γ 相的成分达到 E 点（$w_C = 2.11\%$），液相成分达到共晶成分 C 点（$w_C = 4.3\%$），在恒温（1 148 ℃）下，发生共晶转变 $L_{4.3} \to \gamma_{2.11} + Fe_3C$，生成莱氏体。在共晶转变前，从液相中凝固出的 γ 相称为初生 γ 相或者先共晶 γ 相，它在共晶转变时不发生变化。在 2～3 点之间，随温度下降，共晶 Fe_3C 不发生变化，但初生 γ 相和共晶 γ 相的成分沿着 ES 线变化，发生脱溶反应析出二次渗碳体 $Fe_3C_{Ⅱ}$，初生 γ 相的含碳量 w_C 和相对含量减少，而 $Fe_3C_{Ⅱ}$ 成分不变，相对含量增加。当冷却至 3 点（727 ℃）时，初生 γ 相和共晶 γ 相的成分都达到共析成分 S 点（$w_C = 0.77\%$），在恒温（727 ℃）下发生共析反应 $\gamma_{0.77} \xrightarrow{727\ ℃} \alpha_{0.0218} + Fe_3C$，所有 γ 相都转变成为珠光体 P。在 3 点以下，珠光体 P 中的 α 相成分沿着 PQ 线变化，发生脱溶反应析出 $Fe_3C_{Ⅲ}$，而各 Fe_3C 的成分保持不变。最后得到的室温组织为 $P(\alpha + Fe_3C) + Fe_3C_{Ⅱ} + L'_d$ $(P + Fe_3C_{Ⅱ} + Fe_3C_{共晶})$。图 4.67 所示为该合金的凝固过程及室温组织。图中树枝状的大块黑色组成体是由先共晶 γ 相转变成的珠光体，其周围包围着的白色薄层为从其中析出的 $Fe_3C_{Ⅱ}$，其余部分为变态莱氏体。

所有的亚共晶白口铸铁的平衡凝固过程均与该合金相似。w_C 接近 2.11% 时 P 与 $Fe_3C_{Ⅱ}$ 的质量分数增加，而 L'_d 的质量分数减少，当 w_C 接近 4.3% 时，L'_d 的质量分数增加，

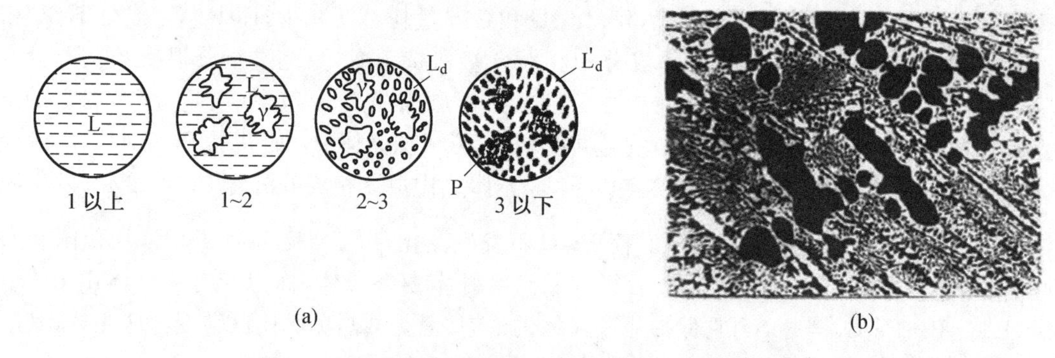

图 4.67 亚共晶白口铸铁凝固过程及室温组织(80×)
(黑色树枝状为珠光体,其余为莱氏体)

而 P 与 Fe_3C_{II} 的质量分数减少。

(7) 合金⑦(w_C=5.0%的过共晶白口铸铁)。

合金从液相冷却到与液相线 *CD* 相交 1 点时,发生匀晶转变,从液相中凝固出一次渗碳体,它不是以树枝状方式生长,而是以条状形态生长,在 1~2 点继续冷却,液相成分沿液相线 *CD* 变化,含碳量及相对含量不断减少,而 Fe_3C 的成分保持不变,但相对含量不断增加。当冷却到 2 点时,液相成分达到共晶 *C* 点(w_C=4.3%),在恒温(1 148 ℃)下发生共晶转变,$L_{4.3}+Fe_3C_I \rightarrow Fe_3C_I+L'_d(\gamma_{2.11}+Fe_3C)$,形成了莱氏体。在 2~3 点之间冷却,共晶 γ 相的成分沿着 *ES* 变化,发生脱溶反应析出 Fe_3C_{II},共晶 γ 相的含碳量及相对含量不断减少,析出的 Fe_3C_{II} 成分不变,相对含量不断增加。当冷却到 3 点时,共晶 γ 相成分达到共析成分点 *S*(w_C=0.77%),在恒温(727 ℃)下,发生共析转变形成珠光体 P,冷却到 3 点以下时,珠光体 P 中的 α 相成分沿 *PQ* 线变化析出 Fe_3C_{III}。最后得到的室温组织一次渗碳体和变态莱氏体 $Fe_3C+L'_d[Fe_3C_I+Fe_3C_{II}+P(\alpha+Fe_3C_I)]$,如图 4.68 所示。

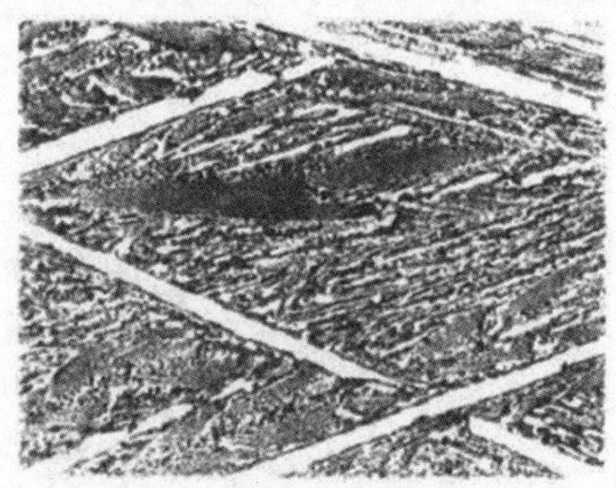

图 4.68 过共晶白口铸铁的室温光学显微照片(250×)
(白色条片为一次渗碳体,其余为莱氏体)

根据以上对各种 Fe—C 合金转变过程的分析,可将 Fe—C 合金相图中的相区按组织加以标注,如图 4.69 所示。

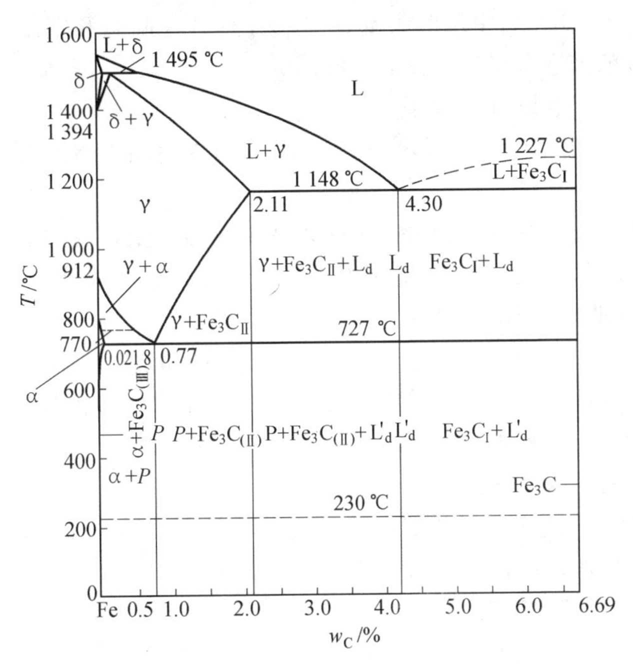

图 4.69　按组织划分的铁碳合金相图

本章习题

1. 解释下列基本概念及术语：匀晶转变，共晶转变，包晶转变，共析转变，包析转变，熔晶转变，偏晶转变，合晶转变，平衡凝固，不平衡凝固；共晶合金，亚共晶合金，过共晶合金，伪共晶，不平衡共晶。

2. 右图为二元匀晶相图，试根据相图确定：

(1)$w_B=40\%$的合金开始凝固出来的固相成分为多少？

(2)若开始凝固出来的固体成分为 $w_B=60\%$，合金的成分为多少？

(3)若合金成分为 $w_B=50\%$，凝固到某温度时液相成分 $w_B=40\%$，固相成分为 $w_B=80\%$，此时液相和固相的相对含量各为多少？

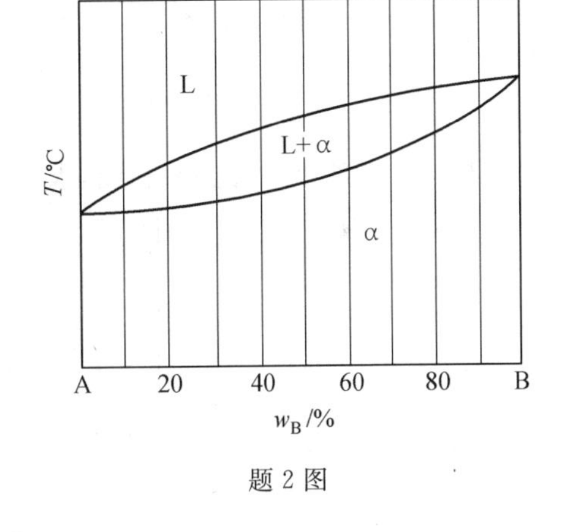

题 2 图

3. 二元共晶合金是如何形核和长大的？

4. Mg－Ni 系的一个共晶反应为 $L_{0.235}\xrightarrow{570\ ℃}\alpha_{纯Mg}+Mg_2Ni_{0.546}$，设对应 W^1_{Ni} 为亚共晶合金 C1，W^2_{Ni} 为过共晶合金 C2，这两种合金中的先共晶相的质量分数相等，但 C1 合金中的 α 总量为 C2 合金中 α 总量的 2.5 倍，试计算 C1 和 C2 的成分。

5. 已知 A(熔点 600 ℃)与 B(熔点 500 ℃)在液态无限互溶，固态时 A 在 B 中的最大固溶度(质量分数)为 $w_A=30\%$,室温时为 $w_A=10\%$;但 B 在固态和室温时均不溶于 A。在 300 ℃时,$w_B=40\%$的液态合金发生共晶反应。

(1)试绘出 A－B 合金相图。

(2)试计算 $w_A=20\%$,$w_A=45\%$,$w_A=80\%$的合金在室温下组织组成物和相组成物的相对含量。

6.已知 Pb－Sb 合金为完全不互溶,具有共晶转变的合金,共晶成分为 $w_{Sb}=11.2\%$,Pb 的硬度为 HB3,Sb 的硬度为 HB30。现要用 Pb－Sb 合金制成轴瓦,要求组织是在共晶基体上分布有 5%的硬质点 Sb,求该合金的成分及硬度。

7.利用相图分析 $w_{Sn}=28\%$的 Pb－Sn 合金的平衡结晶过程,画出示意图,指出室温下的相,并求相的相对含量;指出室温下的组织并求出组织组成体的相对含量。

8.利用 Pt－Ag 相图,分别分析 $w_{Ag}=20\%$,$w_{Ag}=42.4\%$,$w_{Ag}=60\%$的合金的平衡凝固过程,画出其室温组织示意图。

9.下图(a)为 Al－Si 合金共晶相图,下图(b)为三个 Al－Si 合金显微组织示意图,试分析图(b)中间的组织是什么合金(亚共晶、过共晶、共晶)?

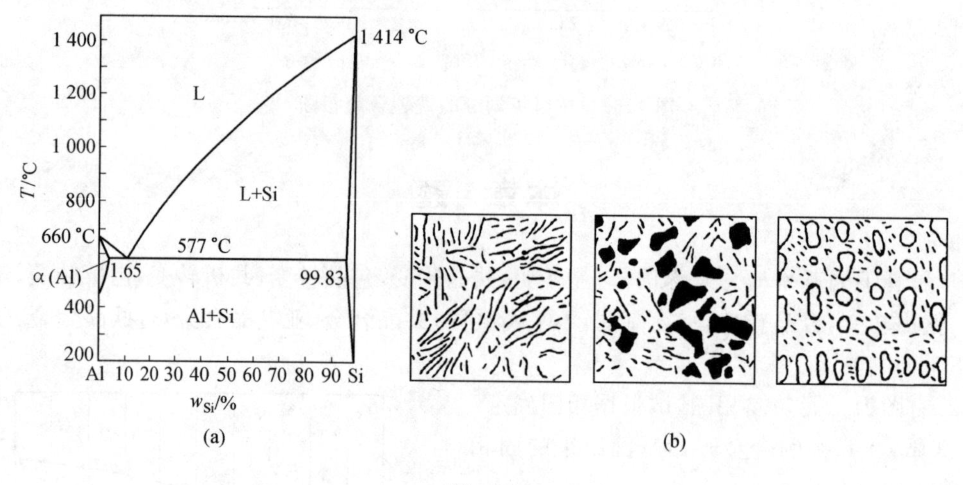

题 9 图

10.根据下图所示二元共晶相图,求:

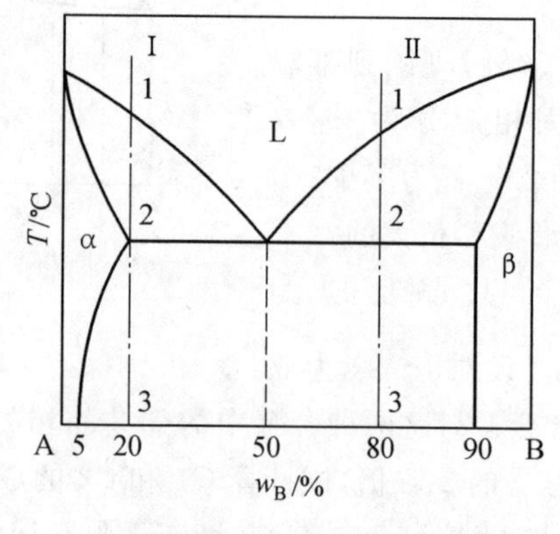

题 10 图　二元共晶相图

(1)分析合金Ⅰ和Ⅱ的结晶过程,说明室温下合金Ⅰ和Ⅱ的相和组织是什么？并计算出相和组织组成物的相对含量。

(2)如果希望得到共晶组织加上 5%的合金($\beta_{初}$),求该合金的成分。

(3)合金Ⅰ和Ⅱ在快冷不平衡状态下结晶,组织有什么不同？

11. 在下图所示相图中,请指出：

(1)水平线上反应的性质。

(2)各区域的组织组成物。

(3)分析合金Ⅰ和Ⅱ的冷却过程。

(4)合金Ⅰ和Ⅱ室温组织组成物的相对含量表达式。

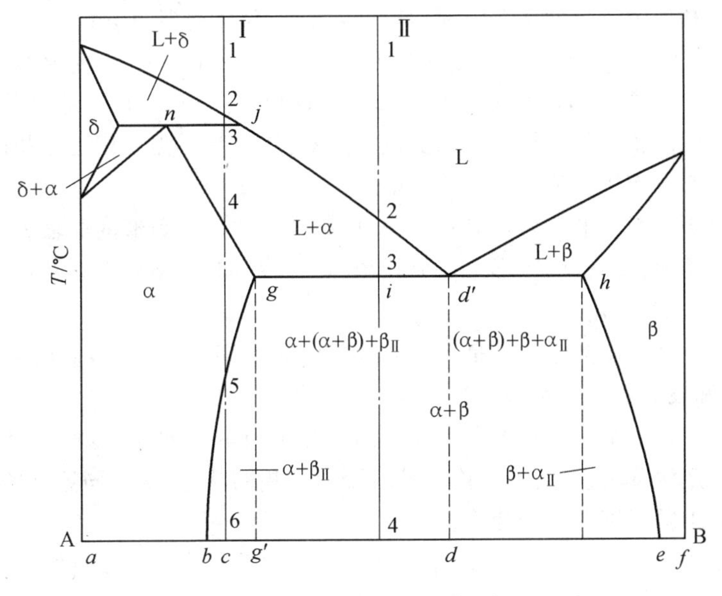

题 11 图　A—B 二元相图

12. 下图所示为 Al—Cu 合金相图,试分析什么成分的合金适合压力加工,什么成分的合金适合铸造？为什么？

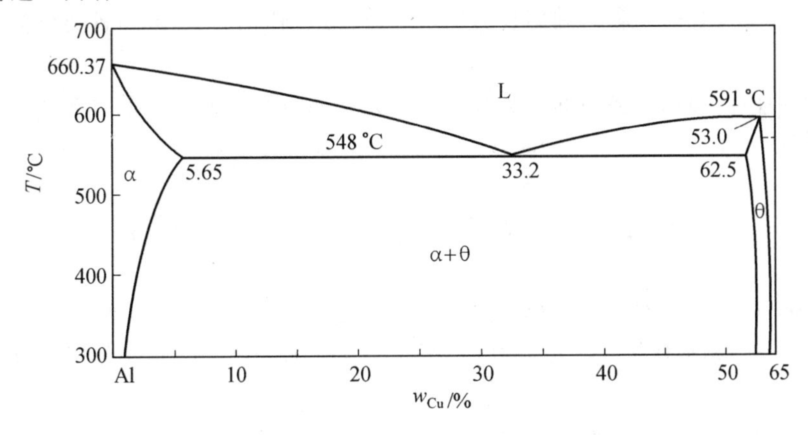

题 12 图　Al—Cu 合金相图

第 5 章　三元相图

5.1　三元相图的表示方法及截面图

工程实用材料多为三组元或三组元以上的，例如，合金钢多为 Fe－C－M(M 为合金元素)、轴承钢成分为 Fe－C－Cr、不锈钢成分为 Fe－Cr－Ni 等，陶瓷材料如硅酸盐产品 $CaO-Al_2O_3-SiO_2$、耐火材料和镁质瓷 $MgO-Al_2O_3-SiO_2$。但二元相图只适用于二元合金或者二组元的陶瓷材料，对于三组元的合金或者陶瓷材料需要用三元相图分析。因此，三元相图有着重要的实用价值。

三元相图以水平面浓度三角形表示成分，以垂直于浓度三角形的纵轴表示温度，整个三元相图是一个三角棱柱的空间图形。三元相图由一系列相区、相界面以及相界线所组成，由热分析等实验方法测定、建立。

由于三元的空间相图测定工作量大，形状复杂，分析困难，因此多采用更为简单的等温截面、垂直截面和投影图来表示和研究实际的三元相图。

等温截面是平行于浓度三角形在三元空间图形上所取的截面，也称为水平截面。等温截面可表示在一定温度下，三元系不同成分合金所处相的状态，从不同温度的等温截面也可分析三元系合金中随温度发生的变化。

垂直截面是指沿一组成分特性线(平行于一边的成分线或过一顶点的成分线)所截取的垂直截面，根据垂直截面可以分析处于该成分特性线的一组三元合金，在不同温度下相的状态及其变化的情况，也即可分析在结晶过程中发生的反应及反应前后相的状态。

投影图是相图中各类相界面的交线在浓度三角形上的投影，也可给出不同温度下液相面和固相面等温截线的投影。利用投影图可以方便地判断三元合金的各类反应并分析其结晶过程。

掌握各类截面图和投影图的分析及其与三元相图空间图形的关系对于运用三元相图有着重要的实际意义。

5.2　三元匀晶相图及其投影图

由相律可知，三元合金在两相平衡时，其自由度 $f=3-2+1=2$，因此它有两个可变因素，即温度和一个相的成分是可以独立改变的，所以三元合金的两相平衡区应该是一个固定的空间区域。

若三元系的每对组元在液态和固态均能完全固溶，它们组成的三元系合金也会具有同样的特征，这样的三元系相图称为三元匀晶相图，如图 5.1 所示。图中底部正三角形 ABC

为浓度三角形，三条过顶点的纵轴是温度轴。a,b,c 分别代表 A，B 和 C 三个纯组元的熔点。图中 ab,ac,bc 上凸线分别是 A－B，A－C 和 B－C 3 个二元合金系的液相线，而 ab，ac,bc 下凹线分别是 A－B，A－C 和 B－C 3 个二元合金系的固相线。

匀晶相图中的 3 个侧面均为二元匀晶相图，分别以 3 个二元匀晶相图的液相线和固相线为边缘，构成了液相面和固相面，液相面为一个上凸的曲面(图中所示 abc 上凸面即为三元合金系的液相面)，固相面为一个下凹的曲面(图中 abc 下凹面即为三元合金系的固相面)。匀晶相图中有两个单相区(液相区 L、固相区 α)和一个两相区(L＋α)。相区分界面为液相面和固相面，液相面 abc 上凸面以上为液相，固相面 abc 下凹面以下为固相，液相面和固相面两曲面之间为(L＋α)双相区。液相面和固相面为一对共轭曲面，即由液相和 α 固溶体达到平衡时一一对应的成分点共同组成的成分。

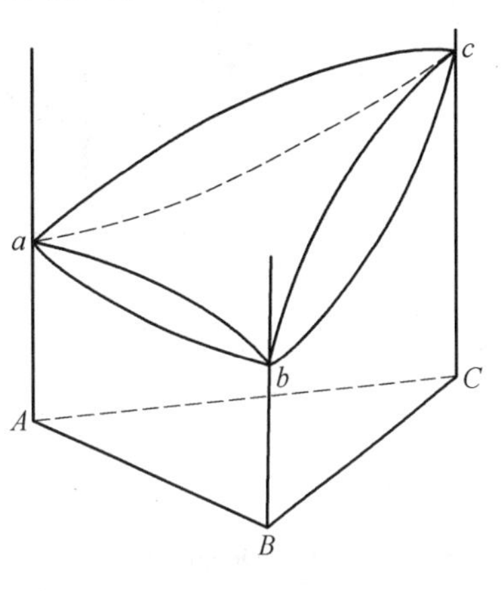

图 5.1　三元匀晶相图

由上述分析可知，三元匀晶相图的立体模型图是一个三棱柱体，它的 3 个侧面分别为 3 个二元匀晶相图。三元合金的液相面和固相面的边缘由这 3 个二元匀晶相图的液相线和固相线组成。

三元匀晶相图的液、固相面上无任何点与线，其在浓度三角形上的投影就是浓度三角形本身。因此有实用价值的是等温线投影图，即一系列等温截面与某一特定相界面(液相面或固相面)的交线投影到浓度三角形上，并在每条线上表明相应的温度。等温线投影图可用于分析给定相界面在相空间中的变化趋势以及特定合金进入或离开特点相区的大致温度。

5.2.1　三元匀晶相图的水平截面图(等温截面图)分析

为分析某温度下不同成分三元合金所处相的状态，可取平行于浓度三角形的等温水平截面，等温截面图就是等温三元相图，它表示给定温度下的相平衡关系，用系列等温截面图也可分析给定成分合金的相转变。三元匀晶相图的等温截面如图 5.2 所示。

由图 5.2 可以看出，水平截面与液相面和固相面相交，在水平截面上截出两条相界线，液相线 ab 和固相线 cd，因此，ab 和 cd 分别是液相面和固相面的等温线，也就是共轭曲线，在这里一般称为液相线和固相线。液相线 ab 和固相线 cd 将截面图划分为 3 个相区。应该注意的是，水平截面图的制作实际上也是以实验直接测定的，而不是先做出立体图后再用水平截面截取。

因为一张水平截面图只能反映三元合金在该温度时的状态，而不能反映三元合金的整个凝固过程，所以用水平截面图分析三元合金的凝固过程时，必须用一组不同温度的水平截面图才行。

根据相律，三元合金在两相平衡时自由度 $f=C-P+1=2$，即在两相平衡时有两个独立变数，除温度外，还有一个相的成分可变，而不影响平衡。对于水平截面图，由于温度是一定的，只有一个自由度，因此只有一个相的成分是独立可变的，而另一个相的成分必定随之改变。当要确定两个平衡相的成分时，必须用实验方法先测定一个相的成分，再由共线法则

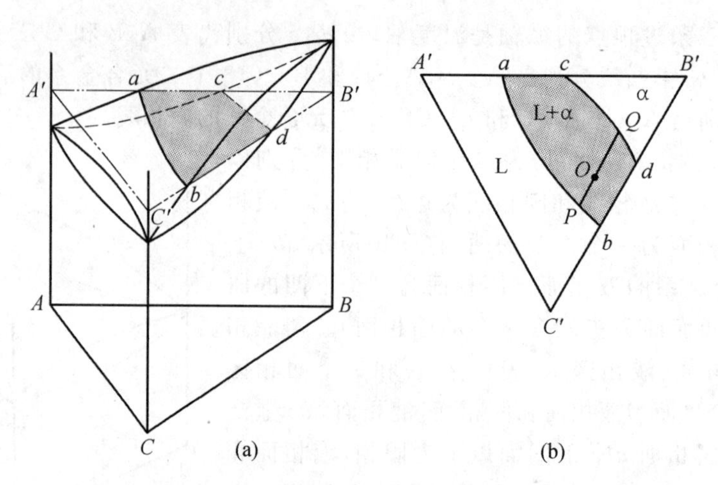

图 5.2 三元匀晶相图的等温截面

确定另一个相的成分，知道了两平衡相的成分后，由两个平衡相的连接线就可以计算出该合金在该温度系下两平衡相的相对含量。

如图 5.2(b)所示，设任一三元合金 O 在此温度下处于二相平衡。已知液相中 $w_A=20\%$，可确定液相成分 P，由直线法则可以定出与之平衡的 α 相成分 Q，PQ 为二相平衡成分的连接线，两相的相对含量可以由直线定则和杠杆定律确定。

在不知两相具体成分的情况下，连接相走向也可由组元熔点的高低大致确定，另外知道了连接线的转动方向随温度的变化规律后，还可以说明三元匀晶相图凝固时，液、固两相的成分随温度的变化轨迹。因为三元固溶体合金的凝固与二元固溶体合金的凝固情况相同，在凝固过程中，高熔点组元的量在固相中比液相中多，而低熔点组元的量在液相中比固相中多。

如果有一个三元系匀晶合金，假定三组元的熔点分别为 T_A,T_B,T_C，且 $T_A>T_B>T_C$，则与二元合金相同，α 相中高熔点组元的量高于液相中高熔点组元的量，液相 L 中低熔点组元成分 C 的量高于 α 相中低熔点组元成分 C 的量，三组元在两相中摩尔分数的比有以下关系：

$$\frac{x_B^\alpha}{x_A^\alpha}>\frac{x_B^O}{x_A^O}>\frac{x_B^L}{x_A^L}$$

$$\frac{x_A^\alpha}{x_C^\alpha}>\frac{x_A^O}{x_C^O}>\frac{x_A^L}{x_C^L}$$

$$\frac{x_B^\alpha}{x_C^\alpha}>\frac{x_B^O}{x_C^O}>\frac{x_B^L}{x_C^L}$$

式中，$x_A^\alpha,x_B^\alpha,x_C^\alpha,x_A^L,x_A^L,x_C^L$ 和 x_A^O,x_B^O,x_C^O 分别为三组元在 α 相、液相和合金中的成分。

由上式可以判断，即 α 相中高熔点组元 A 与低熔点组元 C 的成分比应该大于液相中这两种组元的成分比。如图 5.3 所示，如果做组元 B 与合金成分点 O 的联系 $A'OD$，则这时液、固两相中 A 和 C 组元的成分比相等，这显然不符合上述浓度比的关系。所以合金 B' 在该温度时的液、固平衡相的连接线一定偏离 $B'OE$，但往哪个方向偏离，只有当两平衡相的连接线使得 α 相和 L 相中 A 和 C 组元的成分比 $\frac{x_A^\alpha}{x_C^\alpha}>\frac{x_A^L}{x_C^L}$ 时，才是连接线的偏离方向。

由三组元在两相中成分的比值关系，可知在一定温度下的连接线方向，如图 5.3 所示。$\frac{x_B^O}{x_A^O}$，$\frac{x_A^O}{x_C^O}$，$\frac{x_B^O}{x_C^O}$分别代表 $C'OF$，$B'OE$，$A'OD$ 3 条特性线。连接线 POQ 的 P 端在 $B'OF$ 区，Q 端在 $C'OE$ 区，其具体位置须测定一个相的成分才能确定。

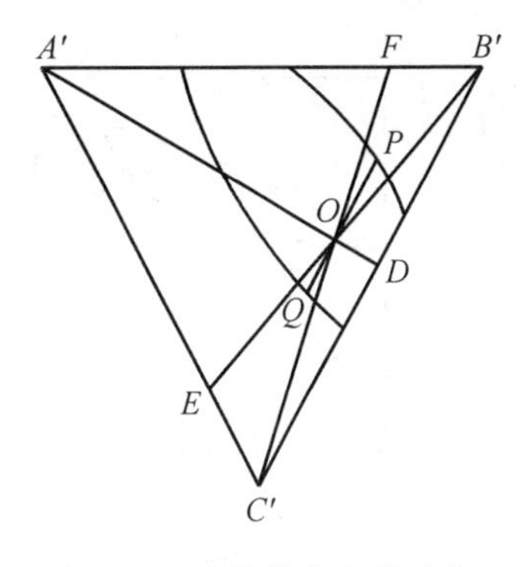

图 5.3　连接线方向的确定

由上述讨论可知，合金处于两相平衡时，两平衡线的连接线将偏离合金成分点与纯组元顶角的连线，但偏离的角度无法计算。通常可以近似地用合金成分点与纯组元顶角的连线作为两平衡相的连接线。但按该连接线确定出的两平衡相的成分误差较大，而计算出的两平衡相的相对含量误差较小。

5.2.2　三元匀晶相图的垂直截面图分析

垂直截面图是垂直于浓度三角形的相图截面图，使用中多选用通过浓度三角形顶点或平行于浓度三角形某一边的垂直截面。垂直截面图主要用于分析合金发生的相转变及其温度范围。由于三元匀晶相图的垂直截面可沿两组元成分特性线截取，下面分别对其进行分析。

(1)沿过一组元顶点的成分特性线截取垂直截面，使其他两组元的成分比固定不变，如图 5.4 所示。成分特性线过 A 点。成分坐标特点为 B，C 组元成分比为常数，如图中给出 $\frac{x_B}{x_C}=\frac{CD}{BD}=\frac{4}{1}$。成分坐标 A 端 A 组元为 1，(B+C)组元为 0，D 端 A 组元为 0，(B+C)组元为 1，坐标由左至右，$x_{(B+C)}$ 增加。

(2)沿平行一边的成分特性线作垂直截面，一组元成分保持不变，如图 5.5 所示。在截面图所取的一系列三元合金中，C 组元成分相同，A 组元和 B 组元的成分和为常数，但 A 和 B 二组元的相对含量不同，沿成分坐标自左至右，B 组元的摩尔分数增加。

垂直截面图上有与二元匀晶相图相似的液相线和固相线，因此可以很方便地在垂直截面图上确定合金的结晶开始温度和结晶终了温度。根据垂直截面可分析相应于成分特性线上任一三元合金的结晶过程，如图 5.5 所示，合金中冷却时由液相中析出固溶体 α 相，沿两相区发生结晶过程，但在三元垂直截面图上的液相线和固相线实际上只是垂直截面与立体相图的相区分界面的交线，而在立体相图中，两线成分变化线是两条空间弯曲线，因而三元垂直截面图上的液相线和固相线不存在相平衡关系，在三元垂直截面中不能应用杠杆定律确定两个平衡相的相对含量和成分。

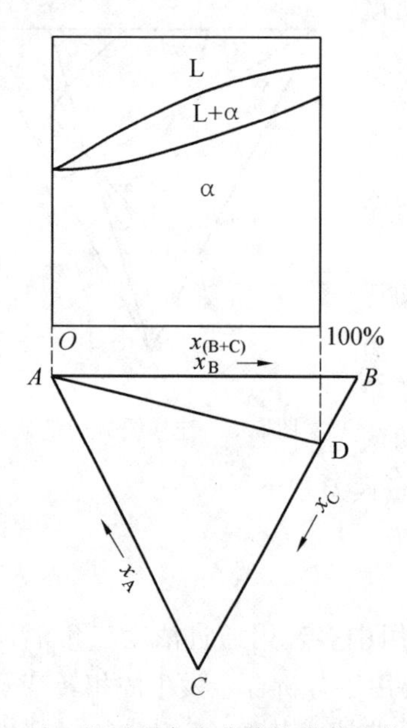

图 5.4　过一组元顶点成分特性线截取的三元匀晶相图垂直截面

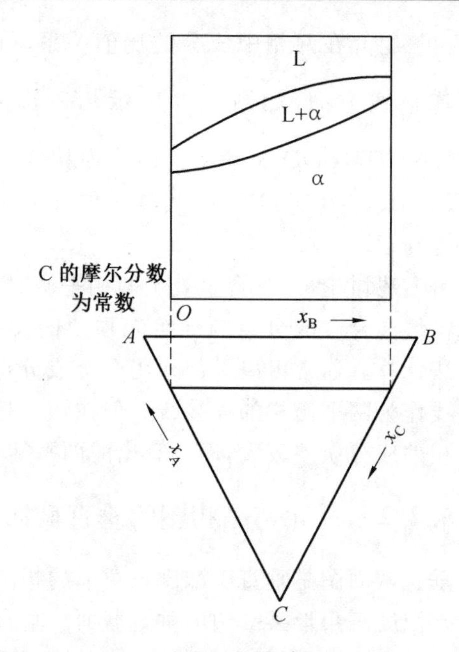

图 5.5　沿平行一边成分特性线截取的三元匀晶相图垂直截面

5.2.3　三元匀晶相图的投影图分析

三元匀晶相图空间图形无曲面交线，投影图中也无交线的投影，但可以给出不同等温截面液、固相线的投影，如图 5.6 所示，实线为液相线，虚线为固相线。由液固线投影图可确定不同成分合金的结晶开始温度和终了温度的范围，图中 O 点成分的合金在 T_3 温度开始结晶，在 T_4 温度结晶终了。

在投影图中也可显示某成分的三元合金凝固过程液、固相连接线的变化。另外，由水平投影图的分析可知，三元合金在两相平衡时，其连接线是随着温度降低，向低熔点组元方向转动的。所以三元固溶体合金凝固时，液、固两相的成分随温度的变化都是空间曲线，而且不处在同一垂直平面上，因此它们的投影图为蝴蝶图形。

如图 5.7 所示，结晶时液、固相连接线端点的变化轨迹为一条蝴蝶形的双弯线，说明结晶过程中液、固相的成分变化。随着温度的降低，液、固两相的连接线逐渐向低熔点组元方向转动，固相的成分点逐渐靠近合金的成分点，而液相的成分点逐渐远离合金的成分点。

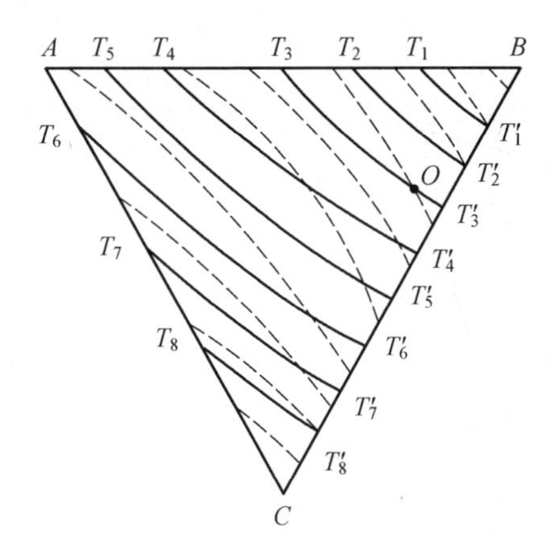

图5.6　三元匀晶相图投影图

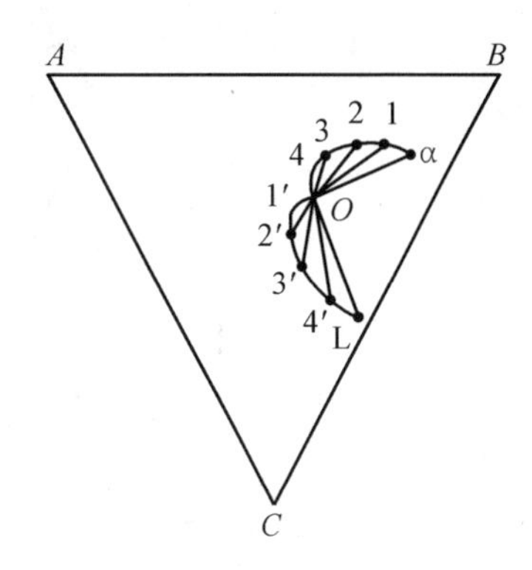

图5.7　结晶时液、固相连接线端点的变化轨迹

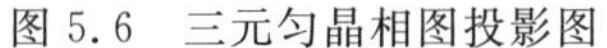

5.3　三元共晶相图及其投影图

由相律可知，三元合金在三相平衡时，其自由度为1，所以温度和3个平衡相的成分只有一个是独立可变的，即在温度一定时，3个平衡相的成分是一定的，而当温度改变时，3个平衡相的成分也随之改变，当一个相的成分被确定后，则温度和另外两个相的成分就随之确定，因此，三元合金的三相平衡区也是一个固定的空间立体区域，由重心法则可知，三元合金在三相平衡时符合重心法则，所以三相平衡区通常为三棱柱体。

具有三相平衡的三元合金相图有很多，但主要可分为共晶型和包晶型两类，共晶型平衡相图主要包括共晶 L→α+β、偏晶 L_1→L_2+α、熔晶 α→L+β 及共析 γ→α+β 等，即随温度降低发生由一相分解成两相的转变。包晶型平衡相图主要包括包晶 L+α→β、合晶 L_1+L_2→α、包析 γ+α→β 等转变，即随温度的降低发生由两相合成一相的转变。下面主要讨论共晶三相平衡相图和包晶三相平衡相图。

5.3.1　液相无限溶解、固态互不溶解的具有共晶转变的三元相图

1. 相图分析

图5.8即为此类相图的立体图形。相图的3个侧面为3个固态完全不相溶的二元共晶相图，分别具有共晶转变 $L_{E_1} \leftrightarrow (A+B)_{共晶}$，$L_{E_2} \leftrightarrow (B+C)_{共晶}$，$L_{E_3} \leftrightarrow (C+A)_{共晶}$。由于第三元的加入，两相共晶转变可在一定范围内连续进行，其共晶成分也随温度而变化，这样，3个共晶点变成3条两相共晶转变线 E_1E，E_2E，E_3E。且它们交汇于 E 点，即三相共晶点，成分为 E 的液体在温度 T_E 下发生三相共晶转变，$L_E \leftrightarrow (A+B+C)_{共晶}$。此时，四相处于平衡状态，自由度 $f=0$；温度及各平衡成分均为定值，所以过 E 点的等温平面是四相平衡面（三相共晶平面），此面也是相图固相图。

由 A—B 系和 C—A 系的液相线和两相共晶线 E_1E 和 E_3E 围成析出初晶 A 的液相面 $T_AE_3EE_1T_A$，同样，$T_BE_3EE_2T_B$ 和 $T_CE_1EE_2T_C$ 分别为析出初晶 B 和初晶 C 的液相面。在液相面以下，固相面以上还有6个两相共晶曲面（两相平衡曲面）$A_1A_3E_1EA_1$，$C_1C_3E_1EC_1$，

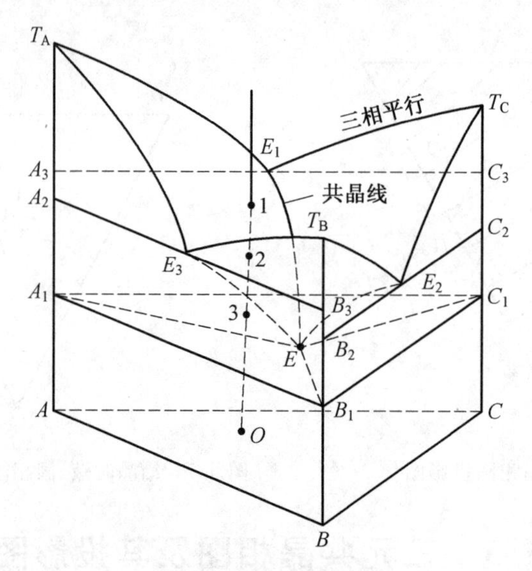

图 5.8　三元共晶相图

$A_1A_2E_3EA_1$，$B_1B_2E_3EB_1$，$B_1B_2E_2EB_1$ 和 $C_1C_2E_2EC_1$；水平直线实质上都是共轭线，其一端在纯组元温度轴上，另一端在两相共晶线上，如图 5.9 所示。两相共晶曲面 $A_1A_3E_1EA_1$，$C_1C_3E_1EC_1$ 和 C－A 系二元相图形成的侧面 $A_1A_3C_1C_3A_1$ 围成的不规则的三棱主体构成了(L＋C＋A)的三相平衡区，在三相区中发生两相共晶转变 L→(C＋A)$_{共晶}$。这 3 个相区起始于 C－A 二元系的共晶线 $A_3E_1C_3$，终止于三相共晶面△A_1EC_1。E_1E，A_3A_1，C_3C_1 分别代表了 3 个平衡相的成分随温度的变化规律，因此称为单变量线。另外 4 个两相共晶曲面相应的相图侧面也围成了另外两个三相平衡区，即 L＋A＋B 和 L＋B＋C。两相共晶曲面与液相面之间的相空间分别为 3 个两相平衡区：L＋A，L＋B，L＋C。图 5.10 所示为(L＋A)两相平衡区。

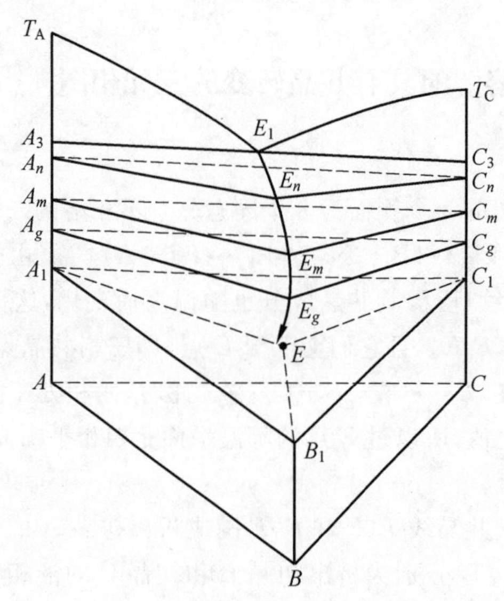

图 5.9　三相平衡区与两相平衡区

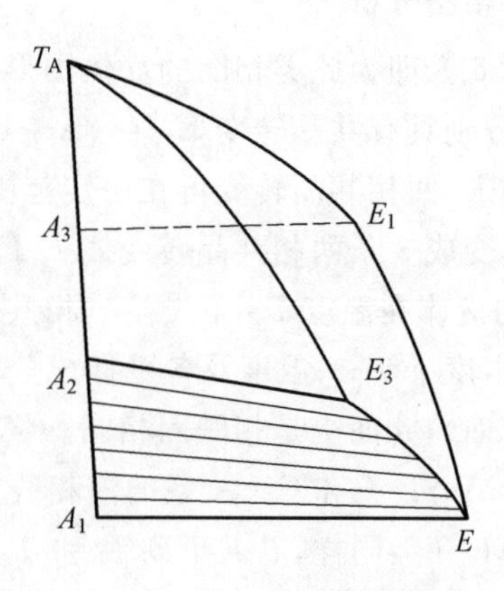

图 5.10　(L＋A)两相平衡区

2. 等温截面图

相图 5.8 在几个典型温度下的等温截面图如图 5.11 所示。由于三相平衡区是以三条单变量线组成的三棱体，其等温截面必然是三角形。其顶点代表该温度下的 3 个平衡相组成点，其 3 个组成相两两处于平衡状态，三角形的边是它们的共轭线。这样的三角形反映了一定温度下 3 个平衡相成分的对应关系，所以也称为共轭三角形(或连接线三角形)。对于成分点位于共轭三角形中的合金，可利用重心法则计算 3 个平衡相的相对含量。利用系列等温截面图可分析合金在不同温度下的相平衡状态及冷却时的相转变过程。

【例 5.1】 分析图 5.11 中合金 O 在冷却时的相变过程。

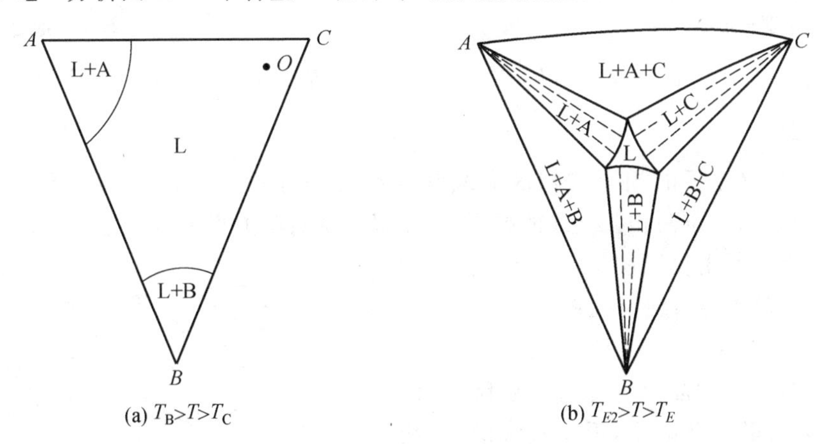

图 5.11　在固态完全不溶的三元共晶相图等温截面图

冷却过程中合金 O 先由液相中析出初晶 C；进入三相平衡区后发生两相共晶转变 L→$(C+A)_{共晶}$；当温度降至 T_E时发生三相共晶转变 L→$(A+B+C)_{共晶}$，三相共晶转变完成后进去三相平衡区。因此，合金 O 在室温下的组织为 $C_{初晶}+(C+A)_{共晶}+(A+B+C)_{共晶}$。

3. 垂直截面

沿图 5.12(a)中过顶点 A 的 At 线和平行 AC 线的 rs 线的垂直截面图如图 5.12(b)和 5.12(c)所示，利用其可分析合金的结晶过程。合金 O 的成分位于 At 线与 rs 线交点处，当合金 O 由液态缓慢冷却至温度 1 处开始析出初晶 A。继续冷至温度 2，进入三相平衡区，开始发生两相共晶转变 L→$(C+A)_{共晶}$，形成两相共晶(A+C)。当冷却至温度 3(即 T_E)即达到四相平衡，发生四相平衡共晶转变 L→$(A+B+C)_{共晶}$，形成三相共晶(A+B+C)。继续冷却则进入固态三相平衡区，合金不再发生其他转变，其室温组织为初晶 A＋两相共晶(A＋C)＋三相共晶(A＋B＋C)。在垂直截面图中可见，发生两相共晶转变成三相区为尖点向上的曲边三角形，且向上的顶点与反应相 L 相区相接，在下方的另两个顶点与生成相的相区相接，这是两相共晶转变三相区的基本特征之一。

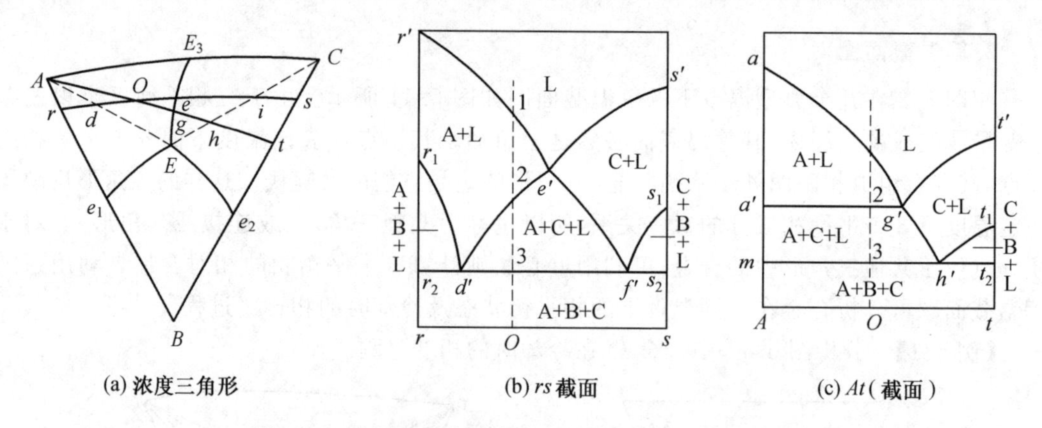

图 5.12　在固态完全不溶的三元共晶相图垂直截面图

4. 投影图

图 5.13 将所分析的相图的相区交线和等温线一起投影到浓度三角形。其中 E_1E，E_2E，E_3E，分别为三条两相共晶线的投影，根据投影图可很方便地分析合金的相转变特点。

【例 5.2】　利用投影图 5.13 分析合金 O 的相转变特点及室温组织组成物。

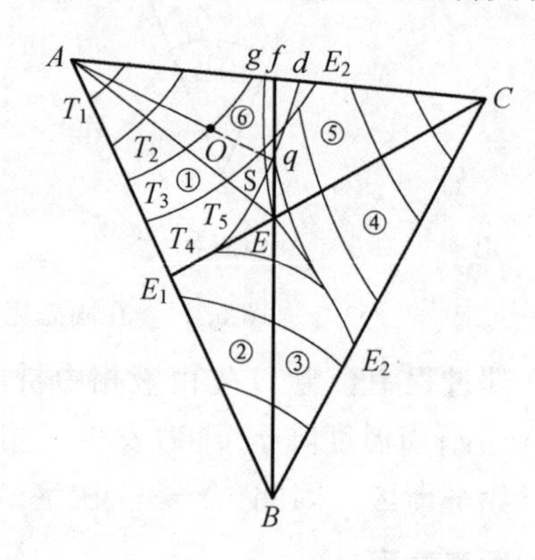

图 5.13　在固态完全不溶的三元共晶相图投影图

当熔体被缓冷至 T_3（即图 5.12 中的 1 点），液相开始析出初晶 A。随着温度降低，液体中组元 A 的量不断减少，根据直线法则，液相成分将沿 AOq 线由 O 点向 q 点逐渐变化。当冷却至 T_5（即图 5.12 中的 2 点），液相成分点位于两相共晶线 q 点处，液相开始发生两相共晶转变 $L\rightarrow(A+C)_{共晶}$。此后随着温度下降，液相中不断析出 $(A+C)_{共晶}$，而其自身成分沿 qE 线变化。在 $T_5\sim T_E$ 的温度范围内，某一温度下析出的 $(A+C)_{共晶}$ 成分，g 点则为液相成分在 s 点时析出的 $(A+C)_{共晶}$ 成分。当温度降至四相平衡点 T_E 点，液相成分点为 E，此时，两相共晶转变停止，开始发生三相共晶转变 $L\rightarrow(A+B+C)_{共晶}$。这时对于均匀的 $(A+C)_{共晶}$，成分点在图 5.13 的 q 处。f 点可利用直线法则确定。只有在剩余液相完全转变为 $(A+B+C)_{共晶}$ 后，温度才会继续下降进入固态三相平衡区，故室温下合金 O 的组织为 $A_{初晶}+(A+C)_{共晶}+(A+B+C)_{共晶}$。同样可利用杠杆定律或重心法则计算室温组织组成物的质量分数，即

$$w_{A初晶}=\frac{Oq}{Aq}\times 100\%$$

$$w_{(A+C)共晶}=\frac{qE}{Ef}\times\frac{AO}{Aq}\times 100\%$$

$$w_{(A+B+C)共晶}=\frac{qf}{Ef}\times\frac{AO}{Aq}\times 100\%$$

可用同样方法分析图 5.13 其他区域中合金的凝固过程和室温组织物。

5.3.2　固态有限溶解的具有共晶转变的三元相图

1. 相图分析

固态有限互溶的三元共晶相图如图 5.14 所示，它与图 5.8 所示固态完全不溶的三元共晶相图主要差别在于，3 个组元相互有限固溶形成 α，β，γ 固溶体。由 3 个固溶体凝固完成面（$T_A a'aa''T_A$，$T_B b'bb''T_B$，$T_C c'cc''T_C$，）和 6 个固溶体单析溶解度曲面（$a'a\ a_0\ a_0'a'$，$a''a\ a_0\ a_0''a''$，$b'b\ b_0\ b_0'b'$，$b''b\ b_0\ b_0''b''$，$c'c\ c_0\ c_0'c'$，$c''c\ c_0\ c_0''c''$）在纯组元棱角附近分别围成了 α，β，γ 3 个单相区（图 5.15 所示为 β 单相区的空间图形）。由三对共轭的固溶体单析溶解度曲面（$a'a\ a_0\ a_0'a'$ 和 $b''b\ b_0\ b_0''b''$，$b'b\ b_0\ b_0'b'$ 和 $c''c\ c_0\ c_0''c''$，$c'c\ c_0\ c_0'c'$ 和 $a'a\ a_0\ a_0'a'$）、固溶体双析溶解度曲面（aa_0b_0ba，bb_0c_0cb，cc_0a_0ac）和两相共晶完成面（$aa'b''ba$，$bb'c''cb$，$cc'a''ac$）分别围成 α+β，β+γ，β+γ 3 个两相区（图 5.16(a)所示为(β+γ)两相区的空间图形）。相图 5.14的其余部分与固态完全不溶的三元共晶相图 5.8 相似，有 3 个液相面（$T_AE_1EE_3T_A$，$T_BE_2EE_1T_B$，$T_CE_3EE_2T_C$）、6 个两相共晶面（$a'a\ EE_1a'$，$b'b\ EE_1b'$，$b'b\ EE_2b'$，$c''c\ EE_2c''$，$c'c\ EE_3c'$，$a''a\ EE_3a''$）、一个三相共晶面△abc 和 3 条两相共晶线（E_1E，E_2E，E_3E），E 为三相共晶点。3 个液相面、3 个固溶体凝固完成面和 6 个两相共晶面分别围成 L+α，L+β 和 L+γ）3 个两相区（图 5.16(b)所示为 L+γ 两相区的空间图形）。由 6 个两相共晶面和 3 个两相共晶面完成面分别围成 3 个三相区：L+α+β(图 5.17(a))，L +β+γ 和 L+γ+α。由 3 个固液体双析溶解度曲面围成(α+β+γ)三相区(图 5.17(b))。

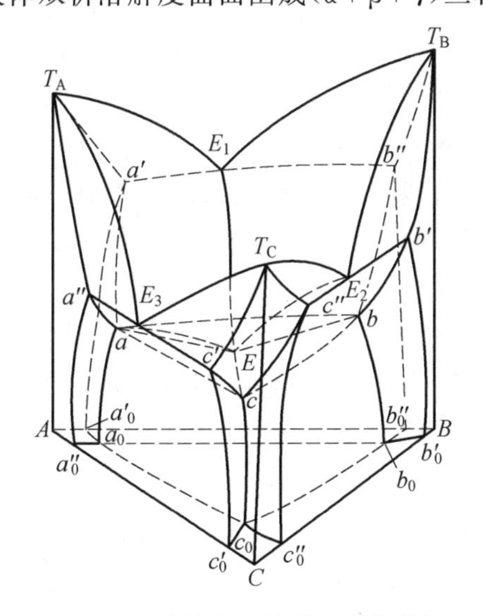

图 5.14　固态有限互溶的三元共晶相图

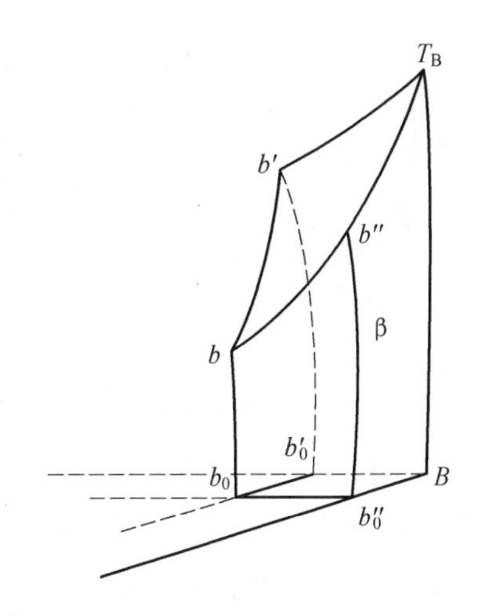

图 5.15　三元共晶相图单相区

2. 等温截面图

图 5.18 所示为不同温度下三元共晶相图的等温截面图，它显示了三元相图等温截面图的某些共同特点。

①三相平衡区均为共轭三角形，其 3 个顶点与单相区接触，并且是该温度下 3 个平衡相的成分点；3 条边是相邻的 3 个两相区的共轭线。

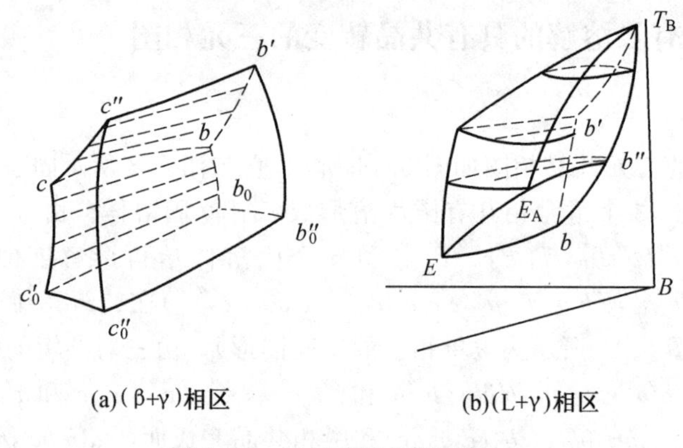

(a)(β+γ)相区　　(b)(L+γ)相区

图 5.16　三元共晶相图两相区

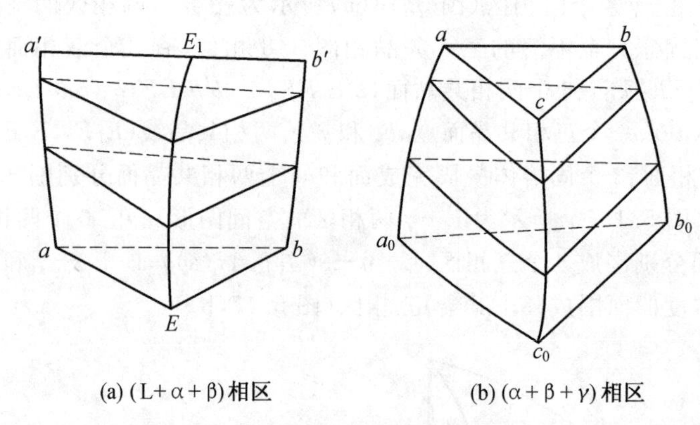

(a) (L+α+β)相区　　(b) (α+β+γ)相区

图 5.17　三元共晶相图三相区

②两相区的边界一般是一对共轭曲线或两条直线。在特殊的情况下，边界可退化成一条直线或一个点。两相区与其两个组成相的单相区的相界面是成对的共轭曲线，与其三相区的边界则为直线。

③单相区的形状不规则。

此外，随着温度下降，3 个 L 相的三相区位置均沿反应相 L 的平衡成分点所指方向发生移动（图 5.18(a)和 5.18(b)）。这是三元系中发生两相共晶转变的三相区又一个基本特征。

3. 投影图

图 5.19 是图 5.14 的投影图，图中 AE_1EE_3A，BE_2EE_1B，CE_3EE_2C 分别为 α，β，γ 相的液相面投影，3 个相的固相面投影依次为 $Aa'aa''a$，$Bb'bb''b$ 和 $Cc'cc''c$。开始进入三相平衡区的 6 个两相共晶面投影为

①L＋α＋β 相区：$a'E_1Eaa'$ 和 $b''E_1Ebb''$。

②L＋β＋γ 相区：$b'E_2Ebb'$ 和 $c''E_2Ecc''$。

③L＋γ＋α 相区：$a''E_3Eaa''$ 和 $c'E_3Ecc'$。

固溶体双析溶解度曲面投影为

①α＋β 相区：$a'aa_0a_0'a'$ 和 $b''bb_0b_0''b''$。

②β＋γ 相区：$b'bb_0b_0'b'$ 和 $c''cc_0c_0''c''$。

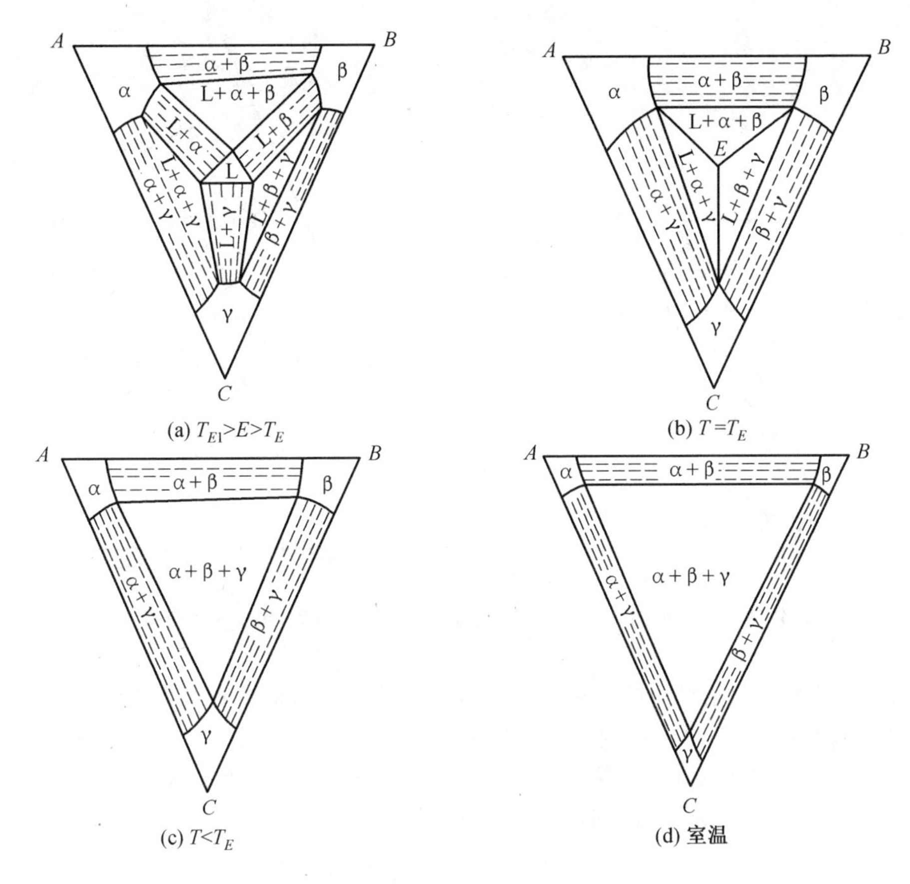

图 5.18　三元共晶相图的等温截面图

③γ＋α 相区：$a''aa_0\ a_0''a''$和 $c'cc_0\ c_0'c'$。

△abc 为四元平衡相三元共晶面投影。图中有箭头的线表示三相平衡时的 3 个平衡相的单变量线，箭头指向降温方向。E 点处 3 个单变量线箭头汇于一处，这是三相共晶转变的又一个基本特征。利用与例 5.2 相同的方法根据投影图可分析各种成分的合金的凝固过程和组织组成物。图 5.20 所示为三元共晶相图中 A 角各区室温组织的组成物。

【例 5.3】 分析图 5.19 中位于四相平衡共晶转变三角形内的合金 O 在结晶过程中的组织变化。

图 5.21 和图 5.22 分别表示了合金 O 的结晶过程及冷却曲线。合金 O 位于液相面 AEE_1 的投影内，因此当温度降至 T_1 时从液相中首先结晶出初生相 α，随着温度降低，两相成分点的变化轨迹呈"蝴蝶形"，其中 α 相成分沿着初生 α 相的结晶终了面上的空间曲线的投影 pq 变化，相应的液相面成分沿着液面上的空间曲线投影 Or 变化。这种成分变化规律只能通过实验测定。当温度降至三相平衡转变开始点 T_2，两条曲线分别与 α 相最大溶解度曲线 $a''a$ 交于 q 点；与三相平衡共晶转变曲线 E_1E 交于 r 点。此时，初生 α 相停止析出，开始发生两相平衡共晶转变，即 L→(α＋β)$_{共晶}$。随着温度的降低和液相中不断析出两相共晶体(α＋γ)$_{共晶}$，三相平衡浓度分别沿着曲线 rE，qA 及 sc 变化，并始终保持平衡三角形的关系，如图中虚线三角形 qrs 及 acE 所示。当合金 O 冷却到四相平衡点温度 T_E时，液相成分

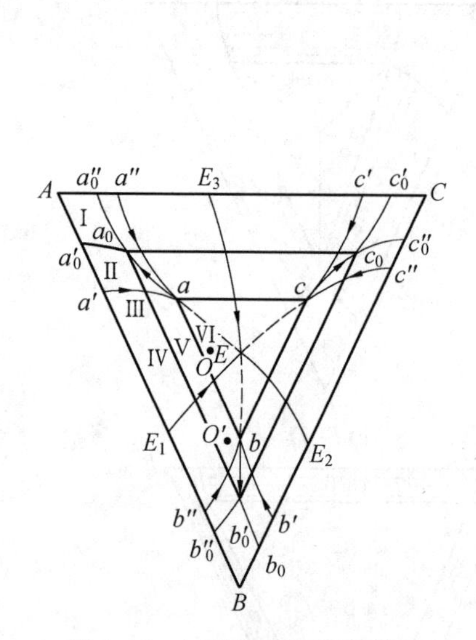

图 5.19　三元共晶相图投影图

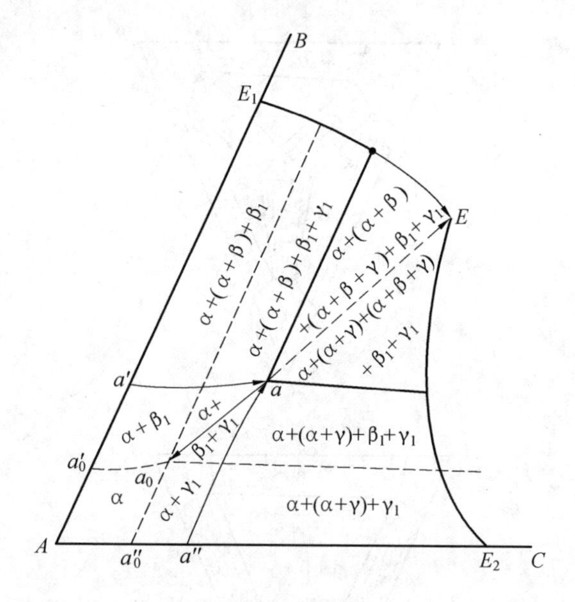

图 5.20　三元共晶相图中 A 角各区室温组织的组成

到达 E 点，已结晶的固相平均成分在 ac 线上的 u 点处。u 点的位置可用直线法则确定。此时三相平衡转变停止，开始进行四相平衡转变，即 L→$(A+B+C)_{共晶}$，合金在恒温 T_E 下直至液相全部转变成三相共晶体。因此在凝固终了时，合金的组织为 $\alpha_{初晶}+(\alpha+\gamma)_{共晶}+(\alpha+\beta+\gamma)_{共晶}$，它们的质量分数可以根据杠杆定律计算：

$$w_{A初晶}=\frac{Or}{qr}\times100\%$$

$$w_{(\alpha+\gamma)共晶}=(\frac{OE}{uE}-\frac{Or}{qr})\times100\%$$

$$w_{(\alpha+\beta+\gamma)共晶}=\frac{uO}{uE}\times100\%$$

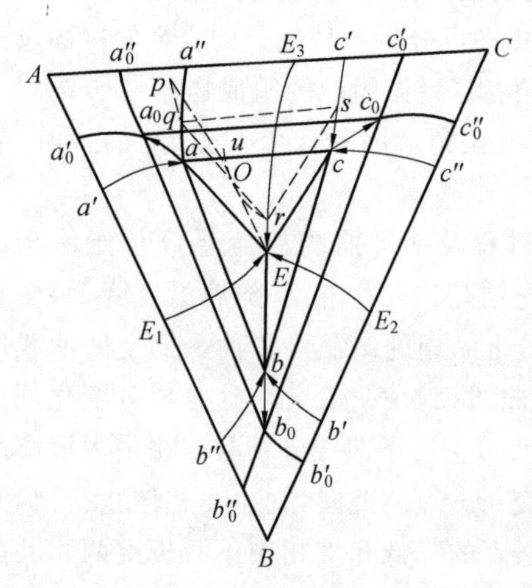

图 5.21　合金 O 结晶过程

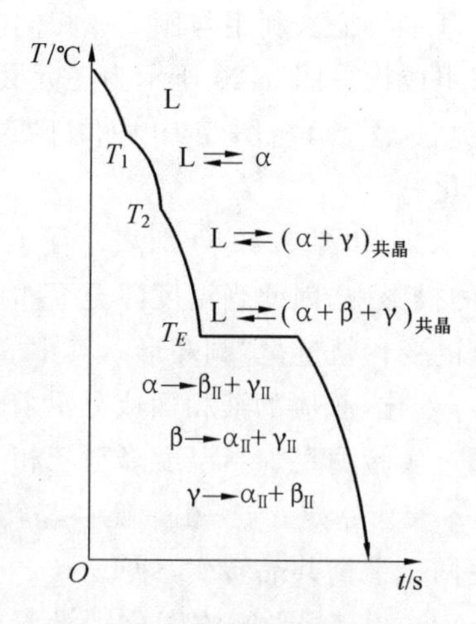

图 5.22　合金 O 的冷却曲线

当合金 O 全部凝固后，再继续冷却时，各相的质量分数分别沿着共析线 aa_0，bb_0 和 cc_0 变化，进行共析转变，分别析出两个次生相：

$$\alpha \rightarrow \beta_{II} + \gamma_{II}, \beta \rightarrow \alpha_{II} + \gamma_{II}, \gamma \rightarrow \alpha_{II} + \beta_{II}$$

因此，合金 O 的室温组织组成物为 $\alpha_{初晶} + (\alpha+\gamma)_{共晶} + (\alpha+\beta+\gamma)_{共晶} + \alpha_{II} + \beta_{II} + \gamma_{II}$，而相组成物为 $\alpha+\beta+\gamma$，它们的成分在 a_0，b_0，c_0 点。

5.4　三元相图中的相平衡特征

由上述介绍可知，三元相图比二元相图复杂得多，这主要是因为它增加了一个成分变量，使三元相图中的点变成了线，线变成了面。根据相律，三元系的平衡相数可以为 1～4，下面介绍相平衡状态在相图中的特征。

5.4.1　单相区状态

三元系以单相存在，由相律可知自由度 $f = C - P + 1 = 3 - 1 + 1 = 3$，即温度和两个组元是可以独立改变的。也就是说，在三元相图中，单相区的空间形状不受温度与成分对应关系的限制，其截面可以是任何形状。

5.4.2　两相平衡区状态

三元系中的两相平衡可以是两个液相的平衡，可以是一个液相、一个固相或者两个固相的平衡，它们多为三元匀晶转变或单析转变。由相律可知，三元系在两相平衡时，自由度 $f = C - P + 1 = 3 - 2 + 1 = 2$，即温度和一个相中的一个组元成分可以独立改变，而这个相中的另外两个组元的质量分数和另一相的成分都随之而变，不能独立改变。因此，在三元相图中，两相区也占有一定的温度和成分变化范围，为不规则的三维空间区域，但两相区常以一对共轭曲面与其两个组成相的单相区相接。

在垂直或等温截面图上，都有一对曲线作为两相区与这两个单相区的分界线。两相区与三相区边界由两相平衡的共轭线组成，因此在等温截面上，两相区与三相区边界必为一条直线。在一定温度时，三元系实现两相平衡时满足共线法则，按其连接线可用杠杆定律计算两平衡线的相对含量。两相区域三相区的界面为两平衡相连接线组成的直纹面。

5.4.3　三相平衡区状态

在三元系中出现三相平衡时，由相律可知，$f = C - P + 1 = 3 - 3 + 1 = 1$，即温度和各平衡相的成分只有一个是可以独立改变的。当温度一定时，3 个平衡相的成分随之改变。它与二元相图中的三相平衡转变最大的区别是，三元系三相平衡转变是变温相变，而二元系三相平衡转变是恒温转变。因此三元系的三相平衡区是一个三维空间区域，多为不规则的三棱柱。

三元系中的三相平衡转变主要有共晶型（共晶转变 $L \rightarrow \alpha + \beta$，共析转变 $\gamma \rightarrow \alpha + \beta$，偏晶转变 $L_1 \rightarrow L_2 + \alpha$，熔晶转变 $\gamma \rightarrow L + \alpha$）和包晶型（包晶转变 $L + \alpha \rightarrow \beta$，包析转变 $\alpha + \gamma \rightarrow \beta$，合晶转变 $L_1 + L_2 \rightarrow \alpha$）两类。它们的三相平衡区都是由参加反应的 3 个相的 3 条单变量线为棱边

构成的不规则三棱柱体，三相平衡转变时3个平衡相的成分分别沿着3条单变量线变化。它的棱与3个组成相的单相区相接，柱面与组成相两两组成的两相区相连。三棱柱体的起始处和终止处可以是二元系的三相平衡线，也可以是四相平衡的等温平面。

任何三相区的等温截面都是一个共轭三角形，其顶点触及3个组成相的单相区，其边是三相区与两相区的边界线，三相区的垂直截面一般是一个曲边三角形。

任何三相平衡空间的反应相可以是液相，也可以全部是固相。三相平衡空间的反应相的单变量线的位置在生成相的单变量线上方。因此三相区在等温截面上随温度下降时的移动方向始终指向反应相平衡成分点。如图5.23所示，共晶型三相平衡转变三相区是两个三相平衡转变开始面在上，一个三相平衡转变终止面在下；而包晶型三相平衡转变三相区是一个三相平衡转变开始面在上，两个三相平衡终止面在下。三相区在垂直截面上，始终是反应相位于三相区上方，生成相位于三相区下方，如图5.24所示(图例中液相为一个反应相)。

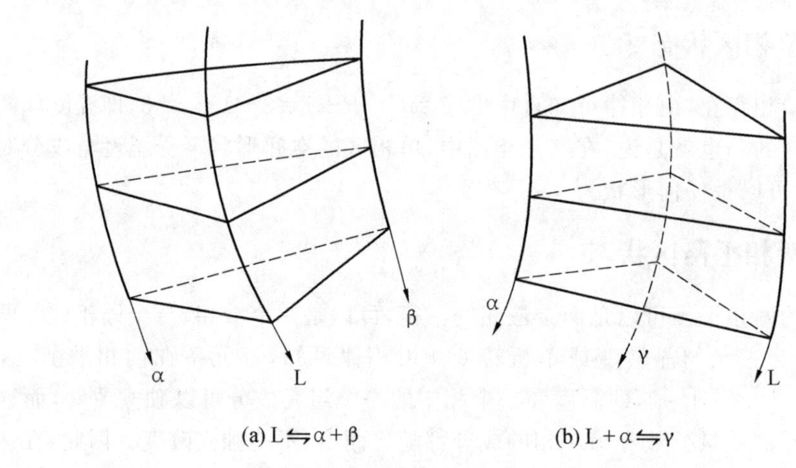

图5.23　在不同温度下两种三相空间的等温截面实例

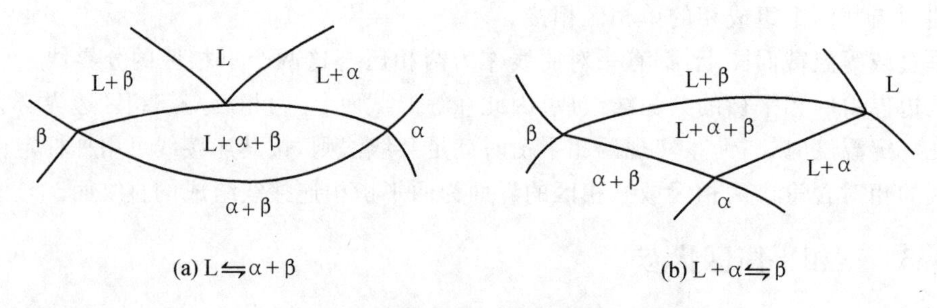

图5.24　两种三相空间的垂直截面实例

5.4.4　四相平衡区状态

三元系在四相平衡时，由相律可知，$f=C-p+1=3-4+1=0$，自由度为0，即平衡相的成分和相平衡温度都是恒定的，因此四相平衡只能是一定温度时的一个水平面，在垂直截面图中为一条水平线。

四相平衡平面在4个平衡相的成分点处分别触及四个平衡相区；两个平衡相的共轭线是其与两相区的边界，与四相平衡平面相接的两相区共有6个；四相平衡区平面同时又是

4 个三相区的起始处或终止处。

三元系中有三类四相平衡转变，包括共晶型（共晶转变 $L \rightarrow \alpha+\beta+\gamma$，共析转变 $\delta \rightarrow \alpha+\beta+\gamma$）、包共晶型（包共晶转变 $L+\alpha \rightarrow \beta+\gamma$，包共析转变 $\delta+\alpha \rightarrow \beta+\gamma$）和包晶型（包晶转变）。反应相和生成相可以有液相，也可以全部是固相。每个四相平衡面与 12 条单变量线相连，每三条单变量线围成一个三相平衡区，因此一个四相平衡面都与 4 个三相平衡区以面接触，与 6 个二相平衡区以线接触。有液相参加的 3 种四相平衡区的空间结构实例如图 5.25 所示。除了利用相图结构可判定相转变类型外，还可以利用四相平衡转变中单变量线走向准确判定相转变类型。图 5.26 所示为不同四相平衡转变的单变量线走向的特点。如果反应相和生成相均为固相，图 5.26 所示的 3 种转变称为三相共晶转变、包共晶转变和包晶转变。这 3 种四相平衡转变的重要特征见表 5.1。

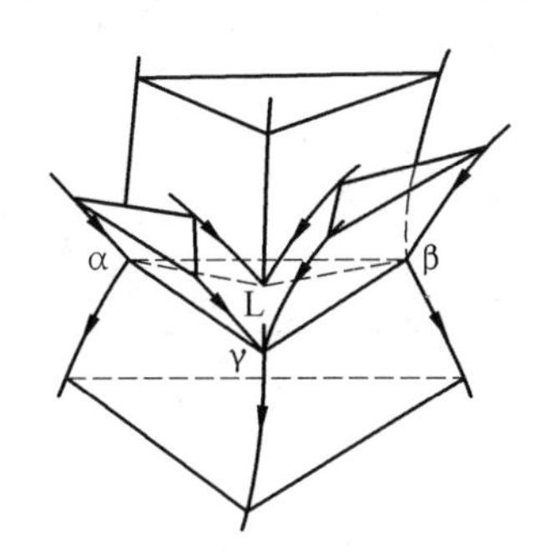

(a) 三相共晶转变，$L \leftrightharpoons \alpha+\beta+\gamma$

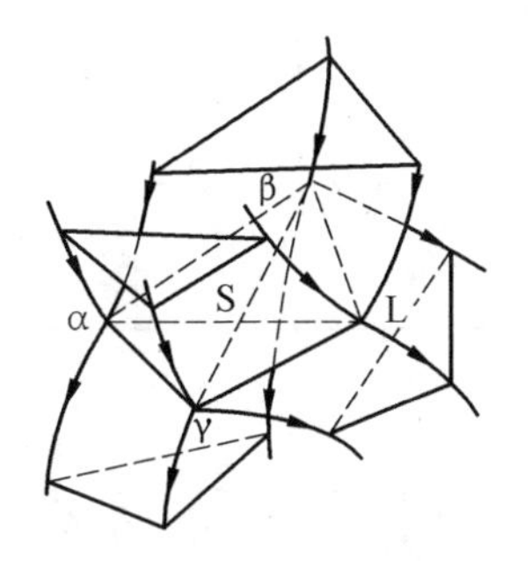

(b) 包共晶转变，$L+\alpha \leftrightharpoons \beta+\gamma$

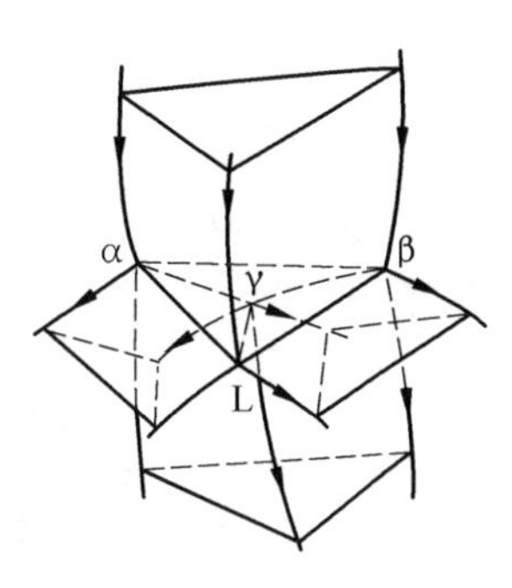

(c) 包晶转变，$L+\alpha+\beta \leftrightharpoons \gamma$

图 5.25　3 种四相平衡区的空间结构实例

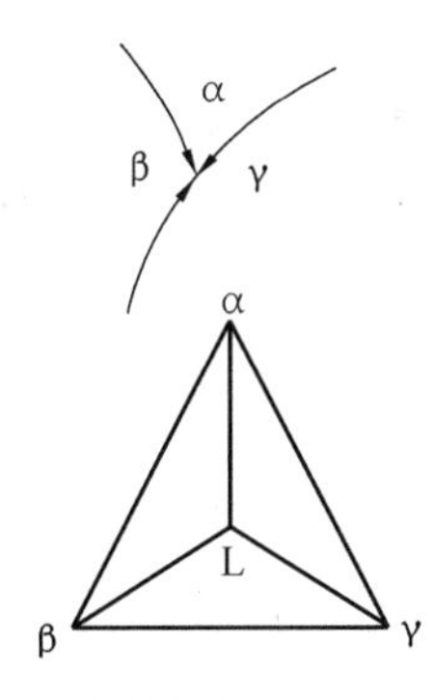

(a) 三相共晶转变，$L \leftrightharpoons \alpha+\beta+\gamma$

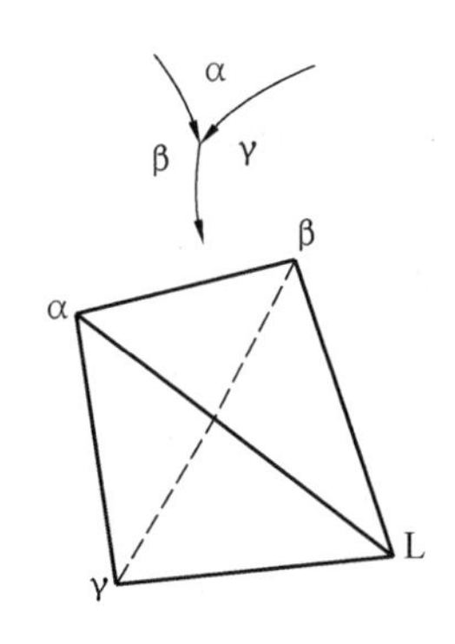

(b) 包共晶转变，$L+\alpha \leftrightharpoons \beta+\gamma$

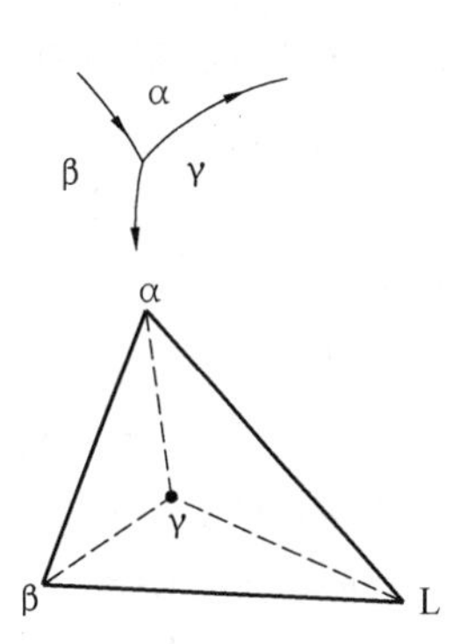

(c) 包晶转变，$L+\alpha+\beta \leftrightharpoons \gamma$

图 5.26　3 种四相平衡转变的液相面交线投影及相转变平面的特点

表 5.1　三元系中的四相平衡转变特征

转变类型	$L \to \alpha+\beta+\gamma$	$L+\alpha \to \beta+\gamma$	$L+\alpha+\beta \to \gamma$
转变前的三相平衡	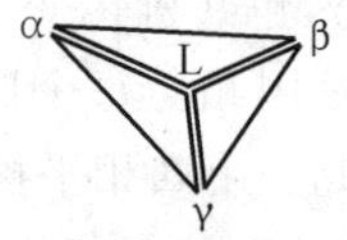	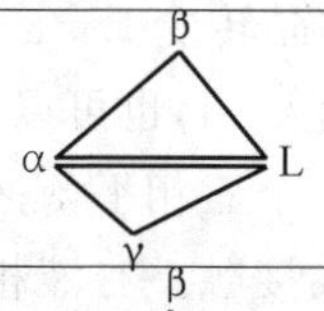	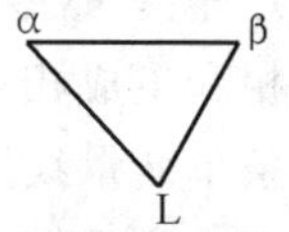
四相平衡	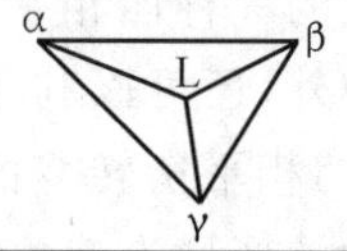	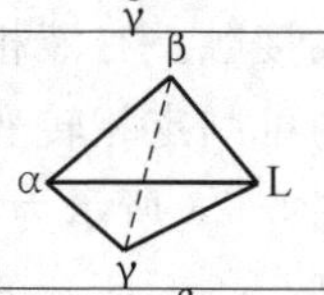	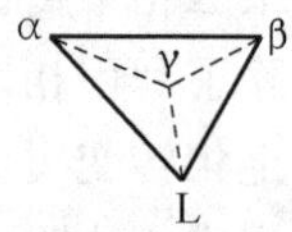
转变后的三相平衡	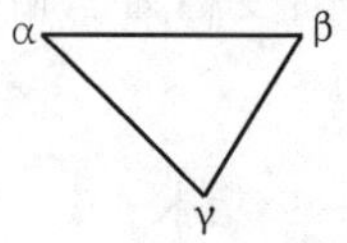	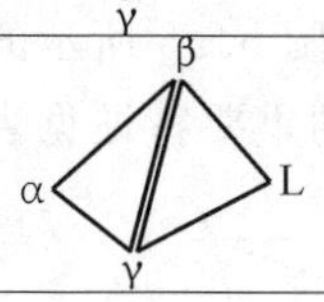	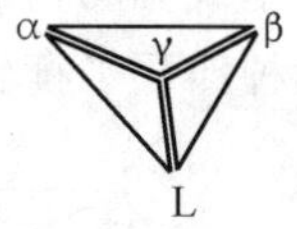
液相面交线的投影	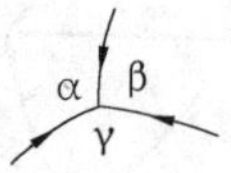	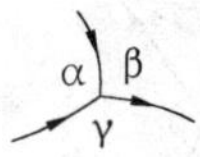	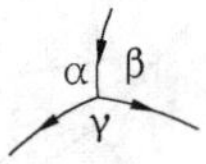

5.5　实用三元相图举例

5.5.1　Fe－Cr－C 系相图

1. Fe－Cr－C 系的液相面投影图

图 5.27 所示为 Fe－Cr－C 三元系富 Fe 角的液相面投影图。每个液相面对应一个初晶相，因而共有 5 个初晶相 α，γ，$C_1(M_3C)$，$C_2(M_7C_3)$和 $C_3(M_{23}C_6)$。图中共有 7 条液相面单变线，它们分别对应的三相平衡转变为

①共晶转变：$L \leftrightarrow C_1+\gamma$。

②包晶转变：$L+\alpha \leftrightarrow \gamma$。

③共晶转变：$L \leftrightarrow \gamma+C_2$。

④共晶转变：$L \leftrightarrow \alpha+C_2$。

⑤共晶转变：$L \leftrightarrow \alpha+C_3$。

⑥包晶转变：$L + C_2 \leftrightarrow C_3$。

⑦共晶转变：$L \leftrightarrow C_1+C_2$。

3 条三相平衡转变线转变线的交汇点表示 3 个四相平衡转变：

A(1 300℃)：$L+C_3 \leftrightarrow C_2+\alpha$

B(1 260℃)：$L+\alpha \leftrightarrow \gamma+C_2$

C(1 130℃)：$L \leftrightarrow \gamma+C_1+C_3$

2. Fe－Cr－C 系(w_{Cr}=13%)的垂直截面

Fe－Cr－C 系的垂直截面图如 5.28 所示，可见 3 个单相区、8 个两相区和 3 个四相区，

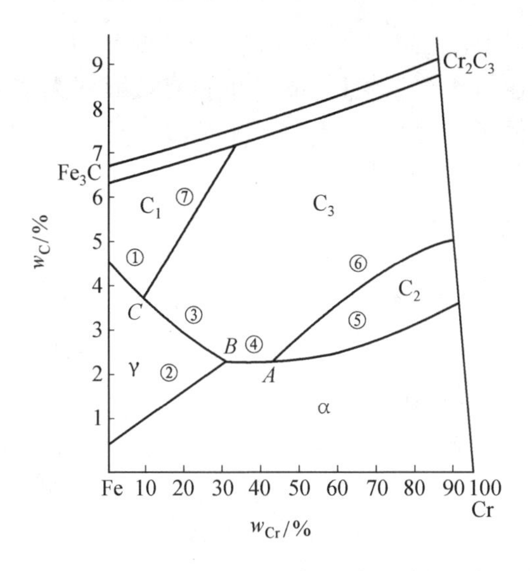

图 5.27　Fe－Cr－C 三元系富 Fe 角的液相面投影图

根据相区相邻的关系、相区形状及转变可能性进行判断。例如，"$\alpha+\gamma+C_2$"相区上邻为($\gamma+C_2$)相区，下邻为($\alpha+C_2$)相区，说明在冷却过程中 γ 相消失，α 相生成。此外，碳在 γ 相(奥氏体)中的溶解度大于其在 α 相(铁素体)中的溶解度，发生 $\gamma\rightarrow\alpha$ 转变时必有碳化物析出，因而可判断出 C_2 为析出相。由此可断定在此三相区发生二元共析转变 $\gamma\leftrightarrow\alpha+C_2$。其余7个三相区的转变为 $L+\alpha\leftrightarrow\gamma$，$L\leftrightarrow\gamma+C_2$，$\gamma\leftrightarrow\alpha+C_3$，$\gamma+C_2\leftrightarrow C_3$，$\gamma+C_2\leftrightarrow C_1$，$\alpha\leftrightarrow C_1+C_3$，$\alpha\leftrightarrow C_2+C_1$。

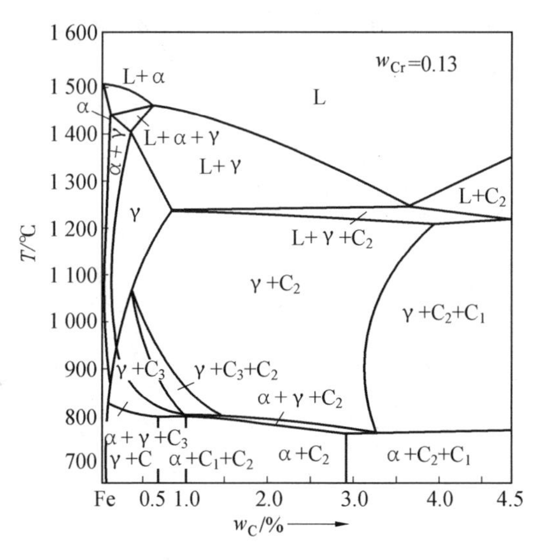

图 5.28　Fe－Cr－C 系的垂直截面图

四相平衡转变平面在三元相图垂直截面图上必为一条水平直线，可根据四相平衡转变线上下相接的三相区判断其转变类型。例如，795 ℃水平线处 α，γ，C_2 和 C_3 四相处于平衡状态。该线左上邻为($\alpha+\gamma+C_3$)三相区，左下邻为($\alpha+C_2+C_3$)三相区，说明随温度下降，γ 相消失，C_2 相生成。C_1 相生成水平线右上邻为 $\gamma+C_2+C_3$，右下邻为 $\alpha+\gamma+C_2$，说明随温度下降，C_3消失，α 相生成。因此，在 795 ℃发生包共析转变 $\gamma+C_3\leftrightarrow C_2+\alpha$。如果垂直截面图未截到所有与四相区相连的 4 个三相区，靠一个垂直截面图无法判定四相转变类型。图 5.28中其余两个四相平衡转变为 $L+C_2\leftrightarrow\gamma+C_1$ 和 $\gamma+C_2\leftrightarrow\alpha+C_1$，利用图 5.28 可分析 Cr13 型不锈钢和 Cr12 型模具钢的相转变特征。

【例 5.4】 分析 Cr13 不锈钢($w_{Cr}=13\%$，$w_C=0.05\%$)的相转变特征。

首先由液相中析出 α 相，进入 L+α 两相区，直至液相全部转变为 α 相。单相 α 在冷却过程中进入 γ+α 两相区，在 1 100℃以上转变为 $\alpha\rightarrow\gamma$，在 1 100℃以下为 $\gamma\rightarrow\alpha$，在随后继续冷却过程中由于 α 相的溶解度下降，从 α 相中析出弥散的 C_3，其室温组织为 $\alpha+C_{3\text{II}}$。

3. Fe-Cr-C 系的等温截面图

比较富 Fe 角在 1 150 ℃和 850 ℃下的等温截面(图 5.29)可判别相图中三区转变类型。如 $\gamma+C_1+C_2$三相区随温度下降以 $\gamma-C_2$边领先向前移动，说明该相区内发生两相包析转变 $\gamma+C_2\rightarrow C_1$。根据图 5.29 可计算相应温度下合金中各相的质量分数。

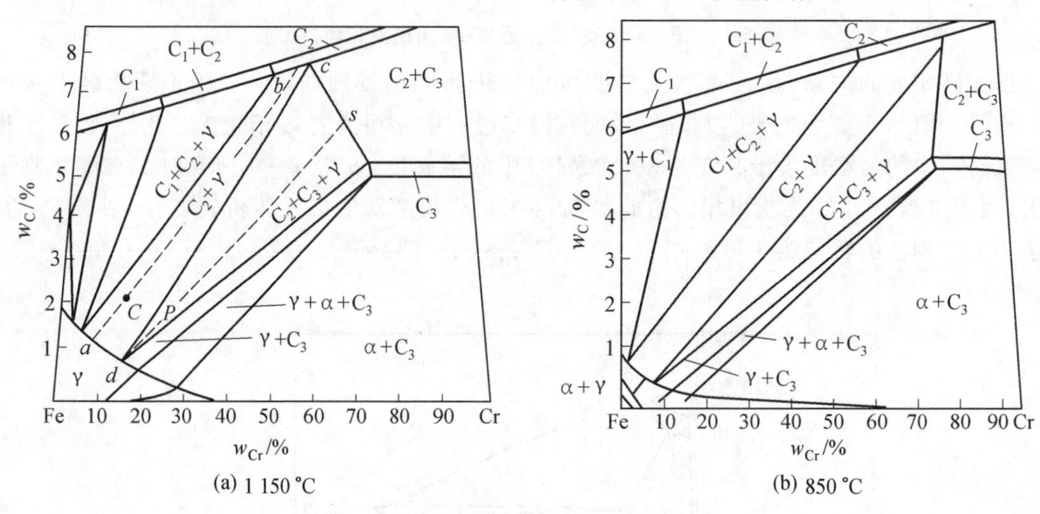

图 5.29　Fe-Cr-C 系富 Fe 角等温截面图

【例 5.5】 分析 Cr12 模具钢($w_{Cr}=12\%$，$w_C=2\%$)在 1 150 ℃时各平衡相的质量分数。

待分析的 Cr12 模具钢成分点 C 在 1 150 ℃位于($\gamma+C_2$)两相区内，说明此温度下碳化物未全部溶解；其 C_1相在 1 150 ℃的质量分数(γ 相亦然)可根据近似画出的共轭线 abc，利用杠杆定律求出，即

$$\omega_{c1}=\frac{ac}{ab}\times 100\%$$

【例 5.6】 分析 $w_{Cr}=18\%$和 $w_C=1\%$的不锈钢在 1 150 ℃下各相的质量分数。

待分析的不锈钢成分点 P 在 1 150 ℃位于 $\gamma+C_2+C_3$三相区内。三相平衡成分点为 d,e,f，可利用重心法则计算 3 个相的质量分数为

$$w_{\gamma}=\frac{ps}{ds}\times 100\%$$

$$w_{c2}=\frac{sf}{ef}(1-\omega_{\gamma})\times 100\%$$

$$w_{c3}=\frac{es}{ef}(1-\omega_{\gamma})\times 100\%$$

5.5.2　Al－Cu－Mg 相图

Al－Cu－Mg 系是航天工业中广泛应用的硬铝合金（LY 系列）的基础。图 5.30 是 Al－Cu－Mg三元系富 Al 角的液相面投影图。图中每条细实线为等温（x ℃）线，带箭头的粗实线是液相面交线投影，也是三相平衡转变的液相单变量线投影。在曲线中部有一个黑点（518 ℃）说明空间模型中相应液相面此处有凸起。7 块液相投影面表示有 7 个初晶相 α_{Al}，$CuAl_2$（θ），Mg_2Al_3（β），$Mg_{17}Al_{12}$（γ），Al_2CuMg（S），$(AlCu)_{40}Mg_{32}$（T）及 $Al_7Cu_3Mg_6$（Q）。E_1是 Al－Cu 系 L→α_{Al}＋θ 共晶转变点的投影，所以 E_1E_T线是三元系的两相共晶相线。E_2和 E_3分别是 Al－Mg 系中共晶反应 L→α_{Al}＋β 和 L→β＋γ 转变点的投影，因此E_2E_U和 E_3F 也是三元系的两相区晶转变线，根据液相单变量线的走向和液相面随温度变化的趋势，可判定其他液相单变量线所代表的三相区中发生的三相平衡转变。P_2E_T：L→α_{Al}＋S；P_2E_U：L→α_{Al}＋T；PE_T：L→S＋θ；P_1P_2：L＋S→T。

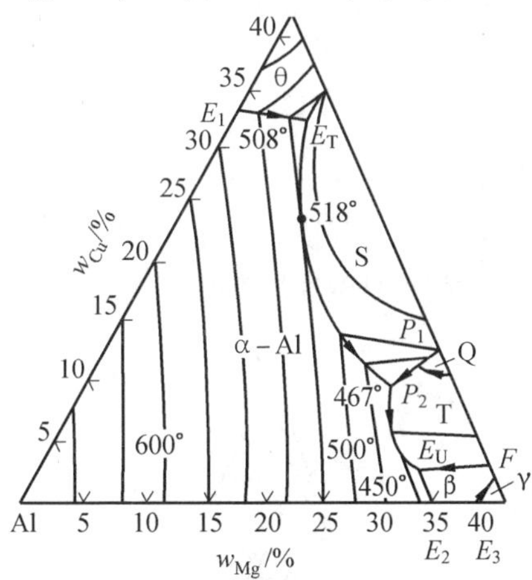

图 5.30　Al－Cu－Mg 三元相图系富 Al 角的液相面投影图

E_T，E_U，P_1，P_2是四相平衡的液相点，根据液相单变量线在交汇时的走向，可判定所对应的四相平衡转变类型如下：

①E_T：三相共晶转变（508 ℃），L↔α_{Al}＋θ＋S。

②E_U：三相共晶转变（450 ℃），L↔α_{Al}＋β＋T。

③P_1：三相包共晶转变（475 ℃），L＋Q ↔S＋T。

④P_2：三相包共晶转变（467 ℃），L＋ S↔α_{Al}＋T。

根据 Al－Cu－Mg 三相图元系富 Al 角溶解度曲面的投影（图 5.31），在合金凝固后的冷却过程中，α_{Al}的溶解度要发生变化。图中 α_0，α_1，α_2，α_3，α_4分别表示不同温度下 Cu 和 Mg 在 α_{Al}中的最大溶解度，其连线 $\alpha_0\alpha_1$，$\alpha_1\alpha_2$，$\alpha_2\alpha_3$，$\alpha_3\alpha_4$就是溶解度曲面与固相面的交线。根据图 5.31，随温度下降，α_{Al}的最大溶解度沿共析线变化，发生共析转变，析出次生相，这是

Al－Cu－Mg系合金热处理强化的重要依据。

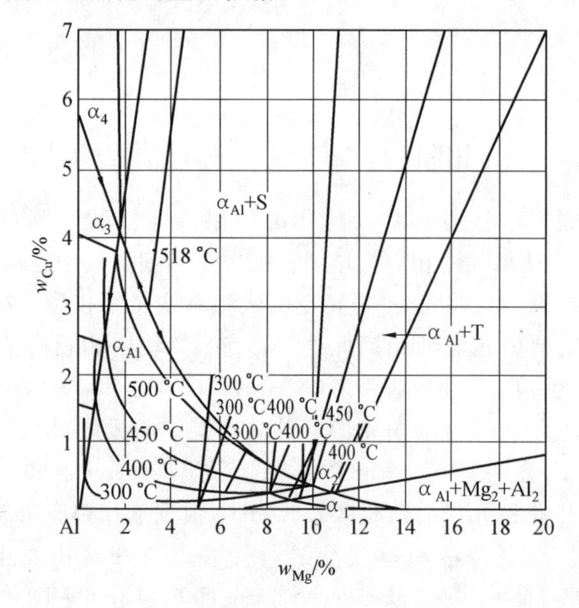

图 5.31　Al－Cu－Mg 三元相图系富 Al 角的溶解度(质量分数)曲面投影图

5.5.3　SiO_2－CaO－Al_2O_3系相图

图 5.32 和图 5.33 分别给出了 SiO_2－CaO－Al_2O_3相图的液相面投影图和室温等温截面图。在水泥、玻璃、陶瓷、耐火材料及炼铁等工业领域中，许多产品都是由这个三元素系的组元组成，如 15% Al_2O_3，23%CO，62% SiO_2附近是碱性炉渣的成分，其液相温度最低可至 1 170 ℃。

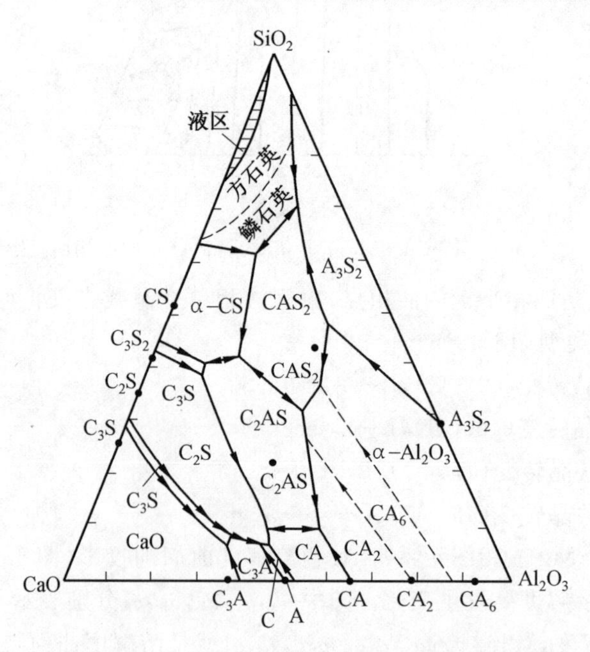

图 5.32　SiO_2－CaO－Al_2O_3系三元相图的液面相投影图

三元系中共有 12 种化合物，其中 7 种是稳定化合物：CS(硅石灰)，C_2S(正硅酸钙)，$C_{12}A_7$，A_2S_2(莫来石)，CAS_2(钙长石)，CA，C_2AS(钙铝黄长石)；5 种不稳定化合物：C_3S_2(硅钙石)，C_3S_2(硅酸三钙)，C_3A，CA_6，C_2A(C，A，S 分别代表 CaO，Al_2O_3，SiO_2，下标表示该化合物中该组元的分子数，如 C_2AS 表示 $2CaO \cdot Al_2O_3 \cdot SiO_2$)。该三元系包括 3 个纯组元，共有 15 个初晶相。相图中有 15 个四相平衡转变，根据液相面投影图上四相平衡点处液相单变量线的走向不难判断四相平衡转变的类型。除液相外，三元系中各相相互固溶度几乎为 0，结晶完成后除多晶型转变外无其他形式的固态相变。三元相图的室温等温截面图由15 个共轭三角形组成。其共轭三角形的顶点就是化合物的成分点。因此，用重心法则可方便地计算室温下三元系中任一组成的各平衡相的相对含量。

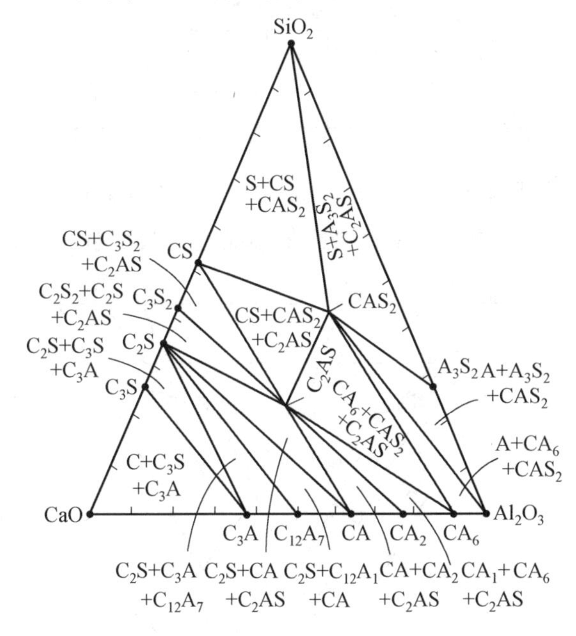

图 5.33　$SiO_2-CaO-Al_2O_3$ 系三元相图的室温等温截面

本章习题

1. 解释下列基本概念及术语：浓度三角形，直线法则，重心法则，相区相邻规则，投影图，垂直界面图，等温界面图。

2. 三元合金的匀晶相变和共晶转变与二元合金的匀晶转变和共晶转变有何区别？

3. 三元合金的垂直截面与二元相图有何不同？为什么二元相图中可以应用杠杆定律而三元相图的垂直截面中却不能应用杠杆定律？

4. 在三元合金相图中，常见的四相平衡转变有哪几种类型？请写出各四相平衡转变的反应式及其转变前后的三相平衡反应式。

5. 设 A—B—C 三元共晶相图中，α、β、γ 3 种固溶体分别以组元 A，B，C 为溶剂，$T_A > T_B > T_C$，$E_{AB} > E_{AC} > E_{BC}$，其中，T_A 为组元 A 的熔点，E_{AB}为组元 A，B 的共晶点，其余依此类推。

(1)画出 $T=E_{AB}$时的水平截面图。

(2)根据综合投影图,写出Ⅰ,Ⅱ,Ⅲ和Ⅳ区域内合金的室温组织。

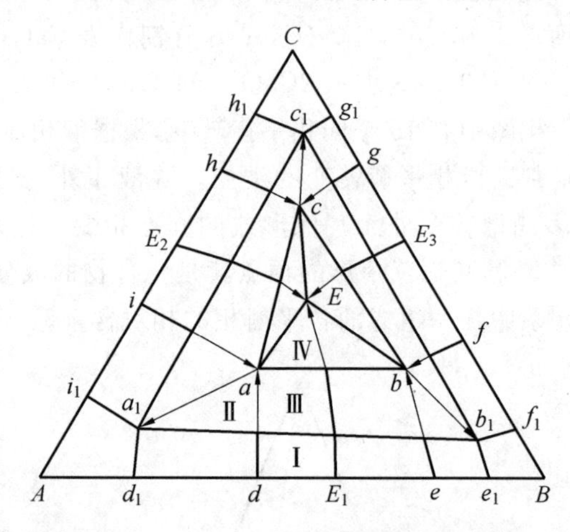

题 5 图　A－B－C 三元共晶相同综合投影图

6.试分析图中Ⅰ,Ⅱ,Ⅲ,Ⅳ,Ⅴ,Ⅵ区合金的结晶过程及室温下的组织。

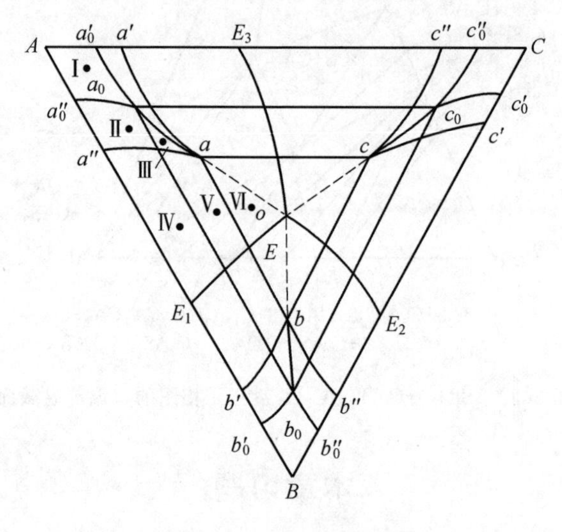

题 6 图　三元共晶相图的投影

7. 已知下图为 A—B—C 三元匀晶相图的等温截面投影图，其中实线和虚线分别表示终了点的大致温度，指出液固两相成分的变化轨迹。

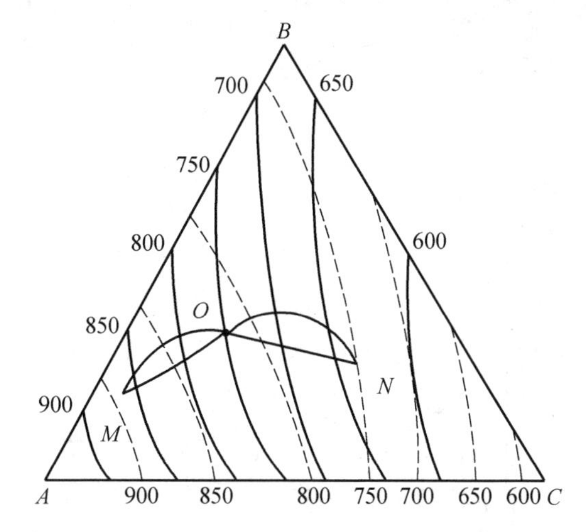

题 7 图　A—B—C 三元匀晶相图的等温截面的投影

8. 下图为 Pb—Bi—Sn 相图的投影图：

(1)写出点 P'、E 的反应式和反应类型。

(2)写出合金 Q($w_{Bi}=70\%$，$w_{Sn}=20\%$)的凝固过程及室温组织。

(3)计算合金室温下组织的相对含量。

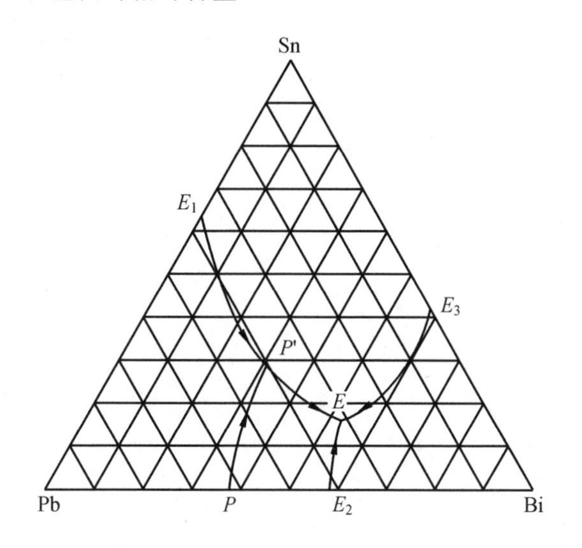

题 8 图　Pb—Bi—Sn 相图的投影

9. 下图所示为 Fe—C—Cr 的三元相图，试分析 2Cr13($w_C=2\%$，$w_{Cr}=13\%$)不锈钢的凝固过程及组织组成物，说明其组织特点。

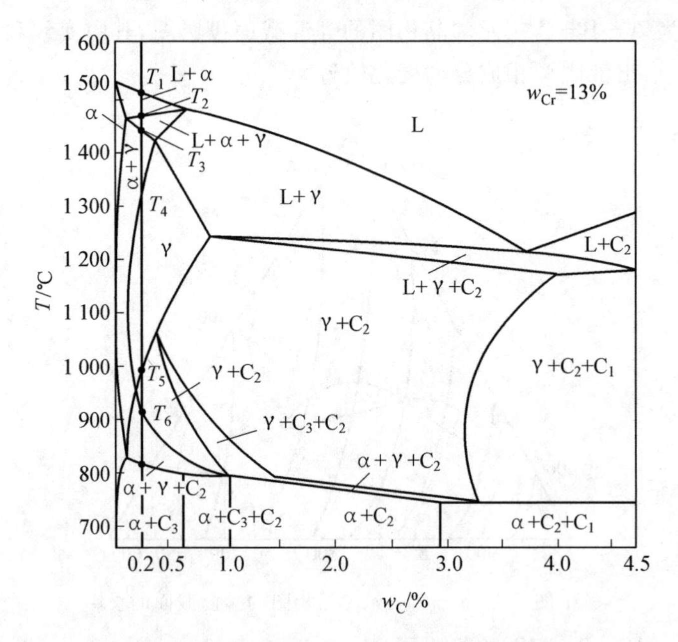

题 9 图　Fe－C－Cr 三元相图的垂直截面

第 6 章　相变概述

6.1 引　言

相变是指当外界条件(温度、压强、电场及磁场等)连续变化时,在特定条件下,物相所发生的变化。不同的相具有不同的原子(分子)集合态、不同的结构形式(晶体结构或电子结构等)、不同的化学成分或者不同的物理性质。因此,相变时的变化可以体现在以下几方面:

①从一种结构转变为另一种结构,如气相-液相-固相之间的三态变化、纯金属的同素异构转变、钢在淬火过程中发生的马氏体相变等;大多数材料中的相变是晶体结构的改变,称为结构相变。

②化学成分发生连续或者不连续变化,如单相固溶体发生调幅分解或者脱溶析出。

③某种物理性质或者有序度的突变,如顺磁-铁磁转变、顺电-铁电转变和超导转变,此时晶体结构并不发生变化,仅仅是电子结构或者取向发生改变;又如某些合金的有序化转变,即点阵中原子的配位发生变化。

上述这三种变化可以单独出现,也可以两种或者三种变化兼具,如钢中的珠光体转变是成分与结构的变化同时发生,铁电相变则往往和结构相变耦合在一起,而铁磁相的沉淀析出则具备三种变化。

虽然相变现象的应用可以追溯到人类开始利用金属的时代,但其理论上的深入研究是在 19 世纪后半期由于冶金和采矿工业的快速发展而开始的。相变现象以其普遍存在性和多样性长期吸引着包括材料科学、地质学、物理学、化学及数学等诸多学科学者的研究兴趣。其研究和发展不仅加深了人们对相变有关现象在理论上的认识与理解,而且促进了人类现代工业文明的巨大进步。人们在生产实践中通过相变,获得所需的组织和性能,从而改造传统材料和研发新型材料。相变过程基本规律的研究、学习和掌握有助于人们合理、科学地优化材料设计、制备和加工的工艺过程,并对材料的性能进行主动的设计与调控,其重要性和意义是不言而喻的。

相变研究解决的问题主要有两个,分别为“相变是如何发生的”和“相变是如何进行的”。前一个问题主要是解决相变的热力学问题,但对于解决具体问题,还需要微观理论的进一步完善。而后一个问题主要是相变的动力学问题,这一问题涉及物理动力学、晶格动力学和各向异性的弹性力学等方面,甚至一些定性的问题还没有固定的答案。在理论研究的基础上,相变的实验研究目前也深入发展,尤其是一些新型研究和检测方法的引入,使得材料中相变的研究逐渐进入原子、电子尺度,从定性或者半定量的研究逐渐向定量阶段过渡。

本章主要阐述相变的基本类型,从热力学、结构变化和动力学等方面对主要的相变类型进行描述,为以后学习相变的热力学、动力学及晶体学等内容做铺垫。

6.2 相变的主要类型

6.2.1 按热力学分类

1. 一些重要的热力学函数

热力学状态函数对系统的状态及其所发生的现象给出宏观的描述，无须考虑系统内部的结构细节。在讨论相变问题时，系统的吉布斯自由能常常被用来描述系统的状态，对于流体，系统的吉布斯自由能 G 可以表示为

$$G = H - TS = U - TS + pV \tag{6.1}$$

式中，H 为焓，为系统热力学能与外界对系统所做功的和，$H = U + pV$；T 为绝对温度；S 为熵，为系统在可逆过程中所吸收的热量与系统温度之比；p 为压强；V 为体积。

对于固体材料，还需要考虑应力的影响，即各向异性弹性应力应变能的存在，所以上式改写为

$$G = G(T,\sigma) = U - TS - \sum_{ij} \sigma_{ij} \varepsilon_{ij} V_0 \tag{6.2}$$

式中，σ_{ij} 为应力张量的分量；ε_{ij} 为应变张量的分量；V_0 为形变前的体积。

如果材料属于电介质或者磁介质，吉布斯自由能中外界对系统做功还应该包括磁场和电场对系统的作用，即增加相应的电能项或者磁能项，于是有

$$G = G(T,\sigma) = U - TS - (\sum_{ij} \sigma_{ij} \varepsilon_{ij} + \sum_i E_i P_i) V_0 \tag{6.3}$$

$$G = G(T,\sigma) = U - TS - (\sum_{ij} \sigma_{ij} \varepsilon_{ij} + \sum_i H_i M_i) V_0 \tag{6.4}$$

式中，E_i 为电场强度的分量；P_i 为电极化强度的分量；H_i 为磁场强度的分量；M_i 为磁化强度 M 的分量。

对于可逆过程，式(6.1) 表示的吉布斯自由能及系统的热力学状态函数分别有微分形式：

$$\begin{aligned} dU &= TdS - pdV \\ dH &= TdS + Vdp \\ dG &= -SdT + Vdp \end{aligned} \tag{6.5}$$

由式(6.5) 可以看出，吉布斯自由能的一阶偏导数分别为熵 S 和体积 V，即

$$S = -\left(\frac{\partial G}{\partial T}\right)_p \tag{6.6}$$

$$V = \left(\frac{\partial G}{\partial p}\right)_T \tag{6.7}$$

根据热力学第二定律，体系内各种自发进行过程的方向及其平衡状态的判据为

$$(dG)_{T,p} \leqslant 0 \tag{6.8}$$

这意味着在恒定的温度和压强条件下，吉布斯自由能的增加过程是不可能实现的。因此，在一个体系内部，在给定的温度、压强条件下，如果两相之间的吉布斯自由能差小于 0，则高能相自发转变为低能相，反之则不可能。也就是说，吉布斯自由能低的相是稳定相。式

(6.8) 也表明,在相变临界点上,平衡共存两项的吉布斯自由能函数必须连续、相等。但吉布斯自由能函数的各阶导数,在相变点却可能发生不连续的突变。在压强保持不变时,焓与热力学能之间的差异不需区分,亥姆霍兹自由能就起到了热力学势的作用,即

$$F = U - TS;(\mathrm{d}F)_{T,p} \leqslant 0 \tag{6.9}$$

常见的物理量与热力学偏导数的关系式有定容热容和定压热容(C_V 和 C_p)、等温与绝热压缩率(K_T 与 K_S)以及热膨胀率(α_V)等。分别如下:

$$C_V = T\left(\frac{\partial S}{\partial T}\right)_V = -T\left(\frac{\partial^2 F}{\partial T^2}\right)_V;C_p = T\left(\frac{\partial S}{\partial T}\right)_p = -T\left(\frac{\partial^2 G}{\partial T^2}\right)_p \tag{6.10}$$

$$K_T = -\frac{1}{V}\left(\frac{\partial V}{\partial p}\right)_T = -\frac{1}{V}\left(\frac{\partial^2 G}{\partial p^2}\right)_T;K_S = -\frac{1}{V}\left(\frac{\partial V}{\partial p}\right)_S = -\frac{1}{V}\left(\frac{\partial^2 H}{\partial p^2}\right)_S \tag{6.11}$$

$$\alpha_V = \frac{1}{V}\left(\frac{\partial V}{\partial T}\right)_p = -\frac{1}{V}\left(\frac{\partial S}{\partial p}\right)_T \tag{6.12}$$

2. 一级相变与高级相变

P. Ehrenfest 根据相变的热力学特征,首先提出按照自由能导数连续情况来定义相变的级别:一个系统在相变点有直到$(n-1)$阶连续的导数,但 n 阶导数不连续,则该相变定义为 n 级相变。根据这一定义,一级相变时两相之间的化学势相等,但是自由能函数的一阶导数在相变点上是不连续的。例如,在一个系统中由相 1 转变为相 2,该转变属于一级相变时,则在相变点存在

$$\begin{aligned} &G_1 = G_2 \\ &\left(\frac{\partial G_1}{\partial T}\right)_p \neq \left(\frac{\partial G_2}{\partial T}\right)_p \\ &\left(\frac{\partial G_1}{\partial p}\right)_T \neq \left(\frac{\partial G_2}{\partial p}\right)_T \end{aligned} \tag{6.13}$$

式中,G_1 和 G_2 分别为系统中相 1 和相 2 的吉布斯自由能。

式(6.6)和式(6.7)表示在一级相变时熵和体积的变化是跃变的,即存在着相变潜热的吸收或释放以及体积的突变,即

$$\begin{aligned} &\Delta S \neq 0 \\ &\Delta V \neq 0 \end{aligned} \tag{6.14}$$

相变时,相 1 和相 2 的吉布斯自由能相等,而且其一阶偏导数也相等,只是吉布斯自由能的二阶偏导数不相等,称为二级相变。则二级相变时存在

$$\begin{aligned} &G_1 = G_2 \\ &\left(\frac{\partial G_1}{\partial T}\right)_p = \left(\frac{\partial G_2}{\partial T}\right)_p \\ &\left(\frac{\partial G_1}{\partial p}\right)_T = \left(\frac{\partial G_2}{\partial p}\right)_T \\ &\left(\frac{\partial^2 G_1}{\partial T^2}\right)_p = \left(\frac{\partial^2 G_2}{\partial T^2}\right)_p \\ &\left(\frac{\partial^2 G_1}{\partial p^2}\right)_T = \left(\frac{\partial^2 G_2}{\partial p^2}\right)_T \\ &\frac{\partial^2 G_1}{\partial T \partial p} = \frac{\partial^2 G_2}{\partial T \partial p} \end{aligned} \tag{6.15}$$

此时有

$$\left(\frac{\partial^2 G}{\partial T^2}\right)_p = -\left(\frac{\partial S}{\partial T}\right)_p = -\frac{C_p}{T}$$

$$\left(\frac{\partial^2 G}{\partial p^2}\right)_T = \left(\frac{\partial V}{\partial p}\right)_T = \frac{1}{V}V\left(\frac{\partial V}{\partial p}\right)_T = -V\beta \tag{6.16}$$

$$\left(\frac{\partial^2 G}{\partial T \partial p}\right) = \left(\frac{\partial V}{\partial T}\right)_p = \frac{1}{V}V\left(\frac{\partial V}{\partial T}\right)_p = V\alpha$$

式中，β 为材料的恒温压缩系数，$\beta = -\frac{1}{V}\left(\frac{\partial V}{\partial p}\right)_T$；$\alpha$ 为材料的恒压膨胀系数 $\alpha = \frac{1}{V}\left(\frac{\partial V}{\partial T}\right)_p$。

因此在二级相变过程中，熵和体积在相变点上是连续的，而比热容、压缩系数和膨胀系数存在突变。

一级相变和二级相变时，两相的自由能、熵和体积变化如图 6.1 所示。两相的焓、比热容和有序度的变化如图 6.2 所示。

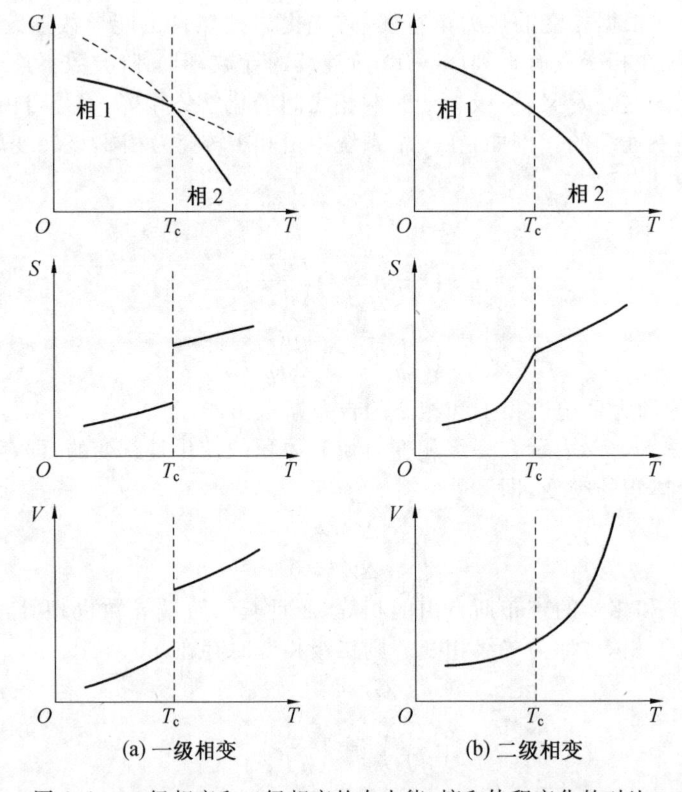

图 6.1　一级相变和二级相变的自由能、熵和体积变化的对比

对于一级相变，在相变点 T_c 处，两相的焓值和熵值均不相同，表明两相在结构上存在差异。如果温度保持不变，压强连续变化，其情况也是类似的。在相变点两侧，具有低吉布斯自由能的相为稳定相，而具有高吉布斯自由能的相对应于过冷（或者过热）及过压缩（或者过膨胀）的亚稳相。虽然相变点处两相的自由能相等，但结构变化需要越过势垒或者形成新相导致界面能升高，结果导致升降温过程发生相变的温度并不都在 T_c 处，而是分别高于或者低于 T_c。由此而产生相变的温度滞后现象，类似也存在着相变压强的滞后，这是一级

相变的特征，如图 6.2 所示。而且在一级相变过程中，新相和亚稳相可以同时共存。

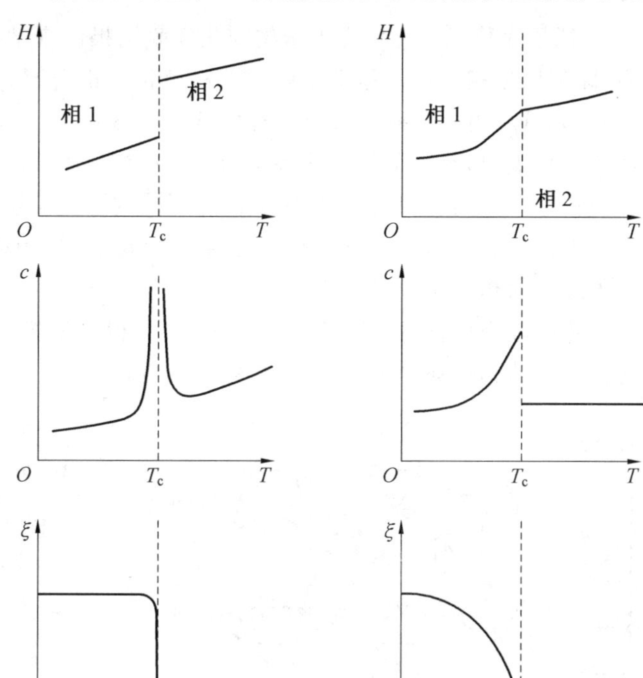

图 6.2　一级相变和二级相变的焓、比热容和有序度的对比

二级相变在低于相变点 T_c 时，相 2 是稳定的；反之则相 1 是稳定的。在相变点上，两相的自由能曲线的斜率是相同的，因此二级相变的吉布斯自由能曲线实际上只是一根曲线，相变点为该曲线的奇点，不存在亚稳相，也没有相变滞后和两相共存的现象。相变点处的熵和体积都是连续的，因而没有相变潜热的吸收或者释放，但其比热容在相变点处存在尖峰。有些情况下，T_c 的比热容会趋于无限大，这时的比热容－温度曲线形状和希腊字母 λ 很相似，所以也被称为 λ 相变，其相变点称为 λ 点。

金属与合金中的多数固态相变都属于一级相变，晶体的凝固、沉积、升华和融化也属于一级相变。属于二级相变的则较为特殊，如铁磁相变、超导相变、超流相变以及部分合金中的有序－无序转变等。目前，仅发现量子统计爱因斯坦玻色子凝结现象为三级相变。目前，材料研究中所涉及的绝大多数相变为一级和二级相变，更高阶的相变很少涉及。根据物理学家对于相变的研究习惯，他们将一级相变称为不连续相变（转变），将二级相变以上的相变统称为连续相变或者临界现象。

6.2.2　按结构变化分类

由于热力学理论对相变机制的反映比较间接，无法对具体的相变提出鲜明的物理图像，因此，用晶体学的观点阐明母相和新相在晶体结构上的差异，是对热力学分类的一个重要补充。

1. 重构型相变与位移型相变

M. J. Buerger 在概括了大量晶体在相变中结构变化实验结果的基础上，提出了结构相变可以分为两种类型，即重构型相变和位移型相变。重构型相变指将原有的母相分成许多小单元，然后将这些小单元重新组合，形成新的结构，如从图 6.3 中的(a)转变为(b)。该过程中大量的化学键被破坏与重建，经历了甚高的势垒，相变潜热巨大，原子近邻的拓扑关系产生显著变化，形成的新结构与母相之间在晶体学上没有明确的位向关系。例如，碳的石墨一金刚石相变(图 6.4)以及 SiO_2 中的方石英一鳞石英相变就都属于重构型相变。位移型相变则指在相变前后原子近邻的拓扑关系仍保持不变，即相变过程不涉及化学键的破坏，相变过程中通常仅对应于原子的微小位移或者键角的微小转动，新相和母相之间存在着明确的晶体学位向关系。这种类型的相变势垒很低，因此相变潜热也较小。

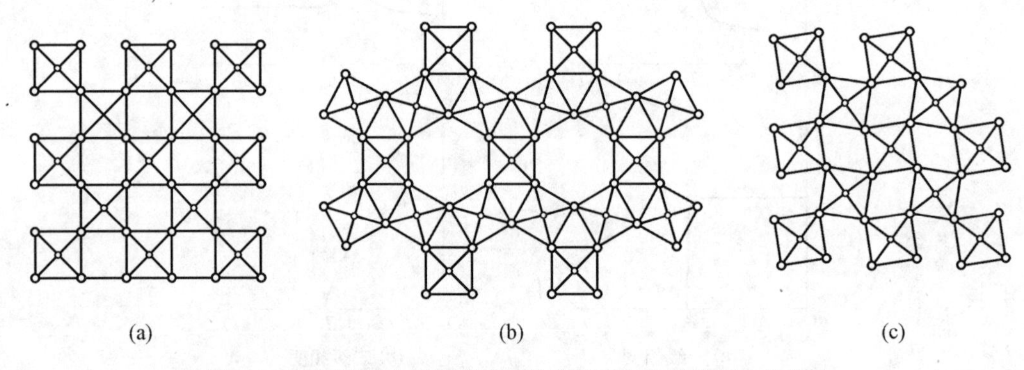

图 6.3　假想的晶体结构说明重构型相变与位移型相变的差异

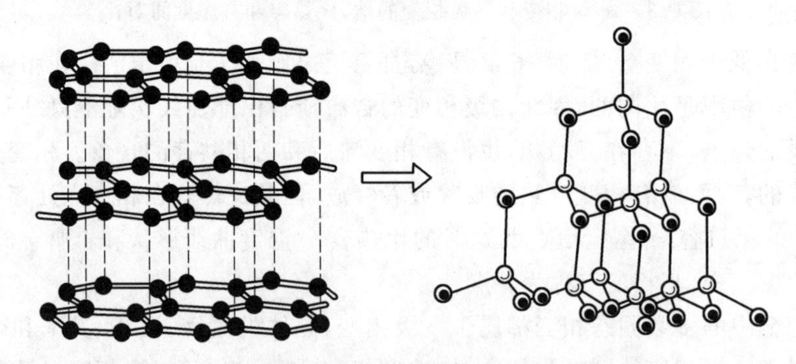

图 6.4　石墨转变为金刚石的晶体结构变化示意图

自然界中固态的重构型相变的例子很多，尤其是矿物中的许多相类均属于垂构型相变。但迄今为止，对于这类相变的定量研究仍然很少。目前将这种分类方法进行了进一步延伸，如固液相变可以归入重构型相变，而且金属和合金中的多数需要原子扩散进行的相变也属于重构型相变，如固溶体的脱溶沉淀及调幅分解等。而位移型相变的原子位移过程相对明确，且常常和铁电性等一些重要的物理性质变化耦合在一起，因此是近年来相变研究的热点。

位移型相变还可以进一步可以分为两种类型。一种是以晶胞中各原子之间发生少量相对位移为主，往往涉及少量晶格畸变，可称为第一类位移型相变，如钙钛矿结构的钛酸钡从立方相转变为四方相。立方钙钛矿结构在 ABO_3 氧化物中具有最高的对称性，如图 6.5 所示。图中内部划斜线的圆圈表示A原子，实心圆表示B原子，空心圆表示O原子。钛酸钡在120 ℃发生立方到四方的转变，最简单的情况就是其中占据B位置的Ti原子沿着结构原型中的某个四重轴进行了少量位移，如图6.6所示。这种位移使得原型的中心对称性丧失，破坏了原有的立方对称性，使其对称性下降为四方的对称性，而且Ti原子偏离了氧八面体的中心，Ti—O具有了不为0的电偶极矩，使其晶体内部产生自发极化，所以这种结构相变也伴随着顺电—铁电转变。

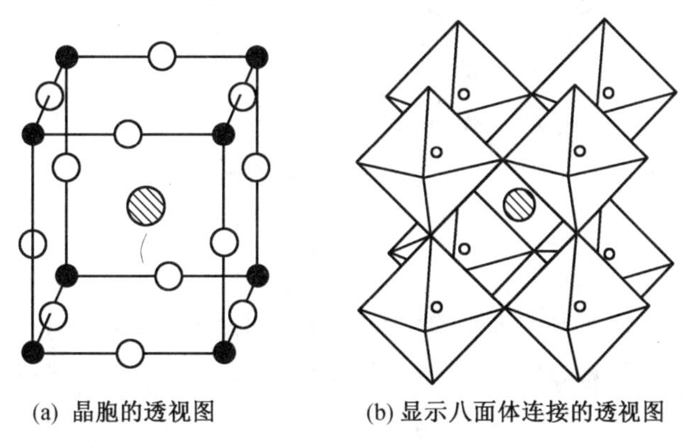

图6.5　钙钛矿型氧化物晶体结构示意图

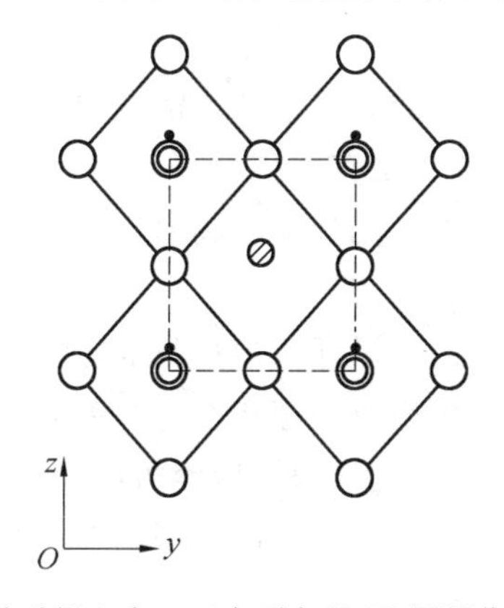

图6.6　钛酸钡立方—四方引起的Ti原子位移示意图

此外，钙钛矿结构的位移型相变还可以通过氧八面体的倾侧实现。如钛酸锶在低温时发生的立方—四方转变，体现为氧八面体沿着原型中的三个四重轴进行倾侧1.3°，而且相邻的两个原型中倾侧的方向正好相反，其示意图如图6.7所示。

另一种位移型相变则以晶格畸变为主，也可能涉及晶胞内原子间相对位移，称为第二类位移型相变。这种相变的最重要代表就是钢中的奥氏体—马氏体转变，因此也将此类相变统称为马氏体相变。关于马氏体相变将在后续章节中进行详细阐述。

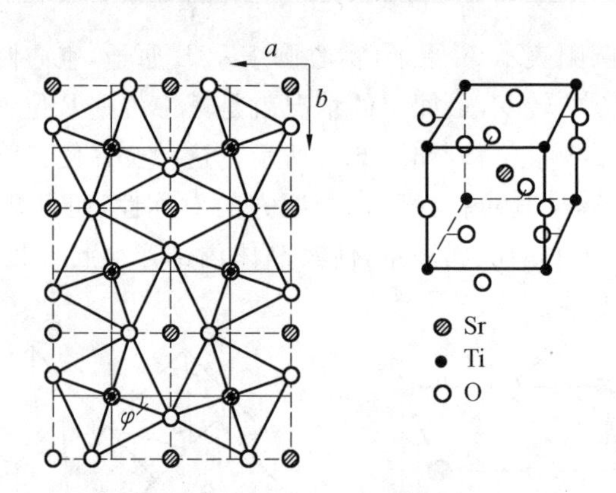

图 6.7　钛酸锶四方相在(001)面上的投影图与晶体结构示意图

6.2.3　按动力学分类

从物理学的角度，按动力学机制的差异可将相变分为匀相转变和非匀相转变。前者在整体中均匀进行，没有明确的界面；后者通过新相的形核－长大实现，相变过程中新相与母相共存。非匀相转变过程中又可以根据控制时率过程的不同，分为界面控制、扩散控制及传热控制等。

该种分类也可称为按照相变过程中原子迁动特征进行分类，分为扩散型相变和非扩散型相变两类。相变过程中依靠原子或者离子的扩散完成的相变，称为扩散型相变；相变过程中不存在原子或者离子的扩散，或者虽存在扩散，但不是相变所必需的或不是主要过程，称为非扩散型相变。前者的原子和离子的迁动距离通常较大，涉及成分的重新分布，而后者的原子迁动通常小于一个原子间距。

扩散型相变主要是通过原子的热激活扩散进行的，温度足够高、原子活动能力足够强的时候才能够发生。这种扩散过程可以是长程扩散，如脱溶沉淀；也可以是短程扩散，如块状转变。扩散型相变可以粗略地分成以下几种：脱溶析出、共析转变、有序化、块型转变和同素异构转变。图 6.8 所示为代表上述这些相变的不同类型的二元相图。

脱溶析出可以用如下的反应式表达：

$$\alpha' \longrightarrow \alpha + \beta \tag{6.17}$$

式中，α'为亚稳定的过饱和固溶体；β为稳定的或者亚稳定的脱溶析出产物；α为另一个更稳定的固溶体。

α和α'的晶体结构相同，成分更加接近平衡状态，如图 6.8(a)中的Ⅰ所示。Ⅱ和Ⅲ的情况与Ⅰ情况类似，其反应式分别如下：

$$\beta' \longrightarrow \beta + \alpha \qquad \alpha' \longrightarrow \alpha + \beta \tag{6.18}$$

共析转变与共晶转变的相图类似，如图 6.8(b)所示，区别仅在于是两个更加稳定的固相($\alpha+\beta$)同时析出取代了初始的亚稳固相(γ)，可以表示为

$$\gamma \longrightarrow \alpha + \beta \tag{6.19}$$

脱溶析出和共析转变的相变产物中均包含和基体成分及结构完全不同的新相，因此需要长程扩散；而其余反应类型可以在没有改变成分或者不存在长程扩散的情况下进行。图

6.8(c)所示为发生有序化反应的相图，此时反应可以表示为

$$\alpha(\text{无序})\longrightarrow\alpha'(\text{有序}) \tag{6.20}$$

在块型转变中，母相转变为一个或者几个成分相同而晶体结构不同的新相。图 6.8(d)给出了两个简单例子，此时仅有一个新相生成，其中在图 6.8(d)中的Ⅰ情况下母相是稳定的，Ⅱ情况下母相是亚稳定的。其反应式可以表示为

$$\beta\longrightarrow\alpha \tag{6.21}$$

当不同的晶体结构在不同的温度范围内稳定时，尤其是在单组元系统中会发生同素异构转变，也称为多形性转变。最典型的例子是纯铁在 910 ℃发生体心立方结构向面心立方结构的转变：

$$\alpha \overset{910\ ℃}{\rightleftharpoons} \gamma \tag{6.22}$$

在大多数情况下扩散型相变都是以形核和长大的方式进行的。但也有例外情况，如Spinodal分解，也称为调幅分解，其转变就不需要形核，母相发生成分起伏，直接分解为晶体结构相同而成分不同的两相。

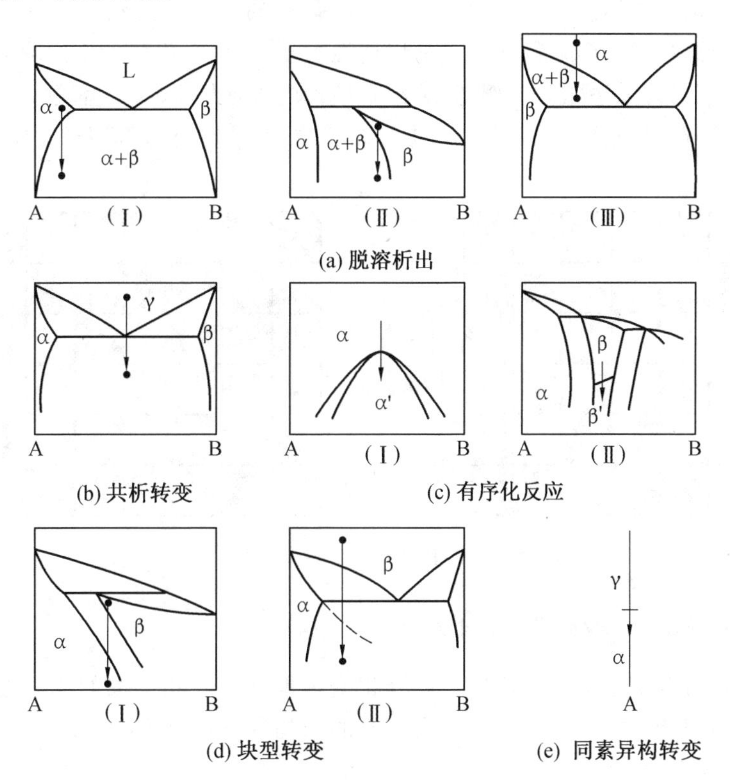

图 6.8　扩散型相变所涉及的相图类型
（A,B 表示两种组元）

发生非扩散型相变时，通常相邻的原子或者离子的相对位置保持不变，进行有组织的迁移，或者原子（离子）只在晶胞内部进行位置调整。马氏体转变就是典型的无扩散型相变，这类相变通常是在温度很低或者原子活动能力很弱的情况下进行的。例如，钢中的马氏体相变通常需要较快的冷却速度来抑制原子扩散，即在淬火条件下才能发生。

扩散型相变和非扩散型相变并没有极端严格的壁垒，例如，钢中的贝氏体转变既具有原子的扩散，也具有非扩散型相变的特征；又如当淬火温度较高时，钢中的马氏体相变也涉及碳原子的短程迁移。

6.2.4 按相变发生的机理分类

按照相变发生的机理可以将相变分为以下几类：成核一生长类型的相变、Spinodal 分解、马氏体转变和有序一无序转变。

成核一生长机理是相变中最重要、最普遍的机理。许多相变是通过成核与生长过程进行的，新相和母相之间由明锐的界面隔开，如单晶硅的形成、溶液中析晶等。

Spinodal 分解通过扩散偏聚的方式进行。以固溶体中的成分起伏为开端，上坡扩散使浓度差越来越大，成分由高浓度区逐渐过渡到低浓度区，两相之间没有清晰的相界面。

如前所述，马氏体相变属于无扩散的切变共格型转变，溶质原子通过切变方式从母相转移到新相。

有序和无序是指物体内部结构中质点在空间排布的两种不同状态，如图 6.9 所示。其中，呈现某种有规律性的排布者(如位置呈周期性重复、配位多面体的空间取向一致等)为有序(态)；无规律者则为无序(态)。例如，尖晶石结构的磁性体 Fe_3O_4，室温下 Fe^{3+} 和 Fe^{2+} 无序排列，但在 120 K 以下，Fe^{3+} 和 Fe^{2+} 占据各自的位置呈有序列，有序一无序转变的温度称为居里点。

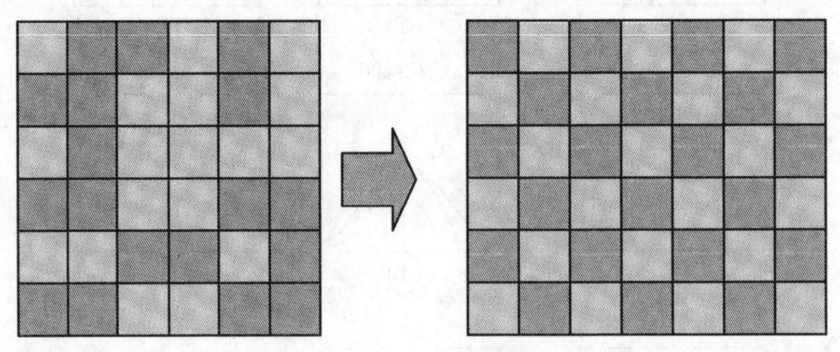

图 6.9 有序一无序转变示意图

6.2.5 常见的一级相变的简明分类

大多数金属与合金中的相变均属于一级相变。根据对新相形成的不同方式、相变过程中原子迁动的不同特征、形核的位置、长大界面的结构和迁动性质，可以将常见的一级相变进行分类，如图 6.10 所示。

目前，贝氏体相变机制尚有争论，钢中的贝氏体相变按照扩散型机制分类，其相变驱动力大于按切变机制分类的，相变驱动力也无法抵偿切变所需的应变能。而对于 Cu 基合金中的贝氏体相变，按扩散型机制相变可行，而按照切变机制相变不可行。ZrO_2基陶瓷中的具有成分改变的贝氏体相变目前也认为是扩散型机制。

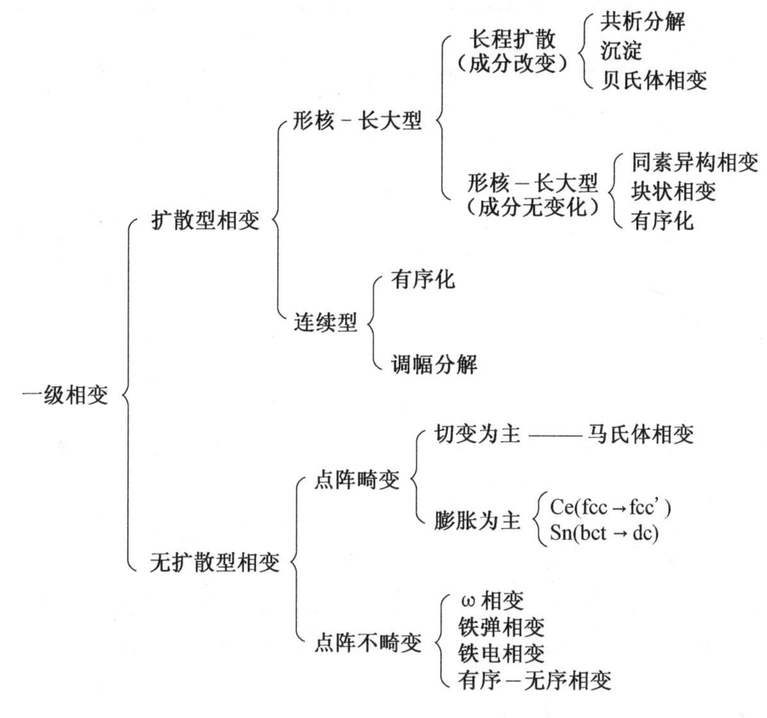

图 6.10　常见的一级相变简明分类

6.3　相变的一般特征

6.3.1　相变发生的条件

相变发生的本质在于母相的失稳。从热力学角度来讲，当母相和相变产物的吉布斯自由能差小于 0，就意味着母相的失稳。例如，A，B 两组元所构成的一个合金体系发生一级相变，α 相与 β 相分别为 A 在 B 中和 B 在 A 中的固溶体。在某温度下由母相析出 β 相，两相的吉布斯自由能－浓度曲线如图 6.11 所示。当摩尔分数为 x 时，如果合金为单一的 α 相或 β 相，其吉布斯自由能分别为 G_0^α 和 G_0^β，此时若一部分的 α 相转变为 β 相，则 α 相的溶质原子摩尔分数随着 β 相的析出而降低，从而其吉布斯自由能减小；β 相的溶质原子摩尔分数也自发向能使其吉布斯自由能下降的方向进行。根据杠杆定律，直至两相的溶质原子摩尔分数分别达到 α_e 和 β_e，此时系统的自由能最低且不再发生变化。

在二级相变的临界温度 T_c 以下，母相将连续地失稳。例如在二级相变的有序－无序转变中，临界温度以上，无序相（序参量 $\eta=0$）为稳定相；临界温度以下，无序母相的能量最高，产生失稳，使具有一定序参量的新相成为稳定相，如图 6.12(a)所示。如果有序－无序转变为一级相变，则此时序参量 η 为结构位移参数，在相变临界温度 T_c 进行形变且具有能量势垒，如图 6.12(b)所示。仅仅对于某些情况下没有势垒的连续型相变，才会发生母相的连续失稳。

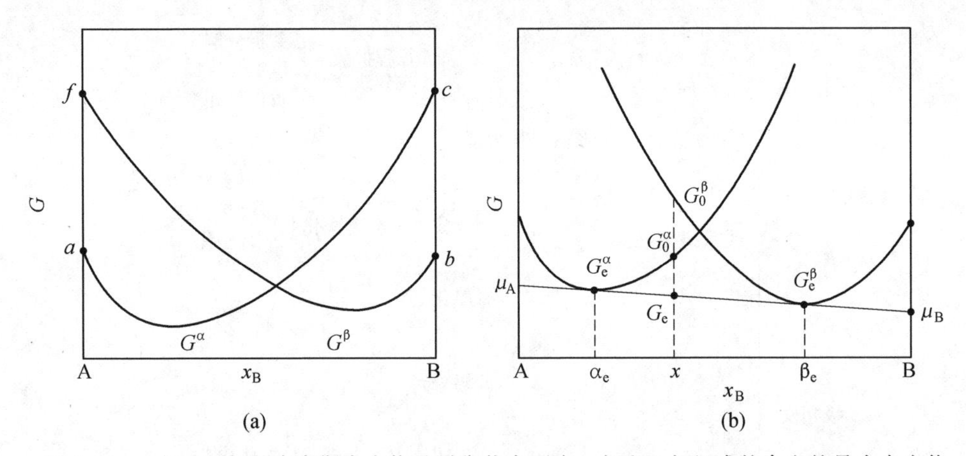

图 6.11　α 相和 β 相的吉布斯自由能及平衡状态下由 α 相和 β 相组成的合金的最小自由能

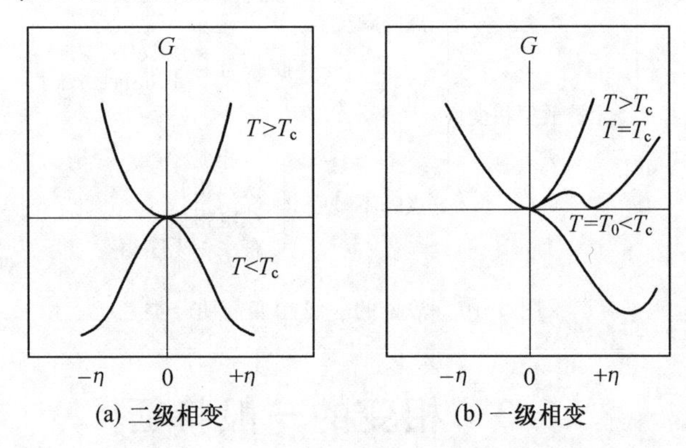

图 6.12　有序—无序相变母相的连续失稳

根据式(6.1)，等温、等压下有

$$\Delta G=\Delta H-T\Delta S \tag{6.23}$$

平衡条件下 $\Delta G=0$，则有

$$\Delta S=\frac{\Delta H}{T_0} \tag{6.24}$$

式中，T_0为相变的平衡温度。

如果考虑到 T_0附近 ΔH 和 ΔS 近似不随温度而变化，将式(6.24)代入式(6.23)，可得

$$\Delta G=\Delta H-T\frac{\Delta H}{T_0}=\Delta H\frac{T_0-T}{T_0}=\Delta H\frac{\Delta T}{T_0} \tag{6.25}$$

从式(6.25)可见，如果相变发生，必须 $\Delta G<0$。若相变过程放热(凝固、结晶等)，$\Delta H<0$，要使 $\Delta G<0$，则必须 $\Delta T>0$，即 $T<T_0$，这表明系统需要过冷，即实际温度必须低于平衡温度才能使相变自发进行；反之，对于相变过程吸热的情况(蒸发、升华等)，则系统需要过热才能发生相变。一级相变所需的相变驱动力，将在 ΔT(即相变热滞方面)有所体现。在两相自由能相等的 T_0温度，相变并不发生，加热或者冷却时发生相变的温度分别要高于或者低于 T_0。如将再结晶后的金属多晶钴冷却至 390 ℃开始发生 β 相到 α 相的转变，而在重新加热过程中需要加热到 390 ℃才会由 α 相转变为 β 相，在加热、冷却相变过程中形成热滞回线，如图 6.13 所示。

除了温度以外，压强和应变等也会引起母相的失稳。在一些与成分(摩尔分数)或者压强有关的相变过程中，恒温条件下，相变的热力学驱动力可以由系统浓度或者蒸气压的过饱和度提供。例如对于气相的凝聚过程，根据平衡态热力学理论，恒温可逆非体积功为 0 时，有

$$dG=Vdp \tag{6.26}$$

则相变过程中吉布斯自由能的变化与压强之间的关系式可写为

$$\Delta G=\int V\mathrm{d}p=\int \frac{RT}{P}\mathrm{d}p=RT\ln\left(\frac{p_0}{p}\right)\approx RT\ln\left(1+\frac{\Delta p}{p}\right)\approx RT\left(\frac{\Delta p}{p}\right) \tag{6.27}$$

式中，p_0为平衡蒸气压，$\Delta p=p_0-p$，为当前蒸气压与平衡蒸气压之差。欲使相变能自发进行，则必须使 $\Delta p<0$，才能使 $\Delta G<0$。这一关系式形式上也适用于溶液中的结晶或者沉淀等与成分相关的相变过程，仅仅需要将其中的蒸气压 p 替换为成分 c。若平衡时系统中某组分的饱和浓度为 c_0，偏离该点的成分为 c，则此时相变过程的自由能变化可以写为

$$\Delta G=RT\ln\left(\frac{c_0}{c}\right)\approx RT\ln\left(1+\frac{\Delta c}{c}\right)\approx RT\left(\frac{\Delta c}{c}\right) \tag{6.28}$$

如果是电解质溶液，此时还要考虑电离度 α，即每摩尔电解质能电离出 α mol 离子，则式(6.28)可变化为

$$\Delta G\approx\alpha RT\left(\frac{\Delta c}{c}\right) \tag{6.29}$$

同理，欲使相变能自发地进行($\Delta G<0$)的条件是 $\Delta c<0$，即母相需要一定的过饱和度。

与温度改变时出现热滞的情况类似，当压强发生变化时，发生的可逆相变也可以产生压滞。如图 6.14 所示，Ag_2O 在 30 ℃时增压和减压过程中会产生压滞回线。

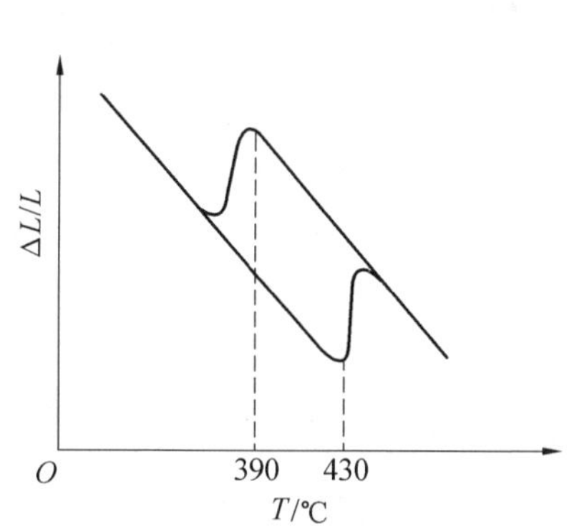

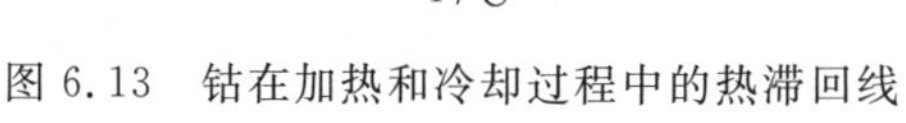

图 6.13　钴在加热和冷却过程中的热滞回线

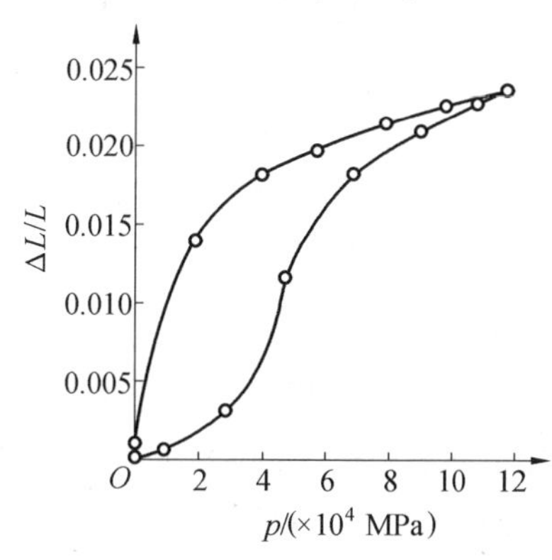

图 6.14　Ag_2O 在 30 ℃时压滞回线

6.3.2　固态相变的一般特点

固态相变是当前材料研究中最为重要的相变。固态材料中的相变改变和决定材料的结构、组织和性能，是控制材料组织形态和宏观性能的重要方法和手段。与凝固等有气、液相参与的相变过程类似，固态相变也符合最小自由能原理。相变的驱动力主要来自于新相与母相之间的吉布斯自由能差，有时压力和外加电场、磁场也会作为相变的驱动力。但是，本

书中所提的固态相变通常是指在晶体中发生的相变，其原子呈现周期性的排列规律，原子之间的键合比液、气相时牢固，同时母相之间往往存在着空位、位错、层错及晶界等缺陷，新相和母相之间存在界面，因此固态相变呈现出自己的一些特点。

1. 固态相变的阻力大

固态相变时的阻力不仅来自于新相与母相之间形成界面所增加的界面能，还有一部分来自于因母相和新相比容不同而造成的体积应变能。母相为液相或者气相时，不存在体积应变能的问题；而固态相变时由于新相和母相比容不同，引起的体积应变通常通过母相和新相的弹性应变来进行协调，如果忽略晶体的各向异性，可以近似认为其与体积成正比，而且固一固的界面能比气一液、液一固、气一固的界面能都要大很多，因此固态相变的阻力大。

2. 原子活动能力差、迁移率低

固态晶体中的原子键合比气相和液相中牢固，所以原子扩散速率远远慢于液相中原子的扩散速率。即使在熔点附近，固态中原子的扩散系数大约也仅为液态扩散系数的十万分之一。如液态金属中原子扩散系数可达 $10^{-7}\mathrm{cm}^2/\mathrm{s}$，而在固态中原子扩散系数仅为 $10^{-11}\sim10^{-12}\ \mathrm{cm}^2/\mathrm{s}$。固态原子的扩散系数小，表明其原子的活动能力差，迁移率低。受扩散控制的固态相变，在冷却时更易于过冷，即当冷却速度增加时，可以获得更大的实际过冷度。随着过冷度的增大，相变驱动力增加，相变速度也加快。但是当过冷度增大到一定程度后，转变温度降低，引起原子扩散能力下降，相变速度反而随着过冷度的增大而变慢。

当过冷度大到一定程度后，扩散系数和原子的迁移能力进一步下降，使得扩散型相变受到抑制，有时甚至发生无扩散型相变。如碳钢在奥氏体状态下快速冷却，可抑制扩散型相变，低温下以切变方式发生无扩散马氏体相变，生成亚稳定的马氏体组织。

3. 非均匀形核

固态晶体中存在着晶界、亚晶界、位错及空位等各种晶体缺陷，在这些缺陷周围点阵发生畸变，提高了材料的吉布斯自由能。新相形核总是优先在这些缺陷处形成。如果新相核心的产生使得这些缺陷消失，点阵畸变储存的弹性能就会被释放，因而减少了相变的激活能势垒。

4. 形成亚稳的过渡相

根据相变热力学，平衡相具有最低的吉布斯自由能，是稳定相。但对于固态相变情况，母相往往不直接转变为自由能最低的稳定相，而是先形成晶体结构或者成分与母相相近，自由能不是最低的亚稳定的过渡相。相变过程受到动力学因素的影响，如克服能垒的能力、原子运动的方式、原子自身的活动能力或者原子可动性的大小。固态相变，尤其是低温下发生的固态相变，相变的阻力大，原子迁移能力差，因此难于直接形成稳定的平衡相，而是形成亚稳相并保留下来。

5. 新相与母相之间存在一定的位向关系

在许多情况下，新相和母相之间往往存在一定的位向关系。新相在母相的一定晶面上开始形成，这个晶面称为惯习面。通常新相和母相间以低指数的、原子密排的、匹配较好的晶面彼此平行，构成确定位向关系的界面。其根本原因在于降低新相和母相之间的界面能。

例如，钢中的奥氏体 γ 向马氏体 α' 转变过程中的 K－S 关系，奥氏体的密排面 $\{111\}_{\gamma}$ 与马氏体的密排面 $\{110\}_{\alpha'}$ 平行，奥氏体的密排方向 $\langle 110\rangle_{\gamma}$ 与马氏体的密排方向 $\langle 111\rangle_{\alpha'}$ 平行，表示为

$$\begin{aligned}\{111\}_{\gamma}//\{110\}_{\alpha'}\\ \langle 110\rangle_{\gamma}//\langle 111\rangle_{\alpha'}\end{aligned}\tag{6.30}$$

6. 新相具有特定的形状

其他相变的形核通常为球形核心，因为其中不存在体积应变能，界面能是最主要的控制因素。固态相变中界面能和体积应变能共同作用，使得新相成长为使界面能和体积应变能总和最小的形状。当新相与母相保持弹性联系的情况下，取相同体积的新相核心，新相呈盘片状的体积应变能最小，针状次之，球形最大。而界面能的顺序按上述次序递减。固态相变时新相的形状取决于具体条件。如过冷度很大，临界形核尺寸很小，单位体积内界面面积大，则界面能起主导作用。在过冷度很小时，临界形核尺寸较大，界面能所占份数较少。此时，如果两相比容差别较大，则易于形成盘片状降低弹性应变能；如果两相比容差别较小，新相则易于形成球状来进一步降低界面能。

6.3.3　固体中的相界面

在固态相变中，两相之间的相界面远比液固界面复杂，对固态相变过程也有重要的影响。根据固体两相之间界面原子排列情况不同，存在共格、半共格和非共格三种类型。以下将对各种类型的界面一一进行讨论。

当两个晶体在界面上的原子排列完全匹配，晶界两侧的点阵越过界面后是连续的，形成的是共格界面。无应变的共格界面如图 6.15 所示。只有两相在界面上具有相同的原子排列时才会形成共格界面，这就要求两相之间具有特殊的取向关系。例如，Cu－Si 合金中密排六方的富硅的 κ 相和 fcc 的富铜的 α 基体之间所形成的界面就是这种类型。它们两相之间密排面和密排方向平行，存在如下的取向关系：

$$\begin{aligned}(111)_{\alpha}//(0001)_{\kappa}\\ [\bar{1}\,1\,1]_{\alpha}//[1\,1\,\bar{2}\,0]_{\kappa}\end{aligned}\tag{6.31}$$

界面能通常由两部分组成，分别为化学分量和结构分量。在每个相的内部，每个原子都倾向于用最适宜的最近邻排列来降低能量。但在界面处常常有成分上的变化，使得每个原子穿越界面部分的最近邻排列发生变化，就如同发生了错误一样，这就增加了界面上原子的能量，产生了界面能中的化学分量。另一方面，如果界面上的原子间距不同，则可通过界面两侧的晶格发生一定的畸变来保持共格，如图 6.16 所示。由此而产生的晶格应变能构成了界面能的结构分量。这种畸变通常可用点阵不匹配度或者错配度 δ 来表示，为

$$\delta=\frac{a_{\alpha}-a_{\beta}}{a_{\alpha}}\quad\text{或者}\quad\delta=\frac{2(a_{\alpha}-a_{\beta})}{a_{\alpha}+a_{\beta}}\tag{6.32}$$

式中，a_{α} 和 a_{β} 分别为无应力情况下母相（α）和新相（β）的点阵常数。δ 的大小可用来判定界面的类型，当 δ 小于 5% 时，形成共格界面，而 δ 在 5% ～ 25% 时，形成半共格界面；当 $\delta>$ 25% 时，则形成非共格界面。共格界面情况时如果两相晶体结构相同，晶胞尺寸相近，界面

能中结构分量极低，化学分量也不高，所以界面能很小。例如，Cu－Si 合金中 $\kappa-\alpha$ 的共格界面能估计仅为 1 mJ/m^2。而当界面处存在一定的错配度的情况下，界面能中的结构分量增加，可以使共格界面能增加到 200 mJ/m^2左右。而且两相之间由于界面处的错配也会受到弹性应力的作用，这将导致应变能的增加。

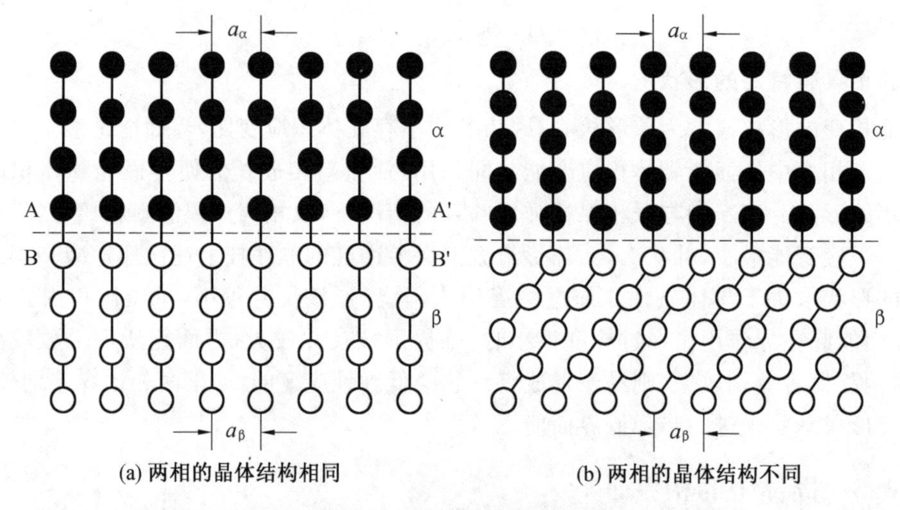

(a) 两相的晶体结构相同　　(b) 两相的晶体结构不同

图 6.15　无应变的共格界面

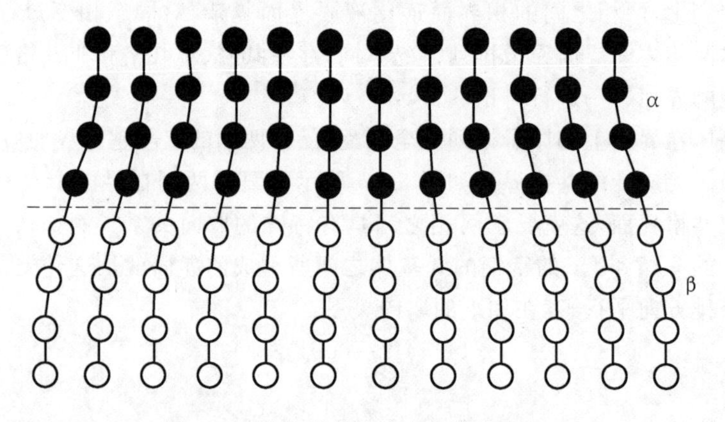

图 6.16　有轻微晶格畸变的共格界面

当错配度进一步增加，或者新相的体积增大，完全共格界面便会被逐渐破坏，形成半共格界面。在半共格界面上，界面处原子的不匹配可以由错配位错周期性地进行调整补偿，如图 6.17 所示。在界面上除位错核心部分以外，其他位置几乎完全匹配，在位错核心部分的结构高度畸变，并且点阵平面是不连续的。这样，虽然界面能的结构分量有所减小，但是化学分量的增加较大，因而整体的界面能增大。从图 6.17 可以看出，当错配度升高时，界面处错配位错之间的间距 D 减小。在错配度较小情况下，界面能中的结构分量可以认为近似正比于界面上的位错密度。但当错配度变大时，界面能中的结构分量增加较慢，当 $\delta\approx0.25$ 时，其不再有大的变化。这是因为随着错配位错之间的间距减小，错配位错产生的应变场之间相互重叠，相互抵消。半共格界面能的值一般为 200～500 mJ/m^2。

此外，图 6.16 和图 6.17 所示的共格或半共格界面主要靠拉压应力维持，也称为伸缩型

(半)共格界面。还有一种情况为新相与母相晶体结构不同,点阵常数不同,仅仅某些晶面的点阵相似,也可形成共格界面,如碳钢中的奥氏体转变为马氏体,其共格(或半共格)界面靠弹性切变维持,称为切变型(半)共格界面。这一点已经被在多种材料体系中使用高分辨率电子显微镜的观察结果所证实,如图 6.18 所示。

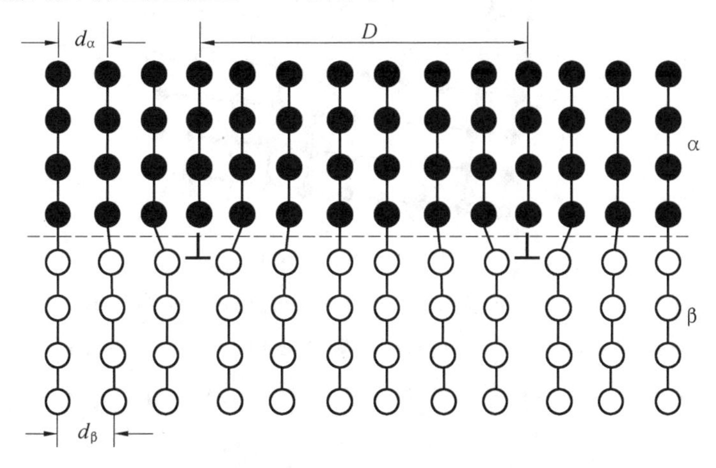

图 6.17　界面处存在一系列错配位错的半共格界面

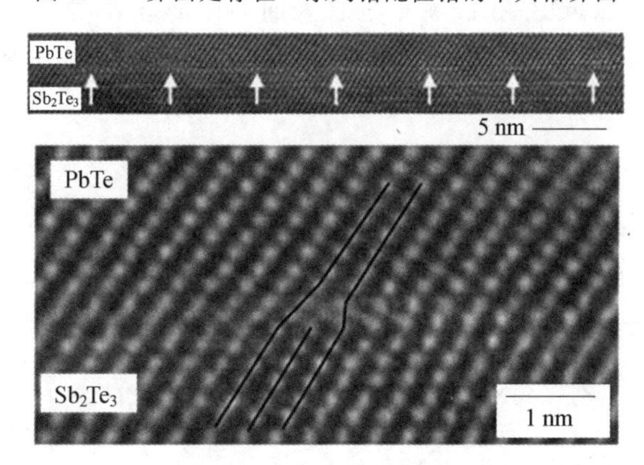

图 6.18　PbTe 和 Sb_2Te_3 之间形成的半共格界面
(箭头处为错配位错)

当相邻的两相界面上的原子排列结构差异非常大时,界面两侧就无法很好地匹配。即使界面两侧原子排列相似,但原子间距的差异超过 25%,即错配度 $\delta>0.25$ 时,这两种情况下所产生的界面就是非共格界面。一般来说,任意取向的晶体沿着任意晶面结合就可获得非共格界面,如图 6.19 所示。非共格界面的性质与大角度晶界类似:界面能中的化学分量很高而结构分量较低,但界面能的总量是三类界面中最高的,大约为 500～1 000 mJ/m^2;界面能对界面的取向不敏感。

金属中发生的许多过程都与界面和界面能相关。界面能在这些过程中所起的作用不尽相同,如何测量界面能呢?大多数界面能的测量可以利用界棱处表面张力的平衡关系进行,如图 6.20(a)所示,三个晶粒之间结点处亚稳平衡要求界面能平衡,则有

$$\frac{\gamma_{23}}{\sin\theta_1}=\frac{\gamma_{13}}{\sin\theta_2}=\frac{\gamma_{12}}{\sin\theta_3} \tag{6.33}$$

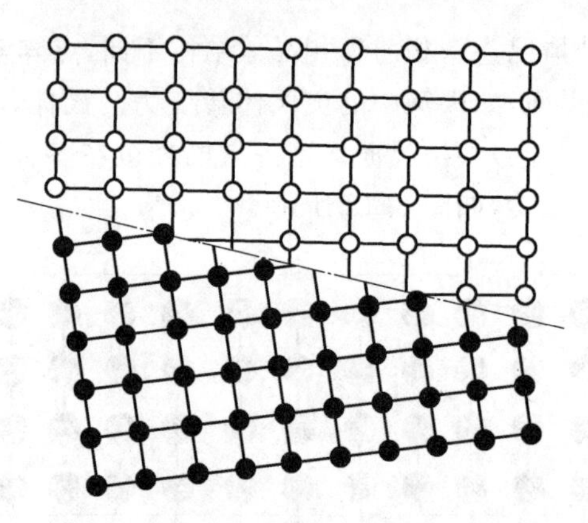

图 6.19　非共格界面

当知道其中一个界面能，就可求出另外两个。如已知某种固体的表面能，也可利用表面张力的平衡求出界面能，如图 6.20(b)所示。两个晶粒的固-气界面能相同，均为 γ_s，两个晶粒之间的界面能为 γ_b，则为保持界面张力平衡，存在下式：

$$\gamma_b = 2\gamma_s \cos\frac{\theta}{2} \tag{6.34}$$

其中，沟槽张角可以通过金相法测量垂直表面的截面或者用干涉显微镜在表面测出。此外，在许多热力学和动力学表达式中都包含界面能。如果表达式中其他参数可测，则可求得界面能。

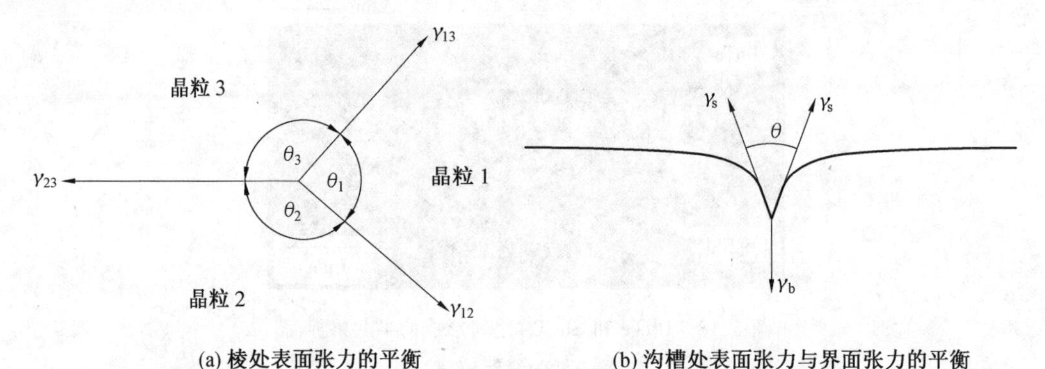

图 6.20　棱处表面张力的平衡及沟槽处表面张力与界面张力的平衡

关于晶体中的界面能，我们可以用断键模型进行估算。考虑最简单的情况，对于一大块纯金属晶体(Ⅰ)，若将其分开成为两部分(Ⅱ)，如图 6.21 所示。则根据热力学第一定律，对晶体所做的功等于此时晶体分开所增加的表面能，即

$$\Delta U = U_{\mathrm{II}} - U_{\mathrm{I}} = W = -2\sigma A \tag{6.35}$$

式中，U 为热力学能；σ 为单位面积界面能；A 为增加的表面积，则此时界面能可表达为

$$\sigma = -\Delta U/(2A) \tag{6.36}$$

设金属的每个键合强度(键能)为 ε，则每失去一个键合使原子热力学能下降 $\varepsilon/2$，则总热力学能的变化可以写为

$$\Delta U = 2 \times \frac{1}{2} Z_s A N \varepsilon = Z_s A N \varepsilon \tag{6.37}$$

式中，Z_s 为晶体断面上每个原子最近邻相对于晶内最近邻原子数(Z) 减少的个数；N 为晶体表面单位面积的原子数。

式(6.37) 忽略了次近邻原子相互作用，且假设表面原子间结合强度与晶体内部原子间结合强度相同，将其代入式(6.36)，得到界面能的表达式为

$$\sigma = \frac{-Z_s N}{2} \varepsilon \tag{6.38}$$

通过式(6.38)即可对纯金属的界面能做出估算。式(6.38)中的键能 ε 可以通过如下方法进行计算：对于纯金属，可以从升华热的角度进行考虑，若忽略升华过程中熵的变化，1 mol晶体键能的总和近似等于其摩尔升华热 $\Delta H^{s\to g}$。例如，对于面心立方结构的金属，其升华热为

$$\Delta H^{s\to g} = -\frac{N_A Z}{2} \varepsilon \tag{6.39}$$

式中，N_A 为阿伏伽德罗常数；Z 为配位数。则面心立方晶体的键能为

$$\varepsilon = -\Delta H^{s\to g} / (\frac{1}{2} N_A Z) \tag{6.40}$$

结合式(6.38)，则有

$$\sigma = \frac{-Z_s N}{2} \varepsilon = \frac{Z_s N}{Z N_A} \Delta H^{s\to g} \tag{6.41}$$

式(6.41)对于界面能是一种简便可行的估算方法。例如，对于纯铜，其升华热 $\Delta H^{s\to g} = 319\ \mathrm{kJ \cdot mol^{-1}}$，计算得到(111)面的表面能约为 $2.3\ \mathrm{J \cdot m^{-2}}$，这与实验值 $1.7\ \mathrm{J \cdot m^{-2}}$ 较为接近，计算结果可以接受。

在计算晶体的界面能时还需注意晶体的表面能具有各向异性，不同晶面上的单位面积原子数不同，且随着晶体结构的变化而变化，导致其表面能也随之变化。式(6.41)在考虑合金或者多组元体系时，原有的假设和近似需要进一步修正，在此不一一说明。此外，还可利用第二相粗化的动力学方程测量基体与第二相之间的界面能，具体表述将在第 7 章进行讨论。

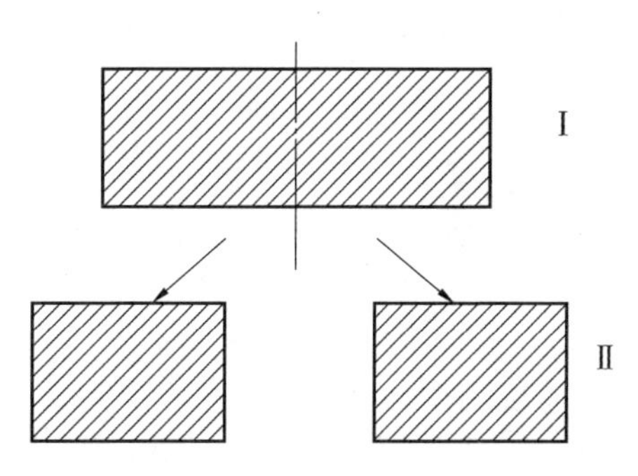

图 6.21　纯金属分开两部分估算界面能

本章习题

1. 一级相变和二级相变的主要特征和区别是什么？列举出几种典型的一级相变和二级相变。

2. 固态相变的特征是什么？

3. 固态相变的驱动力与阻力分别是什么？说明其来源。

4. 固态相变过程中两相界面的种类与特征有哪些？

5. 为什么一级相变多数存在温度滞后或者压力滞后？

第 7 章　扩散型相变原理

7.1　相变的热力学条件

7.1.1　相变的驱动力

系统中相状态的稳定性取决于其自由能的高低，自由能最低的状态应该是该条件下的最稳定状态。一切系统均有降低体系自由能已达到稳定状态的自发趋势，即在定温定压条件下，系统的吉布斯自由能应趋于最小值。对于固态相变，只有当新相的自由能低于母相的自由能时相变才可能发生。如第 6 章提到过的，如果单位体积的新相 β 由母相 α 转变而来，不考虑相界面和弹性畸变，在过冷度不大的情况下有

$$\Delta G_{\alpha\beta} \approx \Delta H_{\alpha\beta} \cdot \Delta T / T_0 \tag{7.1}$$

式中，$\Delta H_{\alpha\beta}$ 为单位体积的相变潜热；$\Delta G_{\alpha\beta}$ 为单位体积相变中化学自由能的改变，也常常被称为体自由能的改变，它就是相变的驱动力，如图 7.1 所示。

对于 A，B 两种原子组成的过饱和固溶体，B 组元浓度[①]为 c_0 的过饱和 α 相在某一温度下分解为浓度分别为 c_α 和 c_β 平衡的 α 相和 β 相，如图 7.2 所示。根据热力学指示可知，每摩尔过饱和的 α 相分解所导致体自由能的下降为图中线段 IJ 所示，其中 J 点位于两条自由能一成分关系曲线的公切线上。每摩尔 β 相生成所导致的体自由能的下降为 KL 线段所示。每摩尔 B 组元 α 相中离开所导致的体自由能变化为线段 MN 所示，它相当于 B 组元处于 c_0 和 c_α 的 α 相中时其化学势的差值。

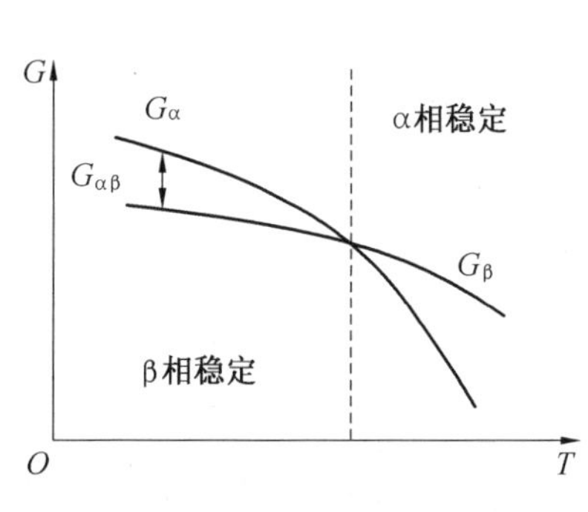

图 7.1　α 相转变到 β 相的相变驱动力

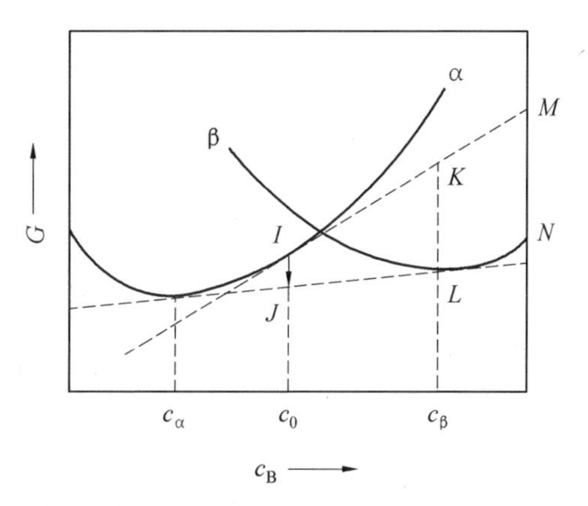

图 7.2　二元固溶体成分一自由能曲线示意图

① 如无特殊说明，下文中浓度均指摩尔分数。

如果 α 相是 B 组元在 A 组元中的稀薄固溶体，即 c_0 和 c_α 都很小时，利用规则溶液固溶体模型和亨利定律可以求出

$$MN=RT\ln\left(\frac{c_0}{c_\alpha}\right) \tag{7.2}$$

如果 α 相的过饱和度不大，即 $(c_0-c_\alpha)\ll c_\alpha$，则可求得

$$KL=\frac{c_\beta-c_\alpha}{1-c_\alpha}\cdot MN=\frac{c_\beta-c_\alpha}{1-c_\alpha}RT\ln\left(\frac{c_0}{c_\alpha}\right) \tag{7.3}$$

则生成单位体积的 β 相所导致的体自由能改变为

$$\Delta G_{\alpha\beta}=\frac{1}{V_\beta^{m}}\cdot KL=\frac{1}{V_\beta^{m}}\cdot\frac{c_\beta-c_\alpha}{1-c_\alpha}\cdot RT\ln\left(\frac{c_0}{c_\alpha}\right) \tag{7.4}$$

式中，V_β^{m} 为 β 相的摩尔体积；c_0，c_α 和 c_β 分别为过饱和 α 相、平衡状态 α 相和平衡状态 β 相中 B 组元的浓度；R 为气体常数；T 为相变发生时的绝对温度。

7.1.2　相变势垒

要使系统中的母相转变为新相，除了要有相变驱动力以外，还要克服一定的相变势垒。从原子层面讲，相变势垒是指相变过程中晶格改组所需要克服的原子间相互作用力的变化。参与相变的单个原子从初始亚稳态（α 相）到稳定态（β 相）的自由能发生变化，如图 7.3 所示。假设 G_1 和 G_2 分别为原子在亚稳态和稳定态的自由能，则相变的驱动力为 $\Delta G=G_2-G_1$。但是在原子的自由能从 G_1 下降到 G_2 之前，原子必须克服原有状态对它的束缚，经历一个所谓的过渡态或者激活态，其自由能较 G_1 高 ΔG_α。图 7.3 中的能量是大量原子的平均能量，原子随机热振动使得任意一个原子的能量随着时间变化，在某些时刻，原子的能量可能偶然足够大，达到激活态，这个过程称为热激活。

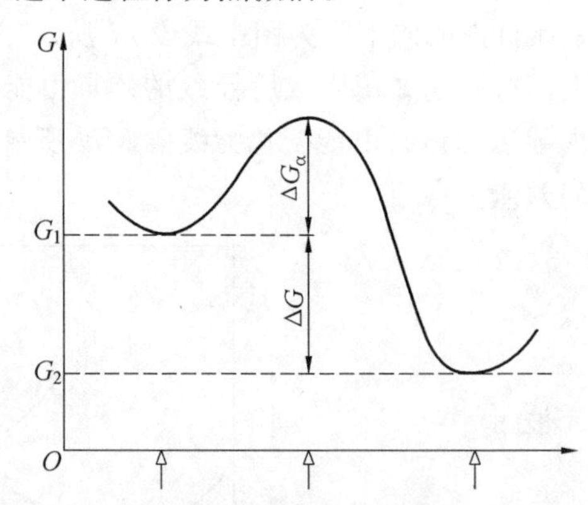

图 7.3　相变过程中原子从亚稳态到达稳态的自由能变化示意图

根据动力学理论，原子达到激活态的概率为

$$f=\exp\left(-\frac{\Delta G_\alpha}{kT}\right) \tag{7.5}$$

式中，k 为玻耳兹曼常数（R/N_α），$k=1.38\times10^{-23}\,\mathrm{J\cdot K^{-1}}$；$\Delta G_\alpha$ 为激活能。

则相变发生的速率正比于原子达到热激活的频率。令 $\Delta G_\alpha=\Delta H_\alpha-T\Delta S_\alpha$，则式(7.5)可以改写为

$$f=\exp\left(\frac{\Delta S_{\alpha}}{R}\right)\exp\left(-\frac{\Delta H_{\alpha}}{RT}\right)$$

很明显，激活能越大，相变势垒越高。固态相变中的大多数相变原子的激活是受温度控制的，温度越高，原子之间的束缚越小，激活能也就越低，所以温度较高时原子的扩散也就更加容易。在更多情况下，扩散型相变中原子扩散势垒可通过原子的自扩散系数 D 来表示，自扩散系数随着温度的下降而成指数关系下降，如

$$D=D_0\exp\left(-\frac{Q}{RT}\right) \tag{7.6}$$

式中，D_0为和原子振动频率相关的系数（频率因子）；R 为气体常数；T 为绝对温度；Q 为扩散激活能。

7.2　均匀形核

7.2.1　固液转变中的均匀形核

在形核一长大类型相变中，先形成的新相核心称为形核。在母相的整个体积内各点形成新相核心的概率是相等的，称为均匀形核。

固体中的均匀形核理论是在液一固转变的基础上得来的，因此首先考虑液相中形成固相的情况。对于某种纯金属，在熔点 T_0以下 ΔT 温度一个给定体积的液体，在其中形成一个半径为 r 的固态球体，则整个体系的自由能将变化为

$$\Delta G=-V\Delta G_V+A\cdot\gamma \tag{7.7}$$

式中，V 为所形成固相球体的体积；A 为固、液两相之间的界面面积；γ 为固、液两相之间的单位面积界面自由能；ΔG_V为两相之间的单位体积自由能差，可以由(6.25)得出

$$\Delta G_V=\frac{\Delta H_{\mathrm{m}}\cdot\Delta T}{T_0} \tag{7.8}$$

式中，ΔH_{m}为单位体积的相变潜热。此时假设 γ 是各向同性的，则式(7.7)可以变为

$$\Delta G=-\frac{4}{3}\pi r^3\Delta G_V+4\pi r^2\cdot\gamma \tag{7.9}$$

形成固相球体半径对自由能变化的影响如图 7.3 所示。从式(7.9)可以看出，与界面能相关的项随着 r^2 而增加，而体积自由能的下降则正比于 r^3。因此在固体半径较小时，体积自由能的下降不能抵消界面能的增加，亚稳态的液相能够在低于 T_0温度时长时间保持。由图 7.4 可见，对于给定的过冷度，存在一个确定的临界半径 r^*，其与体系自由能的变化相关。对式(7.9)进行微分，可以得到

$$\frac{\partial(\Delta G)}{\partial r}=8\pi r\gamma-\frac{12}{3}\pi r^2(\Delta G_V-\Delta G_S)=0 \tag{7.10}$$

则有

$$r^*=\frac{2\gamma}{\Delta G_V} \tag{7.11}$$

$$\Delta G^*=\frac{16\pi\gamma^3}{3\Delta G_V^2} \tag{7.12}$$

式中，r^* 称为临界晶核尺寸；ΔG^* 为临界形核功或临界形核势垒。

当 $r < r^*$ 时，固相的长大使得 ΔG 增加，系统的自由能升高；而当 $r > r^*$ 时，固相的长大使得 ΔG 减小，则会降低系统的自由能。$r < r^*$ 的固态核心是不稳定的，只能溶解直至消失，称为团簇或者晶胚；$r > r^*$ 的固态核心可以稳定存在，称为晶核；当 $r = r^*$ 时，固相的溶解和长大都会使系统的自由能下降，称为临界晶核。

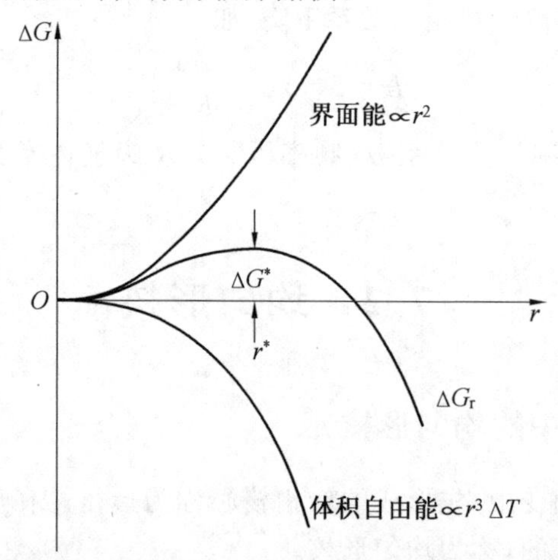

图 7.4　固液相变过程中半径为 r 的固相球对自由能变化的影响

将式(7.8)分别代入式(7.11)和式(7.12)，可得到临界形核半径和临界形核功与过冷度之间的关系式：

$$r^* = \frac{2\gamma T_0}{\Delta H} \cdot \frac{1}{\Delta T} \tag{7.13}$$

$$\Delta G^* = \frac{16\pi\gamma^3}{3\Delta H^2} \cdot \frac{1}{(\Delta T)^2} \tag{7.14}$$

从式(7.14)可以看出，临界形核半径与过冷度成反比，即过冷度越大，临界形核半径 r^* 越小，临界形核功也越小，如图 7.5 所示。在液相中每个时刻，都有许多小的密排团簇存在，这些团簇的晶体排列在这一瞬间与固相相同，如图 7.6 所示。这些团簇的尺寸越大，其出现的概率也越低。例如，熔点温度下约 1 mm^3 的铜中(含有约 10^{20} 个原子)，平均半径为 0.3 nm的团簇(约 10 个原子)大约 10^{14} 个，而平均半径为 0.6 nm 的团簇(约 60 个原子)大约只有 10 个。当然，如果团簇如此小时，不能认为这么小的团簇是球形的。过冷液体中存在的最大团簇尺寸的存在和形成取决于其通过热起伏是否能够获得大于或者等于临界形核功的能量，如图 7.7 所示。其中，ΔT_N 为形核所必需的最小过冷度，也称为临界过冷度。在过冷度较小时，r^* 太大，因此靠热起伏在液相中形成的团簇完全没有机会形成稳定的晶核。但随着温度的下降，过冷度增加，r^* 减小，一些团簇就会有机会达到 r^*，并成长为稳定的固相核心。Turnbull 等人通过小液滴实验证明，对于大多数金属来说，仅当过冷度超过某一临界值时，才能发生均匀形核。临界过冷度的大小通常约为熔点的 0.2 倍，即 0.2T_0(约 200 K)。表 7.1 所示为几种纯金属中发生均匀形核所需的临界过冷度。

用能量的方法也可得到类似的结果，一个临界晶核的产生可以认为是一个热激活的过程，即若形成稳定的晶核必须越过形核势垒 ΔG^*，而获得这一能量的概率与激活能和温度有关，所以必须当 ΔG^* 低于某一临界数值时，形核才有可能，这个数值为 60～80 kT。一般来说，临界形核功约占界面能的 1/3，说明形成临界晶核是所降低的体积吉布斯自由能仅能补偿 2/3 的表面能，其他所需要的能量依靠系统的能量起伏来提供。

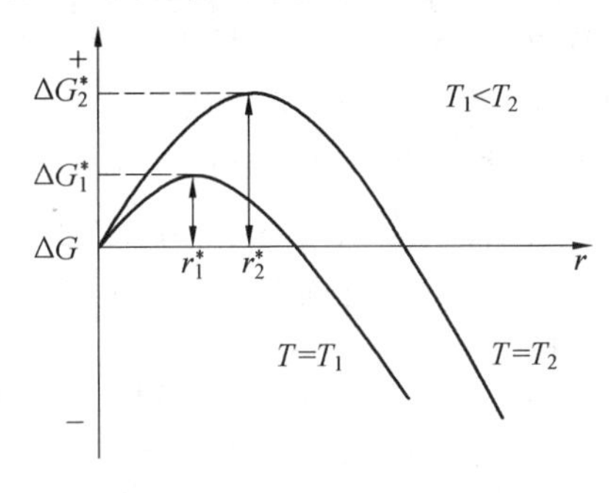

图 7.5　过冷度对临界形核半径和临界形核功的影响

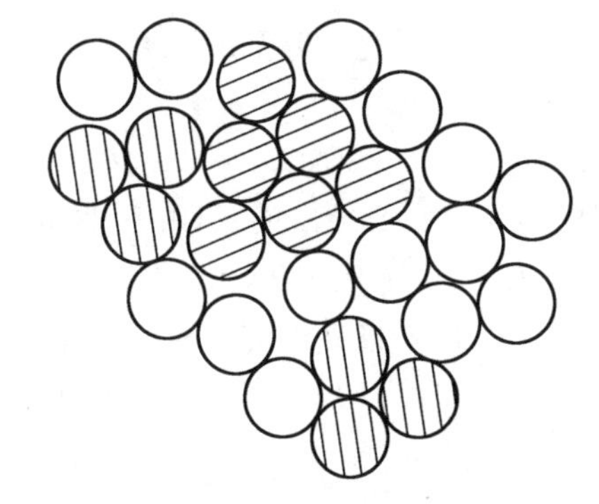

图 7.6　液体结构瞬间状态的二维示意图
（阴影部分为密排的类似晶体团簇）

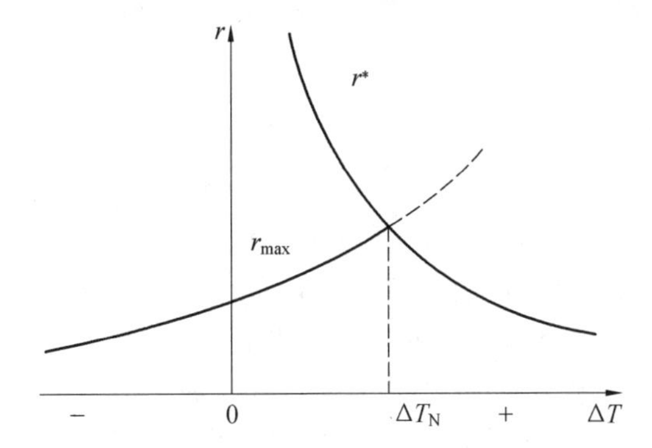

图 7.7　过冷度对临界形核半径及最大团簇尺寸的影响

表 7.1　几种纯金属中发生均匀形核所需的临界过冷度

金属	金	银	铜	铁	镍	锑	锗	钯
过冷度/℃	230	227	236	295	319	135	227	332

7.2.2　固态中的均匀形核

对于固态相变的均匀形核，可以参考前述的凝固过程。如图 7.6 所示，A，B 两组元构成的合金体系，在富 A 的过饱和 α 固溶体中脱溶析出富 B 的 β 相。为使 β 相形核，α 相基体中的 B 原子首先必须扩散到一起，形成一个具有 β 成分的小核心或者团簇。然后，这些原子随后还必须重新排列成 β 相的晶体结构。如液固相变一样，在这一过程中必然产生了 α/β 界面，这会导致界面能的增加。然而固态相变中除了表面能以外，还要考虑两相比容差导致的弹性应变能的增加。因此，与这一形核过程有关的自由能变化将包括下面三部分：

①在 β 相稳定的温度下，体积为 V 的 α 相的产生将引起一个体积自由能的减小 $V\Delta G_V$。

②如果假定 α/β 界面能为各向同性，面积为 A 的界面会产生一个自由能增加 $A\gamma$。

③一般来说，转变后的体积和母体原来占据的空间不会完全一致，这导致每单位体积 β 相产生弹性应变能 ΔG_S。

其中两相之间的化学自由能差为相变的驱动力，界面能和弹性应变能为相变的阻力。因此系统中总的自由能变化为

$$\Delta G = -V\Delta G_V + A\cdot\gamma + V\Delta G_S = -V(\Delta G_V - \Delta G_S) + A\cdot\gamma \tag{7.15}$$

明显可见，上式与液相中形成固相所导出的式(7.7)非常相似。在液固相变过程中，其界面能 γ 可以近似看为各向同性。但对于固相中的相变，不同类型的界面所形成的界面能也是不同的，γ 会在大范围内变化，由共格界面的低数值到非共格界面的高数值。如果忽略 γ 随界面取向的变化，并假定晶核是球形的，曲率半径为 r，则式(7.15)变为

$$\Delta G = -\frac{4}{3}\pi r^3(\Delta G_V - \Delta G_S) + 4\pi r^2\gamma \tag{7.16}$$

吉布斯自由能的变化 ΔG 作为 r 的函数，如图 7.8 所示。应变能把相变的有效驱动力减小。实际上对于任何形状的核都可以得到以晶核尺寸为变量的类似曲线。对式(7.16)进行微分得到

$$r^* = \frac{2\gamma}{\Delta G_V - \Delta G_S} \tag{7.17}$$

$$\Delta G^* = -\frac{16\pi\gamma^3}{3(\Delta G_V - \Delta G_S)^2} \tag{7.18}$$

这与凝固过程的表达式非常相似，只是这里存在着一个正值的应变能项，使化学驱动力减小。与固液相变类似，半径 $r=r^*$ 的核心处于临界点，无论半径变大或者变小都会使 ΔG 下降，但从直观上看，仅有 $r>r^*$ 的晶核才能继续长大。晶核的出现、长大和消失都是由热运动的涨落所引起的。对于 $r<r^*$ 的小晶核，其长大的概率小于消失的概率，而对于 $r>r^*$ 的晶核则恰恰相反，其继续长大的趋势大于溶解消失的趋势。因此热涨落必须提供足以克服 ΔG^* 的能量，才能稳定成核。

如果假设形成的新相由 n 个原子构成，每个原子的平均体积为 $\overline{V}$，则可以求出临界晶核中所包含的原子数为

$$n^* = -\frac{32\pi}{3\overline{V}}\cdot\left(\frac{\gamma}{\Delta G_V - \Delta G_S}\right)^3 \tag{7.19}$$

平衡条件下，根据玻耳兹曼统计，母相中临界核心的密度为

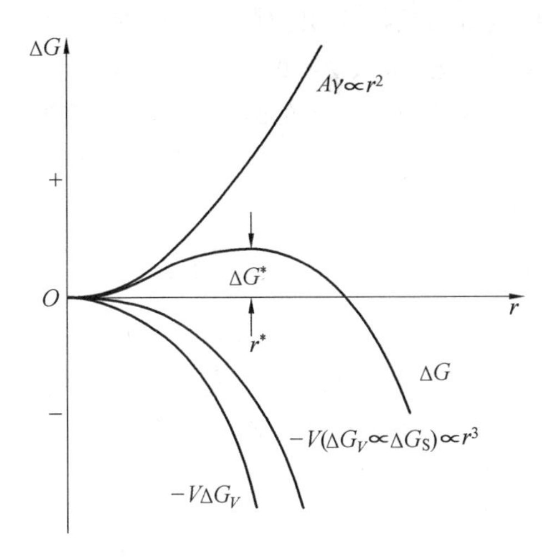

图 7.8　均匀形核时体积自由能、表面能和弹性能随 r 的变化

$$C^* = C_0 \exp\left(-\frac{\Delta G^*}{kT}\right) \tag{7.20}$$

式中，C_0 为母相终了可提供成核位置的密度，对于均匀形核过程，各个质点处形核概率相同，它即为母相单位体积中原子或者分子的数目；k 为玻耳兹曼常数；T 为绝对温度。这样的核心只要再增加一个原子，就会转化为稳定的晶核。但临界核心的平衡密度 n^* 并不是系统中可以长大核心的密度。首先，临界晶核与母相处于一种动态平衡，其长大或者溶解的概率是相同的。因此引入反映临界晶核附近母相中原子进入晶核多少和快慢的频率因子 f，则均匀形核率可以写为

$$N_{\mathrm{hom}} = fC^* = fC_0 \exp\left(-\frac{\Delta G^*}{kT}\right) \tag{7.21}$$

式中，f 为与原子振动频率、扩散激活能和临界晶核表面积有关的一个复杂函数，可以写为

$$f = n_\alpha \nu_0 \exp\left(-\frac{\Delta G_{\mathrm{m}}}{kT}\right) \tag{7.22}$$

式中，n_α 为母相中与临界核心相邻的原子数；ν_0 为这些原子的振动频率；ΔG_{m} 为这些原子进入晶核所需要跨越的势垒高度，数值在 kT 的量级。

其次，系统中核心的形成和长大也是一个动态的过程。一方面，一批批的临界核心长大而离开临界核心的队伍；另一方面，一些新的临界核心也通过热涨落不停地进行补充。这个过程将在形核开始后一段时间内达到动态平衡，即稳定态。此时，系统中临界晶核的密度应低于平衡态下的密度。J. B. Zeldovich（塞尔多维奇）从理论上分析了稳定态时临界核心密度与平衡态时临界核心密度的关系，引入塞尔多维奇因子 Z 进行表征，则均匀形核率可以写为

$$N_{\mathrm{hom}} = fZC^* = Zn_\alpha \nu_0 C_0 \exp\left(-\frac{\Delta G_{\mathrm{m}}}{kT}\right)\exp\left(-\frac{\Delta G^*}{kT}\right) \tag{7.23}$$

其中塞尔多维奇因子可以近似表达为

$$Z = \frac{-1}{2\pi kT}\left(\frac{\partial^2 \Delta G(n)}{\partial n^2}\bigg|_{n=n^*}\right)^{\frac{1}{2}} \tag{7.24}$$

式中,$\Delta G(n)$为n个原子形成球形核心所引起的总自由能变化;n^*为临界核心所包含的原子数。一般情况下,Z的变化不大,常取$Z\approx0.05$。

在非匀相转变过程中,在相变条件具备的瞬间并不能立即形核。实验证明,形核需要一定的孕育时间,这反映了最初一批核心的形成所需的时间受到扩散的控制。系统中t时刻的稳定形核速率可以表达为

$$N_{\text{hom}}=ZfC^*\exp(-\frac{\tau}{t})=Zn_a\nu_0C_0\exp(-\frac{\Delta G_{\text{m}}}{kT})\exp(-\frac{\Delta G^*}{kT})\exp(-\frac{\tau}{t}) \quad (7.25)$$

还应当说明的是,在有限的相变体系中,稳定的成核过程不可能无限地继续下去。随着相变的进行,母相的数量逐渐减少,或者母相中的过饱和度下降,这些都会导致相变驱动力的下降或者形核势垒的升高,从而使形核过程趋于停顿。在非匀相转变过程中,新相粒子数随着时间的变化如图7.9所示。

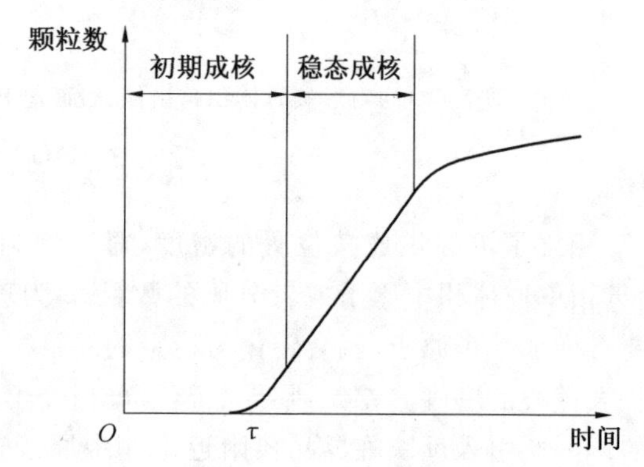

图7.9　非均匀形核时新相颗粒数与时间的关系示意图

从式(7.25)也可看出,过冷度或者过热度对均匀形核率的影响。以冷却过程中发生的相变为例,随着过冷度增大,温度下降,形核功ΔG^*降低,导致临界形核核心的数目增加,均匀形核率上升,如图7.10(a)所示。但温度下降的同时将导致原子的振动频率降低,原子的活动能力下降,因此会使原子难于到达新相,均匀形核率下降,如图7.10(b)所示。综合这两方面的影响,均匀形核率随着过冷度的变化呈现不同的趋势,当过冷度较小时,随着过冷度的增加,均匀形核率随之下降,此时形核功的降低占据主导地位。对于固态相变,均匀形核率对过冷度极为敏感,而对于其他参量变化并不十分显著,将式(7.23)中各个参量的数值代入,近似可以得到

$$N_{\text{hom}}=10^{30}\cdot\exp(-\frac{\Delta G^*}{kT}) \quad (7.26)$$

J. W. Christian做了一个估计,在某一系统中,过冷度为50 ℃时,形核功ΔG^*约为70 kT,则此时均匀形核率为1个/(cm^3 · s);当过冷度增大到55 ℃时,形核功下降为55 kT,则此时均匀形核率为10^6个/(cm^3 · s)。这种形核率随着过冷度快速变化的现象是所有形核过程的特征。然而当过冷度超过某一临界值时,原子的扩散过程受到限制且占据主导地位,此后随着过冷度的升高,均匀形核率则不断下降。图7.10(c)给出了这两者综合作用对均匀形核率的影响。

7.2.3　均匀形核理论的局限性

只在少数的系统中能够观察到均匀形核。例如在Cu—Co合金体系中,含有质量分数为1%～3%Co的Cu合金,即Co在Cu中的稀薄固溶体,经过固溶处理并淬火到Co发生

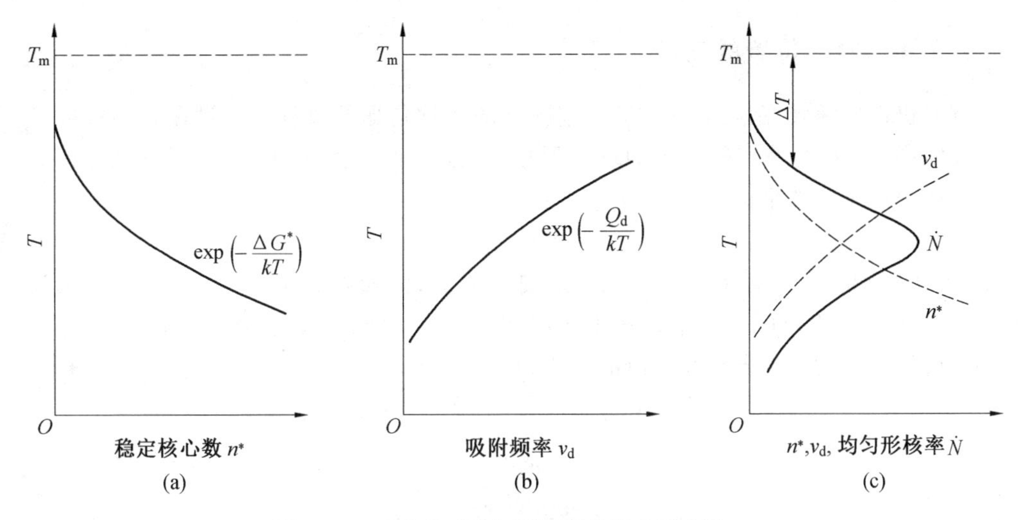

图 7.10　过冷度对均匀形核率的影响示意图

脱溶的温度。Cu 和 Co 两者都是 fcc 结构，点阵常数只相差 2%。因此，形成共格 Co 颗粒造成的共格畸变很小，界面能约为 200 mJ · m^{-2}，能够测到均匀形核的临界过冷度约为40 ℃。

如前所述，均匀形核时所需的临界过冷度通常较大。在实际过程中，大部分非匀相转变中形核所需过冷度均小于均匀形核理论所预测的过冷度。这表明均匀形核过程不是在系统中均匀地发生，而是在某些地方优先进行。大量的实验研究表明，形核通常在一些界面或者缺陷处发生，以降低形核势垒，对此将在 7.3 节中详细讨论。

目前均匀形核用于定量解释一些实验现象仍然存在一些困难，主要包括：

①界面能难于测量和计算。晶核中仅含有几十或者几百个原子，用块体材料界面能的数据表征纳米尺度下的颗粒表面界面能误差很大，且对于其各向异性的计算也不十分准确。

②关于弹性应变能的计算比较困难。

③均匀形核是一个动态过程，其驱动力和相变阻力等一直都在变化。

④目前关于形核方面的实验数据精确度也不够，这些为理论分析带来了一定的困难。

虽然很少在实验中观察到，但其作为形核理论的基础，可以定性或者半定量地揭示有关形核的各种现象，把一些可以测量和计算的宏观物理量与微观的形核过程结合在一起，为形核过程的人为控制奠定了基础。

7.3　非均匀形核

在实际过程中，很难实现均匀形核。对于固液转变来讲，液相需要和容器接触、液相中存在杂质等，都使得固相晶核可以在容器壁或者杂质表面处优先形成。同样对于固态相变而言，除了一些杂质表面、晶界或者多相体系中的相界面等，还存在一些位错、层错等晶体缺陷，相变所需的形核往往在这些特殊的地方容易发生。这时形核过程并不是均匀地分布于整个系统，因此称为非均匀形核。

7.3.1 形核位置的影响

首先仍以固液转变为例,考虑简单情况下的非均匀形核过程。假设在容器壁或者夹杂物的表面形成一个曲率半径为 r 的球冠形核心,固相和液相之间浸润角为 θ,如图 7.11 所示。根据表面张力的平衡,有如下关系式:

$$\gamma_{IL}=\gamma_{SI}+\gamma_{SL}\cos\theta \tag{7.27}$$

式中,γ 为界面能;下角标 I,S,L 分别表示自由表面、固相和液相;γ_{IL},γ_{SI} 和 γ_{SL} 分别为相应的自由表面－液相、固相－自由表面和固相－液相之间的单位面积表面能。则根据式(7.7),可得此时的系统吉布斯自由能变化为

$$\Delta G=-V\Delta G_V+A_{SL}\cdot\gamma_{SL}+A_{SI}(\gamma_{SI}-\gamma_{IL}) \tag{7.28}$$

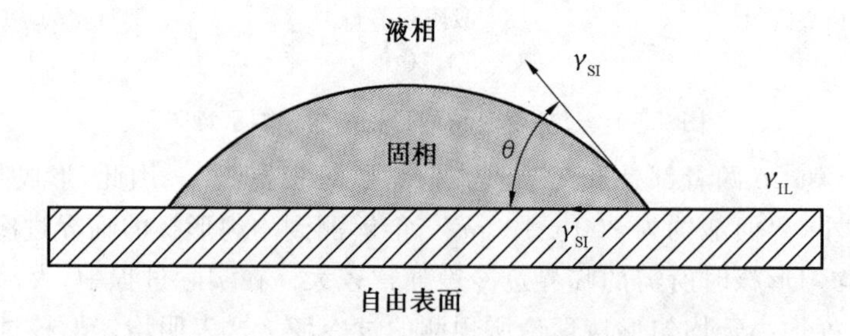

图 7.11　球冠状固相在自由表面处形核

球冠形核心与液相和自由表面分别相交的表面积、体积可由几何知识求出:

$$\begin{aligned}V&=\frac{\pi r^3}{3}(2-3\cos\theta+\cos^3\theta)\\A_{SL}&=2\pi r^2(1-\cos\theta)\\A_{SI}&=\pi r^2\sin^2\theta\end{aligned} \tag{7.29}$$

将式(7.27)和式(7.29)代入式(7.28),可得到此时非均匀形核时体系自由能的变化为

$$\Delta G_{het}=\left(-\frac{4}{3}\pi r^3\Delta G_V+4\pi r^2\gamma\right)\left(\frac{2-3\cos\theta+\cos^3\theta}{4}\right)=\Delta G_{hom}\cdot f(\theta) \tag{7.30}$$

式中,$f(\theta)$ 为浸润角的函数;ΔG_{hom} 为均匀形核形成半径为 r 的球形核心时系统的自由能变化。

对式(7.30)微分,求极值可得在自由表面发生固液相变,形成一个曲率半径为 r 的球冠核心时的临界形核半径 r^*_{het} 和临界形核功 ΔG^*_{het}:

$$r^*_{het}=\frac{2\gamma_{SL}}{\Delta G_V}=r^*_{hom} \tag{7.31}$$

$$\Delta G^*_{het}=\frac{16\pi\gamma^3_{SL}}{3\Delta G^2_V}\cdot f(\theta)=\Delta G^*_{hom}\cdot f(\theta) \tag{7.32}$$

式中,r^*_{hom} 和 ΔG^*_{hom} 分别为均匀形核时形成半径为 r 的球形核心的临界形核半径和临界形核功。

可见,非均匀形核的临界形核半径与均匀形核的临界形核半径相同,而非均匀形核的形核功则与浸润角密切相关。如果浸润角 θ 为 0°,则表示完全润湿,此时形核功为 0;如果浸润角为 180°,则表示完全不润湿,形核功与均匀形核的形核功完全相同,此时就不会发生非

均匀形核了。大多数情况下浸润角 θ 的取值都在 0～180°,因此非均匀形核的形核功都小于均匀形核的形核功,如图 7.12 所示。

同样的规律也适用于固态相变,差别仅在于需要考虑固态相变过程中的弹性应变能,以及用固相之间的界面能代替固液两相之间的界面能。在固态相变中较为常见的是母相在晶界上形核,如图 7.13 所示,β 相在两个 α 相晶粒间的界面处形核。为简化计算,完全忽略界面能和弹性应变能的各向异性,获得最低界面能的晶核形状为两个相互连接的球冠,球冠的曲率半径为 r,半夹角为 θ,则此时存在

$$2\gamma_{\alpha\beta}\cos\theta=\gamma_{\alpha\alpha} \tag{7.33}$$

式中,$\gamma_{\alpha\beta}$ 和 $\gamma_{\alpha\alpha}$ 分别表示 α 相和 β 相之间、α 相和 α 相之间的单位面积界面能。

利用式(7.7)和式(7.16),可以得到此时的临界形核半径与均匀形核时的临界形核半径依旧形同,但临界形核功发生变化,表示为

$$\Delta G_{\text{het}}^{*}=\frac{16\pi\gamma_{\text{SL}}^{3}}{3\Delta G_{V}^{2}}\cdot s(\theta)=\Delta G_{\text{hom}}^{*}\cdot s(\theta) \tag{7.34}$$

$$s(\theta)=\frac{1}{2}(2+\cos\theta)(1-\cos\theta)^{2} \tag{7.35}$$

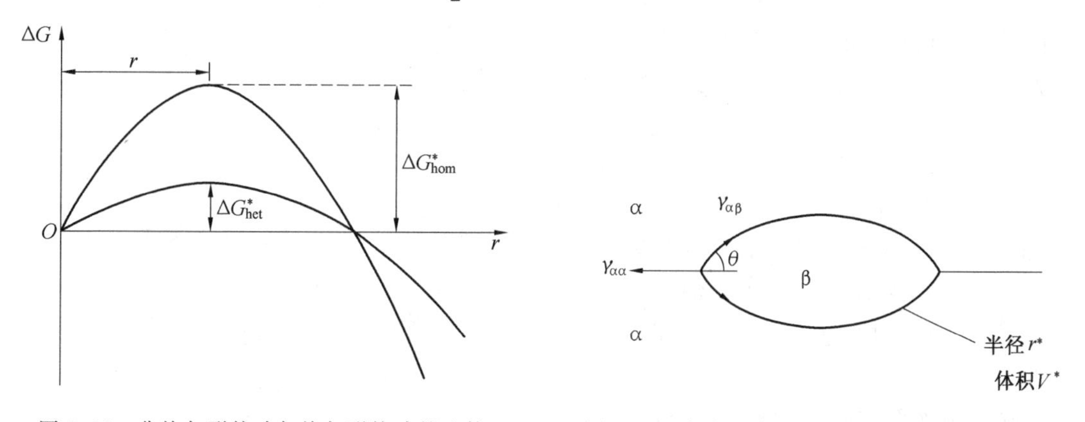

图 7.12　非均匀形核功与均匀形核功的比较　　图 7.13　新相 β 在两个 α 相晶粒间的界面处形核

容易看出,当 $\gamma_{\alpha\alpha}\gg\gamma_{\alpha\beta}$,$\cos\theta$ 趋近于 0,临界形核功为 0,此时两相间浸润角为 0,即一个可完全润湿的界面可以使形核势垒完全消失,新相的成核过程将沿着母相的晶界浸润式扩展。如果在合金中,新相为脆性相,则会使材料的冲击韧性大幅下降;如果新相为液相,则在高温结构材料中会造成更为严重的后果。

此外,在晶界棱边(三晶粒交接,如图 7.14 所示)或者角隅处(四晶粒交界,如图 7.15 所示)形核可进一步降低形核功。相关理论计算结果表明,具有较低几何维数的形核位置的形核势垒较低,依次为晶界、晶界棱边和晶界角隅,如图 7.16 所示。在实际材料中,由于晶粒度的不同,其中的均匀形核位置、界面形核位置、晶界棱边位置和晶界角隅位置依次递减。这两种趋势相互竞争,如图 7.17 所示,图中 L 为晶粒尺寸,δ 为晶界有效厚度,ΔG_{k} 为形核势垒,横坐标为母相晶界能与母相/新相间界面能之比。由此可见,大的晶粒尺寸、小的形核势垒或者小的母相晶界能对均匀形核过程有利;反之,则有利于在界面、晶界棱边或者角隅位置上形核。

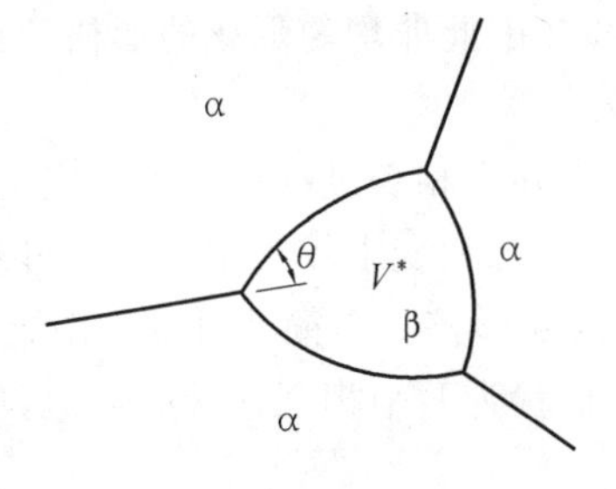

图 7.14　晶界棱边示意图

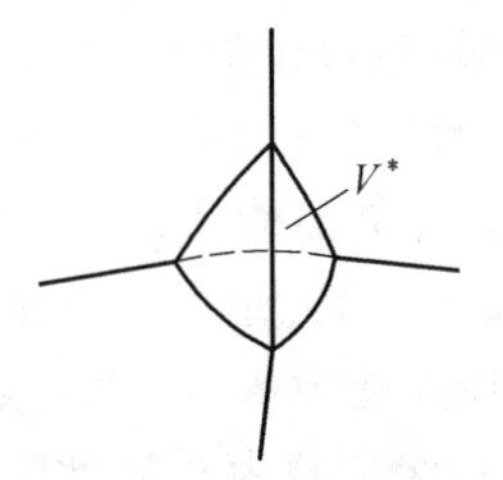

图 7.15　晶界角隅示意图

此外，由于固态相变时的新相与母相之间的界面能是各向异性的，因此新相晶核倾向于逐步长成与其匹配较好的具有低界面能的晶粒，形成共格或者半共格界面，保持一个大面积平面；而在具有高界面能的晶粒内，则形成非共格界面，同时表面也倾向于球状，以降低整体的界面能。此时新相的形状与图 7.13 所示不同，并不是对称地夹在两个晶粒之间，而是偏向于与其匹配较好的晶粒一侧，如图 7.18 所示。

而且从结构上来讲，晶界，特别是大角晶界处，结构疏松紊乱，易于松弛相变过程中产生的应变能，且原子在此处容易扩散，导致溶质也容易富集，因此在晶界处析出新相较为容易。例如，夹杂/基体界面、堆垛层错和自由表面等其他面缺陷，能够以类似于晶界的方式降低临界形核功。但是，堆垛层错是弱得多的潜在形核位置，因为它的能量比大角度界面的能量低得多。

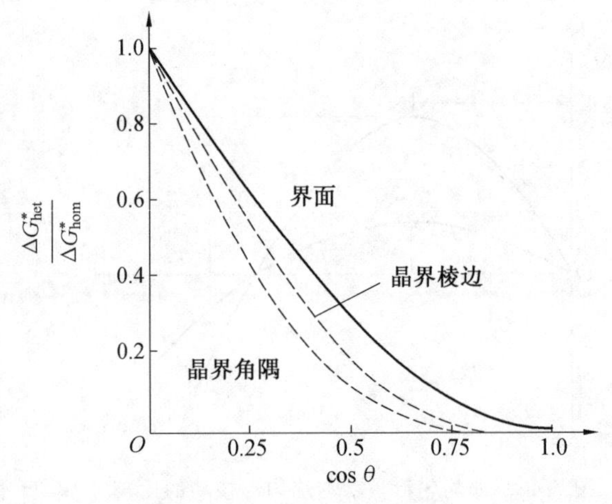

图 7.16　晶界、棱边和角隅处形核势垒与均匀形核势垒的比值与 $\cos\theta$ 之间的关系

除了相界面、晶界等位置，在晶体中的各种缺陷处也是形核的主要位置。在实际晶体中，存在着大量的位错和点缺陷，它们对于形核过程都有一定的贡献。首先考虑位错处的形核情况，位错对形核的促进主要体现在以下 3 个方面：

①位错周围存在点阵畸变，储存了大量的弹性应变能，在位错周围形核后，位错消失可释放这部分能量，降低整体的吉布斯自由能。

②对于形核过程中形成半共格界面情况，原有的位错可成为界面位错，补偿界面处的晶格错配，降低形核功。

③溶质原子与位错相互作用，常在位错线上偏聚，容易满足新相成分上的要求。这种偏聚能够把基体的成分改变到接近于新相的成分，且位错提供了一个较低扩散激活能的扩散渠道，这还能帮助大于临界尺寸的晶胚长大。

J. W. Cahn（卡恩）曾提出了新相在母相的位错处形核的模型。如图 7.19 所示，一个纺锤状的新相 β 晶核以母相 α 中的一根位错线为轴心形成，使得位错线的弹性应变能完全松

弛，选取一个小的半径为 r，厚度为 $\mathrm{d}l$ 的小单元，此时单位长度的晶核所导致的自由能变化为

$$\Delta G=-V(\Delta G_{\mathrm{V}}-\Delta G_{\mathrm{S}})+2\pi r\cdot\gamma-\Delta G_{\mathrm{d}} \tag{7.36}$$

式中，ΔG_{d} 为位错消失导致弹性能的变化，其他变量表示如前。

根据位错的弹性应力场性质可知，上式可进一步写为

$$\Delta G=-A\ln r+2\pi r\cdot\gamma+\pi r^2\Delta G_{\alpha\beta}+C \tag{7.37}$$

式中，系数 A 为与位错类型相关的系数，对于刃位错和螺位错分别为

$$A=\frac{\mu b^2}{4\pi(1-\nu)}\quad(\text{刃位错})$$
$$A=\frac{\mu b^2}{4\pi}\quad(\text{螺位错}) \tag{7.38}$$

式中，μ 为剪切模量；b 为柏氏矢量的绝对值；ν 为泊松比。对式(7.37)关于 r 求导并令其为 0，可得晶核的临界半径为

$$r^*=\frac{\gamma}{2\Delta G_{\alpha\beta}}\left[1-\sqrt{1-\alpha_{\mathrm{d}}}\right] \tag{7.39}$$

其中

$$\alpha_{\mathrm{d}}=\frac{2A\Delta G_{\alpha\beta}}{\pi\gamma^2} \tag{7.40}$$

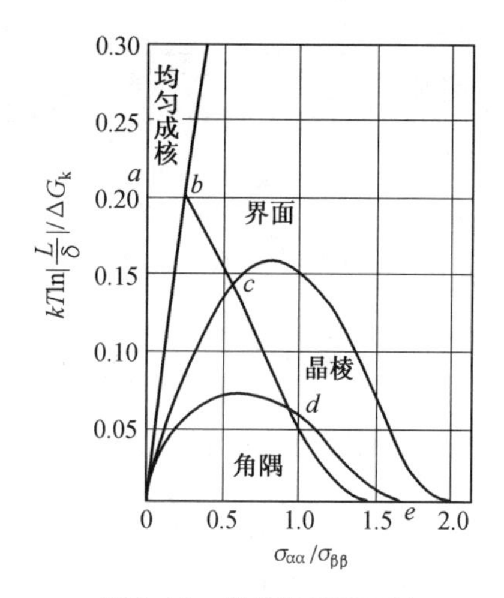

图 7.17　形核机制示意图

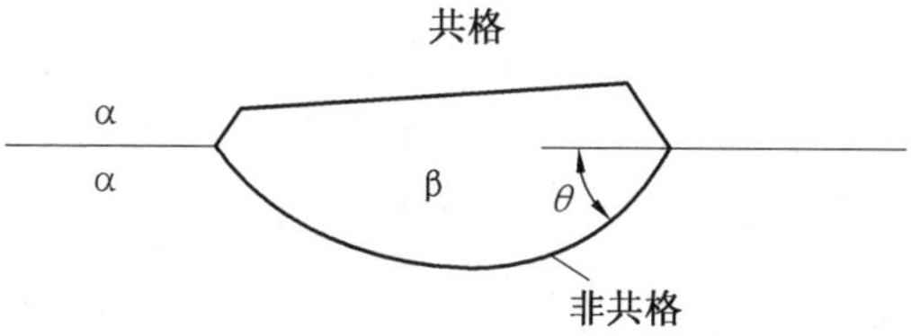

共格
α
α
β
θ
非共格

图 7.18　晶界形核时在某一晶粒内共格形成的新相平衡形状

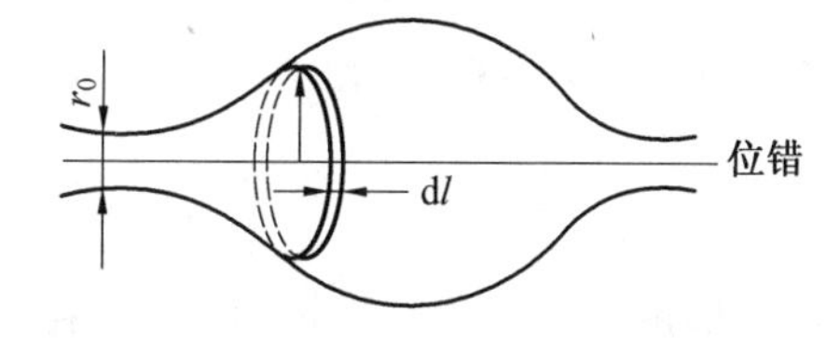

图 7.19　位错线上形核的新相形状示意图

在位错处形核自由能的变化与新相半径 r 之间的关系如图 7.20 所示。当 $\alpha_{\mathrm{d}}<1$ 时，位错所储存的弹性能释放和化学自由能的降低不足以抵消表面能和体积弹性能的增加，因此仍然存在形核势垒，但与均匀形核相比，形核功是减小的，实验表明，当 $\alpha_{\mathrm{d}}\geqslant 0.4\sim 0.7$ 时，在位错上的形核就已经比较明显了；当 $\alpha_{\mathrm{d}}>1$ 时，位错所储存的弹性能较多，与化学自由能的下降一起足以抵消表面能和比容差距导致的弹性能增加，形核势垒消失。位错处形核势垒与均匀形核势垒的比值与 α_{d} 之间的关系如图 7.21 所示。定量的估计表明，位错处形核的势垒与晶界处形核势垒大致处于相同的水平，而且由于位错在晶体中大量存在，即使是充分退火后的位错密度也达到约为 1 $\mu\mathrm{m}^{-2}$，因此位错对形核具有非常重要的影响。通过计算，得到位错处形核的形核率是均匀形核的形核率的 $10^{70}\sim 10^{80}$ 倍。

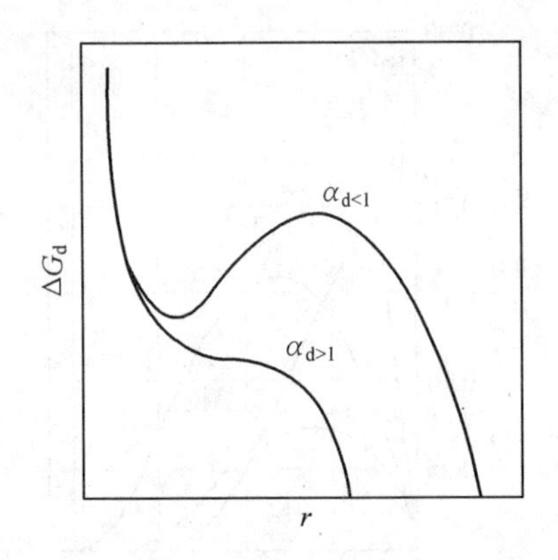

图 7.20 在位错处形核自由能的变化与新相半径 r 之间的关系

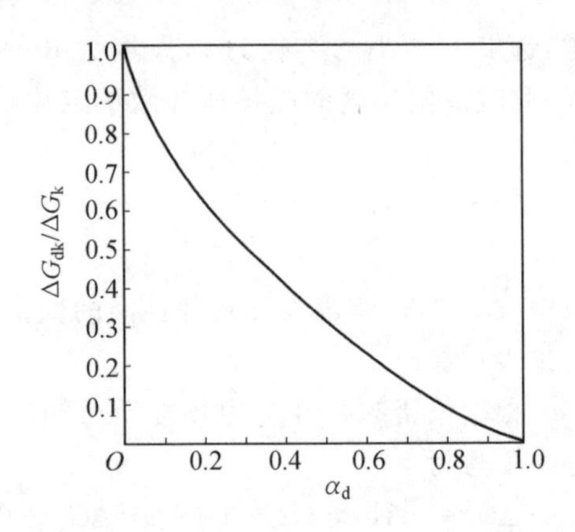

图 7.21 位错处形核势垒与均匀形核势垒的比值与 α_d 之间的关系

总体而言,位错处形核的一般规律如下:

①刃位错比螺位错更加有效。刃位错的 α_d 大,所储存的弹性能较螺位错的弹性能多,因此在刃位错处形核所释放的弹性能更多,形核势垒更低。实验发现,当过冷度较小时,仅在刃位错上成核,当过冷度超过某一临界值后,在螺位错上也可能形核。

②柏氏矢量大的位错更有效。α_d 正比于 b^2,柏氏矢量大,形核势垒低,易于形核。

③在位错结、位错割阶处更容易形核。这些位置局部的柏氏矢量大,晶格畸变严重,所储存的弹性能更多,更易于形核。

④单独位错较晶界处位错更容易形核。晶界处位错的应变场被晶界松弛掉一部分,因此单独位错处更容易形核。

⑤在小角晶界或者亚晶界上选择成核。

⑥位错分解为层错有利于共格 hcp 形核。如 fcc 晶体中全位错 $\frac{a}{2}\langle 110\rangle$ 分解后在 $(\bar{1}11)$ 面形成层错,这种层错实质上是在 fcc 晶体的局部形成了具有 hcp 结构的几个原子层。如此自然有利于 hcp 形核,如 Al—Ag 合金中的 γ' 相。

堆垛层错也可以提供优先形核的位置。例如,从 fcc 母相中析出 hcp 新相,层错则为形核准备了结构条件,只需成分涨落来形核。而且,如果层错中有铃木气团(溶质原子的富聚),层错也可能为形核准备了成分条件,所以层错是潜在的形核有利位置。层错是由扩展位错形成的,在层错处形核往往与在位错处形核有相似之处,如在扩展位错网中的位错结上形核。

当材料经过高温淬火或者辐照等处理时,过饱和空位将被保留下来。由于这些空位能提高扩散速率或者消除错配应变能,因此它们能够帮助形核。单个空位或者集聚成小的空位团都能影响形核过程。

因为空位所造成的晶格畸变相当小,其周围所储存的弹性应变能也小,只有满足下述条件的合理组合,形核才能够发生:即低的界面能(完全共格晶核)、小的体积应变能和高的驱动力。这与均匀形核必须满足的条件基本上一致,因为单个的空位或小的空位团都不能借助于普通的电子显微镜分辨，所以空位作为非均匀形核位置的证据是间接的。

如果将各种形核位置的形核势垒由高到低，即形核从难到易的顺序排列，其次序大体如下：均匀形核位置＞空位＞位错（其中刃位错更加容易）＞堆垛层错＞晶界（晶面、晶界棱边、晶界角隅依次变得容易）＞相界（与界面能和相界成分关系较大）＞自由表面。

形核应当总是最快地发生在上述最容易的形核位置。但是，这些位置在决定合金转变整体速率方面的相对重要性还取决于这些位置的相对浓度。对于均匀形核来说，每个原子都是潜在的形核位置，但对于晶界形核，只有晶界处的原子才能参与晶界促发的形核过程。

7.3.2　非均匀形核率

均匀形核率的公式(7.25)原则上也适用于非均匀形核率的表达，只不过需要将其中的 C_0 替换为非均匀形核位置的密度 C_1，将其中均匀形核的势垒替换为非均匀形核的势垒。则其改写为

$$\begin{aligned} N_{\text{het}} &= ZfC^{*}\exp\left(-\frac{\tau}{t}\right) \\ &= Zn_{\alpha}\nu_0 C_1 \exp\left(-\frac{\Delta G_{\text{m}}}{kT}\right) \exp\left(-\frac{\Delta G^{*}}{kT}\right)\exp\left(-\frac{\tau}{t}\right) \end{aligned} \tag{7.41}$$

在形核过程中，由于非均匀形核的势垒低，因此所需的过冷度也较低。非均匀形核与均匀形核的形核率与过冷度之间的关系如图 7.22 所示。一般来说，驱动力决定了能够给出最高形核速率位置的类型。当驱动力较小时，形核的势垒高，此时倾向于在晶粒的角隅处形核，此处的形核速率最高。当驱动力增加，此时更多的非均匀形核位置都可获得足够的驱动力来跨越形核势垒，因此晶界棱边、晶界等处也形核。当驱动力非常大的时候，甚至空位或者均匀形核位置也有可能取得支配地位，具有最高的形核速率。

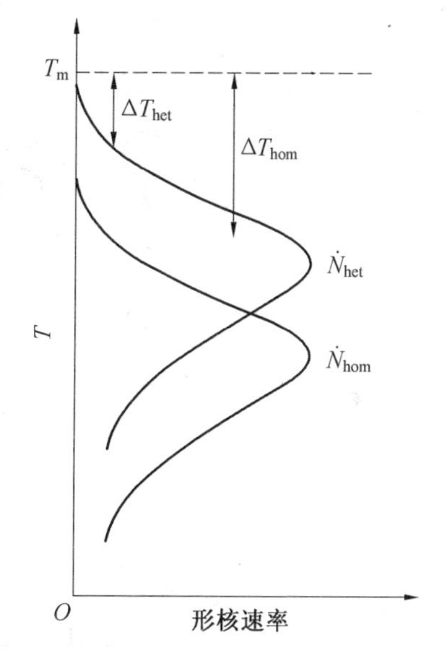

图 7.22　非均匀形核与均匀形核的形核率与过冷度之间的关系

7.4　新相的形状

在上文的讨论中，主要假设母相是各向同性的，忽略了不同晶面和晶向上表面能和弹性能的变化。它们对新相的形状有重要的影响，在本节中将详细进行讨论。

7.4.1　界面能的影响

在固态相变中，两相共存是最简单和最常见的情况，如在过饱和的 α 相中析出 β 相。本节中以在 α 相单晶体中存在一种 β 相析出物为例，且为了讨论方便，暂时假定无论 α 相还是

β相都是不存在应变的，即先忽略新相和母相比容差所造成的弹性能的影响。很明显，为降低形核功，新相和母相之间所形成的表面应为表面能最小的表面。

1. 表面能的断键模型

对于晶体的表面能，可以采用断键模型进行分析和简单的估算。不同的晶面上所相邻的最近邻原子数不同，因此当相应的晶面作为表面或者界面存在时，界面处的原子因化学键的断开使得其能量升高。以 fcc 晶体为例，每个原子的最近邻原子数为 12 个，当{111}面作为表面时，表面处的原子将失去 3 个最近邻原子，也就是产生 3 个“断键”。如果每个键的能量为 ε，则每个“断键”使得每个原子的能量升高 ε/2，这就是表面能或者界面能的主要来源。通过这一模型可以看出，当晶面不同时，其表面的断键数也不同，因此其表面能也不尽相同。如图 7.23 所示，在 fcc 晶体中，表面能按照{111}{200}和{220}的顺序增加。当宏观表面表现出高指数晶面或者无理数晶面时，表面通常呈现台阶结构，以减少断键数的总量，降低表面能。图 7.24 所示为简单立方晶体中表面能的断键模型示意图。

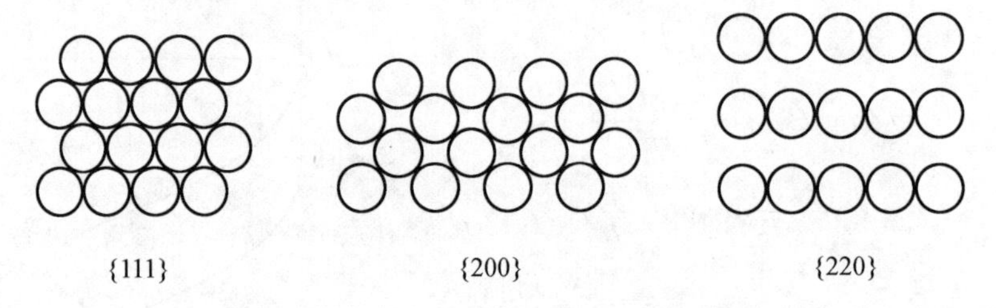

图 7.23　在 fcc 晶体中 3 个典型最密排面的原子排列

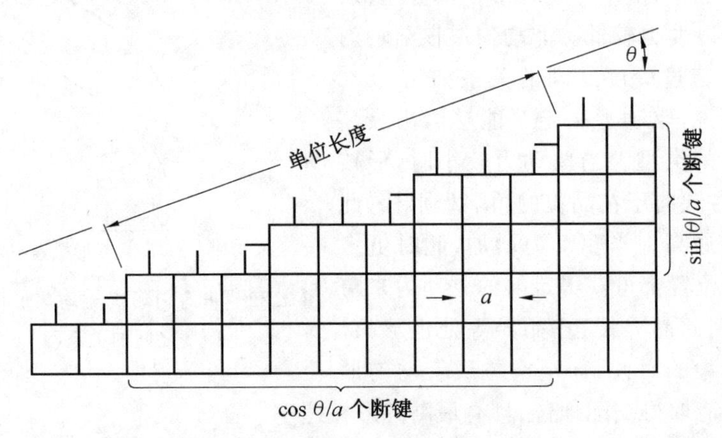

图 7.24　简单立方晶体中表面能的断键模型示意图

以密排面为基准，一个与其夹角为 θ 的晶面形成了由许多密排面构成的小台阶结构。从图 7.24 可以看出，由于在台阶上的原子增加了断键数，这样的一个晶面所含有的断键数要较密排面多，因此单位面积上有 $(\cos\theta/a)(1/a)$ 个断键来自于密排面，有 $(\sin|\theta|/a)(1/a)$ 个断键来自于台阶上的原子，其中 a 为晶格常数。如果按照每个断键所提供的能量为 ε/2，则与密排面相交 θ 的晶面的表面能为

$$E=(\cos\theta+\sin|\theta|)\frac{\varepsilon^2}{2a^2} \tag{7.42}$$

表面能 E 和 θ 之间的关系曲线如图7.25所示。从图7.25可见，密排面处于能量曲线最小值的点上，也称为脐点。同理，任意有理的密排面也会具有类似的结果。也就是说，所有的密排面都处于低能量的脐点上。即使考虑到表面能不仅仅由断键提供，但是表面能和 θ 之间的变换关系曲线上也会出现类似的脐点。但是由于熵的影响，脐点不一定十分明显，对于高指数面，脐点甚至可能消失。

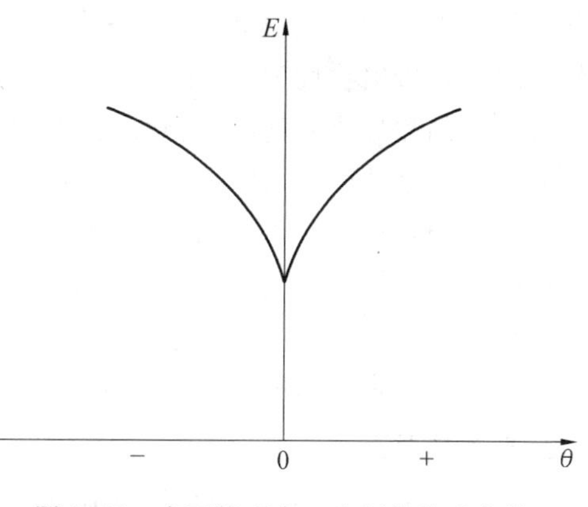

图7.25　表面能 E 与 θ 之间的关系曲线

若想形象地表达出三维空间中表面能随着取向的变化，最简单的是采用乌耳夫作图法，即在一个原点周围做出一个空间表面，使得任意晶面的自由能等于沿着该晶面的法线方向从原点到空间表面的距离，如图7.26所示，可以据此得到一个独立单晶体的平衡形状。

对于一个独立的单晶体，外表面各个面的面积分别为 $A_1, A_2, A_3, \cdots$，对应的表面能分别为 $\gamma_1, \gamma_2, \gamma_3, \cdots$，则总体的表面能应为

$$\gamma = A_1\gamma_1 + A_2\gamma_2 + A_3\gamma_3 + \cdots = \sum_i A_i\gamma_i \tag{7.43}$$

则平衡形状应使得总表面能最小。对于图7.26上任意一点，都可以做出通过这一点并垂直于半径矢量的一个平面，很明显，当图中含有脐点时，平衡形状为一个多面体，多面体中最大的平面具有最低的表面能。在这种情况下，各脐点（B、C 等）的多个平面包围的内部空间就是晶体的平衡形状。显然，当表面能为各向同性时，图7.26和新相的平衡形状则是球形。

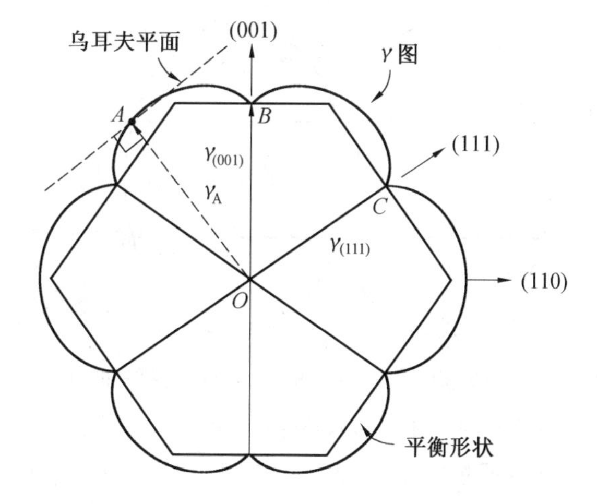

图7.26　fcc晶体的乌耳夫图中一个可能的$(1\bar{1}0)$截面

2. 完全共格界面

如果新相和母相之间具有相同的结构和近似的点阵常数，只要两个点阵具有平行的取向关系，则两相在各个方向上都可以形成低能的共格界面，如图7.27所示。许多脱溶析出的早期过程都会出现这种情况，此时新相称为完全共格脱溶析出物。Preston 和 Guinier 分

别独立利用 X 射线衍射技术发现了这一点，后来又被透射电子显微镜观察所证实，因此通常将这种脱溶析出物称为 GP 区。

由于新相和母相之间的晶格结构完全匹配，因此 GP 区理论上可以以任何形状出现并且均能保持完全共格。通常此时共格应变很小，界面能占据主导地位，GP 区呈现球状，如 Al－4%Ag 合金（Ag 的原子数分数为 4%）中析出直径约为 10 nm 的球状 GP 区时，GP 区为富银的 fcc 结构，基体为富铝的 fcc 结构，且 Al 和 Ag 的原子半径差仅为 0.7%，因此共格应变导致的总自由能升高可以忽略不计。在其他系统中，如果原子半径差距很大，则此时界面能不能单独决定析出相形状，如在 Al－Cu 合金中 GP 区的析出情况。

3. 半共格界面

如果仅考虑界面能，新相的形状应以低能量的共格界面包围所决定。但大多数情况下，新相和母相之间的晶体结构和点阵常数都很难良好地匹配到一起。但是，新相的某个晶面与母相的某个晶面之间有可能会匹配较好，这样，选择合适的取向关系，让这些晶面相互匹配就可能形成能量较低的共格或者半共格界面，但是对于其他晶面就未必会匹配良好，所以此时会伴随生成高能的非共格界面。

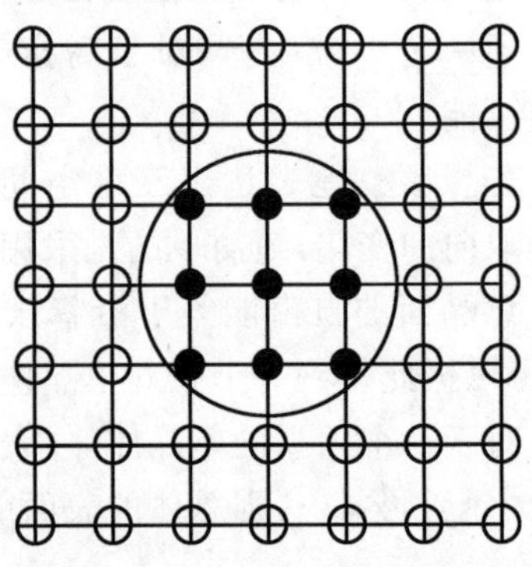

图 7.27　无错配的 GP 区示意图

仅有某些晶面匹配良好、析出物形成盘状时的乌耳夫图（截面）如图 7.28 所示。在垂直于共格面方向存在两个较深的脐点，其余部分犹如两个相连的球形。因此，可以推测其平衡形状将是一个圆盘，其厚度和直径的比应为 γ_c/γ_i，其中 γ_c 和 γ_i 分别为共格（或者半共格）界面能和非共格界面能 。

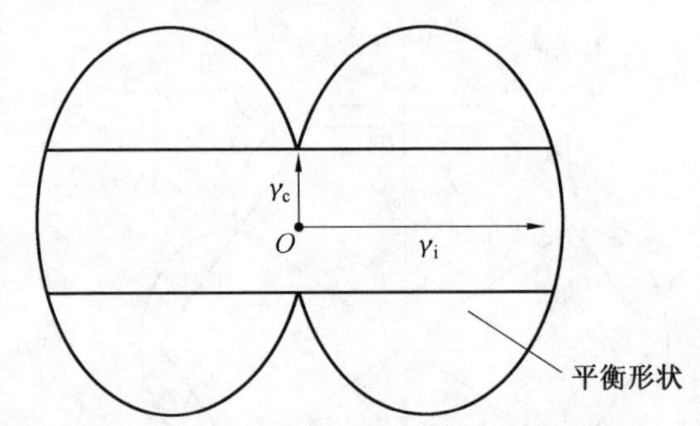

图 7.28　仅有某些晶面匹配良好、析出物形成盘状时的乌耳夫图（截面）

但由于此时尚未考虑弹性能的作用，且新相长大时受到动力学条件的限制，因而实际观察到的新相形状可能会偏离理想的形状，使其不能达到平衡状态时的形状。例如，如果非共格界面的长大速度过快，超过共格界面的长大速度，则盘状新相的形状比平衡相的形状更宽。

很多系统中的脱溶析出过程都会得到片状的析出物。例如，时效的 Al－4%Ag 合金中 hcp 结构的 γ' 相和 Al－4%Cu 合金（Cu 的原子数分数为 4%）中四方的 θ' 相都是片状的。

4. 非共格界面

当两相的晶体结构完全不同，或者两个点阵的取向是任意的，新相与母相之间不大可能形成共格或者半共格界面，此时形成的新相与母相之间的界面是非共格的。此时对于所有界面的界面能都很高，因此新相倾向于长成球状。对于金属体系，其非共格界面能通常为0.8～2.5 J/m^2，与大角晶界的能量接近。

但有些时候随着新相的长大，晶格之间的错配程度加大，原来的共格界面会逐渐演变为半共格甚至非共格界面。如Al－Cu合金中形成平衡相θ是一种非共格界面的析出相，但如果低温长时间时效形成的θ相通常与铝基体之间发现有取向关系，这有可能是因为θ相是在共格的过渡相θ'的基础上转化而来的，继承了原有的取向关系，但这并不说明θ相是与基体半共格的。

7.4.2 弹性应变能的影响

形成新相时的弹性应变能主要来自于两个方面——晶格畸变和体积畸变。前者多数是由形成共格或者半共格界面时，存在的晶格错配所致；而后者则是由核心中原子数目和形成核心前原来这个区域中母相的原子数目相同，但新相和母相的每个原子所占据的体积不同所致。

在7.4.1小节中，忽略了晶格错配所导致的弹性应变能。当弹性应变存在时，则新相形状的平衡条件为

$$\sum_i A_i\gamma_i + \Delta G_S = \text{最小值} \tag{7.44}$$

共格或者半共格造成弹性应变的原理如图7.29所示。如果将图7.29(a)中圆圈内的基体替换为点阵常数较小的新相，则这部分体积由于点阵畸变而产生均一的负膨胀应变(图7.29(b))。为了形成共格界面，则基体和新相分别因受大小相等、方向相反的力发生应变，如图7.29(c)所示。

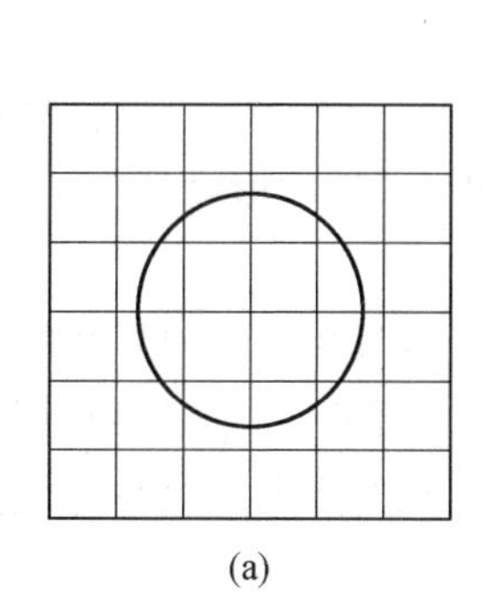
(a)

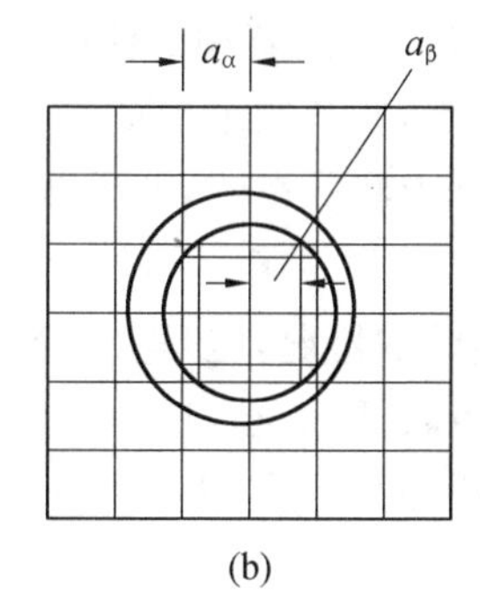

(b)

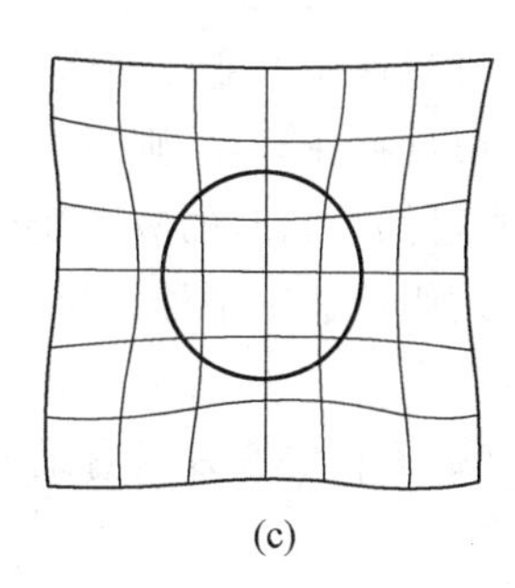
(c)

图7.29 共格或半共格造成弹性应变的原理

如果母相和新相的晶格常数分别为a_α和a_β，则无应变的原位错配度为

$$\delta = \frac{a_\beta - a_\alpha}{a_\alpha} \tag{7.45}$$

但考虑到为了维持共格界面两相所发生的晶格畸变，如果新相为球形，畸变在各个方向是均匀的，此时新相和母相畸变后的晶格常数分别为a'_α和a'_β，则约束错配度为

$$\varepsilon=\frac{a'_{\beta}-a'_{\alpha}}{a'_{\alpha}} \tag{7.46}$$

如果假设母相和新相的弹性模量相等，泊松比为1/3，则原位错配度和约束错配度的关系为

$$\varepsilon=\frac{2}{3}\delta \tag{7.47}$$

对于实际情况，虽然新相和母相的弹性模量不同，但是约束错配度 ε 一般处于 $0.5\delta<\varepsilon<\delta$ 的范围以内。如果新相不是球状，而是圆盘状，则其在圆盘状的宽面上错配非常小，近似为0，而在垂直于盘片的方向上比较大，如图7.30所示。

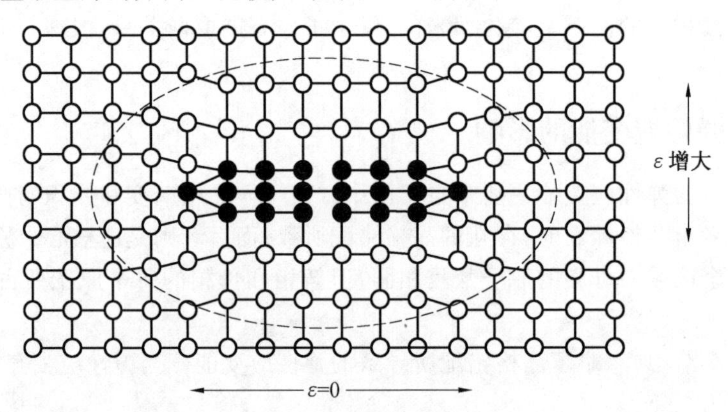

图7.30　盘片状新相与母相之间的错配示意图

在共格情况下，总的弹性能取决于新相和母相的形状和弹性性质。如果假设母相是各向同性的，且新相和母相的弹性模量相等，则总的弹性能与新相的形状无关。取泊松比为1/3，则造成的弹性应变能约为

$$\Delta G_S \approx 4\mu\delta^2 V \tag{7.48}$$

式中，μ 为母相的切变模量；V 为母相转变为新相的体积。

此时弹性应变能由共格错配产生，并与错配度的平方成正比。但如果新相和母相之间的弹性模量存在差异，则不能忽略其形状的影响，如果新相较硬，则呈球形时的应变能最低；反之，则呈圆片状时的应变能最低。

上述假设适用于母相为各向同性的情况，但是大多数情况下，母相是各向异性的。例如大多数金属在〈100〉方向上弹性模量较低，而在〈111〉方向上弹性模量较高。这种情况下，平行于{100}方向的圆片具有最小的应变能，这是由于在垂直于圆片的方向上容纳绝大多数的错配。

应变能对于新相形状的影响受到界面能的制约。以Al－Ag，Al－Zn和Al－Cu合金为例，其区域错配度分别为＋0.7％，－3.5％和－10.5％，则产生的GP区形状分别为球状、球状和圆盘状。当错配度小于5％时，应变能较小，对新相形状的影响没有界面能重要，球形的GP区可以使整体的自由能最低。当错配度超过5％时，GP区呈现圆盘状引起的界面能少量增加可以被共格应变能的降低所弥补，如Al－Cu合金。

当新相与母相形成非共格界面时，点阵匹配是不可能的，此时没有晶格畸变所导致的弹

性能。弹性应变能主要来自于母相和新相的由于比容不同所造成的体积畸变(图 7.31),以体积错配度 Δ 来表示,即

$$\Delta=\frac{V_\alpha-V_\beta}{V_\alpha} \tag{7.49}$$

式中,V_α 和 V_β 分别为相变前 α 相的体积以及这部分 α 相完全转变为 β 相的体积(没有约束时)。Nabarro 提出,各向同性的母相中均匀不可压缩的新相的弹性应变能可以表示为

$$\Delta G_S=\frac{2}{3}\mu\Delta^2\cdot V\cdot f(c/a) \tag{7.50}$$

式中,μ 为母相的切变模量。

则此时的弹性应变能正比于体积错配度的平方。$f(c/a)$是一个考虑了形状影响的函数,如图 7.32 所示。从图中可见,当体积不变时,球状粒子的应变能最高($c/a=1$),薄的扁球(圆盘片状,$c/a\to0$)的应变能最低,针状的新相($c/a=\infty$)的应变能处于两者之间。即使考虑到各向异性,图 7.32 所示的函数关系的一般形式也可保留下来,仅仅是数值上会有一些变化。因此,如果新相是非共格的,其平衡形状为扁球,则界面能和应变能对总体自由能的影响是相反的,它们共同作用决定了 c/a 的值。当体积错配度很小时,界面能占主要作用,新相近似为球状。

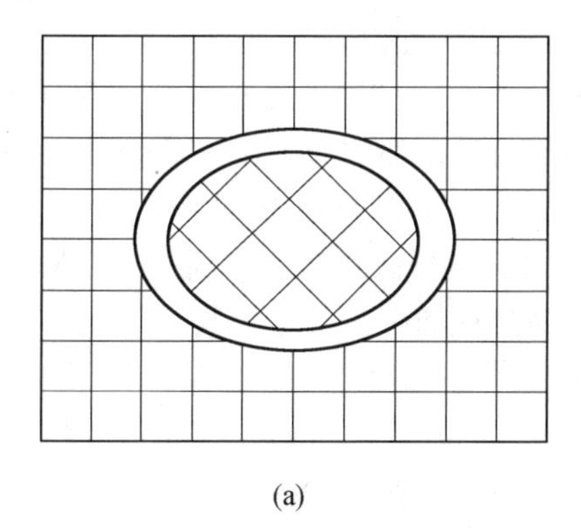

(a)

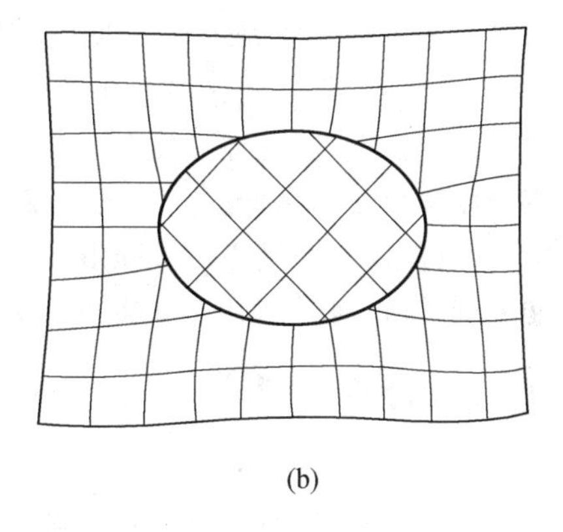

(b)

图 7.31　非共格界面时体积错配导致弹性应变能的示意图

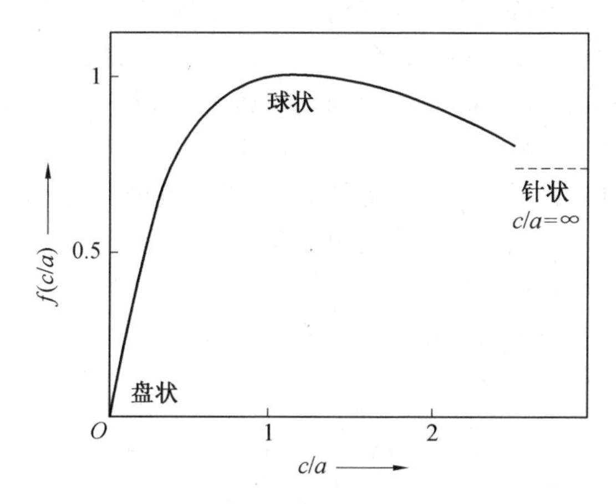

图 7.32　错配应变能随椭球形状 $f(c/a)$的变化

具有共格界面的新相界面能较低，但存在共格应变能；具有非共格界面的新相界面能较高，但没有共格应变能。当共格的新相逐渐长大，晶格畸变逐渐增加，因而共格会逐渐丧失，如此虽然界面能略有升高，但会由共格应变能的降低来弥补。如果错配度给定的情况下，当新相尺寸较小时形成共格界面的总能量最低，而新相长大后则会呈现半共格或者非共格界面更为有利。此时会存在一个临界的新相半径 r_c，其与错配度的平方成反比，即

$$r_c \propto \frac{1}{\delta^2} \tag{7.51}$$

如果错配度很小，则临界的新相半径与错配度成反比。总之，新相和母相之间的界面能和弹性应变能共同作用决定了界面处的共格或者非共格状态，决定了新相的形状。其基本影响因素在于新相与母相的成分差异、错配度以及新相与母相自身所固有的力学特性(如弹性模量、泊松比等)。

7.5　新相的生长

新相的稳定核心一旦形成，随后就是通过相界面的移动不断消耗母相而长大，也就是母相中的原子不断到达新相，相界面不断向母相方向移动，这就是新相的生长。一般来说，新相生长的速度取决于相变的驱动力和热激活的原子迁移过程。

如果新相与母相的化学成分相同，则新相的长大速度受原子由母相穿越界面到达新相这一热激活的短程扩散过程控制，长大只涉及界面的最近邻的原子过程，称为界面过程控制长大。如果母相和新相的化学成分不同，则新相的生长不仅需要受到穿越界面这一短程扩散过程影响，还可能要涉及母相中不同组元原子的长程扩散过程。因而长大过程可能受界面过程控制或受扩散过程控制，也可能同时受界面过程和扩散过程控制。

7.5.1　界面控制型生长

首先考虑仅仅是界面处原子跨越界面这一短程扩散所导致的新相生长。这一过程不仅对于新相和母相成分相同的情况适用，也适用于新相与母相成分不同的情况。

吉布斯设想了两种不同类型的界面结构及相应的两种不同的生长模式。第一种界面为微观粗糙界面，如图 7.33 所示。在界面的各处，母相原子可以独立，同时地穿过界面而成为新相的原子，界面处每个位置都可以作为接收填补原子的场所(图 7.34)。这种母相原子穿过界面到达新相是随机的，因此不会改变界面粗糙的形态，界面在微观上是模糊的和粗糙的，可由多个原子层构成，界面的移动是连续的，在界面各处同时发生。一个母相原子穿越界面占据新相点阵中一个格点位置发生自由能变化，如图 7.35 所示。此时界面的移动速度由越过界面的原子流所决定：单位时间内由母相到达单位面积新相表面的原子数 n_{vc} 和单位时间内由单位面积新相跳出回到母相的原子数 n_{cv} 分别可以写为

$$n_{vc} = n_0 \nu \exp\left(-\frac{\Delta G_a}{kT}\right) \tag{7.52}$$

$$n_{cv} = n_0 \nu \exp\left(-\frac{\Delta G_a + \Delta g}{kT}\right) \tag{7.53}$$

式中，n_0 为新相单位面积上的位置数；ν 为界面附近原子振动的频率；ΔG_a 为母相原子到达新

相表面所需越过的势垒；Δg 为新相和母相之间原子化学势的差，即相变驱动力；k 为玻耳兹曼常数；T 为绝对温度。

由上述两式就可求得界面前进的速度为

$$v=a\frac{n_{\mathrm{vc}}-n_{\mathrm{cv}}}{n_0}=a\nu\exp\left(-\frac{\Delta G_{\mathrm{a}}}{kT}\right)\left[1-\exp\left(-\frac{\Delta g}{kT}\right)\right] \tag{7.54}$$

式中，a 为新相表面的原子层间距。

如果 $\Delta g\ll kT$，也就是在偏离平衡态较小的情况下，上式可以简化为

$$v=a\nu\frac{\Delta g}{kT}\exp\left(-\frac{\Delta G_{\mathrm{a}}}{kT}\right)=M\Delta g \tag{7.55}$$

式中，M 为迁移率，$M=a\nu\exp\left(-\frac{\Delta G_{\mathrm{a}}}{kT}\right)$，代表了界面的迁移能力。

这个公式就是 Wilson－Frenkel 公式，表示新相的长大速度与相变驱动力成正比。当相变过程远离平衡态时，即 $\Delta g\gg kT$，新相生长的速度可以写为

$$v=a\nu\exp\left(-\frac{\Delta G_{\mathrm{a}}}{kT}\right) \tag{7.56}$$

这是新相长大的一种极限情况，表示了新相可能的最大长大速度，可以看出当新相长大的时候，依然需要一定的过冷度。然而与形核过程中时所需的过冷度的作用不同，形核过程中所需过冷度提供的自由能下降是用来克服形核势垒，而长大过程中所需过冷度提供的自由能下降则用来克服原子扩散所需的激活能。

如果对于稀薄固溶体或者理想溶液情况，两相之间化学自由能差正比于界面处两相之间的溶质原子浓度差，因此这种情况下界面控制的界面移动速度也就正比于界面浓度偏离平衡浓度的程度。当新相长大到一定程度后，由于周围溶质原子数目减少，相应的化学驱动力也下降，扩散过程将会逐渐成为新相生长的主导和控制因素。

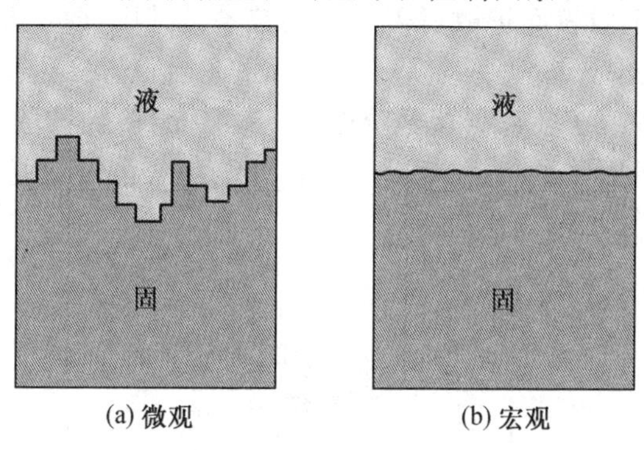

图 7.33　微观粗糙界面示意图

第二种界面在微观上是光滑的。光滑界面的生长与界面处的台阶有关，新相的长大通过台阶沿着界面的移动进行，如图 7.35 所示。母相的原子穿越界面到达新相后，到达台阶或者台阶扭折处（图 7.36 中 K 处）的能量下降与到达一般表面（图 7.36 中 S 处）的能量下降是不一样的。根据简单的断键模型可知，到达台阶或者扭折处的能量下降最多，因此原子优先占据这些位置，促使这些台阶的端部不断向前生长，台阶移动过后，界面向着与其垂直的方向生长了一个台阶高度的距离，台阶没有经过的地方，界面保持不动。因此微观光滑界

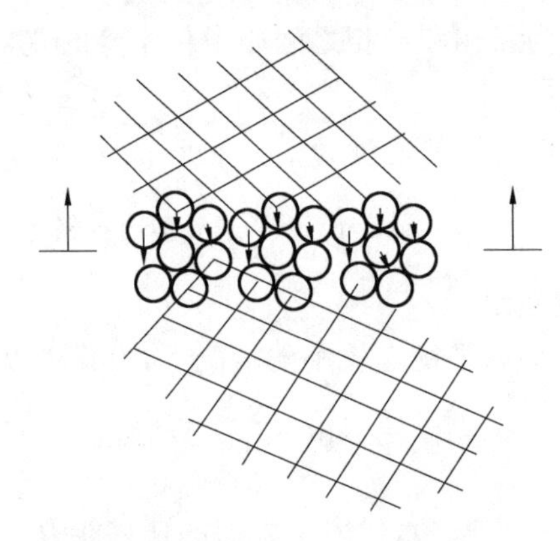

图 7.34　微观粗糙界面控制型生长示意图

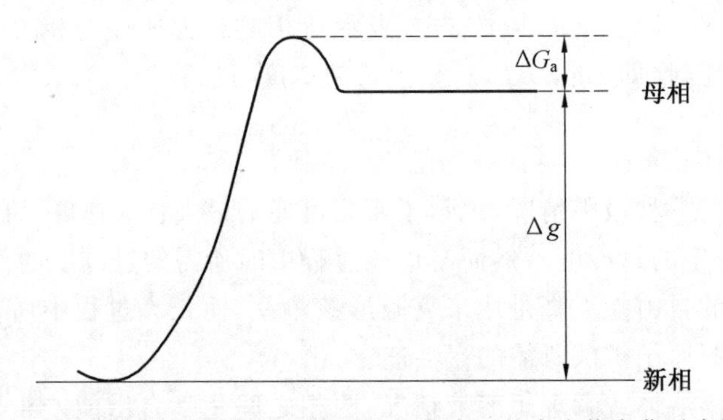

图 7.35　原子从母相穿越界面到达新相表面的自由能变化示意图

面的生长包括两个过程，即原子从母相到达新相的一般位置，然后再从这些位置到达台阶或者扭折处的过程。原子从母相到达新相的台阶或者扭折处的自由能变化如图 7.37 所示，ΔG_d为原子在界面平台上做表面扩散所需克服的势垒。其中，原子从新相脱离回到母相的激活能为 $\Delta G_a+\Delta G_k$，其中，ΔG_k为一个原子由界面的平台位置到达扭折处下降的自由能。

通常来讲，平台上的原子还可到达台阶处，然后再由台阶处扩散到扭折处。但由于一般情况下，界面处总存在着大量的扭折，因此可以简化为生长的过程是原子到达界面平台，然后直接就从平台通过表面扩散到达扭折处。

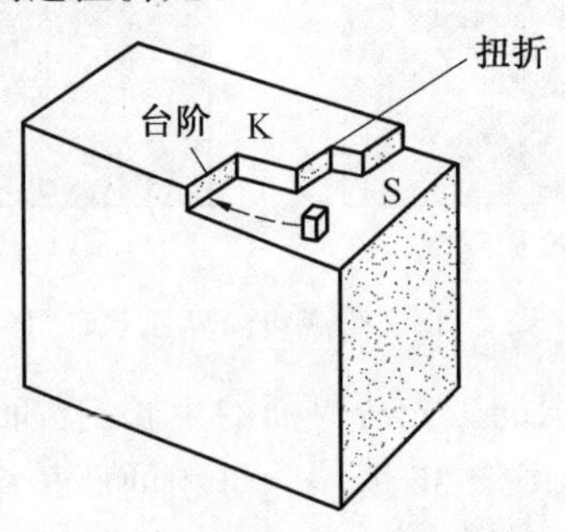

图 7.36　微观光滑界面的台阶结构

原子穿越界面到达平台后的能量并不稳定，在平台上通过表面扩散到达扭折处之前有可能重新获得足够的能量回到母相中，这与其表面扩散系数和在表面平台存在的平均寿命

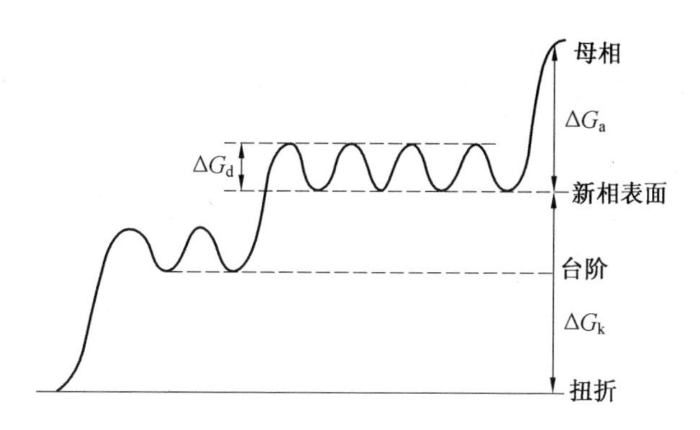

图 7.37　原子从母相到达新相的台阶或者扭折处自由能变化示意图

有关。可以得到到达新相界面平台的原子在重新回到母相时的均方根位移为

$$x = a\exp\left(\frac{\Delta G_a - \Delta G_d}{2kT}\right) \tag{7.57}$$

式中，a 为新相的晶格点阵常数。

由于 $\Delta G_a - \Delta G_d \gg kT$，因此 $x \gg a$。可以假设 x 的值远大于台阶上的扭折间距。如果新相和母相处于平衡，则此时单位时间内从母相到达新相扭折处的原子数应该和从扭折处重新回到母相的原子数相同。距离台阶小于 x 的原子可以在回到母相之前到达扭折处。则通过单位时间内，到达单位长度台阶的净原子数就可以求出台阶移动的速度为

$$v = 2x\alpha\rho/\tau = 2x\alpha\nu\exp\left(-\frac{\Delta G_a + \Delta G_k}{kT}\right)\tan h\left(\frac{\lambda}{2x}\right) \tag{7.58}$$

式中，α 为母相的过饱和度；ν 为表面原子的振动频率；$\tan h(\lambda/2x)$ 为考虑了间隔为 λ 的平行台阶阵列上，各个台阶对原子之间的竞争所引入的修正因子。

如果与低值数晶面成一个不大的角度 θ 的表面，即邻位面可以用图 7.38 所示的台阶模型表示，结合式(7.58)，可以求出表面向前推进的速度为

$$R = 2x\alpha\upsilon \cdot \exp\left(-\frac{\Delta G_a + \Delta G_k}{kT}\right)\tan h\left(\frac{h}{2x \cdot \tan\theta}\right) \cdot \tan\theta \tag{7.59}$$

式中，h 为台阶的高度。

从式(7.59)可见，R 具有很强的各向异性。随着新相的生长，高指数的邻位面必然逐渐消失，只留下低值数的奇异面。此时微观光滑界面的重要环节，也就是台阶和扭折的形成就称为生长的关键因素。光滑的低值数的奇异面生长需要经历二维形核，即先在光滑的表面上形成台阶，如图 7.39 所示。当系统的过饱和度足够大，即足够多的原子在表面上聚集形成盘状的片层，就有可能稳定存在。此时盘片的边缘虽然使能量升高，但可由体积自由能的下降来补偿。通过热力学分析，此时盘片状的核心也存在着一个与尺寸有关的临界半径，它随着界面处过冷度的增加而减小。一旦形成盘片状晶核，它将很快扩展覆盖整个表面，垂直于界面的长大速度由表面形核速率控制。若铺展覆盖完成后还需要重新孕育生成新的二维晶核，才能再重新覆盖新的界面，如此反复进行。

实验证明，即使过饱和度较低，微观光滑界面也可以生长。如果界面处存在螺位错，则可以避开产生新界面台阶的问题。

如图 7.40 所示，晶体如果存在螺位错，则在界面处可以产生一个台阶。原子加入台阶

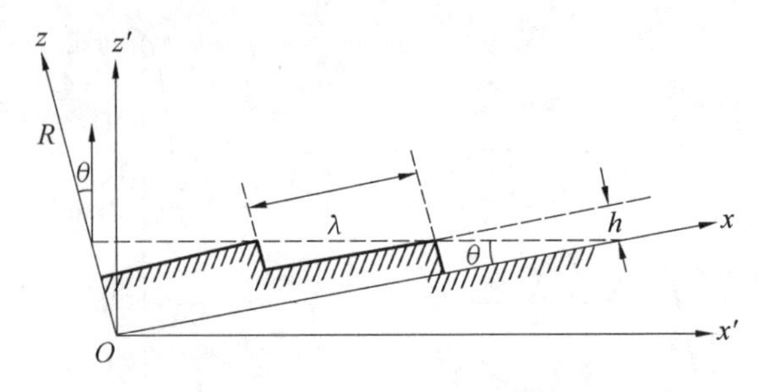

图 7.38　邻位面生长示意图

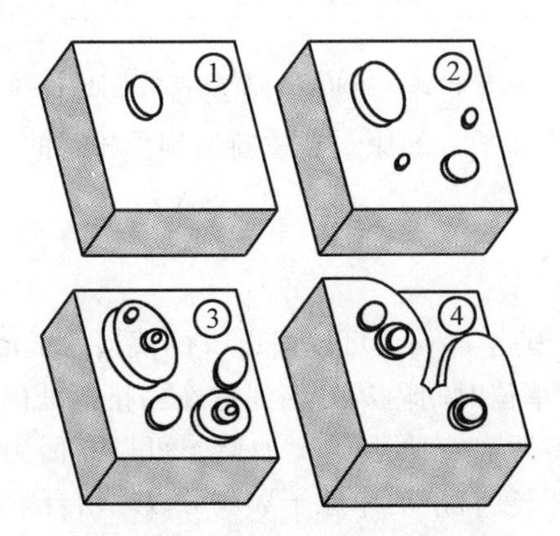

图 7.39　光滑表面二维形核示意图

则可以使台阶绕着位错旋转，界面也随之向前生长。如此进行下去，界面上可能出现永远也填不满的台阶。如果原子到达界面台阶的速度相同，则会导致出现生长螺线和中间隆起。通常晶体中存在着大量的位错，它们对微观光滑界面的生长具有很重要的作用。

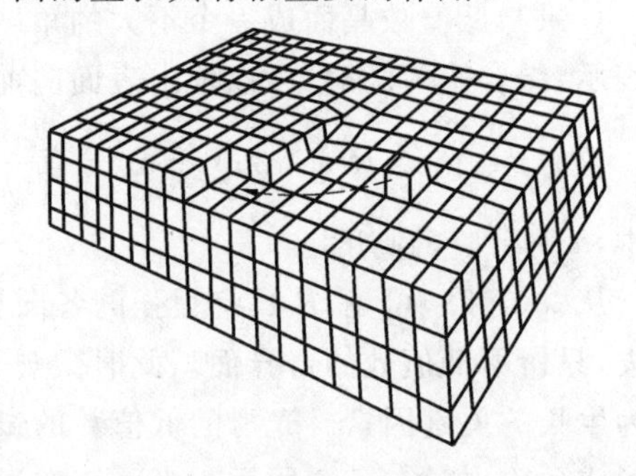

图 7.40　螺位错导致的台阶结构

台阶长大在一些相变体系中已经得到实验证实。例如，对于在 Al－Mg－Si 合金中的 Mg_2Si 析出相长大，通过电子显微镜可以观察到在其表面处有非常明显的长大台阶。长大的机制并不仅仅发生在固态相变中。准确地说，台阶长大的第一个证据来自于固－气转变过程，而且在光滑的固－液界面处也发生台阶长大，图 7.41 所示为单晶绕螺位错生长的照片。当新相与母相为完全不共格时，其生长类似形成粗糙界面；当两相之间仅某些晶面间匹配良好，共格界面生长类似于光滑界面生长，此时需要借助于台阶机制。

值得注意的是，微观光滑界面和微观粗糙界面之间的界限并不明确，随着热力学参量的变化，它们可以互相转化。

7.5.2　扩散控制型生长

在大多数相变过程中，尤其是金属与合金中的相变，新相常常具有和母相不同的化学成

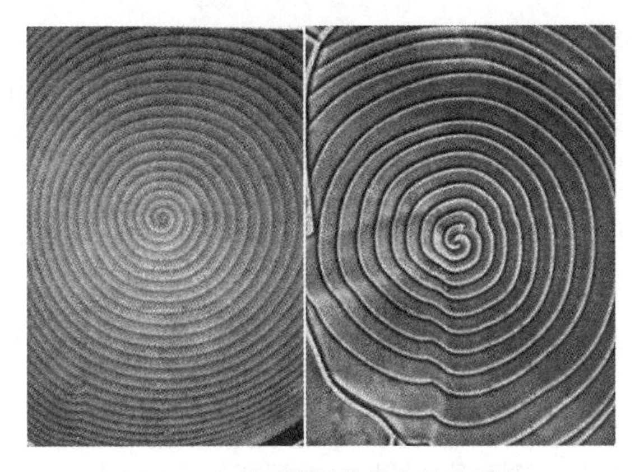

图 7.41　单晶绕螺位错生长的照片

分,例如过饱和固溶体中的脱溶析出,形成沉淀相。此时,由于新相稳定核心的不断形成和长大,新相附近的母相出现的溶质原子重新分布,形成贫化区,并与较远处的母相之间存在浓度梯度。这一浓度梯度使得远离新相的溶质原子向新相方向做长程扩散。这种扩散也正好为新相的不断长大提供了组分物质。长程扩散是扩散型相变中新相生长的重要环节,对新相的长大速度常常起着决定性的作用。

首先讨论简单的一维长程扩散型生长,即无穷大片状沉淀的增厚情况。设定新相被封闭在溶质原子的贫化区内进行生长,母相 α 基体中形成新相 β,两者的溶质原子浓度分别为 c_α 和 c_β,新相中溶质原子的浓度可以高于也可以低于母相中溶质原子的浓度,对两种情况下溶质原子在系统内的分布进行观察,如图 7.42 所示。为讨论方便,本节中选取 $c_\beta > c_\alpha$ 的情况,同时假设扩散系数 D 为与浓度无关的常数,此时,由连续性方程可得

$$(c_\beta - c_\alpha)\mathrm{d}x = D\left(\frac{\partial c}{\partial R}\right)_{R=x}\mathrm{d}t \tag{7.60}$$

因而可得出长大速度 v 的表达式为

$$v = \frac{\mathrm{d}x}{\mathrm{d}t} = \frac{D}{c_\beta - c_\alpha}\left(\frac{\partial c}{\partial R}\right)_{R=x} \tag{7.61}$$

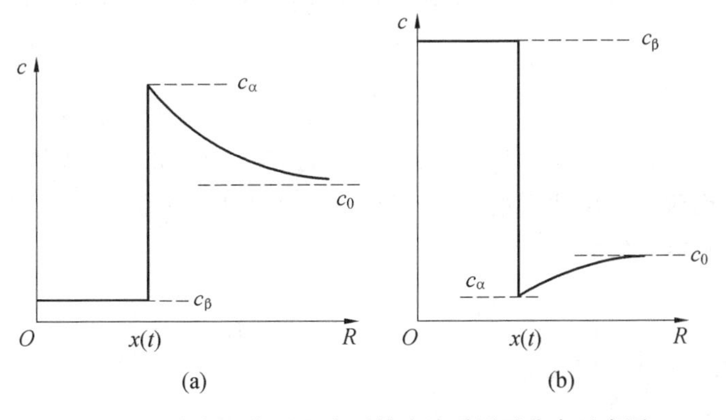

图 7.42　新相生长过程中系统内溶质原子分布示意图

此时如果通过实验测出新相附近母相中溶质浓度随着时间变化的具体情况,就可通过上式得到相应时刻的新相长大速度。但实际上得到浓度的实时分布状态是非常困难的。

C. Zener 假设一维生长情况下新相附近的浓度分布是线性的，如图 7.43 所示。则根据溶质原子的守恒，可知图中两块阴影区的面积相等，由此可以求出溶质原子贫化区的厚度 ξ 为

$$\xi=2\frac{(c_\beta-c_0)}{(c_0-c_\alpha)}x \tag{7.62}$$

此时有

$$\left(\frac{\partial c}{\partial R}\right)_{R=x}=\frac{c_0-c_\alpha}{\xi} \tag{7.63}$$

代入式(7.61)并积分得

$$x^2-x_0^2=\frac{(c_0-c_\alpha)^2}{(c_\beta-c_\alpha)(c_\beta-c_0)}\cdot Dt \tag{7.64}$$

如果 $x\gg x_0$，可以求出一维无限大平板情况下新相的长大速度为

$$v=\frac{\mathrm{d}x}{\mathrm{d}t}\approx\frac{c_0-c_\alpha}{2(c_\beta-c_\alpha)^{1/2}(c_\beta-c_0)^{1/2}}\left(\frac{D}{t}\right)^{1/2} \tag{7.65}$$

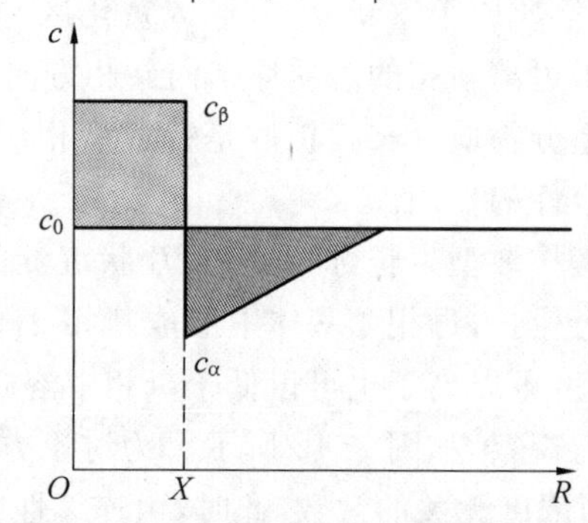

图 7.43　一维无限大平板增厚情况下溶质原子分布的线性近似

式(7.64)和式(7.65)表明，随着新相的长大，其长大速度将逐渐降低，新相的厚度增加服从抛物线长大规律。这是因为随着新相的增厚，其外侧的溶质原子的贫化区的厚度也逐渐增加，继续生长所需的溶质原子需要从更远的地方扩散过来，因而需要更长的扩散时间。

对于球状新相的长大过程，如果生长过程中始终保持球对称性，则同样可以列出其连续性方程

$$4\pi r^2(c_\beta-c_\alpha)\mathrm{d}r=4\pi r^2 D\left(\frac{\partial c}{\partial R}\right)_{R=r}\mathrm{d}t \tag{7.66}$$

如果母相中过饱和度不大，即$(c_0-c_\alpha)/(c_\beta-c_\alpha)$很小的情况下，球状新相周围溶质原子贫化区的尺寸要比新相的尺寸大很多，此时可以近似认为 r 为常数。根据 Fick 定律可得到满足边界条件的稳定态解为

$$c(R)=c_0-(c_0-c_\alpha)\frac{r}{R} \tag{7.67}$$

将其代入式(7.66)，然后积分，可得

$$r^2-r_0^2=\frac{2(c_0-c_\alpha)}{(c_\beta-c_\alpha)}\cdot Dt \tag{7.68}$$

对于 $r\gg r_0$，有和式(7.65)类似表达的长大速度：

$$v=\frac{\mathrm{d}r}{\mathrm{d}t}\approx\sqrt{\frac{(c_0-c_\alpha)}{2(c_\beta-c_\alpha)}\left(\frac{D}{t}\right)} \tag{7.69}$$

对于二维生长，即无限长圆柱状新相的增粗，则可用与前面两种情况相同的原理推导，得到相似的长大速度表达式，也就是它们的长大速度均可表示为

$$v=\alpha_\lambda\sqrt{(D/t)} \tag{7.70}$$

式中，α_λ 为与生长维数、几何形状及母相过饱和度相关的常数。

各种形状的核胚的均匀稳定生长都遵循这一关系，即长大速度正比于$\sqrt{(D/t)}$。值得注意的是，在上述推导过程中均忽略了母相中溶质原子浓度与曲率半径的关系，且实际情况下，界面能的各向异性等干扰都会使得上述均匀稳定的生长难于进行而出现一些非稳定的情况。

7.6　新相的粗化

在相变的后期，新相的总量将逐渐趋向于平衡相图中所给定的数量，但这并不意味着相变的结束。大量的新相核心的形成和长大使得新相和母相之间存在着大量的界面，这些导致相当数量的界面能存在于系统中。如假设某系统中新相的体积比为 5%，颗粒的平均间距为 30 nm 粗化达到 300 nm 时，其总界面能可以下降 100 倍左右。因而此时新相会在界面能下降的驱动下自发地进行粗化，降低整个系统的自由能。

而且，粗化不仅可以发生在相变的后期，甚至在新相的形核和长大阶段（相变的中前期）也存在粗化的倾向。粗化的具体机制与具体的材料体系有关，如对于单相系统，组织的粗化是通过大的晶粒吞并周围相邻小晶粒实现的，其速度受到界面处原子穿越晶界的短程扩散控制。过饱和固溶体的脱溶析出产生组织的粗化则既可以通过小颗粒的溶解和大颗粒的长大实现，也可以通过晶界为反应牵引，消耗原有细小组织长出粗大的组织。在新相和母相的化学成分不同时，粗化的速度往往受到溶质原子的长程扩散所控制。

7.6.1　Gibbs－Thomson 定理

在上文新相的生长中，忽略了界面的曲率半径对自由能以及界面处溶质原子浓度的影响。但在实际的相变过程中，界面的曲率半径对自由能和溶质原子浓度的影响是很大的，尤其是在处理长程扩散控制型生长以及粗化的问题时这一点是不可忽略的。Gibbs－Thomson定理将界面的曲率半径和界面附近的溶质原子的平衡浓度联系起来，本小节中将详细进行讨论。

假设存在一个二元二相系统，包括 A，B 两组元，母相 α 为 B 组元在 A 组元中的稀薄固溶体，$c_\alpha\ll1$，新相为 β 相，由纯 B 组元构成。如果两相之间的界面曲率半径无限大，即平直界面情况下处于平衡态，如图 7.44(a)所示，则 B 组元在两相中的化学势相等，且考虑到 α 相为稀薄固溶体，则有

$$\mu_\beta^{\mathrm{B}}(\infty)=\mu_\alpha^{\mathrm{B}}(\infty)=\mu_0+kT\ln a_\alpha^{\mathrm{B}}(\infty) \tag{7.71}$$

式中，符号∞表示曲率半径无限大的平直界面情况；$\mu_\alpha^{\mathrm{B}}(\infty)$和 $\mu_\beta^{\mathrm{B}}(\infty)$分别表示 B 组元在 α 和 β 相中的化学势；$\mu_0$为常数；$k$ 为玻耳兹曼常数；T 为绝对温度；$a_\alpha^{\mathrm{B}}(\infty)$为 B 在 α 相中的

活度。

如果 β 相是半径为 r 的球形，与 α 相处于平衡状态，如图 7.44(b)所示，此时则可从界面能增加的角度考虑自由能的变化。若母相中有 dn 个原子到新相，则能量增加为

$$\mathrm{d}G=\Delta G\mathrm{d}n \tag{7.72}$$

式中，ΔG 为两相间吉布斯自由能差；n 为球形 β 相中的原子数。

假设这些原子的增加对体积的变化很小，则自由能的增加仅体现在表面能上，有

$$\mathrm{d}G=\sigma\mathrm{d}A \tag{7.73}$$

式中，σ 为单位面积的表面能；A 为界面面积。

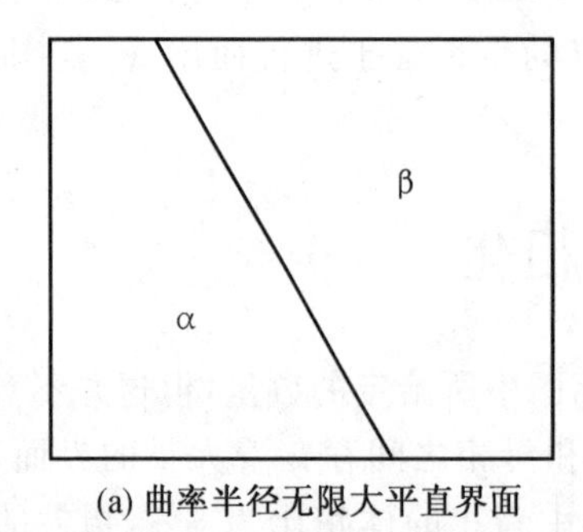

(a) 曲率半径无限大平直界面

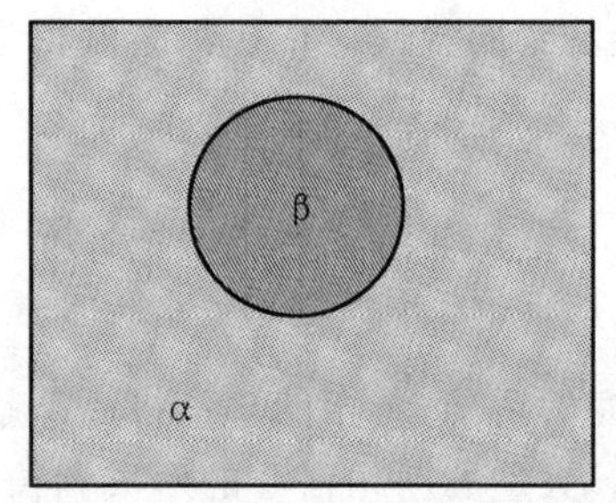

(a) 有限曲率半径球形界面

图 7.44　母相溶质原子平衡浓度与新相曲率半径关系示意图

结合以上两式有

$$\Delta G=\sigma\cdot\frac{\mathrm{d}A}{\mathrm{d}n} \tag{7.74}$$

这就是表面能的存在使得球形 β 相中 B 组元的化学势升高的部分。此时平衡仍然存在，两相中 B 组元的化学势相等，因此有

$$\mu_{\beta}^{\mathrm{B}}(r)=\mu_{\alpha}^{\mathrm{B}}(r)=\mu_{\beta}^{\mathrm{B}}(\infty)+\sigma\frac{\mathrm{d}A}{\mathrm{d}n}=\mu_{0}+k_{\mathrm{B}}T\ln a_{\alpha}^{\mathrm{B}}(r) \tag{7.75}$$

式中，$a_{\alpha}^{\mathrm{B}}(r)$ 为球形界面半径 r 时 B 在 α 相中的活度。联立式(7.71)和式(7.75)，可以求出

$$kT\ln\frac{a_{\alpha}^{\mathrm{B}}(r)}{a_{\alpha}^{\mathrm{B}}(\infty)}=\sigma\frac{\mathrm{d}A}{\mathrm{d}n} \tag{7.76}$$

根据亨利定律，α 相为稀薄固溶体，则有

$$\frac{a_{\alpha}^{\mathrm{B}}(r)}{a_{\alpha}^{\mathrm{B}}(\infty)}=\frac{c_{\alpha}^{\mathrm{B}}(r)}{c_{\alpha}^{\mathrm{B}}(\infty)} \tag{7.77}$$

式中，$c_{\alpha}^{\mathrm{B}}(r)$ 和 $c_{\alpha}^{\mathrm{B}}(\infty)$ 分别为球形界面和平直界面情况下 B 组元在母相 α 中界面处的平衡浓度。

球形 β 相的表面积 $A=4\pi r^2$，β 相所包含的原子个数 $n=\frac{4\pi r^3}{3V_{\mathrm{B}}}$，其中 V_{B} 为 B 原子的体积，将它们代入上述两式，则可得到

$$\frac{\mathrm{d}A}{\mathrm{d}n}=\frac{2V_{\mathrm{B}}}{r}\qquad\text{(球形新相)} \tag{7.78}$$

对于无线长圆柱形的新相，类似也可得到

$$\frac{\mathrm{d}A}{\mathrm{d}n}=\frac{2V_{\mathrm{B}}}{r}\qquad\text{(无限长圆柱形新相)} \tag{7.79}$$

将式(7.78)和式(7.79)代入式(7.67),可以求得

$$\ln\frac{c_{\alpha}^{B}(r)}{c_{\alpha}^{B}(\infty)}=\frac{a}{r}=\begin{cases}a=\dfrac{2\sigma V_{B}}{kT} & (\text{球形})\\ a=\dfrac{\sigma V_{B}}{kT} & (\text{圆柱形})\end{cases}\tag{7.80}$$

这就是 Gibbs－Thomson 定理的数学表达式。它反映了由界面能而引起的自由能增加的现象,也称为 Gibbs－Thomson 效应。其物理意义在于:新相的颗粒尺寸越小,其中每个原子所分担到的界面能也就越多,因而其化学势也就越高,相应地与之处于平衡态的母相中溶质原子的浓度也就越高。如果

$$[c_{\alpha}^{B}(r)-c_{\alpha}^{B}(\infty)]/c_{\alpha}^{B}(\infty)\ll 1\tag{7.81}$$

则有

$$c_{\alpha}^{B}(r)=c_{\alpha}^{B}(\infty)\left(1+\frac{a}{r}\right)\tag{7.82}$$

Gibbs－Thomson 定理给出的另一个实际结果在于:B 组元在 α 相中的溶解度对 β 相的颗粒尺寸敏感。如图 7.45 所示,在曲率半径不为∞时,与 β 相平衡的 α 相中 B 组元的溶解度大于平直界面时候相应的平衡浓度。如果取 $\sigma=200\ \text{mJ/m}^2$,B 组元的摩尔体积 $V=10^{-5}\ \text{m}^3$,$T=500$ K,简化计算可以求得:新相半径为 10 nm 时,球形界面 α 相中 B 组元的平衡浓度约为平直界面情况下其平衡浓度的 1.1 倍,即 $c_{\alpha}^{B}(r)/c_{\alpha}^{B}(\infty)\approx 1.1$。而当新相半径增加到 100 nm 时,$c_{\alpha}^{B}(r)/c_{\alpha}^{B}(\infty)\approx 1.01$;但当颗粒半径进一步增大时,Gibbs－Thomson 效应并不明显。

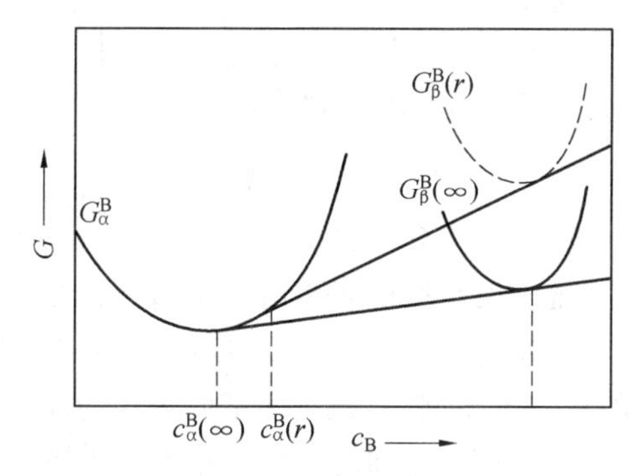

图 7.45　界面能对平衡浓度的影响示意图

7.6.2　奥斯瓦尔德熟化

固态相变中的奥斯瓦尔德熟化(Oswald ripening)是指对于脱溶析出后期,析出相作为平衡相,其成分和相对含量已经接近或者等于平衡态数值,但由于细小颗粒使得体系中储存了大量的界面能,在减小界面能的驱动下,高密度的细小的析出相倾向于粗化,形成低密度分布的粗大颗粒来降低总体自由能。奥斯瓦尔德在 1896 年首先研究并确定析出相粗化机制,因此称为奥斯瓦尔德熟化。

首先讨论一下球形粒子的粗化过程。在一个 A,B 二元系统中,母相 α 相为 B 组元在 A 组元中的稀薄固溶体,β 相几乎由纯 B 组元构成,在相变过程中,球状的 β 相在 α 相基体

中析出。此时β相所占的体积分数很小，也就是说，β相颗粒之间的平均间距远远大于颗粒的平均尺寸。图7.46(a)所示为两个尺寸不同的相邻的球状β相，其粒子半径分别为r_1和r_2，r_2大于r_1。根据Gibbs－Thomson定理，与不同曲率半径相邻的母相中溶质原子浓度将随着粒子曲率半径的降低而升高，即$c_\alpha^B(r_1)<c_\alpha^B(r_2)$，如图7.46(b)所示。其中$c_\alpha^B(r_1)$和$c_\alpha^B(r_2)$分别为半径为$r_1$和$r_2$的球形β相表面外侧α相中B原子的平衡浓度。因此，在两个半径不同的β相粒子之间的α相基体中就存在浓度梯度，这将引起溶质原子由小颗粒周围向大颗粒周围扩散。这种扩散一旦开始，小颗粒周围的溶质原子浓度低于平衡浓度$c_\alpha^B(r_1)$，大颗粒周围的溶质原子浓度高于平衡浓度$c_\alpha^B(r_2)$，则打破了原有的两相之间的平衡状态。小颗粒中的B原子化学势将升高，因此在其驱动下，B原子将从小颗粒中迁移到母相，导致小颗粒逐渐溶解。同理，大颗粒将逐渐吸纳母相中的B原子而不断长大。

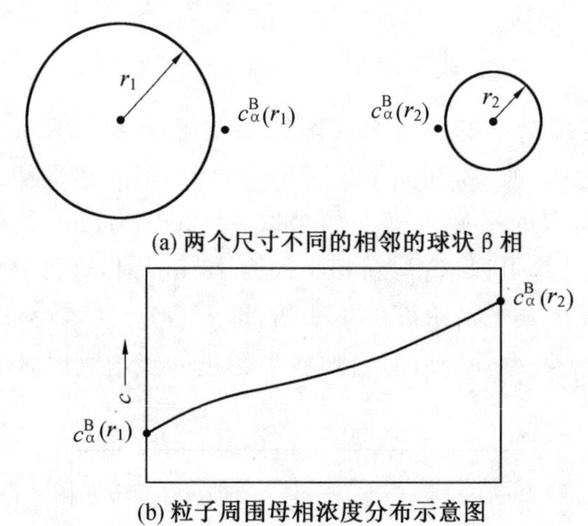

图7.46 两个半径不同粒子粗化模型

上述机制为不同尺寸的两个球状新相在母相中共存时的粗化提供了一个清晰的物理模型。在实际情况中，一个系统中发生脱溶析出时常常包括许多大小不一的新相颗粒，而且随着时间的变化，颗粒的尺寸也发生变化。G. W. Greenwood针对这一问题提出了一个简单模型。参考前面提到过的双粒子模型，引入更多不同粒径的新相颗粒，即在α相的基体上分布着很多不同半径的球形β相，粒子之间的平均间距远远大于其半径，球形β相的平均半径为$\bar{r}$，相应的基体α相中的B原子浓度为$c_\alpha^B(\bar{r})$，其表达式根据Gibbs－Thomson定理(式(7.82))可知，为

$$c_\alpha^B(\bar{r})=c_\alpha^B(\infty)\left[1+\frac{a}{\bar{r}}\right] \tag{7.83}$$

如图7.47所示，以一个半径为r的球形β相粒子的中心为原点建立球坐标系，则该球表面外侧α相中溶质原子的平衡浓度为$c_\alpha^B(r)$，也可写成式(7.83)的形式，仅把$\bar{r}$替换为r即可。在远离此粒子的地方，可认为其溶质原子的浓度为$c_\alpha^B(\bar{r})$。这样，一个复杂的多粒子的情况就可以近似简化为两个粒子的情况。如果粒子的尺寸大于平均尺寸，粒子将能继续长大，反之粒子则会溶解消失。以该粒子为核心，半径为R的球面上溶质原子扩散的总量可以根据Fick定律写出：

$$J=-4\pi r^2 D\frac{\mathrm{d}C}{\mathrm{d}R} \tag{7.84}$$

式中，D 为扩散系数。如果扩散进入 R 球面的所有溶质原子都到达半径为 r 的粒子，使其粗化，则有

$$4\pi r^2 \frac{\mathrm{d}r}{\mathrm{d}t}=-4\pi R^2 D\frac{\mathrm{d}C}{\mathrm{d}R} \tag{7.85}$$

取边界条件 $R=r, c=c_\alpha^{\mathrm{B}}(r)$；$R\to\infty, c=c_\alpha^{\mathrm{B}}(\bar{r})$，并对上式积分可得

$$\frac{1}{r}=\frac{D}{r^2\left(\frac{\mathrm{d}r}{\mathrm{d}t}\right)}\left[c_\alpha^{\mathrm{B}}(\bar{r})-c_\alpha^{\mathrm{B}}(r)\right] \tag{7.86}$$

结合式(7.83)，可得半径为 r 的球形粒子的长大速度为

$$\frac{\mathrm{d}r}{\mathrm{d}t}=\frac{2D\sigma V_{\mathrm{B}}c_\alpha^B(\infty)}{kTr}\left(\frac{1}{\bar{r}}-\frac{1}{r}\right) \tag{7.87}$$

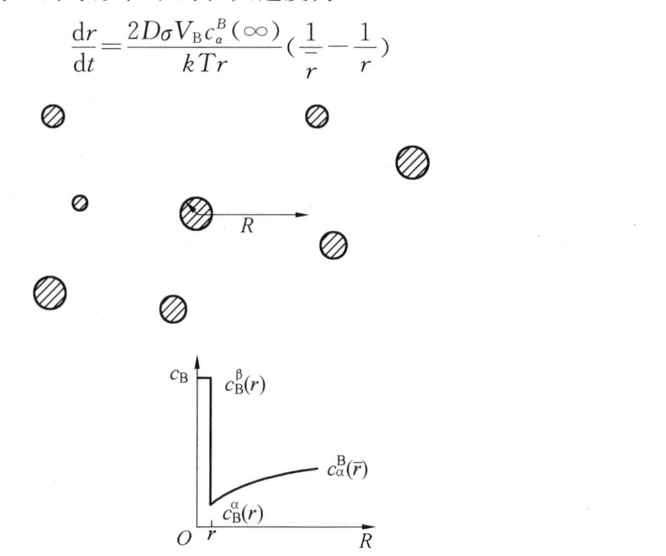

图 7.47　半径为 r 的球形粒子的环境及其附近溶质原子浓度分布示意图

据此可以得到长大速度 $\mathrm{d}r/\mathrm{d}t$ 与半径 r 之间的关系曲线，如图 7.48 所示。从图中可以看出：

① 半径小于 $\bar{r}$ 的新相颗粒都将收缩或者溶解，其收缩的速度随着粒子半径的减小而增大，最终这些粒子将会消失。

② 半径超过 $\bar{r}$ 的新相颗粒都能长大，当 $r=2\bar{r}$ 时，颗粒长大的速度最快。

③ 随着时间的增加，$\bar{r}$ 也在不断增加。那些在粗化过程早期曾经长大过，但由于尺寸较小，长大速度较慢的颗粒的半径将在某一时刻被 $\bar{r}$ 赶超。于是这些颗粒就会成为半径低于平均尺寸的颗粒，开始溶解或者收缩，最终消失。这表明粗化是一个比较与淘汰的动态过程，只有那些最大的颗粒才能在竞争中吞食较小的颗粒长大并存在到最后。

④ 随着平均粒径 $\bar{r}$ 的升高，长大速度将逐渐下降。一方面粒子之间的尺寸差异减小，其周围溶质原子浓度差下降；另一方面粒子之间的平均间距加大，导致溶质原子的扩散困难。

当体积扩散是速率的控制因素，Greenwood假定了平均粒径随时间的变化服从下列关系，即

$$\bar{r}^3 - r_0^3 = kt \quad (7.88)$$

式中，r_0 为 $t=0$ 时刻的平均粒径；k 为与扩散系数、单位面积表面能、溶质原子体积、平直界面时溶质原子的平衡溶度及温度有关的参量。当温度升高，扩散系数和平直界面时溶质原子的平衡浓度均迅速上升，因此粗化的速度也随着温度的升高而加快，如图 7.49 所示。此时粗化的速率和半径之间的关系为

$$\frac{d\bar{r}}{dt} \propto \frac{k}{\bar{r}^2} \quad (7.89)$$

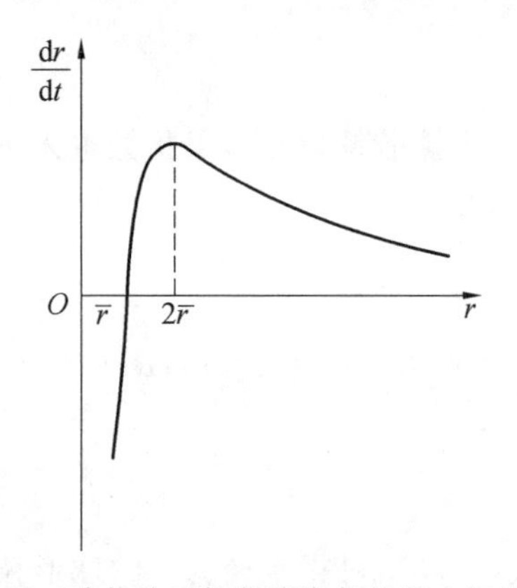

图 7.48　球状粒子粗化速度与粒径之间的关系

因此，平均粒子半径越小，粗化的速度也就越快。但在实际情况下，颗粒粗化的速度并不遵循上述关系。在实际材料中，存在着大量的位错、晶界等促进扩散的因素，这使得粗化过程发生偏离，甚至直接被界面所控制。如果希望能抑制给定温度下新相颗粒的粗化过程，则主要要减小式(7.88)中的 k 值，即减小单位面积表面能、扩散系数或者平直界面时溶质原子的平衡溶度。在 W 中弥散分布的 ThO_2 可以使 W 合金高温强化，在高温下 ThO_2 粗化速度非常缓慢的原因在于其在 W 合金中基本是不溶解的，平直界面时溶质原子平衡浓度低(k 值也就低)。又如在晶界存在的新相长大和粗化过程主要受到晶界扩散的控制，溶质原子通过体扩散迁移到晶界，然后沿着晶界扩散到达新相使其长大或者粗化，如图 7.50 所示。很明显，如果溶质原子是置换型的，这种长大或粗化机制起主要作用；而对于间隙型溶质原子，体扩散速率很快，则上述机制的作用不显著。

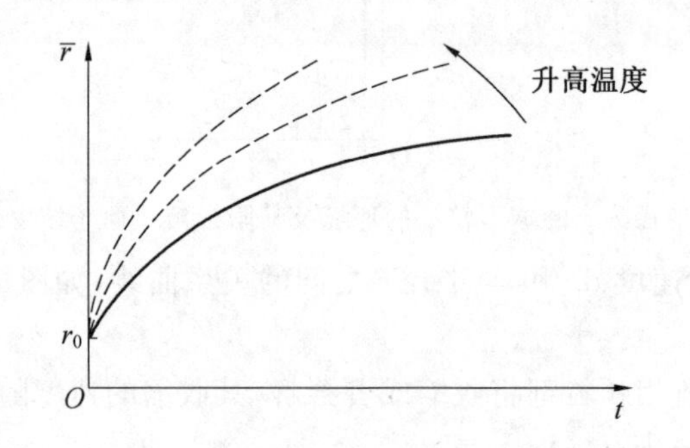

图 7.49　平均粒径在不同温度下随着时间增加而变化的示意图

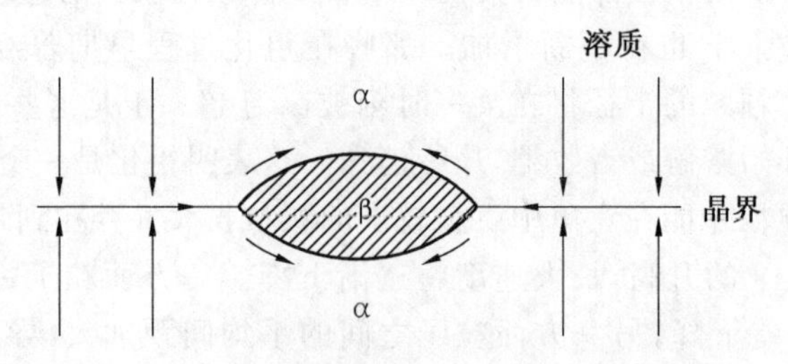

图 7.50　晶界扩散导致的新相的生长和粗化

7.6.3　片状和纤维状组织的粗化

除了球状粒子，片状或者纤维状的组织也会在降低表面能的驱动下发生粗化。若片状组织由两相构成，其界面可以看成是平直界面，此时两相之间界面形态的微小变化都会偏离平面，使界面面积加大，表面能升高，因此片状组织是比较稳定的。但是实际情况下，片状组织的排列往往存在缺陷，而且片状组织也会在晶界处中断，这些都可能称为片状组织粗化的场所。对于一个由 α 相和 β 相构成的片层组织，其中有一片 β 相片层终止在其他片层组织中间，如图 7.51 所示。在 β 相片层的前端，其曲率半径大约和片层的厚度处于同一量级，根据 Gibbs－Thomson 定理，在尖端处外侧 α 相中溶质原子的浓度要高于其他平直界面外侧 α 相中溶质原子的浓度。这种浓度梯度将会导致图中箭头所示的溶质原子的扩散流。结果使得中断的片层不断缩短，溶质原子分布到相邻的片层中，使它们增厚。

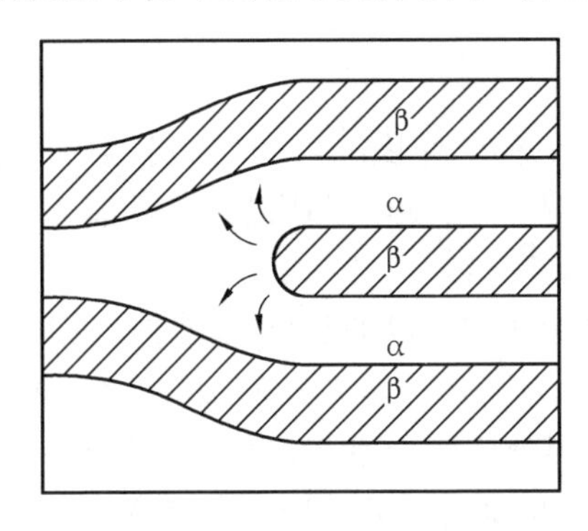

图 7.51　存在中间终止片层的片状组织示意图

片状组织粗化的机制不仅只有上述一种，J. D. Liwinston 等人在 Co－Si，Cu－In 及 Ni－In等体系中发现，多晶片状的共析组织在接近共析温度保温一段时间，可以在晶界处形成粗大的片状组织，并且以晶界为移动前沿，消耗原有小的片状组织长大。这种粗化机制也被称为胞区粗化或者不连续粗化。

纤维状组织的粗化与片状组织的粗化类似，主要的不同在于纤维组织的相界面为圆柱面，其稳定性低于平直界面，因而纤维状组织的粗化主要表现为以下两种方式。

第一种是按照奥斯瓦尔德熟化的方式粗化，即粗大的纤维和细小的纤维周围溶质原子平衡浓度存在差异，因此这种浓度梯度导致溶质原子重新分布，细小的纤维逐渐溶解消失，粗大的纤维进一步粗化。

第二种则假设圆柱形纤维的局部区段上的直径存在着微小涨落，如图 7.52(a)所示。这种涨落可以保持纤维体积不变的情况下界面面积减小，这与喷射在空中的液体圆柱自发破碎形成一连串的球形液滴情形类似，也被称为瑞利失稳现象。一根无限长的纤维，由于瑞利失稳将最终变成一系列圆球。当纤维很短的时候，纤维将逐步收缩成一个圆球。而当纤维较长的时候，一个个的圆球将在纤维的端部依次形成，然后与纤维脱开，逐段缩聚成球，如图 7.52(b)所示。随后，其演变过程将以弥散球状粒子粗化的方式继续粗化。

片状和纤维状组织在材料中具有重要的作用，往往具有优良的物理性能，在工业生产中具有广泛的应用，如钢中的片状珠光体组织。组织的粗化可能会使性能恶化，因此常常加入

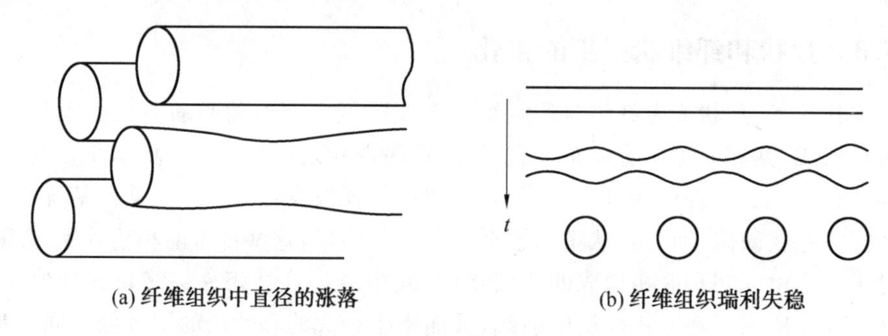

图 7.52　纤维状组织粗化示意图

某些合金元素，产生富集在相界或者晶界的溶质原子气团，钉扎界面的移动，从而减慢或者抑制组织的粗化，提高材料组织结构和性能的稳定性。

7.6.4　单相晶粒的粗化

在相变过程中，即使母相完全转变形成单一的新相，系统中仍然存在着大量的晶界或者畴壁，因此在足够高的温度下，晶界会发生迁移以减少总晶粒数，增大晶粒的平均直径来降低界面能。

为简单起见，假设多晶体中所有晶界的晶界能相等且与取向无关。考虑到界面能(表面张力)的平衡，则 3 个晶界交角为 120°时晶界处于亚稳平衡，同样可知 4 个晶粒角隅点的晶界棱间的角度为 109°28′时晶界处于亚稳平衡。但是，对于完全处于亚稳平衡的晶粒组织，表面张力还必须在连接处所有晶面上平衡，如果一个晶界弯曲成圆柱状，则存在一个大小为 γ/r、指向曲率半径中心的力作用于晶界上。因此只有平直界面或者存在相同半径而相反方向的弯曲(双弯曲界面)时，界面张力才能在三维情况下平衡，如图 7.53 所示。理想情况下，所有面和连接处的界面能都是平衡的。但在实际情况中，晶界总是在某个方向存在曲率半径。在金属与合金中，高温退火时，不平衡的力会导致晶界向其曲率中心迁移，这就是晶粒的粗化。

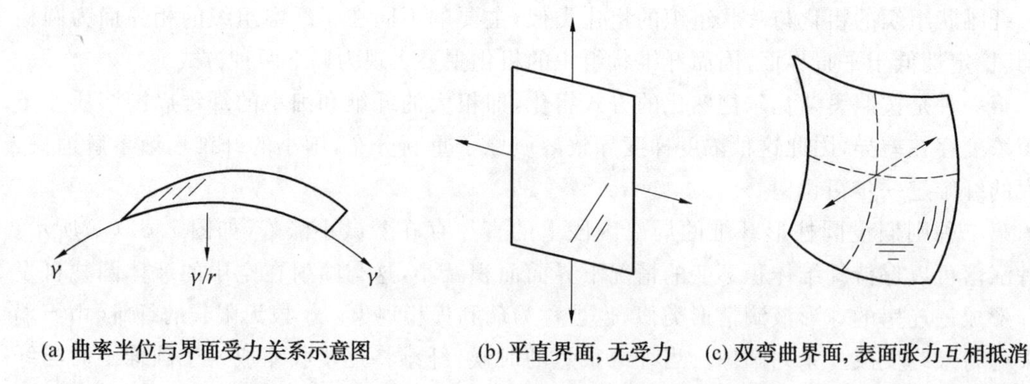

图 7.53　曲率半径与界面受力关系示意图

首先考虑简单的二维晶界时曲率半径的影响。假设每一晶界的连接点处界面能均处于平衡状态，且它们之间的夹角为 120°。此时，仅当一个晶粒与其他 6 个晶粒相邻时，其晶界才是平直的，结构处于亚稳态。而当与之相邻的晶粒少于 6 个时，则每个晶界必然存在曲率中心，且曲率中心位于晶粒的内部，如图 7.54 所示。因此这些晶粒在高温退火时将收缩甚至消失。而当与之相邻的晶粒超过 6 个时，该晶粒则会长大。金属一般会在 0.5 倍熔点的温度附近发生晶粒的长大或者粗化现象，此时晶界的迁移率很高。

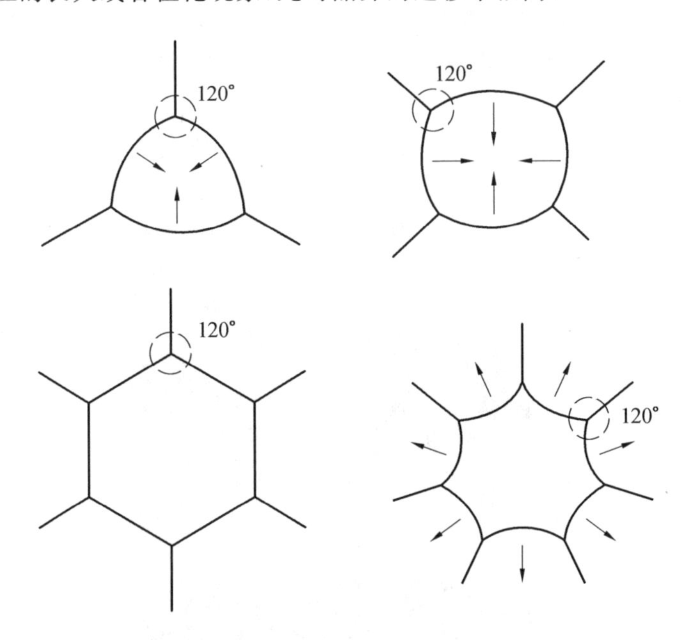

图 7.54　二维晶界情况时晶界的迁移示意图(箭头表示迁移的方向)

按照 Gibbs－Thomson 定理，大晶粒中原子的化学势要低于小晶粒中原子的化学势，这将导致小晶粒中的原子越过晶界向大晶粒中迁移。在单相金属中，晶粒的平均直径 $\bar{D}$ 随着时间增加的速率取决于晶界迁移率和晶界迁移的动力(参考式(7.55))。假设所有晶界的平均曲率半径正比于平均晶粒直径 $\bar{D}$，则晶粒长大的平均驱动力，也就是弯曲界面存在导致的界面两侧的原子化学势差为

$$\Delta G = \frac{\gamma V_B}{\beta \bar{D}} \tag{7.90}$$

式中，γ 为单位面积界面能；V_B 为原子体积；β 为与晶粒形态相关的常数。

不涉及成分扩散情况下，晶粒的粗化受到原子穿过界面的短程扩散控制。根据 Wilson－Frenkel公式，则有平均晶粒尺寸的长大速度近似为

$$\frac{d\bar{D}}{dt} = M \cdot \Delta G = \frac{M\gamma V_B}{\beta \bar{D}} \tag{7.91}$$

式中，M 为晶界上原子的迁移率，表达式见 7.5.1 小节。

这意味着晶粒长大的速度反比于平均晶粒直径 $\bar{D}$，晶界上原子迁移率随着温度的升高而增加，所以晶粒长大速度随着温度的升高而迅速增加。对式(7.91)积分，有

$$\bar{D}^2 - \bar{D}_0^2 = \frac{2M\gamma V_B}{\beta} \cdot t = Kt \tag{7.92}$$

式中，$\bar{D}_0$ 为粗化开始时($t=0$)的平均晶粒直径；t 为粗化进行的时间。

实验发现，可将单相金属情况下的晶粒长大写成

$$\bar{D}=K't^n \tag{7.93}$$

式中，K'为随着温度上升而增加的比例常数；实验确定的 n 值通常远小于 0.5，仅在金属纯度非常高或者温度很高的情况下，n 才会接近 0.5。这有可能和晶界迁移率不是常数或者溶质原子的拖曳效应有关。

上述所讨论的晶粒长大称为正常长大，此时大晶粒长大是平均的。但有时也会发生晶粒所谓的异常长大，即只有为数不多的几个晶粒长大成为晶粒尺寸很大的晶粒，然后这些晶粒再吞并周围的晶粒，直至细晶粒完全被粗大晶粒所取代，如图 7.55 所示。

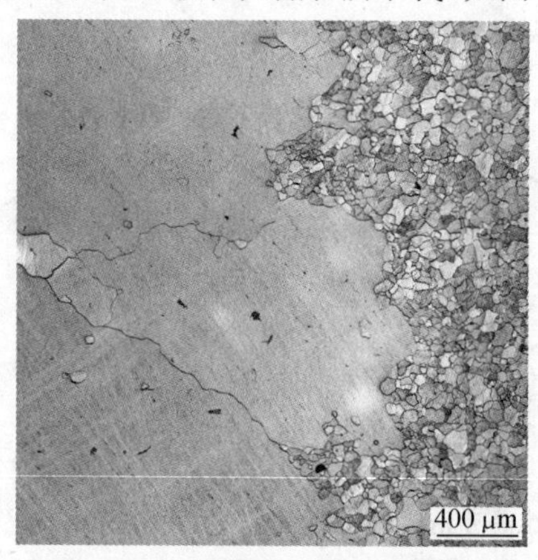

图 7.55　工业纯铁晶粒的异常长大光学显微照片

(6%变形后，900 ℃保温 30 min)

一般来说，当晶粒正常的长大由于出现细小的脱溶而停止时，就会发生晶粒异常长大，即晶粒异常长大的基本条件是：正常晶粒长大过程被分散相微粒、织构或表面的热蚀沟等所强烈阻碍。当存在细小弥散的第二相颗粒时，移动的晶界会被黏附到颗粒上，此时颗粒对晶界存在一个限制其运动的拖曳力。但如果温度过高，颗粒会粗化或者溶解，此时某些晶界会优先于其他晶界移动，这就发生了晶粒的异常长大，细晶组织严重粗化。例如，含铝镇静钢中存在细小弥散的铝氮化合物，在一般加热温度下这些细小的第二相使晶粒尺寸稳定，但温度超过 1 000 ℃时，铝氮化合物溶解，它们阻碍晶界运动的作用消失，就可能出现晶粒的异常长大。

7.7　固态相变动力学与 TTT 图

前面所涉及的相变多为非匀相转变，涉及成核、生长和粗化三个阶段。在相变的实际过程中，这些阶段往往相互交叉重叠，难于明确分开，相互伴随发生于整个相变过程。在第一批稳定晶核开始出现时，生长就随之开始，但此后形核的过程将继续进行；而只要新相的尺寸不同，则粗化也会随之发生。因此仅仅根据前几节中所述各个阶段的物理模型难于得出系统在相变过程中新相的宏观转化率、组织形态与相变时间的关系。为了建立这一关系，人

们做了许多努力并发展了相变动力学速率的形式理论。但需要注意的是，这些理论可能与相变机制模型细节没有必然的联系。

首先考虑一种所有母相都转变成新相的情况，母相为 α 相，恒温条件下通过形核、长大完全转变为新相 β 相，假定新相形核是均匀的，且相变过程并不因为长大速度的逐渐下降而停止，而是由于恒速生长的相邻的新相晶粒发生碰撞而中断。同时 β 相的形核率为一个恒定的常数 N，新相的晶胞生长呈现各向同性，以恒定长大速度 v 长成球形，则系统中某一新相区在τ时刻成核并开始长大，在 t 时刻其体积为

$$V=\frac{4\pi}{3}[v(t-\tau)]^3 \tag{7.94}$$

在单位体积未转变的 α 相中，$d\tau$ 时间间隔内形成的晶核数量为 $N \cdot d\tau$，如果仅考虑相变初期，新相颗粒之间互不干扰，则单位体积内总的体积转化分数为

$$f=\sum V'=\frac{4\pi}{3}v^3\int_0^t [(t-\tau)]^3 d\tau \tag{7.95}$$

也就是在 t 时刻的新相的体积分数为

$$f=\frac{\pi}{3}Nv^3t^4 \tag{7.96}$$

上式仅在 $f \ll 1$ 时，也就是相变初期时有效。随着相变的进行，β 相之间会相互干扰，甚至挤碰，转变速率会下降。W. A. Johnson，R. F. Mehl 和 M. Avrami 从统计的角度成功地解决了这一相变过程中的几何问题。他们首先通过“幻想核”的假设，求出不考虑新相因为生长而会相互挤碰的某一时刻的新相的总体积，这时不可避免重复计算了一些新相所占的体积，然后他们定义了“扩展体积”的概念，通过统计学的方法去掉这些重复计算的部分，修正式(7.96)，得到对于随机分布的核，整个相变过程中均有效的方程为

$$f=1-\exp\left(-\frac{\pi}{3}Nv^3t^4\right) \tag{7.97}$$

这一公式对于短时间的情况，由于 $x \ll 1$ 时，$1-\exp(-x)\approx x$，其与式(7.96)是一样的。而对于长时间的情况，上式也具有合理性，因为 $t\to\infty$时，体积转变分数趋近于 1。

式(7.97)也被称为 Johnson－Mehl－Avrami 方程，简称 JMA 方程。一般来说，根据形核和长大过程所做的假设不同，也可以得到类似的方程形式：

$$f=1-\exp(-Kt^n) \tag{7.98}$$

式中，n 为一个幂指数，数值在 1～4 之间变化，其主要与形核机制相关，当形核机制不变时，与温度无关；K 与形核和长大速度有关，对温度比较敏感。

在线性生长的条件下，若形核率随着时间增加，则有 $n>4$；若形核率随着时间下降，则有 $3<n<4$；若晶粒最初形核后形核率就下降为 0，则 $n=3$。

J. W. Cahn 讨论了固态相变中在晶界、晶棱形核条件下的恒温转变动力学，沿用了 JMA 方程进行了详细的分析。他根据计算结果，得出当晶粒不太小的情况下，晶界和晶棱处形成的核心很快就会达到饱和，新的核心不能继续形成，新相的生长只能通过附在晶界处的新相向母相晶粒内部推进或者晶棱上的新相沿着径向粗化的方式进行，此时相应的 JMA

方程中的 n 分别为 1 和 2。

等温相变的进展可以很方便地用转变分数和时间、温度的函数关系曲线表示。改变相变发生的温度，将会得到不同的转变率－时间关系曲线，这就是时间－温度－转变（Time－Temperature－Transformation）图，通常称为 TTT 图。TTT 图是一种动力学相图，表示了某一成分的材料在不同的温度、不同的时间相变产物的结构及其数量，其纵坐标为温度，横坐标为时间或者时间的对数，如图 7.56 所示。从图中可见，当高温母相向低温新相转变时，新相的形核速率和长大速度使得相变总速度随温度的降低先增加而后减小，整个 TTT 图呈现了字母“C”的形状，因此 TTT 图也常被称为 C 曲线。TTT 图通常都是使用样品在不同温度下做一系列等温转变曲线所得到的。以过冷奥氏体的转变为例，转变过程存在体积、磁性、组织结构及其他相关物理化学性能的变化，因此可以采用膨胀法、磁性法、金相法、硬度法等多种方法显示过冷奥氏体的恒温转变过程，得到 TTT 图。

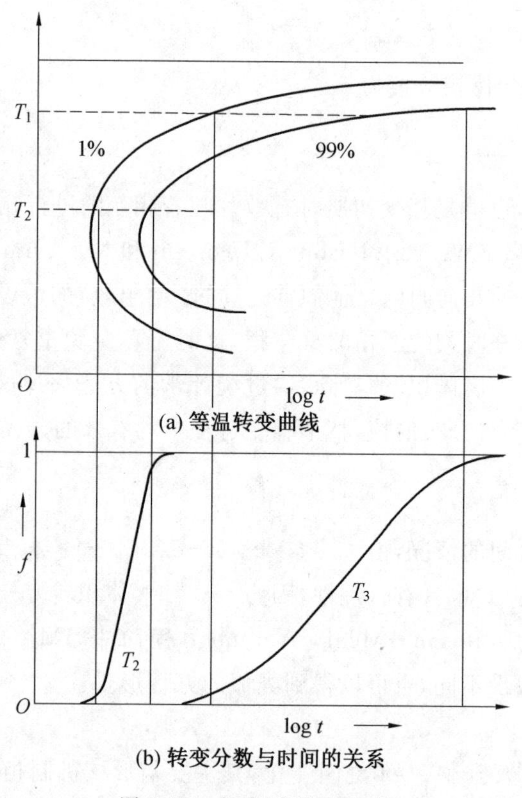

图 7.56　相变过程 TTT 图

图 7.57 所示为共析钢的典型 TTT 图。以珠光体转变为例，在较高的转变温度，扩散系数较大，但过冷度小，相变的驱动力小，因此转变速率较慢；而当转变温度较低时，虽然过冷度较大，但此时原子的活动能力下降，扩散系数小，因此转变速率也不快。对于图中所示共析钢而言，只有在 550 ℃时，相变驱动力和扩散两方面的综合作用才会使转变速率达到最大值。这一基本规律也同样适用于其他各种受扩散控制的相变过程。

虽然人们平常使用的 TTT 图是通过一系列恒温转变测定的，但对于变温相变过程也可以近似适用。将材料的连续变温曲线画到TTT图上，通过变温曲线与C曲线的相对位置就可以预测到变温后所得到的组织。不仅如此，还可以根据TTT图设计好适当的冷却途径，从而获得所希望的组织。如图7.57中虚线所示，如果想得到马氏体组织，就需要对该共析钢快速冷却，使其变温曲线不与表示珠光体转变开始的那条等转变量曲线相交。

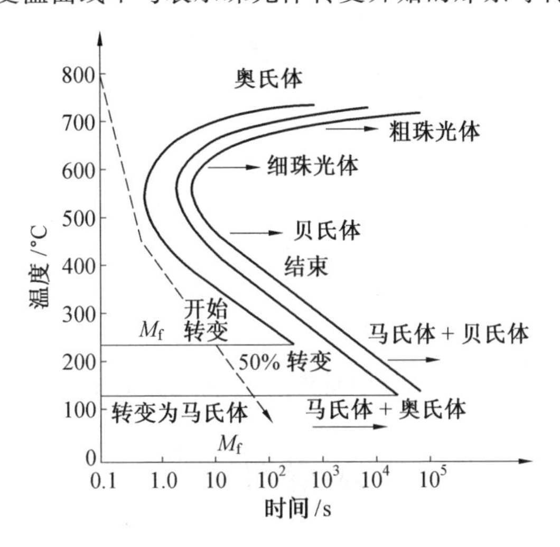

图7.57　共析钢的典型TTT图

C曲线反映了过冷母相的稳定性，也反映了过冷母相在某一温度下的转变速率，因此凡是能影响形核、生长过程的因素都会影响C曲线的形状和位置。以钢中的过冷奥氏体转变为例，最重要的影响因素为化学成分。对于亚共析钢和过共析钢而言，在发生珠光体转变之前分别先析出先共析铁素体和先共析渗碳体，因此在它们的C曲线上部分别多出一条先共析相的析出线，如图7.58所示。与共析钢的C曲线相比，亚共析钢和过共析钢的C曲线更加靠左，这是由于先共析相的存在可作为过冷奥氏体分解的外来核心，使其稳定性下降。一些合金元素的加入会改变形核及扩散的过程，则也会改变C曲线的形状。概括地讲，除了Co和Al以外，所有的合金元素都会增大钢中过冷奥氏体的稳定性，使C曲线右移。奥氏体的晶粒越细小，成分越不均匀，未溶解第二相越多，越有利于新相的形核和扩散，C曲线左移。此外，由于奥氏体与其他组织相比，其比体积最小，因此奥氏体状态下施加拉应力将有利于转变，使C曲线左移；施加压应力会阻碍其转变，使C曲线右移。

TTT图不仅是钢铁等金属材料进行热处理的重要基础和依据，而且还被推广到其他材料体系中，如D. R. Uhlmann将TTT图用于无机氧化物玻璃形成动力学的理论研究，发展了可以半定量判断熔体形成非晶态所需最小冷却速度的方法，目前已经被广泛地用于研究金属玻璃的形成和稳定性问题。

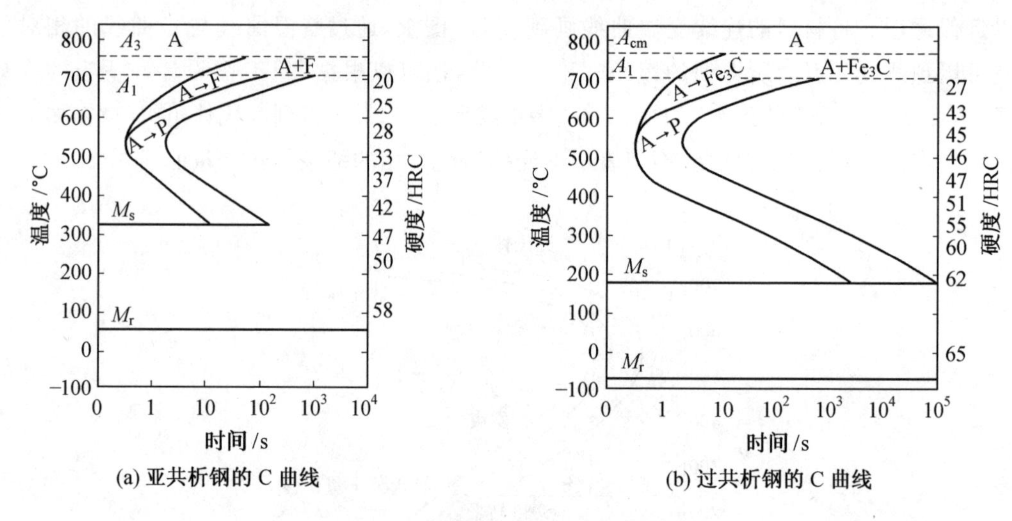

图 7.58　含碳量对钢 C 曲线的影响

本章习题

1. 为什么存在形核势垒？说明其影响因素。
2. 为什么大多数形核都是非均匀形核？
3. 过冷度对临界形核尺寸和临界形核功有何影响？
4. 分析位错性质对形核的影响规律。
5. 新相的形状由什么决定？说明其影响规律。
6. 界面控制型生长时界面的推进速度与哪些因素有关？
7. 阐述 Zener 提出的一维生长模型。
8. 说明 Gibbs－Thomson 效应的原理。
9. 说明 Greenwood 模型，讨论粒子的粗化过程。
10. 阐述纤维状和层片状第二相的粗化过程。

第 8 章　扩散型相变实例

8.1　过饱和固溶体的连续脱溶

从过饱和的固溶体中析出一个新相(沉淀相)或者形成溶质原子的富集区及亚稳定过渡相的过程称为脱溶。合金在脱溶过程中,其机械性能、物理化学性能等都会随之发生变化。一般情况下,脱溶过程中合金的硬度和强度会逐渐升高,称为时效硬化或者时效强化。

8.1.1　时效硬化现象

1906 年,德国化学家 A. Wilm 发现在 Al－Cu－Mn－Mg 合金中,当合金经过某一温度加热后然后水冷,甚至只是室温下放置几天后,其硬度和强度将大幅提高,这就是时效硬化现象的首次发现。

合金首先应进行固溶处理,即加热到单相区得到均匀的单相固溶体。如果缓慢冷却,则单相固溶体中溶质原子的溶解度下降,发生脱溶,形成平衡相。但如果高温得到单相固溶体后快速冷却,让扩散来不及进行,这样就可得到在低温下存在的过饱和的单相固溶体,此固溶体在适当的温度保持一段时间,就会发生分解,形成平衡相或者亚稳的过渡相,这一现象就称为过饱和固溶体的分解,通常也称为时效。其中沉淀相的尺寸和分布可以通过时效温度和时效时间控制,从而获得不同的组织结构和性能。但需要指出的是,尽管理论上只要存在溶解度的变化就可以采用时效析出的方法调节材料的组织和性能,但在实际工业生产中需要在高温与低温时溶解度相差较大的情况下,时效才比较适用。时效普遍存在于金属与合金中,可以显著提高材料的强度和硬度,在工业上具有广泛的应用,如高强铝合金、高强镁合金、耐热合金、部分超高强度钢等,都是通过时效进行强化以提高强度和硬度的。

Al－Cu 合金是研究最早也最充分的时效硬化合金。本节主要以 Al－Cu 合金中的脱溶析出为例进行讨论。图 8.1 给出了富 Al 端的部分 Al－Cu 相图。其中,α 为 Cu 在 Al 中的固溶体,具有 fcc 结构;θ 为金属间化合物 $CuAl_2$。

将 Al－4%Cu 合金(Cu 的质量分数为 4%)加热到 540 ℃以上,所有的 Cu 都将溶解到 Al 中,形成单相的 α 相,淬火急冷,得到过饱和的固溶体。然后在不同温度下保温进行时效处理,测量合金硬度随着时效时间的变化关系,如图 8.2 所示。结合组织结构观察,可以发现:

① 急冷以后,单相固溶体的硬度很低,不存在沉淀相。

② 随着时效时间的延长,合金的强度上升,较低温度(130 ℃)时效时,硬化曲线上存在两个峰值,而时效温度升高到 190 ℃时,硬化曲线上仅有一个峰值。通常将硬度达到峰值之前的时效处理称为欠时效,峰值附近的时效处理称为峰时效,峰值过后的时效处理称为过时效。

③ 通过 X 射线衍射仪和透射电子显微镜观察显微组织,可发现峰时效时合金中存在脱

溶产物，具有特定的结构与形貌。

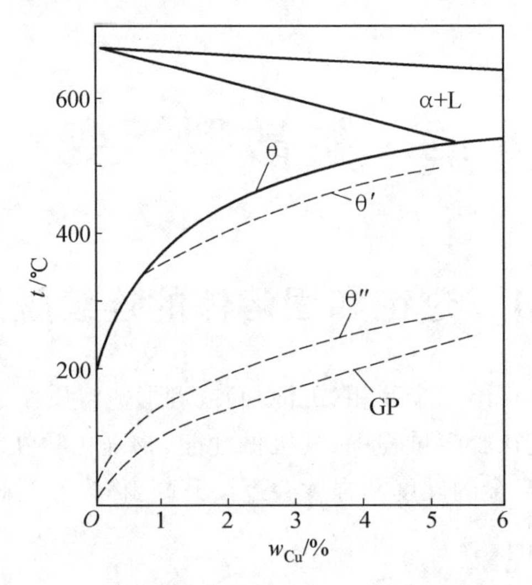

图 8.1　富 Al 端的部分 Al－Cu 合金相图

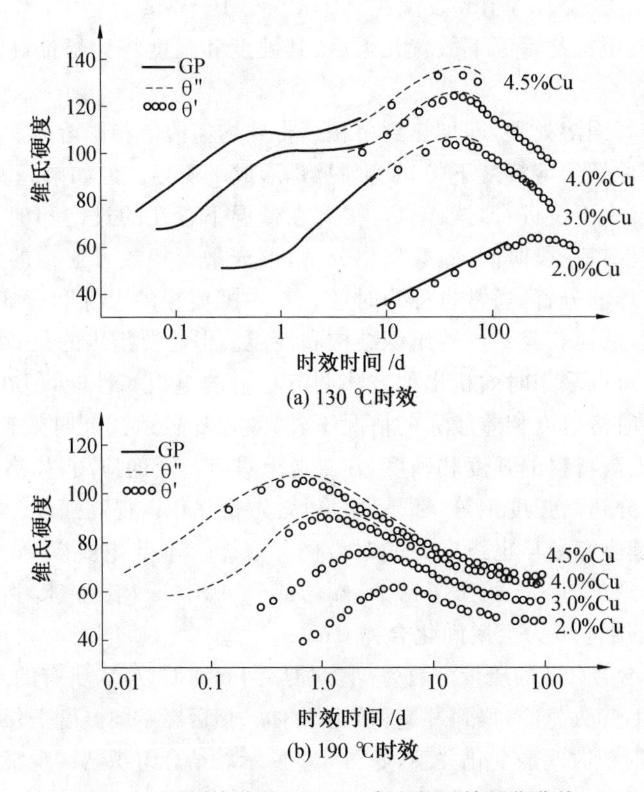

图 8.2　不同成分的 Al－Cu 合金的时效硬化曲线

8.1.2　脱溶过程与过渡相的结构

当时效温度较低时，Al－Cu 合金时效过程中首先形成的析出相并不是平衡相 θ 相，而是共格的富 Cu 的 GP 区。随着时效时间的延长，析出相也随之发生变化，在得到最终的平

衡 θ 相之前,中间将会经过一个或者几个亚稳的过渡相。其典型的脱溶顺序可以写为

$$\alpha_0 \rightarrow \alpha_1 + \text{GP 区} \rightarrow \alpha_2 + \theta'' \rightarrow \alpha_3 + \theta' \rightarrow \alpha_4 + \theta \tag{8.1}$$

式中,α_0 为初始过饱和固溶体;α_1,α_2,α_3 和 α_4 分别为与 GP 区,θ'',θ' 和 θ 相共存时具有不同成分的基体。

Al－4%Cu 合金中典型的不同析出相的形貌如图 8.3 所示。

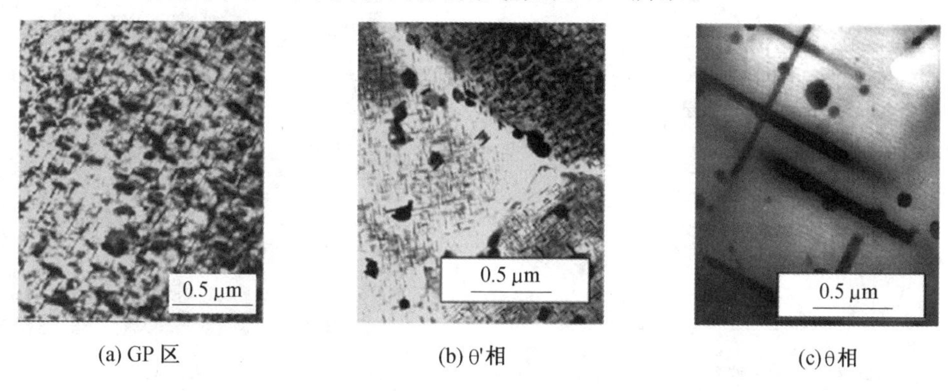

(a) GP 区　(b) θ'相　(c) θ相

图 8.3　Al－4%Cu 合金中典型的不同析出相的形貌

GP 区是溶质原子的偏聚区,其和基体完全共格,呈现盘状,沿着一定的晶面{100}上形成,即 Cu 原子在 α 相的{100}面上偏聚,如图 8.4 所示。GP 区的直径约为 8 nm(随时效温度而有所变化),厚度仅为 0.3～0.6 nm(2～3 个原子层厚)。它们分布得非常均匀,间距也为 10 nm 左右,即密度大约为 10^{18}个/cm^3。其形成与超额空位有关。空位的平衡浓度随着温度呈指数关系升高,所以对应于固溶处理温度时空位浓度是很高的,而时效温度下则要低得多。当合金从固溶温度高速淬火时,高密度的空位被保留下来。在时效温度,空位相互吸引而形成空位团,一些空位团还会坍塌形成位错环。这些位错环将能够吸收更多的空位而长大,且已有的位错也会吸收空位,因此随着时间的延长,超过平衡浓度的空位会逐渐消失掉。而且在时效温度下,超过平衡浓度的空位在很大程度上提高了原子的扩散速率,加速形核和长大过程。通过简单的计算表明,如果没有超额空位的辅助,即平衡空位浓度下形成 GP 区所需的溶质原子的扩散系数要比有超额空位情况下溶质原子的扩散系数小几个数量级。也就是说,如果没有超额空位的辅助,形成 Cu 富聚的 GP 区是不可能的。此外实验发现,如果固溶处理的温度(淬火)不同,时效温度相同的话,淬火温度最高的试样中 GP 区形成的起始速率最大。如果淬火过程在某一温度终端,或者淬火速度较慢时,空位浓度将达到新的平衡,此时 GP 区的转变速率就下降了。

空位对 GP 区的形成具有举足轻重的作用,但位错、晶界等处都会吸收一部分的空位,这对于随后时效过程中在晶界附近形成析出物有重要的影响。图 8.5 所示为 Al－Cu－Mg 合金中固溶后时效所形成的析出相分布。在晶界附近,形成了一个晶界无析出带(Precipitate－Free－Zones,PFZ),这一区域除了晶界上较大的第二相外,没有细小弥散的沉淀相,而在远离晶界处,基体上分布着细小弥散的沉淀相。其原因在于:GP 区需要一定的空位浓度才能形核,而晶界附近的空位被晶界吸收,因此不能满足 GP 区形成所需的空位浓度条件,这就形成了 PFZ。此外在一些位错或者夹杂的附近也会由于空位浓度的降低形成类似的无析出区域。

在许多重要的金属与合金的低温时效过程，尤其是对于 Al 合金来说，GP 区通常是首先形成的脱溶产物。它们的结构与基体相近，因而产生的畸变小，形核势垒也低。一些典型合金中脱溶析出的贯序见表 8.1。

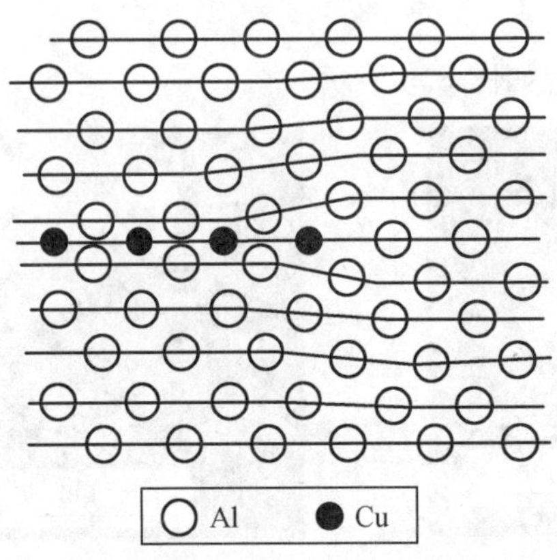

图 8.4　GP 区模型（平行于(200)面并穿过 GP 区的截面）

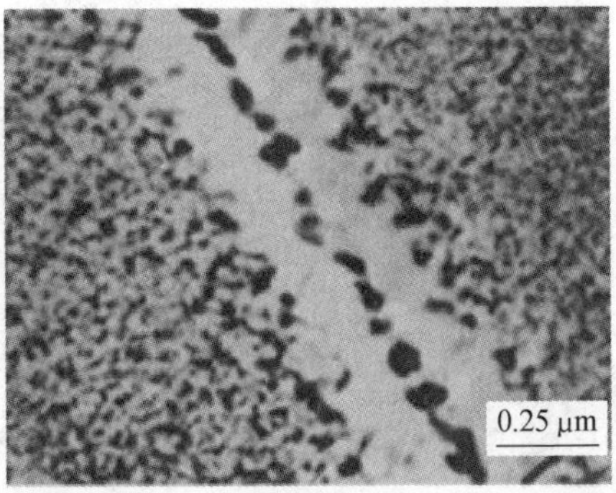

图 8.5　Al—Cu—Mg 合金中固溶后时效所形成的析出相分布

表 8.1　一些典型合金中脱溶析出的贯序

基体金属	合金	贯序
Al	Al—Ag	GP 区(球状)→γ'(片状)→γ(Ag_2Al)
	Al—Cu	GP 区(盘状)→θ''(盘状)→θ'(盘状)→θ($CuAl_2$)
	Al—Cu—Mg	GP 区(棒状)→S'(条状)→S($CuMgAl_2$，条状)
	Al—Zn—Mg	GP 区(盘状)→η'(片状)→η(Mg_2Zn，条状或片状)
	Al—Mg—Si	GP 区(盘状)→β'(棒状)→β(Mg_2Si，片状)
Cu	Cu—Be	GP 区(盘状)→γ'→γ(Cu—Be)
	Cu—Co	GP 区(球状)→β(Co，片状)
Fe	Fe—C	ε 碳化物(盘状)→Fe_3C(片状)
	Fe—N	α''(盘状)→Fe_4N
Ni	Ni—Cr—Ti—Al	γ'(立方或球状)

GP 区形成以后，随后形成的其他脱溶析出产物往往称为过渡相。在 Al—Cu 合金中，过渡相为 θ'' 和 θ' 相。其中 θ'' 相早期也被称为 GPⅡ区，但后来发现其与 GP 区不同，是一个真正的过渡相，具有正方点阵，是一个畸变了的 fcc 结构。θ'' 相也呈圆盘状，与基体完全共格。其直径为 30～150 nm，厚度为 2～10 nm，其成分接近 $CuAl_2$，与基体之间具有如下取向关系：

$$(001)_{\theta''}//(001)_{\alpha}$$
$$[100]_{\theta''}//[100]_{\alpha} \tag{8.2}$$

θ'' 相可以由 GP 区原位转化生成，也可以在基体中直接形核。由于它和基体的点阵常数差异，在垂直盘片方向的基体内产生弹性应变，如图 8.6 所示。这种共格应变是合金强化的主要原因。

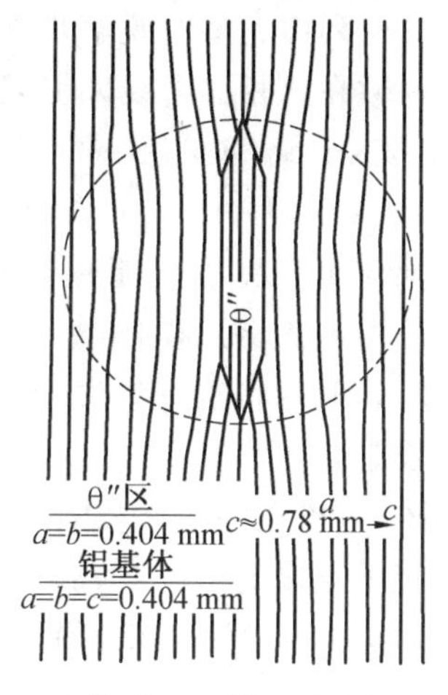

图 8.6　θ″相附近基体的应变场示意图

随着时效温度的升高或者时效时间的延长，将会形成 θ′ 相。θ′ 相的成分更加接近于 $CuAl_2$，也具有正方结构，与基体之间的取向关系与 θ″相同。其(001)面与基体相同，但(100)和(010)面的结构与基体差异很大，因此 θ′ 相在 $\{100\}_\alpha$ 上形成片状，片的边缘是非共格的或者具有复杂的半共格结构。θ′ 相的尺寸较大，可以在光学显微镜下观察到。其形核地点常常是在位错线上。

平衡相 θ 的成分为 $CuAl_2$，有时会有些微小偏离。它具有复杂的体心四方结构，θ 与 α 基体、θ″相和 θ′ 相的晶体结构及形貌的比较如图 8.7 所示。θ 相的晶体结构和晶格常数与基体完全不同，也很难找到相类似的晶面或者晶向，因此只能形成非共格或者复杂的半共格界面。此时合金处于过时效阶段，硬度和强度明显下降。

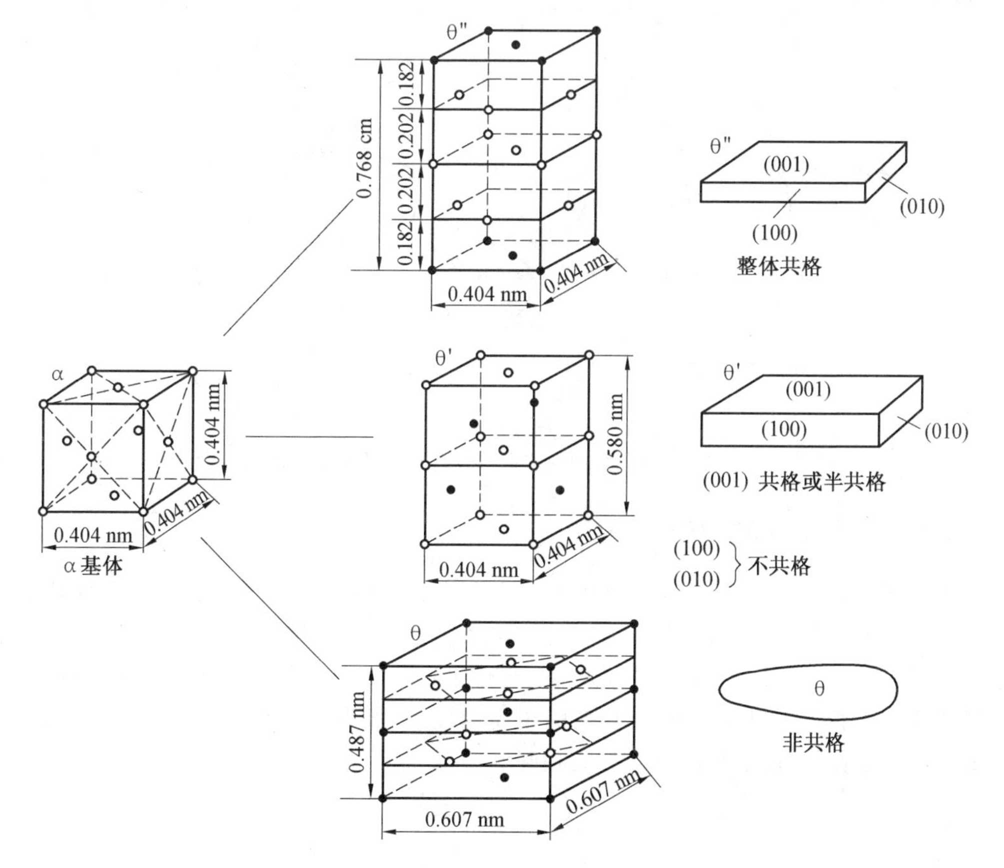

图 8.7　θ 与 α 基体、θ″相和 θ′ 相的晶体结构及形貌的比较

式 8.1 所列出完整的脱溶贯序只有当合金在 GP 区固溶线以下的温度时效时才能获得。如果时效在 θ''相固溶线以上但低于 θ'相固溶线的温度下进行，则 θ'相将会首先脱溶析出，而不形成 GP 区和 θ''相。同理，如果时效在 θ'相固溶线以上进行，则只能脱溶析出平衡相 θ。图 8.8 所示为 Al－Cu 合金的固溶曲线及各相开始析出的动力学曲线。转变速率快则意味着形核速率快，因此此时能获得的脱溶析出产物也就越加细小，随着时效温度的升高和时效时间的延长，得到的组织也逐渐变粗。此外，含有 GP 区的合金被加热到 GP 区固溶线以上温度，GP 区将溶解消失，这一过程称为回归。产生回归现象的原因在于不同结构的脱溶产物稳定存在的温度区间不同，而低温析出的亚稳相在温度升高时失稳重新溶解。利用回归现象，可以在一些合金中采用双时效的处理方法获得更高的强度：首先在 GP 区固溶线以下较低的温度时效得到高度弥散分布的 GP 区，然后再在较高温度时效。低温时效形成的 GP 区在高温时效时可以作为脱溶析出的非均匀形核位置，因此最终得到的脱溶析出产物会更加弥散分布。而且，利用回归会将 GP 区和过渡相引起的硬化消除，这也会有利于合金的冷加工或者整形修复。此外，在时效之前变形引入大量位错也会影响脱溶析出产物的形核和分布，在工业生产中也通常使用。但是使用这一处理需要比较谨慎，因为变形有时会导致较粗的析出相分布。

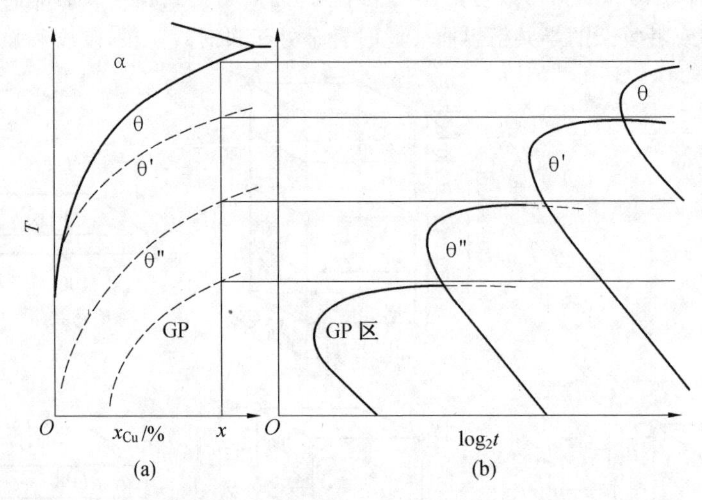

图 8.8　Al－Cu 合金的固溶曲线及各相开始析出的动力学曲线

8.1.3　形成过渡相的原因

表 8.2 所示为 Al－4.5%Cu 合金中脱溶产物的形成、成分、结构、形貌、界面特征以及对宏观性能的影响。根据相图的平衡，可知当系统最稳定的时候应为平衡相。也就是说，对于 Al－Cu 合金，其中形成 θ 相的时候，系统的自由能最低。从相变驱动力的角度来说，当从过饱和的 α 相中析出 θ 相时，其相变的驱动力最大，那为什么在许多相变过程中，往往不是直接形成平衡相，而是形成许多过渡相呢？

表 8.2 Al—4.5%Cu 合金中的脱溶产物及特征

	母机	GP 区	过渡相		平衡相	
	α_0	GP Ⅰ	θ''(GP Ⅱ)	θ'	θ	θ 长大
形成	加热到 550 ℃形成 Cu 固溶于 Al 的固溶体					
成分	Al—4.5%Cu	90%Cu	接近 $CuAl_2$	$Cu_2Al_{3.6}$	$CuAl_2$	$CuAl_2$
结构	无序固溶体 fcc $a=0.404$ nm	(偏聚区) Cu 原子在(001)面上富集而形成，无明显界面，无新结构，保持共格	(有序区) 亚稳的共格预沉淀，正方点阵，$a=b=$ 0.404 nm，$c=0.768$ nm	(有序区) 亚稳的共格预沉淀，正方点阵，$a=b=$ 0.404 nm，$c=0.580$ nm	平衡沉淀相，复杂体心正方结构，非共格，$a=b=$ 0.607 nm，$c=0.487$ nm	平衡相，粗化
析出物形貌		圆盘状，直径 8 nm，厚度 0.3～0.6 nm，密度为 10^{18} 个/cm^3	圆盘状，直径 30 nm（最大 150 nm），厚度 2 nm（最大 10 nm）	在 $\{100\}_\alpha$ 上形成片状脱溶物，非均匀形核，在位错线上或亚组织边界上析出	光学显微镜下可见稀疏分布的逐渐粗大的脱溶物	脱溶物继续粗化
取向关系惯习面		偏聚区沿 {100} 晶面形成	$(001)_\theta // (001)_\alpha$，$[001]_\theta // [001]_\alpha$，$\{001\}_\alpha$ 共格	宽面共格，片的边缘非共格或半共格，$\{001\}_\alpha$ 半共格	共确定的取向关系	无确定的取向关系
对宏观性能的影响	低硬度	硬度第一峰值	硬度第二峰值		硬度逐渐下降	
对宏观性能影响的原因	单相固溶体	由于原子偏聚或形成有序化区域，产生共格变形的晶格畸变，位错线切过析出物，会增加界面能、反相畴界能，再加上位错线与高密度析出物的长程相互作用，使材料强度增加		位错线与析出物有长程相互作用，位错线绕过析出物，从而使材料强化；随着析出物粗化，这种强化作用逐渐减弱		

仍以 Al－Cu 合金为例，图 8.9 所示为 Al－Cu 合金脱溶析出过程的自由能变化。可以看出，无论析出过渡相还是平衡相，系统的总自由能都是下降的。且按照 GP 区、θ''相、θ'相和 θ 相的顺序，体系的自由能下降幅度逐渐增加，即按照 $G_0 \to G_1 \to G_2 \to G_3 \to G_4$ 的顺序下降，如图 8.9 所示。如果仅考虑化学自由能的变化，则析出 θ 相的驱动力最大，应该首先析出。但是这一相变的过程不仅受到相变驱动力的影响，还需要考虑相变过程中的阻力。GP 区、θ''相、θ'相虽然不如 θ 相稳定，但是它们与基体之间结构相近，通常形成共格或者半共格界面，因此形核势垒较低，如图 8.10 所示。而平衡相的晶体结构和基体无法很好匹配，形成的非共格界面能量高，形核势垒高，因此过渡相会更加容易形核析出。图 8.11 为贯序析出时 Al－Cu 合金的自由能随时间的变化示意图。结合图 8.10 可知，形成过渡相时系统的自由能比直接形成平衡相时系统的自由能更大。而且，从扩散的角度看，过渡相与基体间的成分差别小，容易满足。

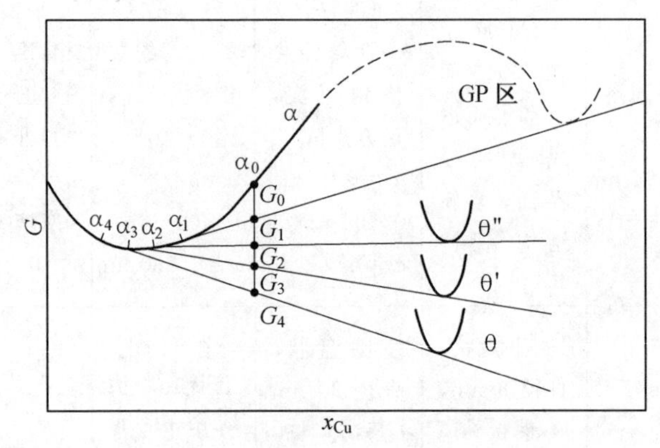

图 8.9 Al－Cu 合金脱溶析出过程的自由能变化

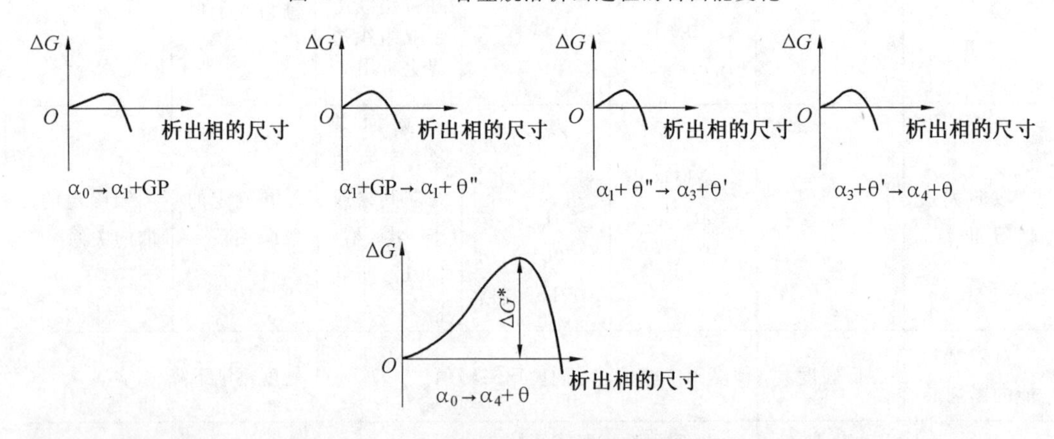

图 8.10 形成过渡相的形核势垒与直接形成平衡相的形核势垒比较

按照脱溶贯序，亚稳相溶解并促使后续比较稳定相长大，其机理如图 8.12 所示。在 Al－Cu合金中，若一个亚稳相 θ''和另一较稳定相 θ'共存，θ''相周围基体的平衡浓度为 α_2，θ'相周围基体的平衡浓度为 α_3，根据图 8.9 可知，$\alpha_2 > \alpha_3$，因此溶质原子 Cu 将从 θ''相流向 θ'相，如此 θ''相逐渐溶解，而 θ'相逐渐长大。

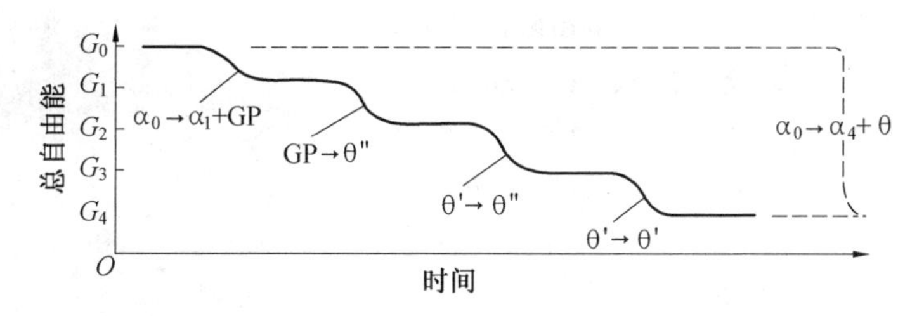

图 8.11　贯序析出时 Al－Cu 合金的自由能随时间的变化示意图

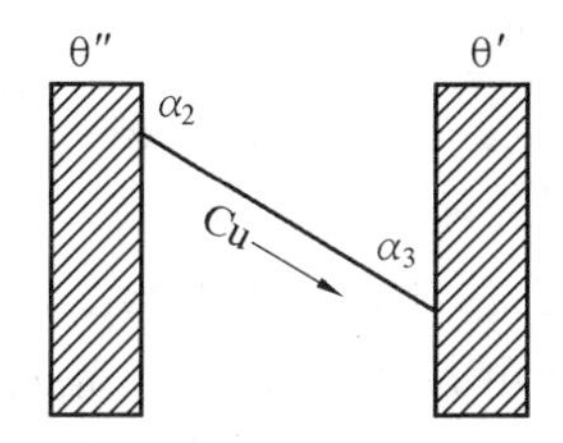

图 8.12　较稳定的 θ'相通过消耗不稳定的 θ''相的长大机制

8.2　不连续脱溶

8.2.1　不连续脱溶的特征

对于上文所提到的脱溶析出过程，邻近沉淀相周围的母相溶质原子溶解度连续变化，因此也称为连续脱溶或连续沉淀。如前所述，当连续脱溶析出的沉淀相与母相结构和点阵常数相近时，沉淀相与母相可能形成共格或者半共格界面，呈盘状、片状或者针状，与母相之间存在一定的取向关系；而沉淀相与母相之间差别很大，则形成非共格界面，沉淀相呈等轴状或者球形，与母相之间无一定的取向关系。

在某些合金中，沉淀相的形核可以在晶界发生，但是随后的长大并不沿着晶界长为仿晶界形，或者沿着一定的方向向晶内生长形成针状或者片状的魏氏组织（Widmanstätten structure）。在有些情况下能够引起一种不同形式的转变，形成胞状组织，称为胞状脱溶，由于其中母相的成分存在突变，因此将此类脱溶也称为不连续脱溶或者不连续沉淀。典型的胞状脱溶组织如图 8.13 所示，两相交替构成片层状组织，两相之间间隔很小。从组织上来看，这种组织与共析转变形成的组织很类似，但不同之处在于，共析转变为母相生成两种新相，而胞状沉淀则可表示为

$$\alpha' \to \alpha + \beta \tag{8.3}$$

式中，α'为过饱和的母相；α 与母相晶体结构相同，仅溶质原子浓度略低；β 为平衡的脱溶析出产物。

晶界随着脱溶析出产物长大着的端部而移动，形成胞状组织，如图 8.14 所示。其形成过程如下：首先，在过饱和的母相 α'中，溶质原子在晶界处偏聚，导致 β 相在母相 α'的晶界上形核。此时一般 β 相与其中某个晶粒之间形成不容易移动的共格界面，与另一晶粒之间形成容易移动的非共格界面。因此 β 相更加倾向于向形成非共格界面的一侧晶粒内部进行生

长，这种生长是依靠片层的端向延伸和侧向扩散（原有片层伸出分支或者重复交替形核）来实现的。在β相的生长过程中，β相的两侧将出现溶质原子的贫化区α相，而在α相的外侧，沿着母相晶界又可形成新的β相晶核，此时α相以外的α′相仍保持原来的浓度。Porter等人用电子能量损失谱法测定了Mg－8.8％ Al合金胞状脱溶时晶界两侧的基体相成分，发现基体中成分呈现不连续分布，如图8.15所示。这也是“不连续”这一名称的来源。实验结果表明，在胞前沿10 nm范围内，基体的成分保持不变，所以溶质原子的重新分配不是在晶内发生的，只能在晶界上发生。由于脱溶的温度较低，因此溶质原子的迁移通过晶界扩散要较体扩散更为有效，Porter等人的这一实验结果也为扩散通过晶界进行提供了实验证据。此外，除了成分的不连续外，胞状组织中的两相与母相之间也存在着结构上的不连续性，即在α′/α，α′/β界面处不仅成分发生突变，晶体的点阵常数和位向也发生突变。

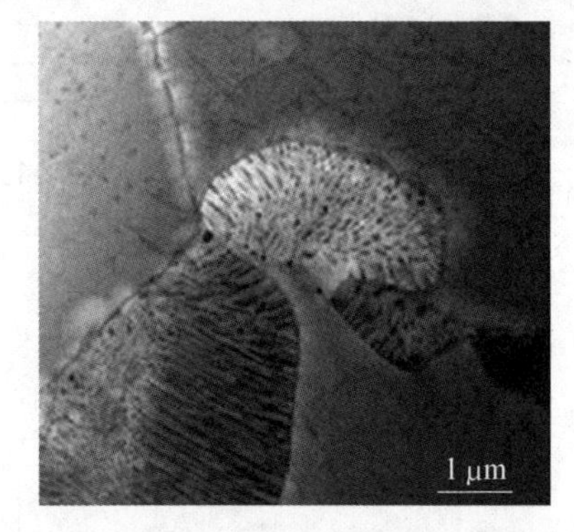

图8.13　典型的胞状脱溶组织

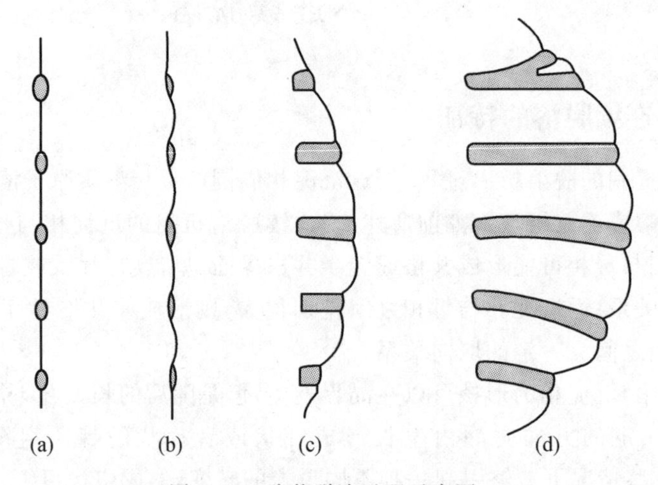

图8.14　胞状脱溶过程示意图

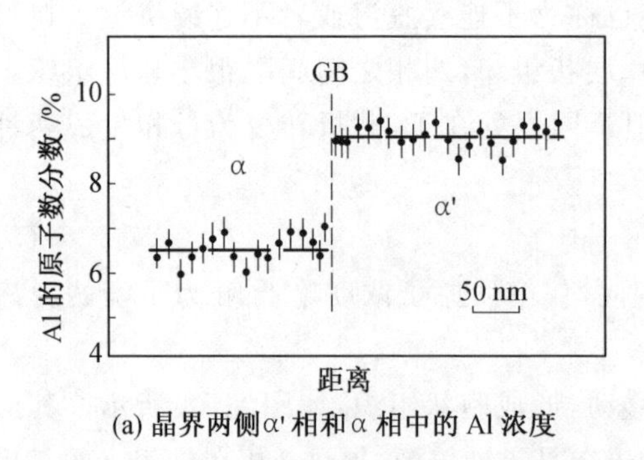

(a) 晶界两侧α′相和α相中的Al浓度

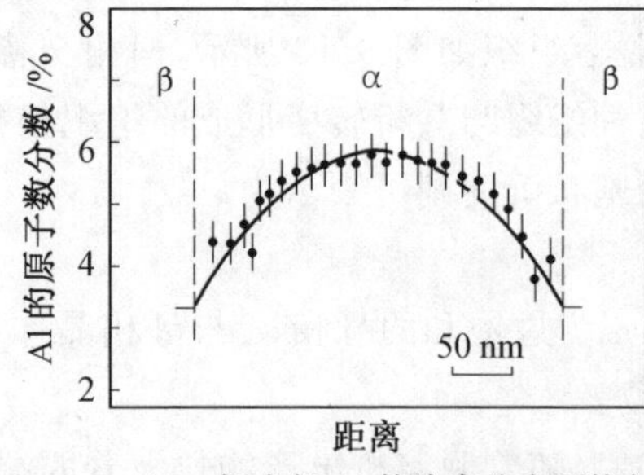

(b) α相内部Al的浓度分布不均匀

图8.15　Mg－8.8％Al合金中胞状脱溶用电子能量损失谱法测定的穿过界面的成分分布

通过实验还发现，胞状脱溶时原子的扩散距离通常小于 1 μm，与胞状组织的片层间距处于同一数量级。溶质原子的扩散距离很短，这是不连续脱溶与连续脱溶的另一个区别。

通常希望一般的脱溶过程产生细小弥散分布的析出相来提高合金的力学性能，而不希望发生胞状反应，因为随着胞状脱溶产物的长大，会形成粗大的平衡脱溶析出产物。但进一步的研究表明，在有些合金系中，通过控制不连续脱溶，可以获得比共晶组织更为细小的片层组织，这种细小的片层组织对于定向排列的复合材料的机械性能或者电磁性能都是有利的。

8.2.2　不连续脱溶的生长理论

不连续脱溶的通常发生在置换固溶体中，此时溶质原子的晶界扩散系数比体扩散时要大。此外，当晶界不均匀形核概率大，脱溶析出的驱动力大时都会促进不连续脱溶析出。溶质原子在不连续脱溶过程中的重新分布是其沿着析出物/基体边界扩散的结果。

假定脱溶物与基体间的界面为厚度为 λ、宽度为 1 单位长度的平面，如图 8.16 所示。界面向前移动的速度为 v，单位时间内有 $v\times1$ 体积成分为 c'_α 的母相 α' 转变为成分分别为 c_α 和 c_β 的 α 相和 β 相的片层相间混合物。在边界处，溶质原子通过界面扩散，离开 α 相的前沿进入 β 相，这一扩散是在厚度为 λ 的界面上完成的，因此 β 相单位时间内获得的溶质原子的扩散通量可以写为

$$J_\beta=\frac{1}{S_\beta\cdot1}\frac{\mathrm{d}m}{\mathrm{d}t}=v(c_\beta-c_{\alpha'})\tag{8.4}$$

式中，S_β 为 β 相片层的厚度。

因为每片 β 相在界面内从两个方向接受溶质流，所以向 β 相片层扩散的实际截面积为 $2(S_\beta\times1)$，界面内溶质原子的扩散是从 α 相的中心线向 β 相片层的边缘进行。假设 β 相片层的厚度远远小于 α 相片层的厚度，则扩散距离可近似为 $S_0/2$，取 α 相片层中线处界面上的成分为 $c_{\alpha'}$，且 α 相和 β 相之间已经达到局部平衡，取该处成分为 c_α，因此，界面内沿平行界面方向上的浓度梯度为 $(c_{\alpha'}-c_\alpha)/(S_0/2)$，则单位时间内通过该边界扩散到 β 相片层的溶质原子的扩散通量为

$$J_{\beta(边)}=\frac{1}{2(S_\beta\cdot1)}\frac{\mathrm{d}m}{\mathrm{d}t}=D_\mathrm{B}\,\frac{(c_{\alpha'}-c_\alpha)}{S_0/2}\tag{8.5}$$

式中，D_B 为溶质原子的晶界扩散系数。

当脱溶物处于稳态生长，β 相获得溶质原子的速度则等于沿着界面扩散向 β 相片层供给溶质原子的速度，联立式(8.4)和式(8.5)，可以得到

$$v=\frac{4D_\mathrm{B}\lambda}{S_0S_\beta}\frac{(c_{\alpha'}-c_\alpha)}{(c_\beta-c_{\alpha'})}\tag{8.6}$$

式中，S_β 和 S_0 为两个相关参数。

利用质量守恒原则，α 相和 β 相的平均成分必须与基体成分相等，则有

$$S_\beta=\frac{c_{\alpha'}-c'_\alpha}{c_\beta-c'_\alpha}S_0\tag{8.7}$$

式中，c'_α 为 α 相片层的成分，一般来说高于其平衡成分 c_α。将式(8.7)代入式(8.6)，可得到

$$v=\frac{4D_{B}\lambda}{QS_{0}^{2}}\frac{(c_{\beta}-c_{\alpha}')}{(c_{\beta}-c_{\alpha'})} \tag{8.8}$$

式中，Q 为在原始过饱和度（$c_{\alpha'}-c_{\alpha}$）中，由母相 α' 实际转移到 β 相的分数，$Q=(c_{\alpha'}-c_{\alpha}')/(c_{\alpha'}-c_{\alpha})$。

通常 $c_{\beta}\gg c_{\alpha'}$，$c_{\beta}\gg c_{\alpha}'$，则上式可近似简化为

$$v=\frac{4D_{B}\lambda}{QS_{0}^{2}} \tag{8.9}$$

当合金的成分和析出温度一定时，Q 为常数，λ 通常取 0.5 nm，因此界面向基体中推进的速度正比于 D_{B}/S_{0}^{2}，即胞状脱溶区的长大速度取决于界面的扩散速率。

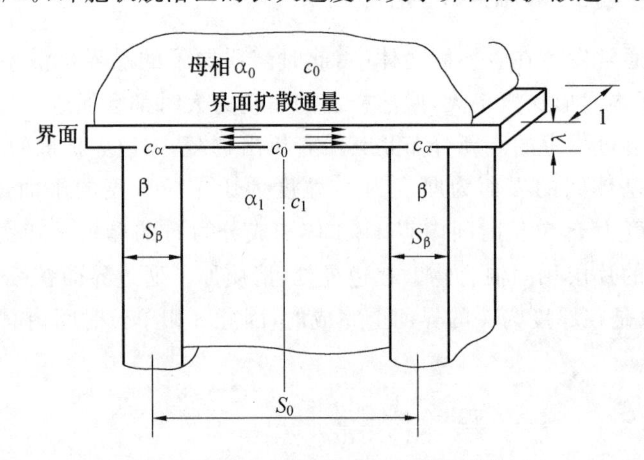

图 8.16　不连续脱溶区生长的计算模型

不连续脱溶在许多合金系中都会发生，如 Cu－Mg，Cu－Ti，Cu－Be，Cu－Sb，Cu－Co，Cu－Sn，Cu－In，Cu－Cd，Cu－Ag，Fe－Mo，Fe－Zn 等。现在在一些铝合金、镁合金中也会观察到不连续脱溶析出的现象。

8.2.3　脱溶形成的显微组织

过饱和固溶体的脱溶析出可以形成各种各样不同的显微组织。其脱溶析出产物的显微组织可能有 3 种变化情况，如图 8.17 所示。

(1)连续均匀沉淀加局部沉淀。

在图 8.17(1)中，首先在晶界、滑移带等位置优先发生脱溶析出，即局部沉淀，如图 8.17(a)所示，随后在晶内发生均匀连续脱溶。在这一阶段，均匀连续脱溶形成的析出相尺寸很小，不能通过光学显微镜观察到。随着时效时间的延长，晶界析出相长大，晶界两侧可能形成晶界无析出区，晶内所形成的析出相也逐渐长大至光学显微镜下能够分辨(图 8.17(b))。继续进行时效，脱溶析出产物粗化并且球化，此时晶界和晶内的析出相除了尺寸外，在形貌上已经没有明显区别(图 8.17(c))。

(2)连续沉淀加不连续沉淀。

如图 8.17(2)所示，首先在晶界发生非连续脱溶，然后在晶内发生连续脱溶。随着时效过程的进行，晶界处非连续脱溶形成的胞状组织不断生长，从晶界逐渐扩展至整个基体。随后脱溶析出产物发生粗化与球化，与此同时常常伴随着基体的再结晶过程，因此基体晶粒细

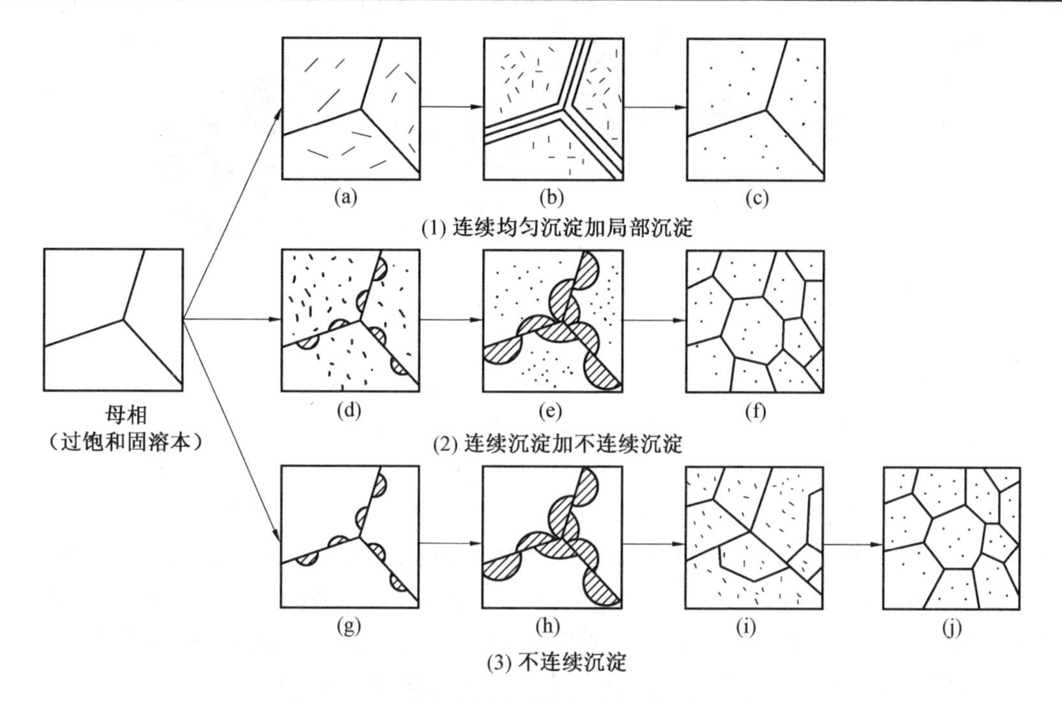

图 8.17　过饱和固溶体脱溶析出显微组织示意图

化，如图 8.17(f)所示。

(3)不连续沉淀。

此时仅仅在晶界处发生不连续沉淀，如图 8.17(3)所示。脱溶析出产物随着时效过程的进行不断长大、粗化，最后形成图 8.17(j)所示的组织。

一般来说，过饱和固溶体脱溶析出产生何种类型组织的影响因素很多，固溶体的成分、固溶处理温度、冷却速度、时效温度和时效时间、是否经历冷加工变形等都会影响到最终的脱溶析出显微组织。

8.3　共析转变

如上文二元相图内容所述，共析转变与共晶反应类似，区别就在于共析转变的母相也为固体，另外两个(或者多个)新的固体相以相互协作的方式在母相中形成长大。如仅考虑图 8.18 所示的二元相图，共析反应式可写为

$$\gamma \longrightarrow \alpha + \beta \tag{8.10}$$

共析、亚共析和过共析合金在平衡冷却到共析转变温度都会发生共析转变，如果在不平衡冷却条件下，亚共析和过共析合金也可能抑制先共析相的生成，而生成共析组织，如图 8.18中的阴影区域。

8.3.1　共析转变的形核与长大

共析转变时，新相往往在母相的晶界处形核，并且主要以两相交替形成的方式进行。根据母相的成分、晶界结构以及转变温度的不同，新相中的任一相都可以领先形核。通常领先

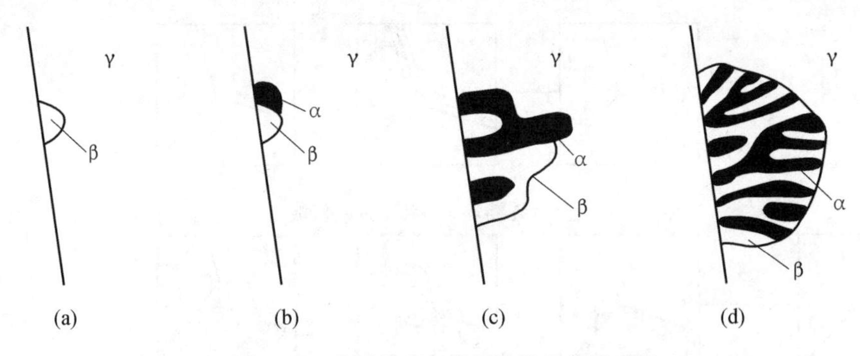

图 8.18　共析转变交替形核及生长示意图

形成的相与相邻晶粒之间有一定的位向关系，而与另一晶粒无特定的位向关系。若母相为 γ 相，共析反应转变为 α 相和 β 相，现假定 β 相为领先相，当其在母相晶界处领先形成后，依靠附近的 γ 相不断提供溶质原子而长大，如图 8.18(a)所示，这样就造成了这一小片的 β 相周围的 γ 相中溶质原子的贫乏。显然，这为 α 相的形成创造了有利的成分条件，在 β 相的侧边形成一小片的 α 相(图 8.18(b))。β 相两侧的 α 相形成后，随着 β 相的生长向前长大，同时也进行侧向生长。α 相的长大使其外侧的溶质原子富集，这又将促使新的 β 相形核。α 相和 β 相按照这种方式不断地进行交替形核，并同时向 γ 相的纵深方向长大(图 8.18(c))，最终形成图 8.18(d)所示的 α 相和 β 相相间且基本平行的共析组织区域。同时，在母相晶界的其他部位，或者已形成的共析组织边缘还有可能形成新的不同取向的 β 相，并由此形成其他不同取向的共析组织区域。当母相全部转变结束，不同的共析组织区域将会相遇，形成最终的片层相间的组织形貌。

值得注意的是，上述的两相交替形成机制需要两相的交替形核，每次新相的形核则都需要克服形核势垒，将会导致共析组织的形成比较困难。通过组织结构的研究发现，共析组织的生长存在分枝形成机制。这种机制认为，共析相形成时基本上不存在侧向生长，领先相以分枝方式纵向生长，使其相邻的母相中溶质原子贫化或者富集，从而促使另一相在领先相的枝间形成。按照这种机制，在一个共析体区域中，每个相都是相连在一个单晶体，两相通过搭接的方式组合在一起。

相邻的 α 相和 β 相晶核出现后，共析转变的片层组织便开始生长。在生长过程中，交替相邻的 α 相和 β 相前沿分别排出不同的组元原子，不同组元的原子的交互扩散导致两相同时长大。共析组织的长大速度将和这一扩散过程的快慢密切相关，而扩散的快慢则取决于共析组织片层间距的大小。如图 8.19 所示，有一个片层间距为 λ 的共析组织，由 α 相和 β 相两相组成，在母相 γ 相中析出。忽略相变过程中体积应变能的作用，则 1 mol 母相进行共析转变过程中吉布斯自由能的变化可以写为

$$\Delta G(\lambda) = -\Delta G(\infty) + A \cdot \gamma \tag{8.11}$$

式中，$\Delta G(\infty)$为 λ 无穷大时自由能的降低，即转变过程中体积化学自由能的下降，可以写为 $\Delta G(\infty)=\dfrac{\Delta H \cdot \Delta T}{T_0}$，$\Delta H$ 为单位体积转变的相变潜热，由于 $\Delta G(\lambda)$为正值时共析转变不能发生，因此 $\Delta G(\infty)$必须足够大能补偿界面能项；γ 为 α 与 β 之间的单位面积界面能；A 为 α 与 β 之间界面的总面积，单位体积中 α 与 β 之间界面面积为$(2/\lambda)\,\mathrm{m}^2$，则 $A=2V_m/\lambda$，其中 V_m

为共析的摩尔体积。当$\Delta G(\lambda)$等于0时，共析组织停止生长，则此时可以得到最小的共析组织的片层间距λ^*为

$$\lambda^* = \frac{2\gamma V_m T_0}{\Delta H \cdot \Delta T} \tag{8.12}$$

当共析组织具有这样的片层间距时，母相和共析组织的吉布斯自由能相等，三相处于平衡状态，可以认为长大是无限缓慢或者停止的。很明显，$\Delta G(\infty)$表示的体积化学自由能的下降与过冷度成正比。因此当过冷度增加时，λ^*随之下降，即共析组织的片层间距下降。

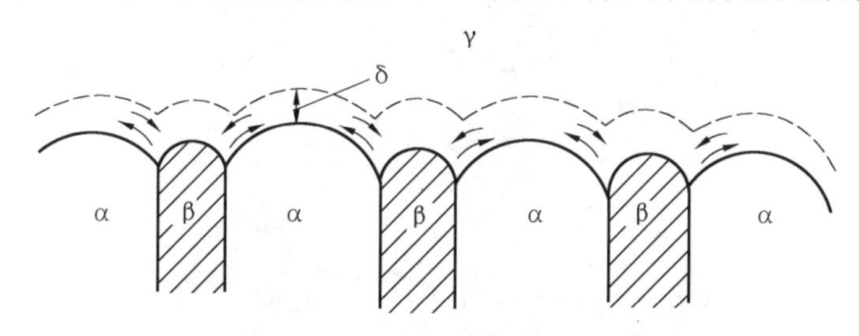

图8.19　共析组织前沿母相中溶质原子的互扩散

共析转变的速率也受到转变温度的影响。转变温度高，原子扩散能力强，但相变的驱动力小，因此转变速率较低。当转变温度低时，相变驱动力很大，但原子的扩散能力下降，因而其转变速率也不高。实验表明，在共析转变过程中，晶界或者相界扩散起到了非常重要的作用，仅仅通过体扩散是不能获得与实际相符的转变速率。只有在中等温度范围内，相变驱动力和扩散之间的综合作用才能使共析转变的速率最快，因此其TTT图呈现"C"形。

8.3.2　钢中的共析转变

钢中的珠光体转变是最典型的一种共析转变。本小节将以此为例详细讨论共析转变的过程。当C的质量分数为0.77%的奥氏体冷却到共析转变温度以下时，面心立方的奥氏体(γ)成为过饱和固溶体，将发生共析反应，同时生成体心立方的铁素体(α)($w_C \approx 0.02\%$)和复杂单斜结构的渗碳体(Fe_3C，$w_C \approx 6.67\%$)，其反应式为

$$\gamma \xrightarrow{T} \alpha + Fe_3C \tag{8.13}$$

转变后形成铁素体和渗碳体交替分布的片层状共析组织，经腐蚀、抛光后其在光学显微镜下的形态称为珠光体，如图8.20和图8.21所示。

根据式(8.13)，珠光体的形成包含两个同时进行的过程：一个是碳的扩散，另一个是晶体点阵的重构。片层方向大致相同的区域称为珠光体团，在一个原始奥氏体晶粒内可以形成多个珠光体团，如图8.22所示。如前所述，珠光体中相邻两片渗碳体或者铁素体的中心间距称为珠光体的片层间距S_0，其大小主要取决于形成温度，在连续冷却条件下，冷却速度越快，则过冷度越大，片层间距越小。珠光体的片层间距的估算有一个与式(8.12)类似的计算公式：

$$S_0 = \frac{8.02}{\Delta T} \times 10^3 (\text{nm}) \tag{8.14}$$

式中，ΔT为实际温度与共析转变温度之间的差值。

当转变温度较高，片层间距为 150～450 nm，在光学显微镜下可以观察到片层结构；转变温度较低时，片层间距为 80～150 nm，工业上其称为索氏体（有的资料认为间距为 200～400 nm 的片层结构也可称为索氏体）；而当温度更低，则形成的珠光体片层间距仅为 30～80 nm，其在光学显微镜下已不能分清，工业上该片层结构称为屈氏体（有的资料认为片层间距小于 200 nm 即可，也称为托氏体）。

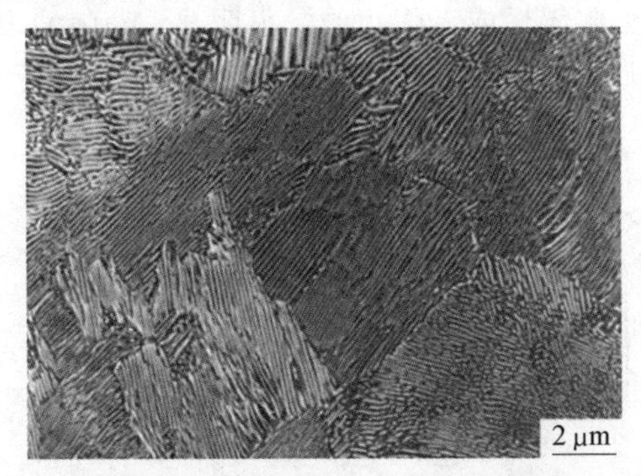

图 8.20　共析钢珠光体组织的光学显微组织

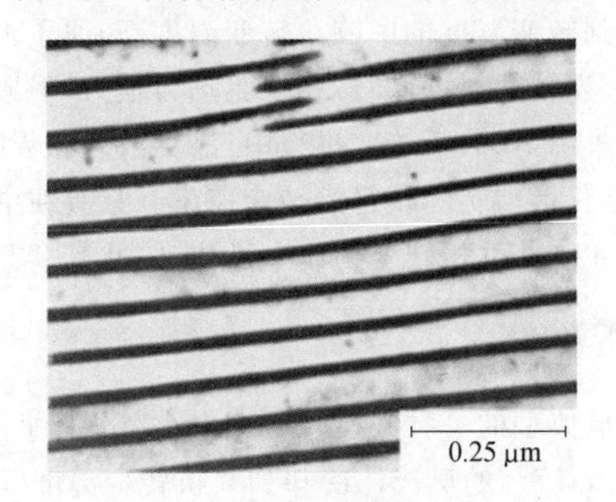

图 8.21　共析钢珠光体组织的透射电子显微镜照片

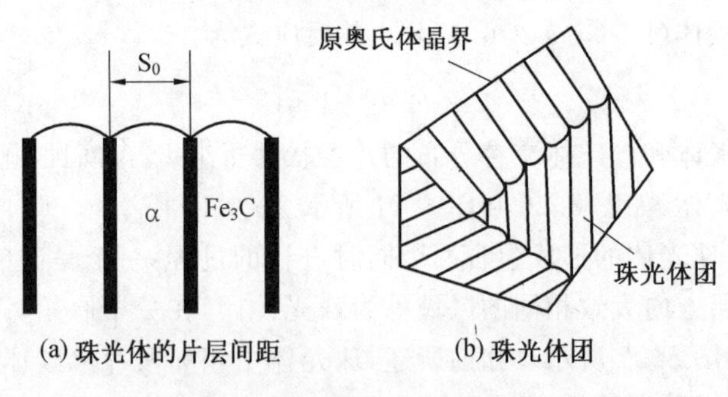

图 8.22　片状珠光体的片层间距和珠光体团示意图

钢中共析转变的驱动力仍然是化学自由能的下降。如图 8.23 所示，在共析钢中，当奥氏体冷却至 T_1 温度时，奥氏体、铁素体和渗碳体三相的吉布斯化学自由能曲线存在于一条公切线上，奥氏体的吉布斯自由能与铁素体和渗碳体两相混合物的吉布斯自由能相等，此时三相平衡。当温度下降至 T_2 温度时，三相之间可以做出 3 条公切线，如图 8.23(b)所示，可以看出，奥氏体转变为铁素体与渗碳体的混合物后系统的吉布斯自由能最低。

如同上文所述，钢中珠光体的转变也存在领先相的形核。大量的实验证实，形核通常都发生在晶界，且由于奥氏体的晶界常常存在碳的富集，因而很可能首先析出 Fe_3C，随后 Fe_3C 的形成又促进了铁素体的形成，然后相互协作，交替形成了珠光体的核心，并随着转变的进行逐渐向晶内推进。许多实验结果表明，新相和母相之间通常存在如下两种可能的晶体学关系：

$$\text{A}\begin{bmatrix}(001)_{Fe_3C}//(2\bar{1}\bar{1})_\gamma \\ [100]_{Fe_3C}//[01\bar{1}]_\gamma \\ [010]_{Fe_3C}//[111]_\gamma\end{bmatrix}\quad \text{B}\begin{bmatrix}(001)_{Fe_3C}//(5\bar{2}\bar{1})_\gamma \\ [100]_{Fe_3C}\text{与}[13\bar{1}]_\gamma\text{相差 }2.6^\circ \\ [010]_{Fe_3C}\text{与}[113]_\gamma\text{相差 }2.6^\circ\end{bmatrix}\tag{8.15}$$

如果合金偏离共析成分，为亚共析钢或者过共析钢，则晶界可能已经存在先共析相铁素体或者渗碳体。例如过共析钢的晶界上已经存在渗碳体片层，则铁素体的晶核经会和渗碳体之间呈一定的取向关系，如图 8.24 所示。由于非共格界面具有较高的可动性，因此珠光体将向与之没有取向关系的奥氏体中生长。

由此可以看出，珠光体的形核需要两相之间建立协同长大的关系，而这种关系的建立需要时间，因此珠光体的形核速率随着时间的延长而提高。如果没有充分时间建立这种关系，则铁素体和渗碳体以非片层的方式生长。

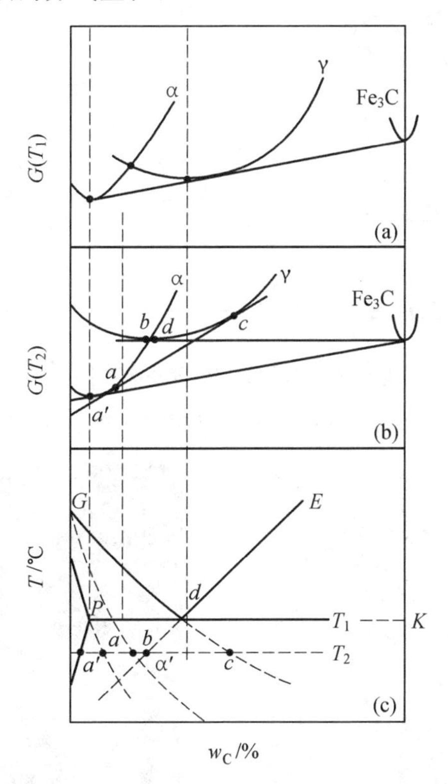

图 8.23 钢中奥氏体、铁素体和渗碳体在不同温度下的自由能曲线

在钢中珠光体的长大类似于片层状共晶组织的生长。根据图 8.23(c)可知，与渗碳体和铁素体分别接触的奥氏体内碳的浓度存在差异，与渗碳体接触的奥氏体内碳浓度 $c_{\gamma-Fe_3C}$

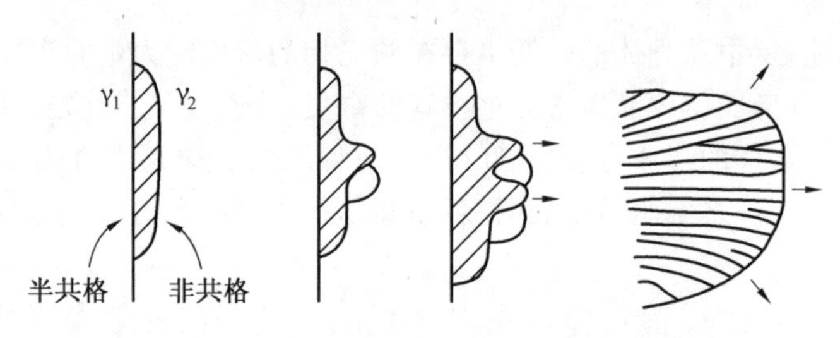

图 8.24 过共析钢中先形成渗碳体后形成珠光体示意图

低于与铁素体接触的奥氏体内碳浓度 $c_{\gamma-\alpha}$，因此在奥氏体内部将存在碳从高浓度区到低浓度区扩散，如图 8.25 所示。这种扩散将打破珠光体前沿短暂的平衡，使得铁素体前沿奥氏体的碳浓度降低（小于 $c_{\gamma-\alpha}$），渗碳体前沿奥氏体的碳浓度升高（大于 $c_{\gamma-Fe_3C}$）。这样铁素体和渗碳体前沿将向前生长，以使其前沿的奥氏体浓度恢复到平衡浓度。如此往复，则珠光体中铁素体和奥氏体将逐渐向前生长，直至整个转变终了。当合金在共析温度以下的某一较高温度处长时间保温时，珠光体的片层发生粗化，其中的 Fe_3C 将球化，形成球状共析组织，如图 8.26 所示。

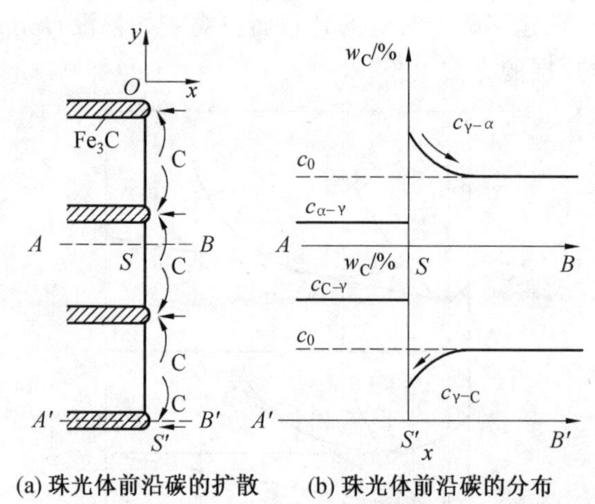

图 8.25 珠光体前沿碳的扩散及珠光体前沿碳的分布

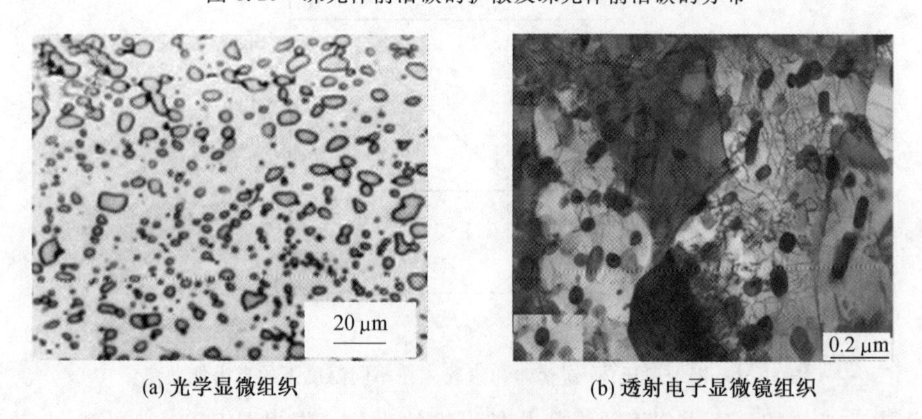

图 8.26 球化珠光体的光学显微组织和透射电子显微镜组织照片

如上文所述，如果片层间距为 λ，则 $\lambda \to \infty$ 时的平衡相图为通常所用的相图，其中并未考虑界面能的影响。当考虑界面能的影响后，$\lambda=\lambda^*$（某一确定值）时平衡相图与不考虑界面能时平衡相图的差别如图 8.27 所示。在某一过冷度下，考虑到界面能的影响，绘出奥氏体、铁素体和渗碳体的自由能曲线，如图 8.28 所示。如果珠光体的片层间距大于最小的临界片层间距，则被界面消耗的自由能较小，铁素体和渗碳体的自由能也要相应降低，因而珠光体中两相前沿的奥氏体内碳浓度差将增大。

珠光体的长大受到扩散的控制，因此珠光体的长大速度应正比于通过奥氏体的溶质流量，即正比于 $D(\mathrm{d}c/\mathrm{d}l)$，其中 D 为扩散系数，$\mathrm{d}c/\mathrm{d}l$ 为驱动扩散进行的浓度梯度，其中 l 指有效扩散距离。$\mathrm{d}c/\mathrm{d}l$ 与最大的成分差异成正比，与有效扩散距离或者珠光体片层间距 λ 成反比（片层间距越大，有效扩散距离越大），因此可以将珠光体的长大速度写为

$$v=k_1 D(\Delta c/\lambda) \tag{8.16}$$

式中，k_1 为比例常数；Δc 为片层间距为 λ 时，铁素体和珠光体前沿的奥氏体内碳平衡浓度的差，可以写为 $c_\lambda^{\gamma/\alpha}-c_\lambda^{\gamma/\mathrm{Fe_3C}}$，取决于 λ 的大小，当片层间距为最小临界片层间距，即 $\lambda=\lambda^*$ 时，$\Delta c=0$；当 $\lambda\rightarrow\infty$ 时，其趋向于碳浓度差异的极大值 Δc_0，$\Delta c_0=c_\lambda^{\gamma/\alpha}-c_\lambda^{\gamma/\mathrm{Fe_3C}}$，为一常数，因此可有

$$\Delta c=\Delta c_0\left(1-\frac{\lambda^*}{\lambda}\right) \tag{8.17}$$

对于过冷度 ΔT 较小的情况，近似存在 $\Delta c_0\propto\Delta T$，联立上述式子，可得

$$v=k_2 D\Delta T\,\frac{1}{\lambda}\left(1-\frac{\lambda^*}{\lambda}\right) \tag{8.18}$$

式中，k_2 为另一个比例常数。

对式(8.18)求导，可以得到当 $\lambda=2\lambda^*$ 时，珠光体片层具有最大的长大速度 v_0：

$$v_0=k_2 D\Delta T\,\frac{1}{2\lambda^*} \tag{8.19}$$

实验观察发现实际的片层间距与过冷度成反比，但通常大于 $2\lambda^*$，虽然采用其他有关间距的假设也可以得到类似的结果，但选择 $\lambda=2\lambda^*$ 是缺乏物理依据的。根据式(8.12)，则式(8.19)可以写为

$$v_0=k_3\left(\frac{1}{\lambda^*}\right)^2 \tag{8.20}$$

或者

$$v_0=k_4 D\,(\Delta T)^2 \tag{8.21}$$

通常所观察到的珠光体的片层间距符合式(8.21)，其由高温时的大约 1 μm 变化到最低温度时的 0.1 μm 左右。如前所述，共析钢的 TTT 曲线也呈“C”形，表明珠光体的生长是由碳在奥氏体中的扩散所控制的，在大约 550 ℃时出现最大的长大速度。实际观察到的珠光体长大速度比按照体扩散计算所得的长大速度要快，这表明碳在界面处的扩散也起到了比较重要的作用。

除了二元 Fe－C 合金外，很多合金中都存在共析转变。在 Fe－C 合金中，也通常会加入大量的置换原子，此时用体扩散来解释观察到的珠光体长大速度则显得更加缓慢。这种情况下，通过珠光体与基体之间的界面扩散更加重要，此时其长大速度可以写为

$$v_0=kD_\mathrm{B}\,(\Delta T)^3 \tag{8.22}$$

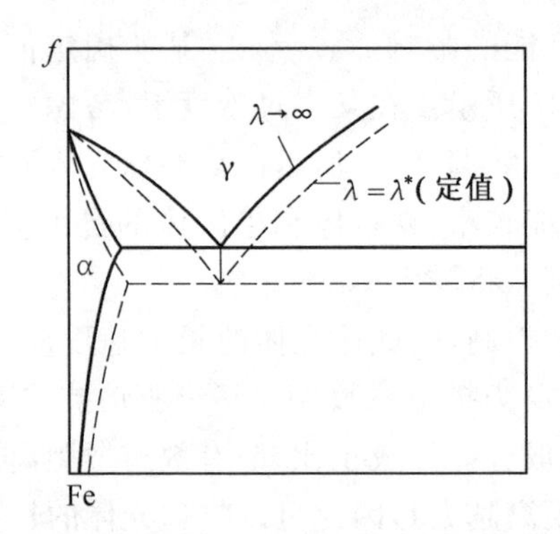

图 8.27　珠光体片层间距 $\lambda\to\infty$ 和 $\lambda=\lambda^*$ 时对相图的影响

式中，k 为比例常数；D_B 为界面扩散系数。

对于亚共析钢和过共析钢，由奥氏体冷却下来进入双相区时，首先析出铁素体或者渗碳体，称为先共析转变。先共析相一般沿着奥氏体晶粒形核，长大后呈等轴状，一定条件下呈现针状或者网状，形成魏氏组织，如图 8.29 所示。魏氏组织的形成通常会降低冲击韧性，不利于获得优良的性能，需要避免魏氏组织的出现。

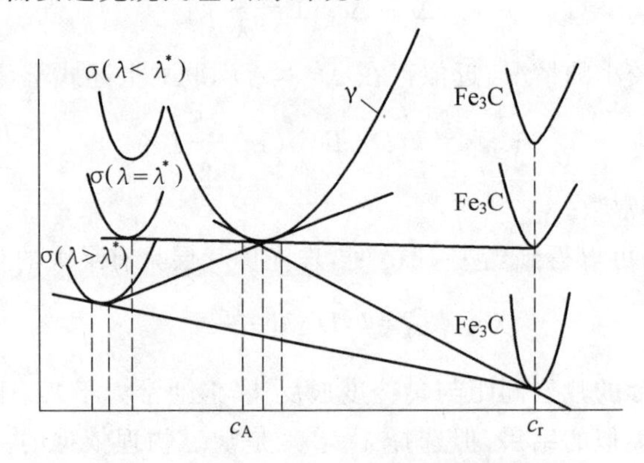

图 8.28　珠光体片层间距 λ 对奥氏体、铁素体和渗碳体自由能曲线的影响

图 8.29　亚共析低合金钢中的魏氏组织(200×)

8.4 调幅分解

扩散型相变中有一种相变没有形核势垒，是固溶体分解的一种特殊形式，其通过自发的成分涨落，溶质浓度的振幅不断增加，最终固溶体自发地分解成结构与母相相同、但成分不同的两种固溶体，称为调幅分解，又称为增幅分解或者拐点分解。吉布斯很早就预言了这种类型的相变，其属于波动很小但范围很大的相变，但由于相变产物很小，和基体又处于共格，因此很难被观察到。直到20世纪40年代，A. J. Bradley 在永磁合金 Cu－Ni－Fe 的X射线衍射斑点附近发现了“边带”或者“卫星峰”，随后的研究者指出，这可能与周期性的组分调制有关。随后希拉特和卡恩对调幅分解的动力学过程进行了详细的研究，建立起比较成功的调幅分解的相变动力学理论，将在本节中进行详细讨论。

8.4.1 调幅分解的热力学条件

如图8.30所示，对于一个A，B二元匀相系统，如果成分为c_0的合金在T_1温度下保温，形成单项固溶体α，随后快速淬火到较低的温度T_2保温一段时间，开始时合金为过饱和固溶体，各处成分相同，体系自由能对应于8.30(b)中的G_0，但随后的合金将变得不稳定，如图所示，只要很小的成分波动就会使体系的自由能下降，其中除了一部分溶质原子是从浓度高的区域扩散到浓度低的区域（下坡扩散），还有一部分溶质原子是从浓度低的区域向浓度高的区域扩散，称为上坡扩散，如图8.30(b)所示，在$\frac{\partial^2 G}{\partial c^2}=0$之间的所有成分合金，在成分发生波动后都会使体系的自由能自发下降，直至分解为成分分别为c_1和c_2的α_1和α_2两相才会停止，此时整个系统的化学自由能最低，满足$\frac{\partial^2 G}{\partial c^2}=0$的点称为化学拐点。在化学拐点以内发生上坡扩散以及化学拐点以外发生下坡扩散，其成分示意图分别如图8.31(a)和(b)所示。

如果合金的化学成分处于化学拐点以外，则微小的成分涨落都会导致自由能的升高，因此此时只有形成成分和基体差异较大的晶核才能使系统的自由能进一步降低，因此其转变必然属于形核－长大类型。而在化学拐点以内的合金，任何微小的成分涨落都会引起自由能的降低，直至达到平衡成分为止。也就是说，发生调幅分解时必须满足

$$\frac{\partial^2 G}{\partial c^2}<0 \tag{8.23}$$

根据Fick第一定律和扩散理论，可以得到溶质原子的综合扩散系数D与c之间的关系式为

$$D=Mc(1-c)\frac{\partial^2 G}{\partial c^2} \tag{8.24}$$

式中，M为溶质原子迁移率，很明显，$Mc(1-c)$不为负值，因此对于确定的合金体系，其综合扩散系数D与$\frac{\partial^2 G}{\partial c^2}$同号。如果成分在化学拐点以外，$\frac{\partial^2 G}{\partial c^2}>0$，则$D$也大于0，为下坡扩散；如果成分在化学拐点以内，$\frac{\partial^2 G}{\partial c^2}<0$，则$D$小于0，溶质原子从浓度低的地方向浓度高的地方扩

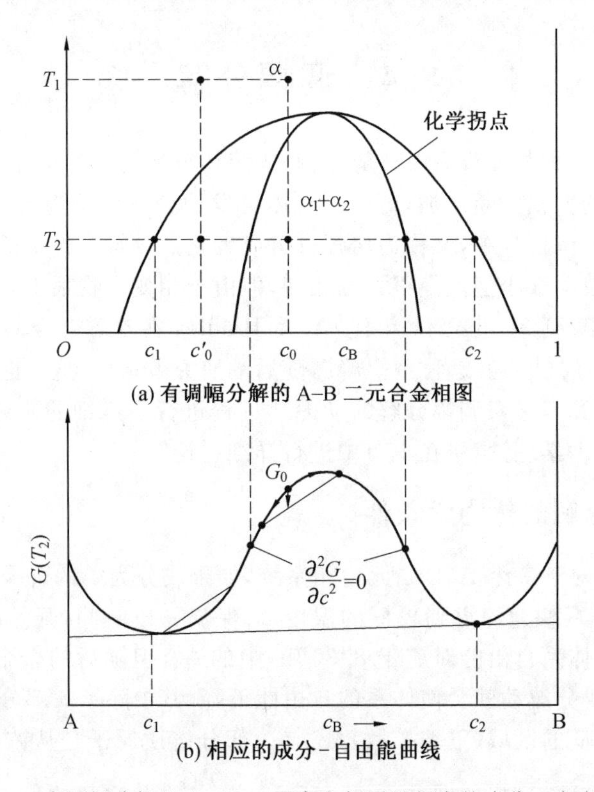

图 8.30　有调幅分解的 A－B 二元合金相图及相应的成分－自由能曲线

散，为上坡扩散。这也表明，扩散过程中的本质驱动力在于化学势差，而不是浓度差。

调幅分解转变的速率受到扩散系数 D 的控制，则需要求解如下的非稳态扩散方程：

$$\frac{\partial c}{\partial t}=-\frac{\partial J}{\partial x}=D\frac{\partial^2 c}{\partial x^2} \tag{8.25}$$

式中，c 为浓度；D 为扩散系数；x 为空间中的位置，成分起伏随着时间呈指数性增加。

式(8.25)的解为

$$c-c_0=\exp\left(R(\beta)t\right)\cos\frac{2\pi}{\lambda}x \tag{8.26}$$

式中，λ 为成分起伏的波长；t 为时间；$\exp\left(R(\beta)t\right)$ 为增幅因子，$\beta=2\pi/\lambda$，$R(\beta)=-\beta^2 D=-\frac{4\pi^2}{\lambda^2}D$，称为速率常数或者放大因子。

对于调幅分解，可以看出：

① 增幅因子小于 0 时，则$\frac{\partial^2 G}{\partial c^2}>0$，各种波长的浓度起伏将衰退消失，母相处于稳定态，不会发生调幅分解。

② 增幅因子大于 0 时，浓度起伏随着时间延长而增大，波长越短，调幅分解的速度越快，如图 8.32 所示。

③ 根据式(8.23)可知，最小波长 λ 为晶格常数时，调幅分解的速度最快，则此时原子排列为有序化结构，这与调幅分解过程中 5～10 nm 的周期性浓度起伏不相符，这主要是由于上面仅考虑了调幅分解过程中化学自由能的变化。实际上，除了化学自由能的变化，还需要

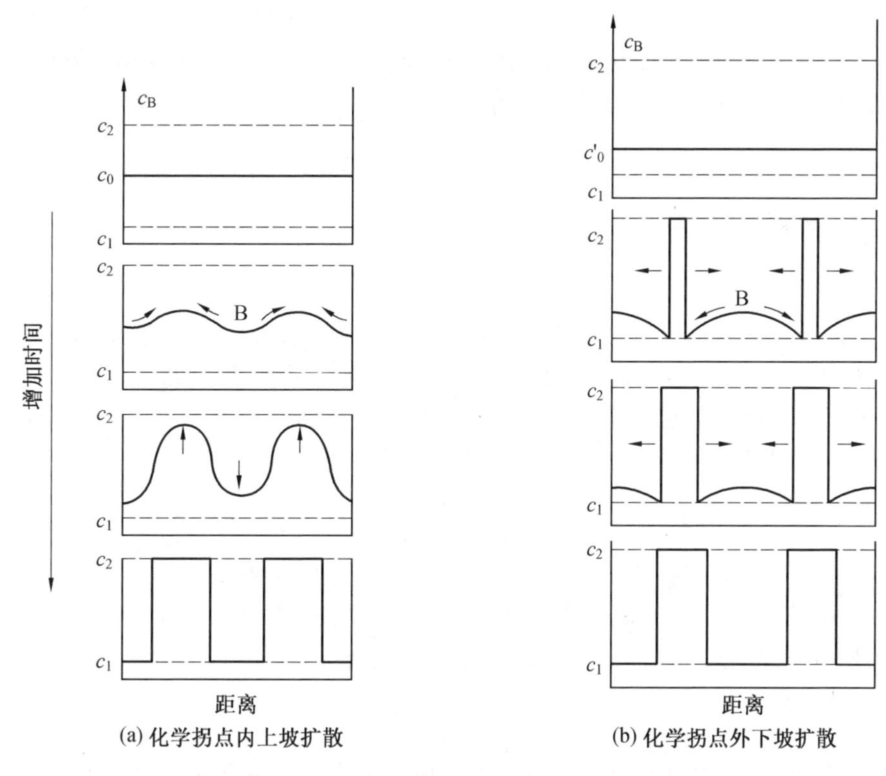

图 8.31　化学拐点内上坡扩散和化学拐点外下坡扩散

考虑在调幅分解过程中的界面能(或者浓度变化导致的能量变化)和晶格畸变能的影响,因此式(8.23)仅是调幅分解发生的必要但不充分条件。

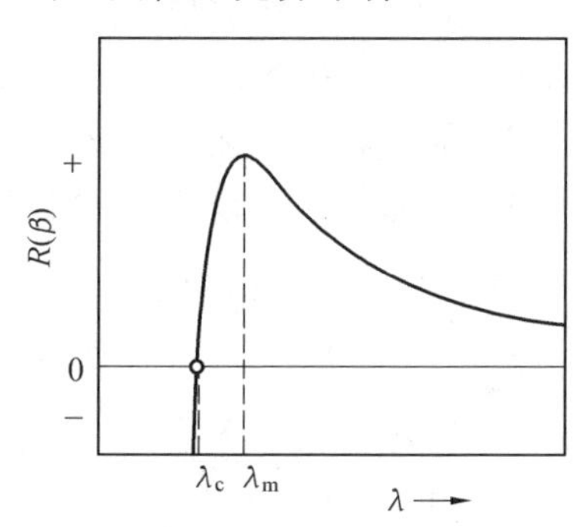

图 8.32　调幅分解波长对放大因子的影响

8.4.2　调幅分解的阻力

调幅分解后形成的新相虽然和母相之间没有明晰的界面,但溶质原子的聚集和贫化所产生的浓度梯度会改变原子作用距离以内原子的种类和数目,由此而增加的能量类似于界面能中的化学项,称为梯度能。或者可以理解界面扩展为成分逐渐变化的过渡区,起到界面能的作用。此外,由于点阵常数随着成分的变化,在调幅分解过程中,两相之间点阵发生畸变保持共格,这样就存在应变能。考虑到这两方面因素,可以对调幅分解的热力学条件重新加以修正。

对于成分为 c_0 的某个合金体系，初始的化学自由能为 $G(c_0)$，若其中存在成分波动分别为 $(c_0+\Delta c)$ 和 $(c_0-\Delta c)$，则其化学自由能可以写为

$$\Delta G=\frac{1}{2}[G(c_0+\Delta c)+G(c_0-\Delta c)]-G(c_0) \tag{8.27}$$

对其进行泰勒级数展开，则有

$$\Delta G=\frac{1}{2}\frac{\partial^2 G}{\partial c^2}(\Delta c)^2 \tag{8.28}$$

调幅分解所产生的梯度能主要来源为两相之间区域成分梯度的变化。如在具有偏析倾向的固溶体中，同类原子对的能量要比异类原子对的能量低。因此，和均匀固溶体相比，异类最近邻原子数目的变动是梯度能的来源。若调幅分解的波长为 λ，正弦成分调幅的振幅为 ΔC，最大的成分梯度则正比于 $\Delta C/\lambda$，则梯度能可以写为

$$\Delta G_\gamma=K\left(\frac{\Delta C}{\lambda}\right)^2 \tag{8.29}$$

式中，K 为比例常数，与同类原子和异类原子对之间的键合能差异有关。

如果调幅分解产生的两相之间的错配是 δ，由于成分差异所导致的共格应变能正比于 $E\delta^2$，其中 E 为弹性模量。当总的成分差异为 Δc，则错配为

$$\delta=\left(\frac{\mathrm{d}a}{\mathrm{d}c}\right)\frac{\Delta c}{a}=\eta\Delta c \tag{8.30}$$

式中，a 为晶格常数；η 为成分每变化一个单位所造成点阵常数变化的百分数，$\eta=(\mathrm{d}a/a)/\mathrm{d}c$。

则弹性应变能可以写为

$$\Delta G_\mathrm{e}=\eta^2(\Delta C)^2E'V_\mathrm{m} \tag{8.31}$$

式中，$E'=E/(1-\upsilon)$，υ 是泊松比；V_m 为摩尔体积。

可以发现，调幅分解产生的共格应变能与调幅分解的波长 λ 无关。

将化学自由能、梯度能和共格应变能放到一起，则整个体系的自由能变化为

$$\Delta G=\left(\frac{\mathrm{d}^2G}{\mathrm{d}c^2}+\frac{2K}{\lambda^2}+2\eta^2E'V_\mathrm{m}\right)\frac{(\Delta c)^2}{2} \tag{8.32}$$

调幅分解要发生，则需要 $\Delta G<0$，也就是

$$-\frac{\mathrm{d}^2G}{\mathrm{d}c^2}>\frac{2K}{\lambda^2}+2\eta^2E'V_\mathrm{m} \tag{8.33}$$

可见调幅分解发生时，仅考虑化学自由能的变化（即式(8.33)）是不够的。根据式(8.33)，可得到调幅分解发生的临界条件（$\lambda\to\infty$）时的温度与成分的极限：

$$-\frac{\mathrm{d}^2G}{\mathrm{d}c^2}\geqslant 2\eta^2E'V_\mathrm{m} \tag{8.34}$$

相图中由这一条件所决定的线称为共格拐点线（共格自发分解曲线），这条线全部处于化学拐点线之内，如图 8.33 所示。根据式(8.33)，若能发生调幅分解，其成分变化的波长必须满足如下条件：

$$\lambda^2>2K\Big/\left(\frac{\mathrm{d}^2G}{\mathrm{d}x^2}+2\eta^2E'V_\mathrm{m}\right) \tag{8.35}$$

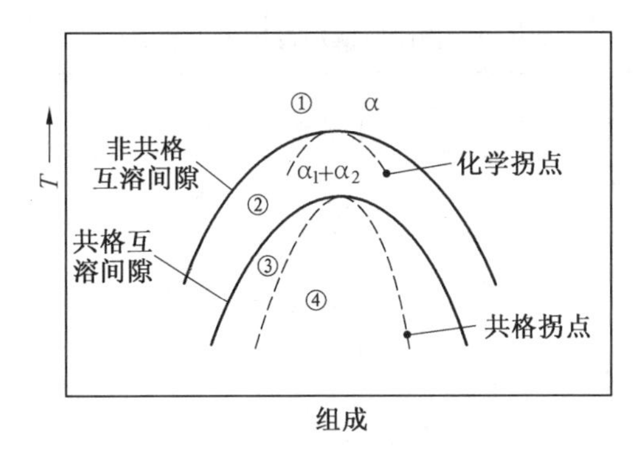

图 8.33　一个偏聚系统的示意性相图

区域①—单相固溶体 α 是稳定的；区域②—仅非共格相能成核；区域③—共格相能成核；区域④—调幅分解

在图 8.33 中也画出了共格固溶线，由调幅分解所产生的共格相的平衡成分确定，这条线表示没有应变场存在时的平衡成分。通过以上分析，可以得到能够发生调幅分解的临界波长 λ_c：

$$\frac{\mathrm{d}^2G}{\mathrm{d}c^2}+\frac{2K}{\lambda_c^2}+2\eta^2E'V_m=0 \tag{8.36}$$

显然，当 $\lambda>\lambda_c$ 时，能够发生调幅分解；反之，调幅分解不能发生，如图 8.32 所示。同样，也可知当 $\lambda=\sqrt{2}\lambda_c=\lambda_m$ 时，出现调幅分解生长的极大值，在此之前，共格应变能较小，梯度能是调幅分解的主要控制因素；在此之后，随着成分差异的增加，共格应变能起主要作用，调幅分解的阻力显著增加，转变的速率下降。如在 Al－Zn 和 Al－Cu 合金中，其转变速率最快的 λ_m 分别为 5 nm 和 10 nm。

调幅分解和形核长大都是过饱和固溶体分解的方式，它们的对比见表 8.3。调幅分解得到的组织非常细小，两相之间保持共格关系，因而呈现出非常良好的力学性能。Cu－Al－Fe合金中典型的调幅分解显微组织照片如图 8.34 所示，而且所有永磁合金几乎都是通过调幅分解来提高硬磁性的。如 Al－Ni－Co 合金经分解后形成富 Fe，Co 区和富 Ni，Al 区，它们具有单磁畴效应。若置于磁场中进行调幅分解，众多单磁畴呈方向排列，从而获得很高的硬磁性。调幅分解现象目前只在为数不多的合金系及玻璃中发现，主要的有色合金系包括 Al－Zn，Al－Ag，Cu－Pd，Ni－Cd 等。

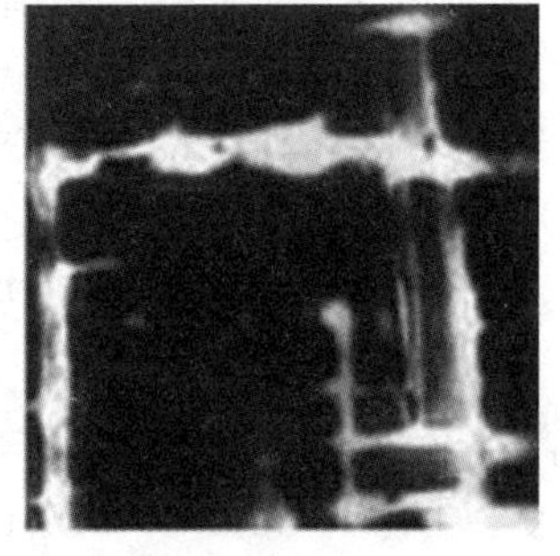

图 8.34　Cu－Al－Fe 合金中典型的调幅分解显微组织照片

表 8.3　调幅分解和形核长大的对比

脱溶类型	自由能—成分曲线特点	条件	形核特点	新相成分结构特点	界面特点	扩散方式	转变速率	新相
调幅分解	凸	自发涨落	非形核	成分变化，结构不变	宽泛	上坡扩散	快	数量多，颗粒小
形核长大	凹	过冷度临界形核功	形核	成分结构均变化	明晰	下坡扩散	慢	数量少，颗粒大

8.5　块型转变

块型转变最初是在Cu－Zn合金中被发现的。在图8.35所示的Cu－Zn合金相图中，当Zn原子数分数为38%的合金从高温β相区快速冷却到α+β相区时，β相可以转变为与其成分完全相同的α相。这种α相呈不规则的形状，在β相晶界处形核，并很快长入β相中，因此称为“块型”转变。图8.36所示为典型的Cu－Zn合金块型转变后的显微组织。块型转变由于新相和母相的成分相同，因此转变速率非常快，其新相的长大速度往往达到cm/s量级。从这一角度来说，可以认为块型转变是一种无扩散型相变。

当冷却速度较慢时，由β相转变为α相的方式与普通的固溶体脱溶一样，形成等轴的α相或者针状的魏氏组织。此时α相的形成和长大需要Zn的长程扩散，这一过程较为缓慢。当冷却速度很快，α相的长大仅包含原子跨越α/β的热激活跳跃，但是其跨越界面的过程不是切变式的，这是与马氏体转变的共格切变方式的最大不同点。块型转变在TTT图和CCT图上有自己的C曲线，如图8.37所示。可见当冷却速度过快时，则发生马氏体转变；冷却速度较慢时，则发生固溶体的脱溶分解。块型转变与单相合金的再结晶以及纯金属的重结晶非常相似。块型转变的产物对于母相来说取向是随机的，即新相与母相之间无确定的晶体学对应关系，因此它不具备马氏体转变的特征（如产生浮凸等）。

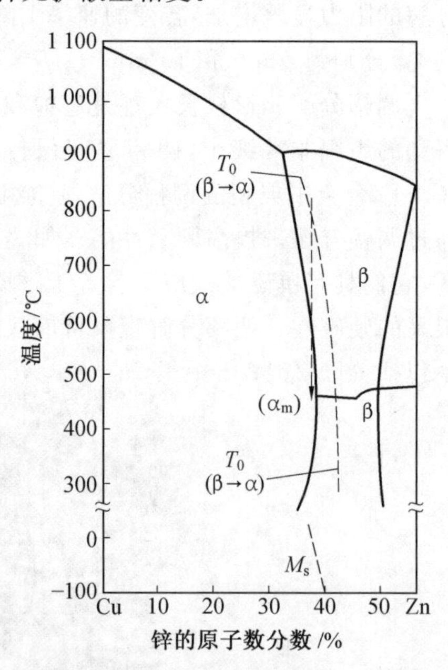

图 8.35　Cu－Zn合金相图的一部分

除了Cu－Zn合金以外，在其他许多合金系统中都发现存在块型转变，如Cu－Ga、Fe－Mn、Fe－Ni、Ti－Ag、Mn－Al等。通常其界面是非共格的，以大角度晶界相同的方式连续长大移动，有时长大能以台阶扫过小界面的侧向运动进行。甚至在 Fe－C 合金中，如果过冷奥氏体的冷却速度不足以发生马氏体相变，但又可以抑制平衡转变，则也能产生块型 $\gamma \rightarrow \alpha$ 转变。目前，对块型转变的应用较少，因此对其研究还需进一步深入。

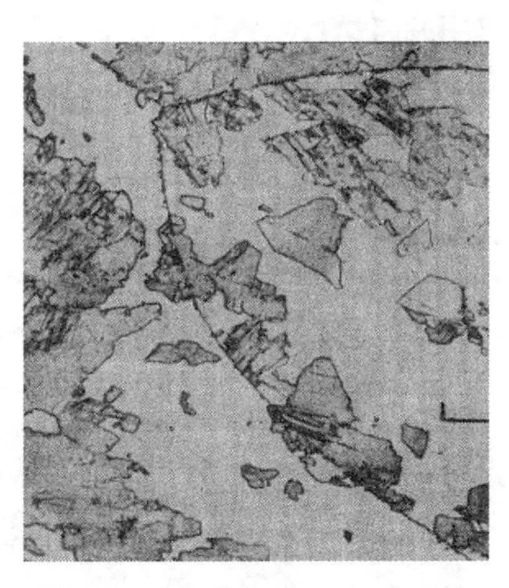

图 8.36　典型的 Cu－Zn 合金块型转变后的显微组织

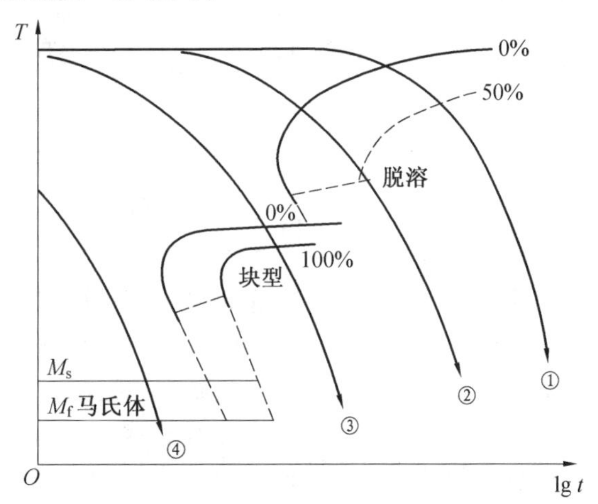

图 8.37　存在块型转变系统中一种可能的 CCT 图（①～④代表不同的冷却速度）

本章习题

1. 说明 Al－Cu 合金在不同温度的时效析出过程并解释硬度的变化规律。
2. 为什么在固态相变很多情况下容易析出中间相?
3. 推导钢中共析转变过程中珠光体片层间距的临界尺寸。
4. 阐述非连续脱溶析出的原理。
5. 说明调幅分解的相变驱动力和阻力，分析调幅分解发生的热力学条件。
6. 说明调幅分解与脱溶析出的异同点。
7. 讨论晶粒尺寸对时效析出行为的影响。

第 9 章　非扩散型相变

9.1　马氏体相变的特点

1895 年，M. F. Osmand 将碳钢经过淬火所产生的组织命名为马氏体，用以纪念德国冶金学家 Adoph Marten。由于钢铁的淬火在生产过程中被广泛地应用，因此对钢中马氏体相变与马氏体形态及其对性能影响的研究比较深入，积累了大量的理论知识和实验结果，已被人们所熟知。例如马氏体时效钢、TRIP 钢、形变热处理钢、淬火回火钢等，都已被广泛地应用于工业生产的各个领域。而且，马氏体相变的含义也在不断地扩展，不仅在钢中，还在一些有色金属与合金中，如 Ce，Co，Hf，Ti，U，Li，Cu－Zn，Au－Cd，Ag－Zn，Ni－Ti，In－Tl 等，都发生了非扩散的共格切变类型相变，也将其称为马氏体相变。甚至在一些陶瓷中，如含有 ZrO_2 的陶瓷、钙钛矿型氧化物 $PbTiO_3$，$BaTiO_3$ 和 $K(Ta,Nb)O_3$ 等，也认为其中存在马氏体相变。迄今为止，存在马氏体相变的材料体系已经从钢铁延伸到纯金属、有色合金、陶瓷、电介质、铁电材料、半导体、超导体甚至有机物蛋白质，是相变研究的一个非常重要的研究分支。

许多马氏体相变的研究最初都是借鉴了钢中的马氏体相变研究。将钢中的奥氏体快速淬火，原子的扩散受到抑制，转变前后新相与母相之间化学成分没有差异，单个原子在转变过程中的运动距离小于一个原子间距，生成具有体心正方结构的马氏体相。而且在这种转变过程中，原子改变位置是有组织的，以集体切变的方式进行，因此也称为队列式转变，相比之下，将扩散控制的转变称为非队列式转变。将具有上述转变特征的相变就称为马氏体相变，相变的产物为马氏体。通过大量的实验观察，马氏体相变具有以下特征。

1. 无扩散性

马氏体相变的温度通常很低，抑制了原子的扩散过程，新相保留了和母相完全相同的化学成分，呈现出无扩散性，这已经被大量的实验结果所证实。在 Fe－Ni 合金中，马氏体的形成速度约为 10^3 m/s 数量级（每片马氏体形成的时间为 10^{-7} s 数量级）；Li－Mg 合金在 200 ℃发生马氏体转变，并发出嘶叫声；高碳钢淬火后测量马氏体和残余奥氏体的含碳量发现两者相同。这些都表明马氏体相变的温度低、速度快、原子来不及扩散，因此新相的形成并不改变成分。同时马氏体转变的速率也表明马氏体相变是不可能通过单个原子跳跃的扩散方式进行的，无扩散性是马氏体转变的基本特性之一。

在钢的马氏体相变研究中，计算和实验结果表明，低碳马氏体形成使残余奥氏体富碳所需的时间与形成马氏体条所需的时间相当或略有滞后，表明形成低碳马氏体（转变温度较高）时，可能存在碳的扩散。也就是说马氏体转变的非扩散性是指替换原子无扩散，间隙原子可能存在扩散。

2. 表面浮凸和形状改变

大量的实验现象表明，在预先抛光的试样表面，当形成马氏体后，表面出现浮凸，如图 9.1 所示。如果在预先抛光的试样表面先划有直线刻痕，在形成马氏体后出现表面浮凸，则直线刻痕发生位移，在两相界面处虽然保持连续，但发生转折。这种浮凸是由宏观形变所引起的，反映了相变过程中发生形状改变，但相界面并不发生应变和转动，使刻痕保持连续。图 9.2 所示为马氏体片形成引起的表面浮凸和形状改变示意图，其中虚线 SS 表示预先所画的直线，$STT'S'$ 表示发生马氏体相变后表面浮凸后直线变成连续的折线。如图 9.3 所示，Cu－14.2Al－4.2Ni 合金抛光表面淬火试样产生的马氏体表面出现浮凸，其在某种程度上反映了马氏体形成时的切变共格特性。

图 9.1　马氏体相变产生表面浮凸的光学照片

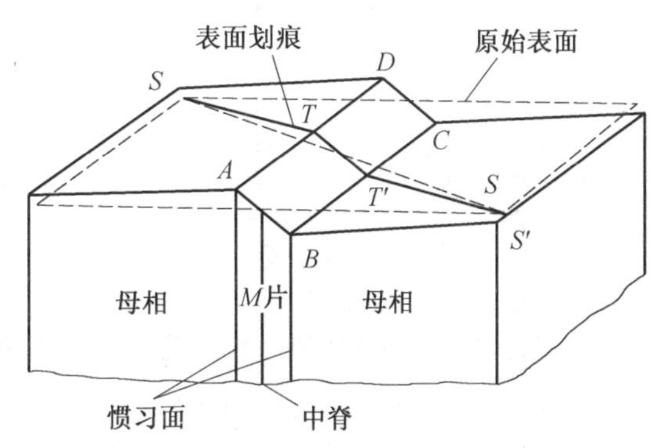

图 9.2　马氏体片形成引起的表面浮凸和形状改变示意图

这些实验事实说明，马氏体片形成时以两相交界面为中心发生倾斜，倾斜方向与晶体取向有关，在此过程中两相之间的界面并不发生旋转。表面上产生浮凸表明相变过程中产生宏观变形（均匀变形或者切变）；划痕保持连续说明两相之间界面在相变过程中没有畸变，即不发生应变或者转动。

图 9.3　Cu－14.2Al－4.2Ni 合金的马氏体表面浮凸

3. 惯习面及其不应变性

马氏体总是在母相的一定晶面上形成，马氏体相变的切变一般与此晶面平行，为马氏体和母相间的界面，称此平面为惯习面。惯习面在相变过程中不应变，不转动，界面具有明锐的边缘。惯习面通常用母相的晶面指数表示，但不一定都是低值数的简单晶面，很多情况下甚至不属于有理数晶面。不同的材料体系中马氏体相变的惯习面不同，即使是相同的材料体系，也会因为马氏体相变类型及动力学的差异具有不同的惯习面。以钢中马氏体为例，其惯习面随着碳的质量分数和形成温度的不同而异，含碳量（质量分数）低于 0.4%时惯习面为$\{111\}_\gamma$；含碳量在 0.5%～1.4%之间时惯习面为$\{225\}_\gamma$；含碳量高于1.4%时惯习面为$\{259\}_\gamma$。低碳的Fe－Ni－C合金的惯习面近于$\{111\}_\gamma$，Fe－5Ni－0.5C合金的惯习面则为$\{557\}_\gamma$。

Wayman等人将相界面不应变、不转动的应变称为不变平面应变，因此马氏体相变具有不变平面应变的特性。不变平面应变主要分为3种，如图9.4所示，一种为单轴膨胀，一种为切变，还有一种为两者混合。值得注意的是，惯习面只是宏观上无畸变、无转动，并且一般不属于有理指数的晶面。惯习面实际的晶面指数可以通过X射线衍射等方法进行测定。结果表明，马氏体惯习面的位向也不完全一致，不同马氏体的惯习面存在一定的分散度。即使对于同一成分的合金，其马氏体片析出的先后顺序和不同的形貌都会导致惯习面的差异。

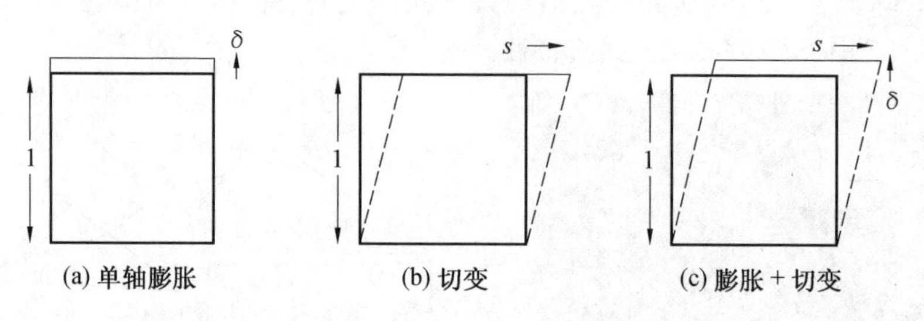

图9.4　不变平面应变示意图

4. 马氏体和母相之间保持一定的位向关系

由于马氏体转变时新相和母相始终保持切变共格性，因此马氏体转变后新相和母相之间存在确定的位向关系。一般来说，母相中的密排面平行于马氏体中相似的面，密排方向也是如此。但因为基体中通常存在着若干组这样的元素，所以从一个母相的单个晶粒中也可以产生一族取向各不相同的马氏体。

对于铁合金的X射线研究发现，其中在马氏体相变过程中存在如下取向关系：

Fe－1.4%C：$(111)_\gamma//(110)_{\alpha'}$；$[1\bar{1}0]_\gamma//[1\bar{1}1]_{\alpha'}$　(Kurdjumov－Sachs，K－S关系)

Fe－30%Ni：$(111)_\gamma//(110)_{\alpha'}$；$[\bar{2}11]_\gamma//[1\bar{1}0]_{\alpha'}$　(Nishiyama，西山关系)

实际测量结果往往和上述关系有些偏差，表9.1列出了一些马氏体相变中的晶体学关系。马氏体与母相之间的位向关系以及惯习面对于研究马氏体相变机制，推测马氏体相变时原子位移规律具有重要作用，也是进行马氏体相变晶体学计算的实验依据。

表9.1　马氏体相变中的晶体学关系

合金	转变类型	取向关系	惯习面	马氏体亚结构
Fe－C(C的质量分数小于0.2%)	fcc－bct	$(111)_\gamma//(110)_{\alpha'}$ $[01\bar{1}]_\gamma//[\bar{1}11]_{\alpha'}$ K－S关系	近$\{111\}_\gamma$	位错
Fe－C(C的质量分数为0.5%～1.4%)	fcc－bct	K－S关系	$\{225\}_\gamma$	位错 孪晶
Fe－C(C的质量分数约为1.8%)	fcc－bct	K－S关系	$\{259\}_\gamma$	孪晶

续表 9.1

合金	转变类型	取向关系	惯习面	马氏体亚结构

Fe－30%Ni	fcc－bcc	$(111)_{\gamma}//(101)_{\alpha'}$
		$[1\bar{2}1]_{\gamma}//[10\bar{1}]_{\alpha'}$
		近 K－S 关系
			近$\{259\}_{\gamma}$	孪晶

Ti	bcc－hcp	—	—	—
Zr	bcc－hcp	$(110)_{\gamma}//(0001)_{\alpha}$	$\{569\}_{\gamma}$ $\{145\}_{\gamma}$	—
Li	bcc－hcp	$(110)_{\gamma}//(0001)_{\alpha'}$	$\{441\}_{\gamma}$	—

5. 马氏体内部通常具有亚结构

马氏体相变的产物为马氏体，其内部结构往往存在许多缺陷，如位错、层错或者孪晶等，这些在马氏体组织内部出现的组织结构为亚结构，它们反映了马氏体相变过程中不同的切变过程。在低碳的马氏体内呈现高密度的位错，高碳马氏体内则以细小孪晶作为亚结构；有色合金中马氏体的亚结构多为孪晶或者层错；Fe－Mn 合金中马氏体为薄片，其内部没有观察到明显的亚结构。因此，马氏体中往往具有一定亚结构并与其形成过程中的切变密切相关，一般认为，马氏体内的亚结构是相变时局部(不均匀)切变的产物。

一个晶体区域内的马氏体转变可以分为两种切变过程，如图 9.5 所示。一种为均匀切变或者均匀点阵变形，造成结构变化，由图(a)变到图(b)；另一种为滑移或者孪生，分别如图(c)和图(d)所示。马氏体内部产生滑移或者孪生，可以使与点阵变形相联系的基体畸变得到补充，消除应力及部分应变能，达到宏观不畸变的要求。将能消除部分应变能的滑移或者孪生都称为点阵不变形变。

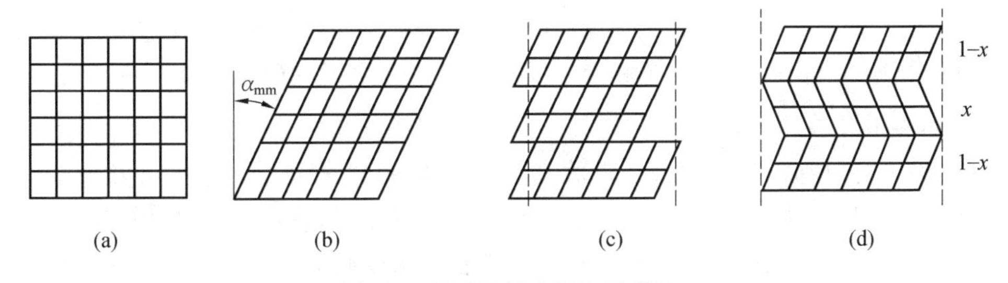

图 9.5　马氏体转变切变示意图

对钢中的马氏体相变而言，如果点阵不变形变是滑移，就得到板条马氏体；如果是孪生，则得到透镜马氏体。当合金的成分与热处理状态不同时，由于马氏体相变的切变方式发生变化，因此得到不同的亚结构。关于这部分内容，将在后续章节中详述。

6. 马氏体相变的可逆性

马氏体相变与其他相变一样，具有可逆性。当冷却时发生母相到马氏体的相变，称为马氏体相变或者正相变(forward martensitic transformation)；当加热时发生马氏体向母相的转变，称为马氏体逆相变(reverse martensitic transformation)。图 9.6 所示为 Co 的马氏体相变及其逆相变。冷却时，马氏体转变开始温度和转变终了温度分别标为 M_s 和 M_f；加热时发生马氏体逆相变，其转变开始温度和终了温度分别标为 A_s 和 A_f。Co 在高温时为面心立方的 β 相，冷却时形成密排六方的 ε 马氏体相。

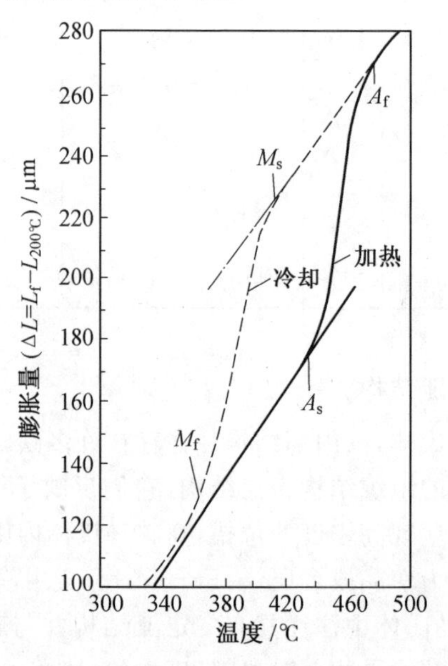

图 9.6　Co 的马氏体相变及其逆相变

马氏体逆相变通常也会在表面产生浮凸，与正相变时形成的浮凸方向相反。Fe－Ni 合金的高温相为面心立方的 γ 相，平衡冷却时形成体心立方的 α 相，当淬火冷却时发生马氏体相变形成 α′马氏体，其晶体结构是与 α 相相同的体心立方结构。当加热时，这些马氏体（Fe－Ni合金中的 α′相或者 Co 中 ε 相）直接转变为高温母相。但碳钢淬火形成的马氏体为体心正方结构，其平衡相为铁素体与渗碳体，因此在加热过程中，只要原子能够扩散就从马氏体中析出碳化物，发生回火转变。因此碳钢中马氏体一般观察不到逆相变。但当加热速度很快，回火过程来不及进行的时候，也有可能发生逆相变，目前已经有一些相关的研究报道。

7. 马氏体相变具有一级相变特征

马氏体相变发生时，晶体结构和点阵常数通常有突变，存在体积突变和相变潜热的释放。由图 9.6 可见，Co 的马氏体正、逆相变的温度并不一致，表现出较大的热滞。多晶 Co 冷却至 390 ℃开始发生马氏体相变，而马氏体逆相变温度则为 430 ℃。同样可以观察到马氏体相变时比热容和焓在相变温度附近的突变，因此马氏体相变在热力学上属于一级相变。

8. 马氏体相变是一种形核长大类型的相变

如前所述，马氏体相变存在热滞，这表明在马氏体相变过程中需要克服一定的阻力，也就是形核势垒。图 9.7 所示为 Fe－Ni 合金与 Au－Cd 合金的相变热滞情况。这表明不同的成分所需克服的形核势垒不同。Kurdjumov 于 1948 年提出马氏体相变是形核和长大的过程，随后在钢和一些有色金属的马氏体相变中分别发现马氏体的等温形成过程，以及马氏体片随着温度的变化而长大或者收缩的现象，这些都有力地支持了这一理论，并得到了大家的公认。

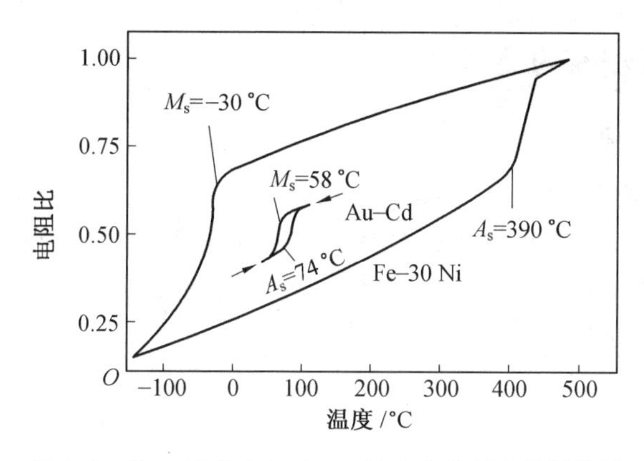

图 9.7　Fe－Ni 合金与 Au－Cd 合金的相变热滞情况

对于 Fe－Ni 合金，其马氏体相变的驱动力很大，马氏体片长大速度非常快，而马氏体在形核长大过程中界面须保持共格，因此马氏体片的形核及长大对周围的母相产生较大的冲击，甚至导致母相的塑形变形，破坏共格关系。当温度进一步下降，虽然驱动力增加，但是先形成的马氏体因共格关系被破坏，故不能进一步生长，只能在母相其他位置处重新形成马氏体晶核并重新长大。其逆相变过程热滞很大，马氏体片并不是收缩而消失，而是母相的重新形核长大过程。实验结果已经证实，在一个马氏体晶粒中会形成几种位向的母相。

对于 Au－Cd 合金，马氏体的晶胚也是突然形成并迅速长大，但新相和母相之间一直保持着共格关系，温度下降时，相变驱动力增加，虽然有新的马氏体片生成，原有的马氏体片也会继续长大。这种类型的马氏体相变属于热弹性马氏体相变，其形状变化由弹性变形来协调。

9.2　马氏体相变的定义与类型

9.2.1　马氏体相变的定义

马氏体的定义经历了较长时间的讨论。自 1895 年将高碳钢淬火后的显微组织命名为马氏体以后，人们就以这类组织的形态和性质来描述马氏体，将这类组织的形成过程及其晶体结构的变化过程称为马氏体相变。随着研究的进一步深入，这一定义不能反映马氏体相变的本质，因此研究人员逐渐倾向于以其形成过程的特征来阐述马氏体相变的定义。自 1948～1995 年，不同的学者从不同的角度(马氏体相变的主要特征)对马氏体相变进行了定义。1995 年，国际马氏体相变会议上，徐祖耀等国际著名学者讨论了马氏体相变的定义。徐祖耀将马氏体相变定义为："替换原子经无扩散位移(均匀和不均匀形变)、有次产生形状改变和表面浮凸、呈现不变平面应变特征的一级、形核一长大型的相变"。其中着重强调了马氏体相变的两个主要特征：无扩散性和不变平面应变特征(切变共格)。因此，马氏体相变也可简单称为替换原子无扩散切变(原子沿着相界面协作运动)或使其形状改变的相变。这一定义反映了马氏体相变的最基本特征，目前已被广泛接受。

9.2.2 马氏体相变的类型

1. 按相变驱动力分类

母相与马氏体相平衡的温度为两相自由能相等时的温度，一般标作 T_0，如图 9.8 所示。如前所述，马氏体相变是一级形核一长大类型相变，其相变时需要跨过形核势垒，因此马氏体相变需要在 T_0 温度以下一定温度才能开始，此时两相之间存在自由能差为相变的驱动力，也就是 M_s 温度时两相之间的自由能差值。

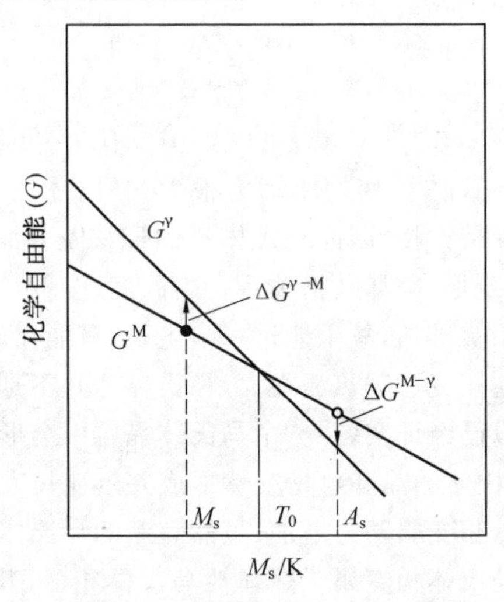

图 9.8 马氏体和母相的吉布斯自由能与温度的关系示意图

按照相变驱动力的大小可将相变分成两类：一类是相变驱动力较大，达到几百 cal/mol，如钢铁中面心立方的奥氏体母相转变为体心正方的马氏体相变，其相变的驱动力在 282 cal/mol以上；另一类是相变驱动力较小，只在几至几十 cal/mol，其中包括面心立方母相转变为六方相马氏体(称为 ε 马氏体)和一些热弹性马氏体相变，如 Co 及其合金的相变驱动力仅几 cal/mol，Fe－Ru 的 ε 马氏体相变驱动力为 50 cal/mol，Ti－Ni 合金中的体心立方母相转变为单斜马氏体的相变驱动力为 20 cal/mol 左右。

相变驱动力较低合金的母相往往层错能较低，母相中容易形成层错，而层错可以作为马氏体形核的核胚。如面心立方晶体结构以(111)面为底面，原子堆积方式可以写为 ABCABC……密排六方结构以(0001)面为底面，原子堆积方式可以写为 ABABAB……当面心立方晶体中出现层错时，如堆积方式变为 ABC|ABAB|C 时，其中间出现六方结构的核胚，此时形核和长大就只需要很低的驱动力。此外，面心立方母相中的位错圈也可以作为体心正方马氏体的核胚，但其形成比上述六方核胚要更加困难。

2. 按马氏体形成方式分类

按照马氏体形成方式的不同，可将马氏体相变大致分为变温形成、等温形成、爆发型形成以及热弹性等几类。

(1)马氏体的变温形成。

马氏体形成数量依赖于温度，其只是温度的函数，与时间无关，称为马氏体的变温形成。

在 M_s 温度以下，随着温度的下降，马氏体量增加，在某一温度停止下降而保温，马氏体量保持不变，只有温度下降，马氏体数量才进一步增加。

大多数钢中的马氏体相变都属于变温马氏体转变。图 9.9 所示为 1.1C 钢的马氏体相变动力学曲线。从图中可见，马氏体形成量在 50％以下时和温度近似为线性关系，当马氏体量超过 50％后，其形成数量随着温度的进一步下降而变得缓慢。

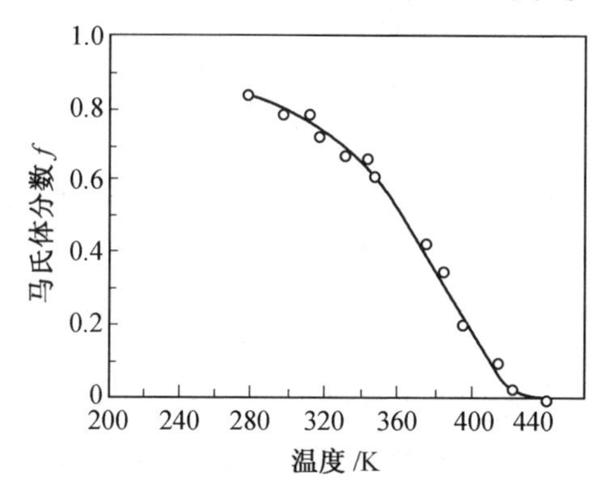

图 9.9　1.1C 钢的马氏体相变动力学曲线

(2)马氏体的等温形成。

此时马氏体形成的数量依赖于时间，即在某一温度下保温，经过一定的孕育期后形成马氏体，马氏体量随着保温时间的延长而不断增加。少数合金的马氏体相变完全由等温形成，目前已发现的这类合金的 M_s 均在零下，如 Fe－(22.5～26)Ni－(2～4)Mn，Fe－25.7Ni－2.95Cr，Fe－5.2Mn－1.1C 以及 U－Cr 合金。图 9.10 所示为 Fe－23.2Ni－3.62Mn 合金的等温马氏体形成的动力学曲线。由图 9.10 可见，等温马氏体转变的动力学曲线也呈“C”字形状，表明随着等温温度的降低，马氏体形成的速率升高，孕育期缩短，在最大速率以后，温度进一步降低，马氏体的形成速率变慢。

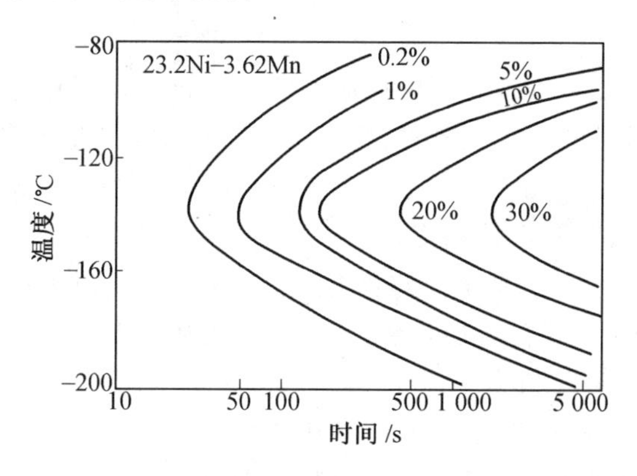

图 9.10　Fe－23.2Ni－3.62Mn 合金的等温马氏体形成的动力学曲线

有些合金钢以变温马氏体相变为主，但也兼具等温马氏体相变的特征。例如，18W－4Cr－1V 高速钢在冷处理经变温的马氏体相变中，在－30 ℃停留 1 h，会形成少量等温马氏体。GCr15 钢经淬火后，其残余奥氏体内会发生等温马氏体相变。实验研究发现，等温马氏体的形成方式主要包括：

① 原有马氏体继续长大。较小的原有马氏体及在马氏体较平整的一边往往容易继续长大，钢中当残余奥氏体量较少时等温马氏体主要以这类方式形成。

② 新马氏体形核长大。等温马氏体的形成是在残余母相内独立形核长大。

③ 在原有马氏体的某些边上形成等温马氏体。

(3)马氏体的爆发型形成。

一些 M_s 低于室温的合金经冷却到某一温度 M_B ($M_B < M_s$) 以下时，在几分之一秒内剧烈地形成大量马氏体，这种方式称为爆发型马氏体转变。图 9.11 所示为 Fi－Ni－C 合金的爆发型马氏体转变的动力学曲线，其中直线部分就为爆发型马氏体转变。该种类型的马氏体相变往往伴随大量相变热的释放，甚至伴有声音。适当条件下，爆发量达到 70%～80% 时，试样的温度可上升 30 ℃以上，这使得后续的正常转变被抑制。爆发型转变形成的马氏体数量主要与合金的成分、爆发温度、冷却速度以及母相的晶粒大小有关。

在铬钢、Fe－Ni 合金和镍钢中，爆发型马氏体相变和等温马氏体相变往往交叉或者相伴出现。如 Fe－Ni－Mn 合金在爆发型马氏体相变后，在等温过程中可进行等温马氏体转变；又如 Fe－25.8Cr－2.95Ni 合金在低温时呈现爆发型马氏体相变，较高温度时又形成等温马氏体。马氏体的等温转变一般都不能进行到底，完成一定的转变量后就会停止转变。

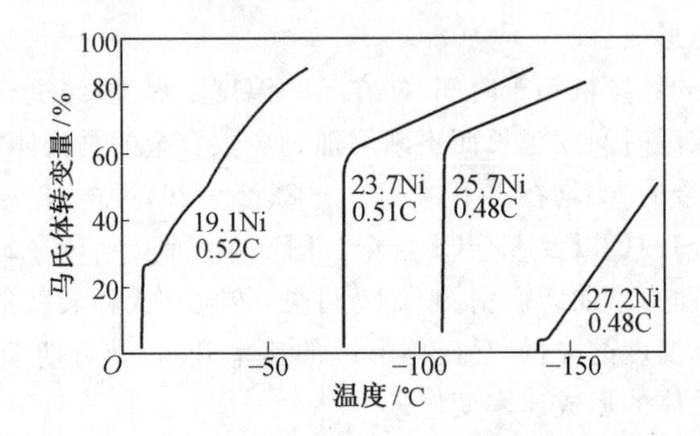

图 9.11 Fe－Ni－C 合金的爆发型马氏体转变的动力学曲线

爆发型马氏体相变受自促发形核的控制。所谓的自促发形核是指一片马氏体的形成，产生引起更多后续马氏体片形核的条件，在周围母相基体中产生更多的马氏体核心，即第一片马氏体的形成促进了后续马氏体的形核。

(4)热弹性与非热弹性马氏体相变。

如图 9.7 所示，Au－Cd 合金马氏体相变过程中的相变热滞很小，略低于 T_0 温度就形成马氏体，加热时又立刻进行马氏体逆相变，表明其马氏体相变的驱动力很小，这是热弹性马氏体相变的一个主要特征。根据 Cohen，Wayman 及徐祖耀等人对热弹性马氏体相变的阐述，将马氏体相变分为热弹性马氏体相变、半热弹性马氏体相变和非热弹性马氏体相变。其中热弹性马氏体相变的判据为：①临界相变驱动力小，相变热滞小；②相界面能往复运动；③相变形状应变为弹性协作，马氏体内储存的弹性能对逆相变驱动力做出贡献。如果完全满足上述 3 个条件，则该相变为热弹性马氏体相变；部分满足这 3 个条件，则该相变为半热弹性马氏体相变；完全不满足这 3 个条件，则该相变为非热弹性马氏体相变。

根据上述判据，Au－Cd，Cu－Al－Ni，Cu－Zn－Al 及 Ti－Ni 等形状记忆合金的临界相变驱动力小，相变热滞小；其相界面随着温度的变化而伸缩；马氏体内储存的弹性能可作为逆相变的驱动力，则它们的马氏体相变属于热弹性马氏体相变。在热弹性马氏体相变过程中，由于相变而产生的形状变化依靠新相和母相界面附近的弹性变形协调，随着马氏体长大，界面上弹性应变能增加，并且逐渐接近化学驱动力与弹性阻力平衡，因此，当温度下降时，相变的化学驱动力升高，马氏体可以继续长大，界面弹性能也随之升高；反之，当温度上升，相变的化学驱动力减小，储存的弹性能释放将马氏体界面反向推回，但仍保持共格关系。而大多数工业用钢和 Fe－30Ni 合金中面心立方到体心正方马氏体转变的相变驱动力可高达 1 000 J/mol 以上，热滞可高达几百摄氏度，因而其属于非热弹性马氏体相变。Fe－30Mn－6Si 形状记忆合金中面心立方母相 γ 到密排六方 ε 马氏体相变的临界驱动力约为 120 J/mol，γ/ε 界面可以往复运动，但热滞接近 100 K，其属于半热弹性马氏体相变。

3. 按马氏体形核机制分类

一般可将马氏体相变形核分为经典的均匀形核和非经典的非均匀形核。均匀形核的情形较少，仅在缺陷较少且驱动力较大时可以近似被认为是均匀形核；在绝大多数情况下，形核机制都为非均匀形核。

9.3　马氏体相变热力学

9.3.1　马氏体相变的驱动力

马氏体相变虽然属于无扩散相变，与扩散式相变有诸多差异，但其热力学规律仍然存在相似性。如图 9.8 所示，马氏体相变的 M_s 温度在两相吉布斯自由能相等的 T_0 温度以下，此温度下的两相吉布斯自由能差就是马氏体相变的驱动力。相变发生的热力学条件为

$$\Delta G^{\gamma\to M}+\Delta G_S+\Delta G_e\leqslant 0 \tag{9.1}$$

式中，$\Delta G^{\gamma\to M}$ 为两相之间的化学自由能差；ΔG_S 和 ΔG_e 分别为马氏体的表面能及弹性能（包括共格应变能和体积应变能等）。

这表明在马氏体相变过程中，除了表面能以外，切变共格和体积变化引起较大的弹性能变化，因而需要较大的过冷度，才能克服界面能和弹性能造成的相变阻力。一般来讲，马氏体相变过程中的弹性能所占比例远远高于界面能。一些资料给出，铁基合金在 M_s 温度下的相变驱动力 $\Delta G^{\gamma\to M}$ 约为 1 050 J/mol。

当然，也可以采用近似的计算方法，将马氏体相变所需的驱动力表示为

$$\Delta G^{\gamma\to M}=\Delta H^{\gamma\to M}\frac{(T_0-M_s)}{T_0} \tag{9.2}$$

式中，$\Delta H^{\gamma\to M}$ 为马氏体相变的焓。

此外，热力学也可解释马氏体相变的无扩散性，如图 9.12 所示。图(a)为相图的一部分，T_E 代表无扩散马氏体转变 $\gamma\to\alpha'$ 的热力学平衡温度。图(b)和图(c)分别为母相 γ 过冷到 T_1 和 T_2 温度时两相的自由能－成分曲线。由于相变过程没有扩散，成分一直保持 c_0，在 T_1 温度下无扩散 $\gamma\to\alpha'$ 转变的两相自由能差为正，因而不会发生马氏体转变；而在 T_2 温度下无扩散 $\gamma\to\alpha'$ 转变的两相自由能差为负，母相转变为马氏体使体系的自由能下降，可以发

生马氏体转变。因而发生马氏体相变的温度都在 T_0 温度以下。

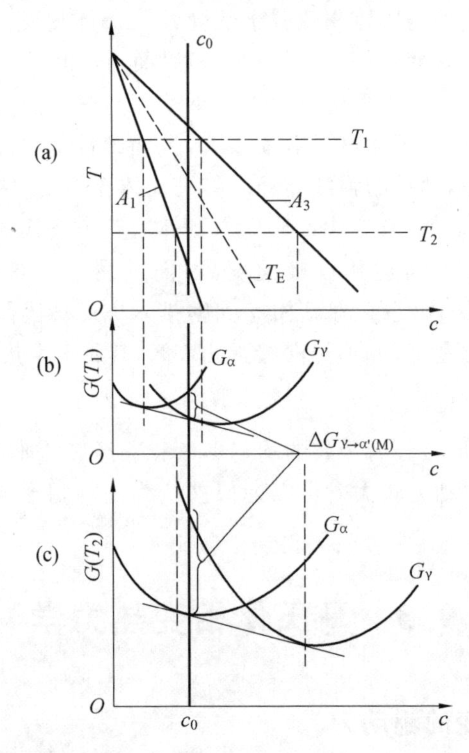

图 9.12　无扩散相变的相变驱动力（T_1 和 T_2 两个温度下的自由能－成分曲线）

9.3.2　马氏体相变的均匀形核理论

利用经典均匀形核理论，可以估算等温转变过程中马氏体的形核功。假设马氏体晶核为扁球状（透镜片状，如图 9.13 所示），中心厚度为 $2c$，片的半径为 r，则形核时引起体系的自由能变化为

$$\Delta G=\frac{4}{3}\pi r^2 c\Delta G_V+2\pi r^2\gamma+\frac{4}{3}\pi rc^2 A \tag{9.3}$$

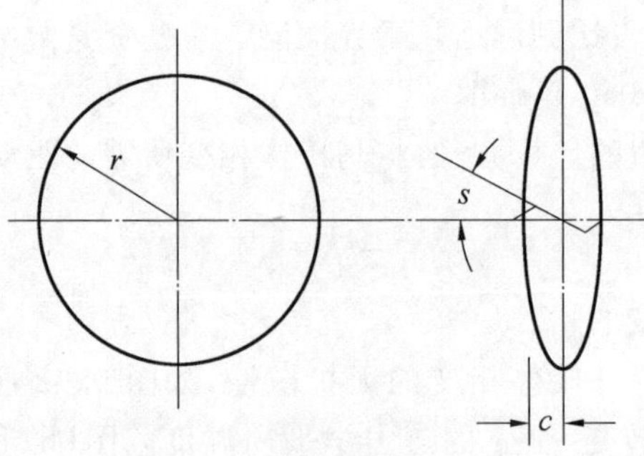

图 9.13　马氏体晶核示意图

式中，第一项为化学自由能差，为马氏体相变的驱动力，ΔG_V 为单位体积的化学自由能变

化，$\frac{4}{3}\pi r^2 c$ 为扁球体的体积；第二项为界面能；第三项为体积差异造成的弹性应变能，其中 A 为迎宾阿能因子，$A \cdot c/r$ 为单位体积的应变能，扁球的应变能为体积与其乘积，为 $\frac{4}{3}\pi rc^2 A$。第二项与第三项构成了马氏体相变的阻力。

对式(9.3)求导，有

$$\left(\frac{\partial \Delta G}{\partial r}\right)_c = 0 \quad \left(\frac{\partial \Delta G}{\partial c}\right)_r = 0 \tag{9.4}$$

可以得到临界晶核的临界厚度 c^*、临界半径 r^* 和形成临界核心时的形核功 ΔG^* 分别为

$$c^* = -\frac{2\gamma}{\Delta G_V} \tag{9.5}$$

$$r^* = \frac{4A\gamma}{(\Delta G_V)^2} \tag{9.6}$$

$$\Delta G^* = \frac{32\pi A^2 \gamma^3}{3\,(\Delta G_V)^4} \tag{9.7}$$

同时，临界晶核的体积 V^* 为

$$V^* = -\frac{128}{3}\pi \frac{A^2 \gamma^3}{(\Delta G_V)^5} \tag{9.8}$$

式(9.7)就是经典形核过程中靠原子热涨落来克服的形核势垒。将 $A = 2.1 \times 10^9\ \mathrm{J/m^3}$，$\gamma = 0.02\ \mathrm{J/m^2}$，$\Delta G_V = 1.64 \times 10^9\ \mathrm{J/m^3}$ 代入式(9.7)，可得每个马氏体片的形核功为

$$\Delta G^* = 1.64 \times 10^{-18}\,\mathrm{J} \tag{9.9}$$

同时可得到 $c^*/r^* \approx 1/40$，其形核功为 10～20 eV，这么大的形核功仅仅依靠热涨落单独去克服比较困难(700 ℃时，$kT = 0.06$ eV)。大量的实验现象也证明马氏体的形核实际上是非均匀过程。通过对尺寸范围从亚微米到几分之一毫米的 Fe－Ni 小单晶球冷却到 M_s温度以下的不同温度，进行金相研究表明：

①即使冷却到大块材料 M_s温度以下约 300 ℃，也不是所有的颗粒都发生转变，这完全排除了一般情况下的均匀形核，因为均匀形核总是应当在一定的过冷度下出现。

②晶核的平均数量(按照马氏体片的数目计算)在 $10^4\,\mathrm{nm^{-3}}$ 数量级，这比预期的单纯均匀形核数量少。

③晶核数量随着转变前过冷度的提高增加很快；晶核的平均数量和晶粒尺寸无关，甚至颗粒是单晶体或者多晶体都无关紧要。

④表面不表现为形核的有利位置。

由此可见，表面和晶界对马氏体形核过程没有明显贡献，那么转变应该是从晶体内部其他缺陷上开始的，而能够产生这样晶核密度的最可能缺陷是晶体中的单个位错，因为一个退火晶体中一般含有约 $10^5\,\mathrm{nm^{-2}}$ 或更多的位错。

9.3.3　马氏体相变的非均匀形核理论

Zener 阐述了孪晶过程中部分位错$\langle 112 \rangle_\gamma$的运动如何在面心立方点阵区域内产生一个薄体心立方区域，如图 9.14 所示。图 9.14 中面心立方结构的各层米牌面以不同的符号标

记,由底向上分别标为1,2,3。面心立方的孪生要素为$\{111\}\langle 11\bar{2}\rangle$,其孪晶矢量$\frac{a}{6}\langle 11\bar{2}\rangle$可由一个全位错$\frac{a}{2}\langle 110\rangle$分解成两个不全位错,得到

$$\frac{a}{2}[110]=\frac{a}{6}[2\bar{1}1]+\frac{a}{6}[1\bar{2}\bar{1}] \tag{9.10}$$

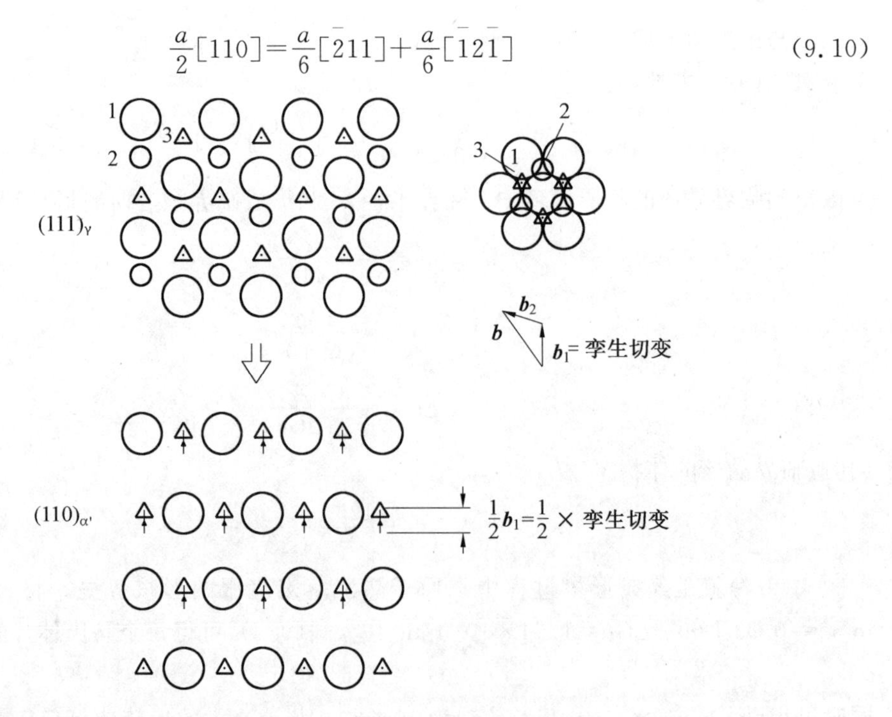

图9.14 以半孪生切变方式产生两个原子层厚度马氏体的Zener模型

为了产生体心立方结构,要求所有的三角形(第三层)原子向前滑动$\frac{1}{2}\boldsymbol{b}_1=\frac{a}{12}[\bar{2}11]$。实际上这一切变之后所产生的点整并不完全是体心立方点阵,还要求有另外的膨胀,以得到正确的点阵间距。理论和实验研究表明,这一反应所产生的体心立方点阵只有两个原子层厚度,但在位错塞积处能够按这种机制形成较厚的晶核。在位错塞积群中位错被迫靠近,从而减小了滑移矢量,于是心部的结构相当于体心立方堆垛,相邻平面上的塞积群能够相互作用而加厚这种伪体心立方区域。

对于低层错能合金,人们也提出了位错促进马氏体形核的设想。如Venables认为α'马氏体的形成需要经过一个中间相(hcp结构),称为ε'马氏体,即

$$\gamma\rightarrow\varepsilon'\rightarrow\alpha' \tag{9.11}$$

仍然使用图9.14中的原子符号标记,Venables提出的马氏体相变机制如图9.15所示。ε'马氏体的结构是靠每个$\{111\}_\gamma$面上的非均匀半孪生切变来加厚的,利用透射电子显微镜曾观察到这样的错排区域连同马氏体一起形成。值得注意的是,这一模型未必符合实际情况,最近得到的一些透射电子显微镜的观察结果表明马氏体不锈钢中的ε'马氏体和α'马氏体是通过不同的机制独立形成的。

此外,Co合金中的马氏体相变也可通过位错的分解来形核,因此某些类型的马氏体能通过扩展位错的有秩序产生和运动直接形成。但是这种类型的转变既不会出现在高层错能

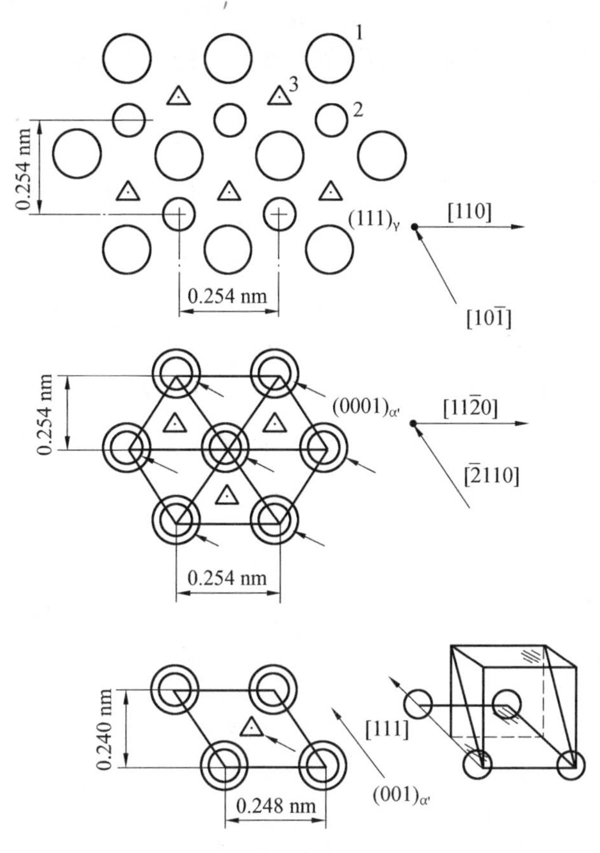

图 9.15　不锈钢中 $\gamma \to \varepsilon' \to \alpha'$ 相变的 Venables 模型

的马氏体中，也不会在热弹性马氏体中出现，因此马氏体相变需要考虑另外的方式。此时位错不是靠它们心部的变化形成马氏体核心，而且也难以通过位错心部的变化理解孪晶马氏体。

位错的应变场在一定情况下可以使共格晶核的势垒减小。这时位错的应变场可以和马氏体晶核的应变场之间相互作用，使得贝茵应变（其阐述详见马氏体晶体学部分）的一个分量被中和，减小总的形核能量，其交互作用示意图如图 9.16 所示，由图 9.16 可见，与位错的多余半原子面相关的膨胀抵消了部分贝茵应变，此外位错的切变分量也能被利用。

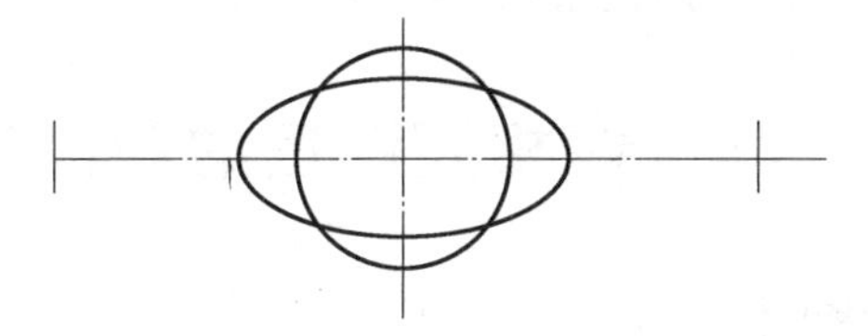

图 9.16　位错应变场与马氏体晶核应变场的交互作用

这样的交互作用使得马氏体相变过程中总的自由能变化为

$$\Delta G = V\Delta G_V + A\gamma + V\Delta G_S - \Delta G_d \tag{9.12}$$

式中，第一项为体积化学自由能变化；第二项和第三项仍分别为表面能和体积弹性能的变化；最后一项 ΔG_d 表示位错交互作用能，它减小了形核势垒，这一交互作用能为

$$\Delta G_{\mathrm{d}}=2\mu s\pi\cdot rc\cdot \boldsymbol{b} \tag{9.13}$$

式中，μ 为母相剪切模量；s 为晶核的切应变；$\boldsymbol{b}$ 表示位错的柏氏矢量；r 和 c 分别为扁球状马氏体的半径与一半的厚度。

式(9.12)主要假设了一个完整的位错环与马氏体晶核之间的相互作用，但是实际上可能只有位错的一部分能以这种方式与晶核相互作用，因此需要对式(9.12)做进一步的修正。

通过计算得知借助于和位错应变场的部分交互作用，一个全共格的晶核直径能达到20 nm，厚度为2～3个原子，除非有孪晶形成或者滑移出现以进一步减小应变能，它不可能再度增厚或者长大。这一理论从本质上把形核过程中非均匀切变的晶体学特征和贝茵应变以形核的总应变能形式结合在一起，这与大多数已知的马氏体特征是一致的。

马氏体的形貌与材料的性能密切相关，可以从热力学的角度分析马氏体形貌的影响因素。根据式(9.3)，半径为 r，厚度为 $2c$ 的扁球状马氏体的单位体积非化学自由能变化为

$$\Delta G_{\mathrm{N}}=\frac{2\pi r^{2}\gamma+\frac{4}{3}\pi rc^{2}A}{\frac{4}{3}\pi r^{2}c}=\frac{3\gamma}{2c}+\frac{Ac}{r} \tag{9.14}$$

为了求出马氏体晶核形状参量(r 和 c)与能量参量(γ 与 A)之间的关系，可利用下述约束条件：① ΔG_{N}为最小；② 马氏体的体积不变。通过条件②，有 $\mathrm{d}V=0$；再应用条件①，令 $\mathrm{d}\Delta G_{\mathrm{N}}=0$，整理可得

$$\frac{c^{2}}{r}=\frac{\gamma}{A} \tag{9.15}$$

将式(9.15)代入式(9.14)，可以得到 ΔG_{N}的最小值为

$$(\Delta G_{\mathrm{N}})_{\min}=\frac{3r\cdot\gamma+2Ac^{2}}{2cr}=\frac{5\gamma}{2c}=\frac{5Ac}{2r} \tag{9.16}$$

从式(9.16)可以看出，共格界面能 γ 越小或者畸变能参数 A 越大，则 c^{2}/r 越小，则越容易形成扁椭球，即透镜片状。从上式也可看出，当 A 固定时，c/r 越小，则 ΔG_{N}越小，因此越容易形成透镜片状。综合考虑 γ 和 A 的影响，马氏体的非化学自由能变化是形核过程中的主要阻力，其临界值与相变过程中的化学自由能变化相平衡。因此在 A 值固定的条件下，化学自由能变化越大，c/r 也就越大。以 Fe－Ni 合金为例，随着 Ni 含量的升高，马氏体相变中化学自由能变化增加，因此高镍含量合金易形成 c/r 较大的透镜片状的马氏体，而低 Ni 含量的合金则易形成 c/r 较小的板条状马氏体。

9.4 马氏体相变温度的影响因素

马氏体相变温度(尤其是其大小)反映了相变的滞后程度，也就是相变所需驱动力的大小。其余平衡温度 T_0之间差距越大，相变所需的驱动力越大。一般以热力学计算求得 T_0温度，并以实验方法测定 M_{s}温度，对相变驱动力做出比较正确的估计。M_{s}温度对于材料的研究和应用具有非常重要的意义：

① 马氏体的性质取决于其亚结构，如结构钢亚结构的形成与 M_{s}温度紧密相关。在较高 M_{s}温度时，可以得到韧性较好的板条马氏体。

② M_s温度往往决定高、中碳钢在室温时的残余奥氏体数量。

③ M_s温度影响热处理和热加工工艺参数的制定。如沉淀型不锈钢，要求固溶处理后M_s温度较低以利于轧制，但要求回火处理后 M_s温度高以获得稳定的强化效果。

④ 加工变形诱发马氏体形成，如 TRIP 钢(相变诱发塑形钢)，其所需的切应力往往与M_s温度是线性关系。

⑤ 一些合金的 M_s温度决定了其使用温度，如形状记忆合金。

影响马氏体 M_s温度的因素很多，如下所示。

(1)母相的化学成分。

母相的化学成分是决定 M_s温度的最主要因素。图 9.17 所示为 Fe－C 合金的 M_s温度随碳的质量分数变化曲线。从中可见，当碳的质量分数小于 1.2%时，其 M_s温度与碳的质量分数近似为线性下降关系。多数合金的 M_s温度随着溶质质量分数的增加而下降，如 U－Cr 合金。

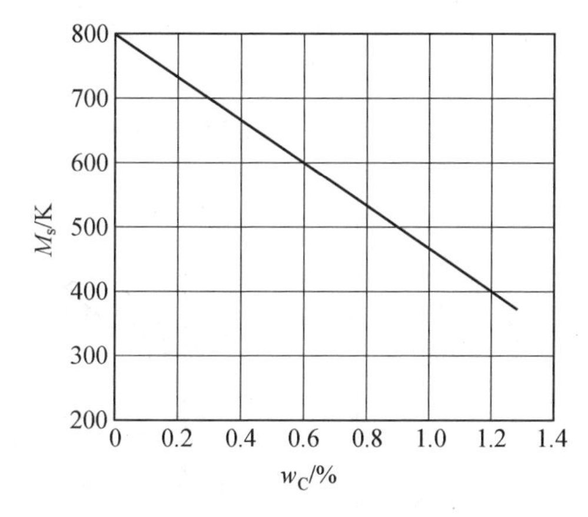

图 9.17　Fe－C 合金的 M_s温度

(2)母相晶粒尺寸与强度。

在母相化学成分不变的前提下，母相晶粒大小对 M_s 温度的影响各不相同。如 Fe－29.5Ni合金的奥氏体晶粒从 0.01 mm^2 增大到 0.1 mm^2 时，M_s温度从－65 ℃升高到－30 ℃；0.4%C 的铬钢当奥氏体晶粒直径从 25 μm 长大到 250 μm 时，其 M_s温度升高了15.6 ℃；但 0.4%C 的镍钢中奥氏体晶粒尺寸对 M_s温度无明显影响。在高碳镍铬钢中发现，母相的晶粒尺寸越小，其 M_s温度越低。类似的规律在一些有色合金(如 Co，Ti－Ni，Cu－Zn－Al等)中也有报道。由此可见，M_s温度的变化并不与母相晶粒大小相对应。徐祖耀提出仅仅用母相晶粒尺寸变化并不能解释 M_s温度的变化，而应考虑母相的强度变化。

马氏体相变是一个共格切变过程，母相的强度可以影响这一过程，因此提高母相强度，则马氏体相变的切变过程变得困难，所需能量升高，即所需相变驱动力增大，从而使 M_s温度降低。同时，一定组态的晶体缺陷有助于马氏体的形核，晶界、亚晶界、孪晶界、杂质表面等由位错及不全位错等组成的缺陷组态在一定条件下也会有助于马氏体形核，这时会导致 M_s温度的升高。当母相的晶粒尺寸减小时，一方面母相的强度升高，不利于马氏体相变的切变过程；另一方面马氏体的有利形核位置也增多，因此母相晶粒大小对 M_s温度的影响是这两方面共同作用的综合效果。当母相强化因素占据主导地位，M_s温度下降；但当缺陷组态有利于马氏体形核且占据主导地位时，细化晶粒就会提高 M_s温度，这也可以解释为什么会出现随着晶粒尺寸变化 M_s温度呈现不同的变化规律。

在一些合金中，母相的晶粒尺寸对 M_s温度并无明显影响。这有时是两方面因素竞争的结果，还有可能是这类合金的形核直接由层错形核，如层错能很低的 Co－14Ni 合金。

(3)淬火冷却速度。

很早之前的实验发现，有些钢材在水淬后的硬度较油淬所得硬度低。在低碳合金钢中，淬火冷却速度越慢，残余奥氏体的数量越多。研究发现，快速冷却将引起较大的内应力有助于马氏体相变。

研究表明，淬火冷却速度增加时，M_s温度上升。但使 M_s温度上升的临界冷却速度随着合金成分的不同而存在差异，例如 Fe－0.5C 合金，当冷却速度超过 6 600 ℃/s 时 M_s温度才会升高；加入 Co，W 等减小碳扩散的元素后冷却速度为 5 000 ℃/s 就可使 M_s温度升高；而加入 Ni，Mn 等促进碳扩散的元素后则冷却速度需增至 13 000 ℃/s 后才使 M_s温度升高，如图 9.18 所示。

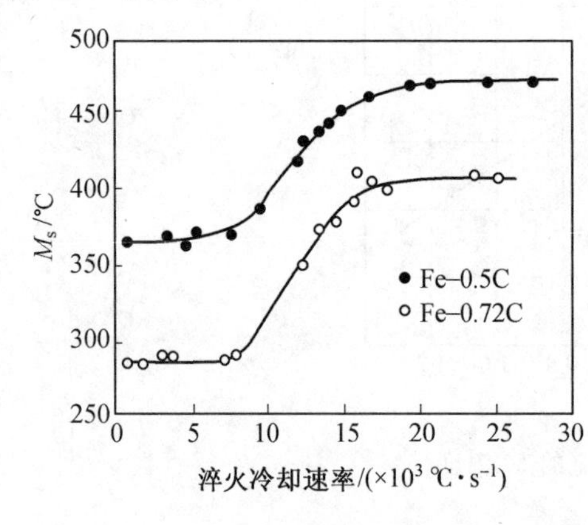

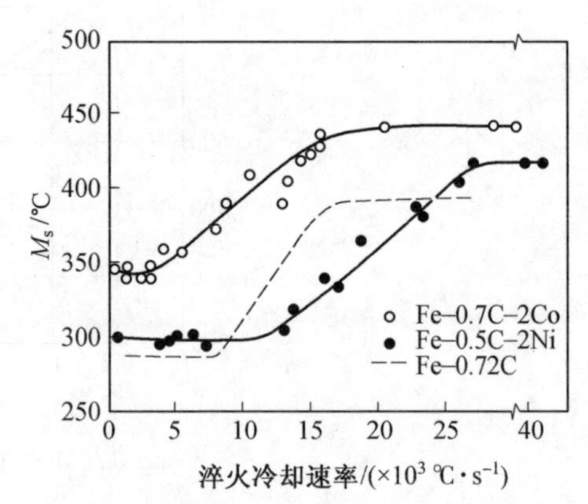

图 9.18　淬火冷却速度对 M_s温度的影响

研究表明，铁基合金冷却速度很大时，母相硬度下降，M_s温度上升。这可以用合金中的小间隙原子形成气团，强化母相并使其稳定来解释。当冷却速度非常快时，间隙原子也来不及形成气团，因此随着冷却速度的进一步升高，M_s温度不发生明显变化。

由此可见淬火冷却速度通过两方面影响 M_s温度：一方面淬火产生内应力促进马氏体的形成，使 M_s温度升高；另一方面当冷却速度在某一范围内时，间隙原子可形成气团使母相强化，降低 M_s温度。

(4)应力与变形。

惯习面上的分切应力可提供相变的驱动力。研究发现，无论单向拉伸还是单向压缩，都会使 M_s温度升高。这时由于单向拉伸或者压缩都会在惯习面上有分切应力，有利于马氏体的形成。但三向等静压应力由于抑制了马氏体的体积膨胀，因此使得 M_s温度下降。在 Fe－Ni和 Fe－Ni－C 合金中的计算和实验结果表明，单向拉伸和单向压缩都使 M_s温度升高，而三向等静压应力则会降低 M_s温度。

研究表明，塑形变形对马氏体相变的作用表现在少量形变提高 M_s温度，但使得相变过程变缓；大量变形使得母相呈现“机械稳定化”的现象，M_s温度下降。例如在 Fe－0.6C－7.1Mn钢中，变形使马氏体转变量减少，当压缩率超过 15%时，虽然在 M_s温度以上就可形成马氏体，但继续冷却时马氏体的形成数量大大减少。研究还发现，M_s温度较高的钢在很小的变形量时，形变量对其影响就已经出现最高点，因此一般只能看到母相的稳定化现象，而对于 M_s温度较低的合金，则发现随着形变量的增加，M_s温度升高，如图 9.19 所示。

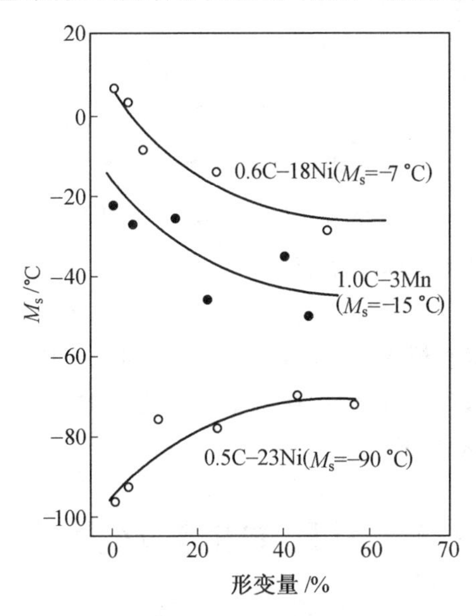

图 9.19　形变(压缩率)对 M_s温度的影响

在 M_s温度以上、某一温度以下，施加应力会促进马氏体的形成，此时马氏体相变所需的驱动力由外加应力来提供，称为应力诱发马氏体相变。由于应力诱发马氏体相变而导致的形变量的增加称为相变诱发塑形。

总之，塑形变形提供对马氏体形核有利的晶体缺陷，促进马氏体相变；但缺陷过多则使得其切变过程困难，且阻碍马氏体的长大，降低转变速率。

(5)磁场。

实验发现，外加磁场使 M_s温度上升。这表明外加磁场可以提供附加的马氏体相变驱动力，如在 16 kOe 时，Fe－0.3C－2.8Ni－0.6Cr－0.6Mo 钢的 M_s温度升高了 25 ℃/kOe，研究认为 Zeeman 效应是提高 M_s温度的主要原因。

图 9.20 所示为 Fe－21Ni－4Mn 合金在 M_s温度以上施加磁场对马氏体相变的影响。从图中可见，其诱发马氏体相变的临界脉冲磁场强度随着温度的升高而增大，如高于 M_s温度 5 ℃时所需磁场的 H_c约为 10 MA/m，而高于 M_s温度 30 ℃时所需磁场的 H_c 升高至 16.5 MA/m。当温度一定时，随着最大脉冲磁场强度的升高，马氏体形成数量增加。

需要注意的是，上述结果主要都是磁场对顺磁－铁磁马氏体相变的影响。最近研究发现，一些磁性形状记忆合金具有非常明显的磁场诱发相变现象。

(6)晶体缺陷与夹杂物。

当晶体缺陷和存在的夹杂物引起的应力场有利于马氏体形核时，M_s温度将升高，但是过多的晶体缺陷也会破坏马氏体和母相之间的共格性，并阻碍马氏体的长大，因此使相变温

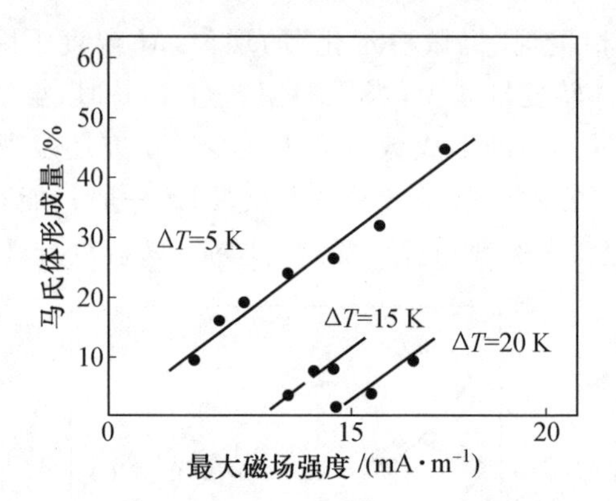

图 9.20　Fe－21Ni－4Mn 合金在 M_s 温度以上施加磁场对马氏体相变的影响($\Delta T = T - M_s$)

度下降。具体的晶体缺陷对马氏体相变温度的影响取决于这两方面的竞争。

(7)其他相变。

其他发生在马氏体之前的相变对马氏体相变的影响主要体现在:其他相变可改变母相基体的成分;消耗或提供形核位置。例如在铬钢中珠光体的形成升高 M_s 温度,而一些钢中先发生贝氏体转变则降低 M_s 温度。

9.5　马氏体相变动力学

如前所述,马氏体相变可分为变温马氏体转变、等温马氏体转变及爆发型马氏体转变等。不同类型马氏体相变动力学的特征也不相同。马氏体相变动力学是形核和长大的综合过程,受相变激活能控制,无论等温或者变温过程,相变速度都与 $d\Delta G/dT$ 成正比,马氏体长大速度为 10^3 m/s 量级,在 10^{-8} s 内生成的马氏体为快速长大型;长大速度为 0.1 m/s 的马氏体为低速长大型;长大速度为 5×10^{-4} m/s 的马氏体为极慢性,如 U－Cr 合金、Fe－28.8Ni 合金在 M_s 温度以上所形成的表面马氏体的速度仅为 10^{-4} m/s。热弹性马氏体的界面移动速度与温度变化速度相当,可以通过光学显微镜观测,非热弹性马氏体的长大速度一般较快,一旦形核就快速长大。在本节中主要简略说明变温马氏体和等温马氏体的相变动力学。

9.5.1　变温马氏体相变动力学

在变温马氏体相变过程中,当温度下降到 M_s 温度时,马氏体立即形成,无法测得其孕育期。例如高碳钢中的马氏体变温形成时,随着温度的下降,一簇单独的马氏体片很快形成,温度越低,马氏体片不断增多;可以估计到,横贯晶粒的马氏体片是最先形成的,后续形成的马氏体将其余的母相晶粒不断分割,在互相遇到时就停止,因此较低温度下马氏体片较小。图 9.21 所示为 Fe－31Ni－0.02C 合金淬火到液氮温度得到的马氏体组织,从中可见较大的马氏体片可能是相变最早形成的,而比较小的马氏体片位于较大马氏体片之间,应该是在较低温度下形成的。

通过测量不同钢材的马氏体相变动力学曲线,可以得到如下的马氏体相变动力学方程:

图 9.21　Fe－31Ni－0.02C 合金淬火到液氮温度得到的马氏体组织

$$1-f=\exp[\alpha(M_s-T_q)] \tag{9.17}$$

式中，α 为常数，取决于钢的成分；f 为马氏体的体积分数；T_q为淬火冷却速度。

根据一些 Fe－C 合金实验数据画出动力学曲线，如图 9.22 所示。结合式(9.17)可知，当 T_q温度一定时，M_s温度越高，淬火后参与的奥氏体数量越少。M_s温度主要取决于成分和淬火方式，相变驱动力主要为温度的函数，这对于高、中碳钢马氏体相变温度较低、碳不发生扩散的情况比较符合，但对于低碳钢及部分中碳钢，式(9.17)没有考虑合金元素对于碳扩散的影响，因此需要对其进行修正。低碳钢马氏体相变时存在碳的扩散，因此母相在相变过程中碳浓度发生变化，相变驱动力不仅是温度的函数，也是碳浓度的函数，因此式(9.17)可修正为

$$1-f=\exp[\beta(c_1-c_0)-\alpha(M_s-T_q)] \tag{9.18}$$

式中，β 为另一个常数；c_0 和 c_1 分别为 $f=0$ 和 $f=1$ 时的碳浓度。

式(9.18)可作为变温动力学的普适方程。对于高碳钢，马氏体相变过程中碳并不扩散，因此 $f=0$ 和 $f=1$ 时碳浓度相等，式(9.18)就变为式(9.17)；对于低碳钢，则需要考虑合金元素对扩散的影响。

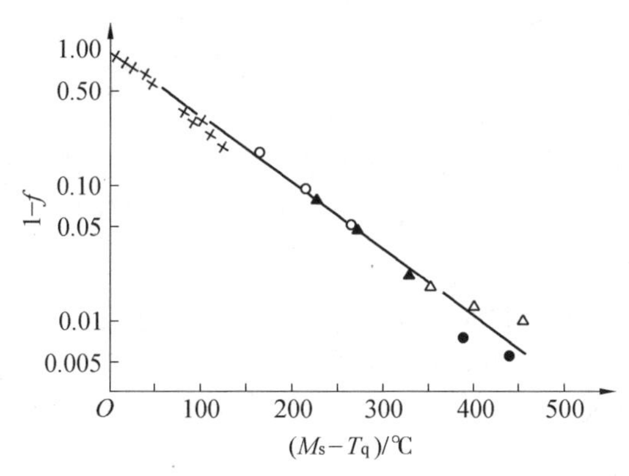

图 9.22　Fe－C 合金的马氏体相变动力学曲线

9.5.2　等温马氏体相变动力学

等温马氏体相变的典型动力学曲线如图 9.10 所示，其开始转变速率较小，而后随着温

度的降低而加快，呈现典型的孕育期和C曲线的特征。

母相的晶粒大小可明显影响转变动力学曲线。当晶粒尺寸不同时，最初的马氏体转变量与晶粒体积成正比，也就是孕育期(产生0.2%马氏体)与晶粒直径之间的关系为

$$\tau \propto d^{-3} \tag{9.19}$$

式(9.19)仅表示母相的晶粒越小，形成的马氏体片也越小，并不代表马氏体形核数量的减少。当转变量较大时，孕育期缩短，偏离上式关系，较细晶粒由于对马氏体切变阻碍作用较强，其马氏体相变往往很快就停止。在极快速冷却时，等温马氏体的形成将受到抑制，而预先存在少量马氏体时，等温马氏体以极大的速度开始形成，展现出自促发形核特性。Cohen等人在考虑自促发形核的情况下，提出了等温马氏体的相变动力学方程：

$$\frac{\mathrm{d}f}{\mathrm{d}t}=\left[N_i+f\left(p-\frac{1}{\bar{V}}\right)\right](1-f)\nu\left[1-\frac{\Delta G}{RT}\right]\left(\bar{V}+\frac{\mathrm{d}\bar{V}}{\mathrm{dln}\,N_V}\right) \tag{9.20}$$

式中，N_i为母相中已经存在的核胚数目；p为自促发因子；f为马氏体分数；N_V为马氏体体积中被热激活形成的马氏体消耗的核心的数目；ΔG为形核功；ν为晶格振动频率。

该理论的动力学曲线与实验符合良好，因此也说明了等温马氏体动力学主要是依靠自促发形核而不是原片的长大。

9.6 马氏体相变晶体学

1953年，韦奇斯乐(Wechsler)、瑞德(Read)和利伯孟(Lieberman)提出马氏体相变的晶体学表象理论，这些理论是唯象的而不是微观的，其着眼点不在于解释原子如何运动引起转变，而只是描述转变起始和最终的晶体学状态，说明马氏体相变中应该保持哪些关系，应该经过什么样的变化以及以后最后达到什么样的晶体学状态。

马氏体相变晶体学表象理论的实验基础主要有：

① 在宏观范围内，惯习面是不变的平面(不畸变、不转动)。

② 在宏观范围内，马氏体形状变形是一个不变的平面应变。

③ 惯习面位向有一定的分散度。

④ 在微观范围内，产物相变形是不均匀的。其中应特别强调的是惯习面，惯习面是不变是平面的意思是面上线段长度不变；面上任意两线段之间的夹角不变；面的空间方位不变。

表象理论是把马氏体相变看成三种变形的组合：

① 基于贝茵机制的晶格变形，由此得到马氏体结构。

② 晶格不变的切变通过微区的滑移和孪生来实现，不改变已形成的结构，以获得不畸变的平面。

③ 整体的刚体旋转使其中不畸变的平面恢复到原始的位置，这就得到了既不畸变又不旋转的惯习面。

上述3种运动的组合可以满足马氏体形成时所观察到的几个主要实验事实。

这3种运动的组合既可以用矩阵代数来描述，又可以用极射投影来分析。

9.6.1　矩阵代数分析方法

1. 表征贝茵变形的 B 矩阵

对于 Fe—C 马氏体的情况，贝茵曾为 $\gamma-\alpha'$转变，具体可写出下述畸变矩阵：

$$\boldsymbol{B}=\begin{bmatrix}\eta_1 & 0 & 0\\ 0 & \eta_2 & 0\\ 0 & 0 & \eta_3\end{bmatrix}\tag{9.21}$$

它使一个点阵变换为另一点阵，使原子位移最小。首先将 fcc 点阵描述为一个体现正方点阵，其 $c_\gamma/a_\gamma=\sqrt{2}$，如图 9.23(a)所示。然后在 γ 立方体 Z_γ 方向加以压缩，约至 $\eta_3=0.83$，并在与此垂直的方向进行伸张，约至 $\eta_1=\eta_2=1.12$，如图 9.23(b)所示，得到贝茵晶胞。两种晶胞的体积相差仅为 $\eta_1^2\cdot\eta_3=1.03\sim1.05$，而轴比 $c_{\alpha'}=a_{\alpha'}$ 随含碳量线性变化，由 1.00 变至 1.08(碳的质量分数为 1.8%)。在贝茵转变中，考虑到了碳原子的短程迁移及对马氏体点阵的影响。如果它们位于 γ 相的八面体间隙位置，则它们会自动处于 α′体心正方相的 c 轴上。实际上碳原子的有序分布导致了 bcc 向 bct 的畸变，利用贝茵矩阵可以较为准确地描述上述畸变过程。

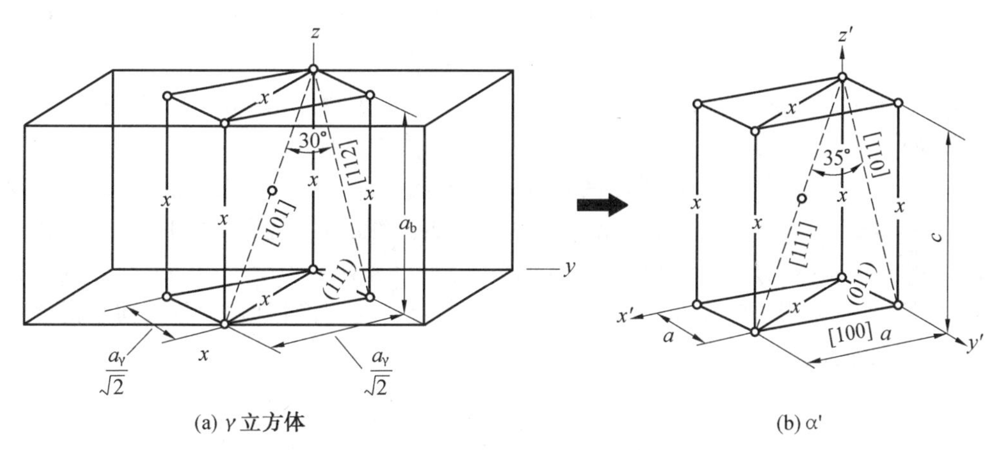

图 9.23　$\gamma-\alpha'$转变的贝茵对应关系(碳的可能间隙位置用 x 表示)

如果在奥氏体基体中在三轴的原点上取以单位球，如图 9.24(a)所示，当发现贝茵转变后，由于 Z 轴收缩，X 轴、Y 轴伸长，球转变为椭球，椭球上不变的矢量在圆锥 $OA'B'$ 上(转变前的位置是在 OAB 圆锥上)，因此在贝茵畸变情况下，不变的矢量是在一个圆锥面上，而不是在平面上。想要得到转变中具有不变平面的必要和充分条件是沿着 3 个轴向的畸变有一定的要求，如图 9.24(b)所示，沿 X 轴不畸变，沿 Y 轴畸变大于 1，沿 Z 轴畸变小于 1，此时零畸变平面为 OAB'。

显然，仅仅通过贝茵矩阵很难实现马氏体转变中不变平面的要求，难以解释马氏体相变的位相关系、表面浮凸效应等。

2. 表征晶格不变切变的 P 矩阵

通过晶格不变的切变——滑移和孪生，目的在于找到宏观的不畸变面。

贝茵(Bain)畸变之后，为得到不畸变的惯习面，还需要再进行一次简单的切变，这种切变的切变面、切变方向和切变量大小不是任意的，即切变的结果必须使贝茵畸变后形成的椭球正好与原来的单位球在某一直径的端点相切，使在这个轴上的畸变为1，以得到不畸变的平面。这种晶格不变切变可以通过微区滑移和孪生实现。

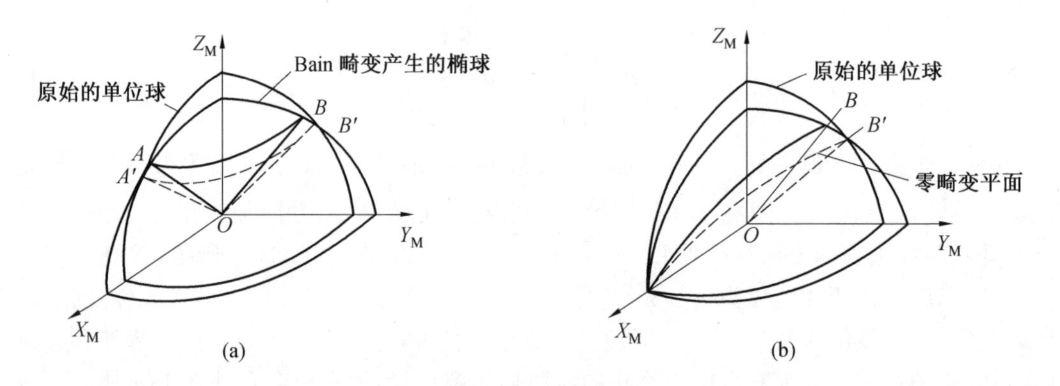

图 9.24 奥氏体基体中贝茵畸变对单位球的影响

从晶体学上讲，孪生使切变的晶体与原晶体形成镜面对称关系，切变量大小固定，因此不畸变面 K_1，K_2 是固定的；而滑移的切变量大小不固定，虽然存在不畸变面 K_1，K_2，但并不固定。

考虑孪生平面上的一个半球由于孪生切变 $\boldsymbol{P}$ 而发生形状变化，如图 9.25 所示，一个角移 $2\alpha_t$ 和位移 s 的孪生切变将圆周 a 变换为曲线 b；所有在平面 K_1 和 K_2 上的矢量保持不变，在阴影区域以内的矢量伸长，在阴影区域以外的矢量缩短。孪生平面 K_1 自然保持为无畸变，平面 K_2 也是如此，在孪生中它变换为 K_2，由于切变角 α_t 是固定的，并且一般与马氏体切变角 α_M 不同，孪晶体积分数 x 应是一个可调节的量，以保证两个变形($\boldsymbol{B}$ 和 $\boldsymbol{P}$)宏观上在某一面上相抵消，以求得不畸变面。而微区滑移时，通过一定的滑移面、滑移方向和滑移量而得到不变的惯习面。

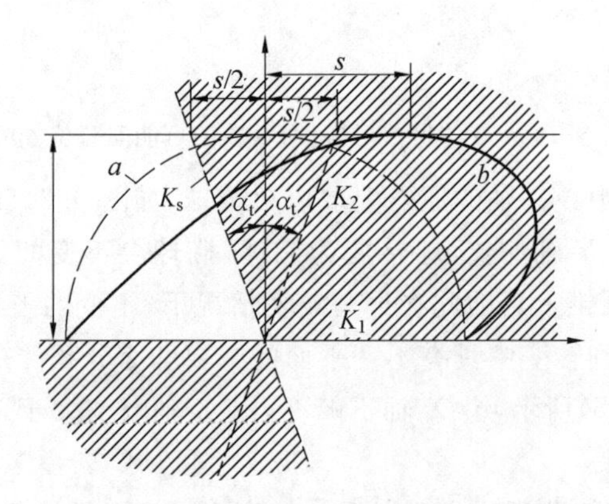

图 9.25 孪生平面上的一个半球经孪生切变后形状变化示意图

实际上，$\boldsymbol{B}$，$\boldsymbol{P}$ 两种操作都会引起伸长和缩短，联合操作的结果总可以找到马氏体相变的宏观不畸变面——惯习面，惯习面上线段的长度保持不变，即

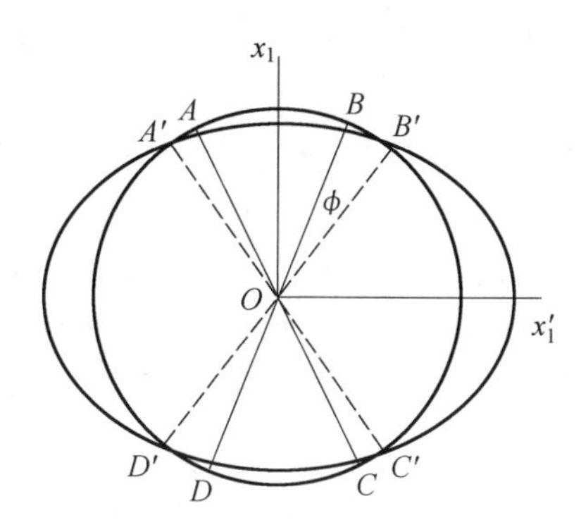

图 9.26　当球畸变为一个椭圆时，方向 AC，BD 发生转动但保持为无畸变

$$\boldsymbol{r} = \boldsymbol{PBr} \tag{9.22}$$

并由此确定 $\boldsymbol{P}$ 矩阵。

3. 使不畸变面恢复到原始位置的旋转矩阵 $\boldsymbol{R}$

如图 9.26 所示，当一个球畸变为椭球时，某些矢量(例如$\boldsymbol{AC}$)。因为要求一个不变的惯习面，所以除了 $\boldsymbol{B}$,$\boldsymbol{P}$ 变换之外还应该有一个整体的纯转动。这种转动只保证惯习面恢复原位，而不保证其他。转动矩阵为

$$\boldsymbol{R}=\begin{bmatrix}1 & 0 & 0\\0 & \cos\varphi & \sin\varphi\\0 & -\sin\varphi & \cos\varphi\end{bmatrix} \tag{9.23}$$

求解 $\boldsymbol{R}$ 矩阵的关键在于求出转轴及夹角 φ。

整个马氏体相变的形状变化可表示为矩阵乘积 $\boldsymbol{RPB}$，此时，在体积分数为 x 的体积中发生点阵不变切变 $\boldsymbol{P}_1$ 和旋转 $\boldsymbol{R}_1$，而一般情况下，在体积分数为$(1-x)$的体积重发生另一切变 $\boldsymbol{P}_2$ 和旋转 $\boldsymbol{R}_2$。这样，晶体中的一个位置矢量 $\boldsymbol{r}$ 就变换为 $\boldsymbol{r}'$：

$$\boldsymbol{r}' = [x\boldsymbol{R}_1\boldsymbol{P}_1\boldsymbol{B} + (1-x)\boldsymbol{R}_2\boldsymbol{P}_2\boldsymbol{B}]\boldsymbol{r}=\boldsymbol{Er} \tag{9.24}$$

在不变平面上的矢量总保持不变，因此，惯习面由本征值方程 $\boldsymbol{Er} = \boldsymbol{r}$(其中 $\boldsymbol{E}$ 为总应变矩阵)确定。上述几个操作过程实现的次序在物理上并没有什么重要意义。主要的目的是将关于一个不变平面的要求与假设为已知的操作 $\boldsymbol{B}$ 和 $\boldsymbol{P}$ 结合起来。

9.6.2　极射投影图解分析法

已知 Fe－20％Ni－0.8％C 合金的惯习面为{3 10 15}，设想从面心立方奥氏体晶格转变到体心正方马氏体晶格是通过贝茵畸变、晶格不变切变及刚体旋转三步来实现的，转变以后保持惯习面不畸变、不转动。采用极射投影图解法可以更形象直观地说明上述转变过程，如图 9.27 所示。

(1)贝茵变形的极射投影描述。

设奥氏体中的坐标系是 $Oxyz$，马氏体的坐标系是 $Ox'y'z'$。贝茵变形前，奥氏体中单位球的球面方程为

$$x_1^2+x_2^2+x_3^2=1 \tag{9.25}$$

贝茵变形后，$x' = \eta_1 x_1, x'_2 = \eta_2 x_2, x'_3 = \eta_3 x_3$，则单位球面转变为旋转椭球面，其方程为

$$\frac{x'^2_1}{\eta_1^2}+\frac{x'^2_2}{\eta_2^2}+\frac{x'^2_3}{\eta_3^2}=1 \tag{9.26}$$

这个椭球面与单位球面的交线是两个圆。图 9.26 中矢量 $\boldsymbol{OA'}$ 和 $\boldsymbol{OB'}$ 的原始位置（变形前）为 $\boldsymbol{OA}$ 及 $\boldsymbol{OB}$，它们的长短并不因晶格变形而改变。因为两个曲面的交线是两个圆，所以 $OA'B'$ 及 OAB 分别是两个圆锥。贝茵变形并未改变圆锥 OAB 面上各矢量的长短，但是锥面以内的矢量将缩短，锥面以外的矢量将延长。

为求出贝茵转变后矢量既不伸长又不缩短的圆锥半顶角 φ_e，由式(9.25)～(9.26)得

$$\left(1-\frac{1}{\eta_1^2}\right)x_1^2+\left(1-\frac{1}{\eta_2^2}\right)x_2^2+\left(1-\frac{1}{\eta_3^2}\right)x_3^2=0 \tag{9.27}$$

令 $x_1=0$，则在平面上可求出 φ_e 应满足的关系为

$$\tan\varphi_e=\frac{x_2}{x_3}=\frac{\left(\frac{1}{\eta_3^2}-1\right)^{1/2}}{\left(\frac{1}{\eta_2^2}-1\right)^{1/2}} \tag{9.28}$$

φ_e 所对应的圆锥 B_e（图 9.26 中的截线 $A'B'$）以及确定它在贝茵转变以前的另一个圆锥 B_a（图 9.26 中的截线 AB）均用极射投影表示在图 9.27(b)中。

(2)晶格不变切变的极射投影表示。

图 9.27(a)表示一个立方晶体在 K_1 上的一种点阵不变切变 $2\alpha_t$，参考图 9.25，K_1 及 K_2 为两个不变形平面。在极射投影图中，阴影区的面积中所有矢量均伸长，其他的矢量均缩短，经切变后，K_2 转移到 K'_2，而且变焦 $2\alpha_t$ 是可调整的参量。

① 在一个 $2\alpha_t=20°$ 的均匀切变中，平面 K_1，K_2 保持不变(图 9.25)。小点标志区域以内的矢量伸长，以外的矢量缩短。奥氏体中的坐标系是 xyz，马氏体中的坐标系是 $x'y'z'$，如图 9.27(c)所示，$\boldsymbol{a}$ 变换为 $\boldsymbol{a'}$，$\boldsymbol{c}$ 变换为 $\boldsymbol{c'}$。

②贝茵畸变将圆锥 B_a 变换为 B_e，锥面上所有的矢量都不改变长度。阴影面积之内的矢量缩短，以外的矢量伸长。

为了使贝茵转变和晶格不变切变的综合效果产生一个不畸变面，必须将图 9.27(a)、9.27(b)两个图叠加起来，如图 9.27(c)所示。这样，上述的圆锥与平面 K_1、K'_2 截交的 4 个矢量就保持不发生畸变。如考虑先发生切变，则矢量 $\boldsymbol{a}$，$\boldsymbol{b}$，$\boldsymbol{c}$ 和 $\boldsymbol{d}$ 分别变为 $\boldsymbol{a'}$，$\boldsymbol{b'}$，$\boldsymbol{c'}$ 和 $\boldsymbol{d'}$，然后发生点阵应变，使它们继续变为 $\boldsymbol{a''}$，$\boldsymbol{b''}$，$\boldsymbol{c''}$ 和 $\boldsymbol{d''}$。在变换过程中矢量的大小均保持不变，如前所述，不畸变面由大小及其间的夹角经一系列畸变后不变的两个矢量决定。通过作图法适当地调整切变角 2α 的大小，使 $\boldsymbol{a}$，$\boldsymbol{c}$(或 $\boldsymbol{b}$，$\boldsymbol{d}$)两向量所夹的角度与 $\boldsymbol{a''}$，$\boldsymbol{c''}$(或 $\boldsymbol{b''}$，$\boldsymbol{d''}$)两向量所夹的角度相等，则此两向量所加任意位向将因切变而伸长，因贝茵转变而缩短，两者恰好抵消。因此，由这两个向量所确定的平面即是不变的平面。

(3)整体转动。

最后，为了得到一个宏观上不发生畸变和旋转的惯习面，$\boldsymbol{a''}$ 必须转至 $\boldsymbol{a}$，$\boldsymbol{c''}$ 转至 $\boldsymbol{c}$，此时需构造一个刚性旋转使 $\boldsymbol{a''}$，$\boldsymbol{c''}$ 分别与 $\boldsymbol{a}$，$\boldsymbol{c}$ 重合。这个转动的大小最终决定点阵(γ，α')之间的取向关系。

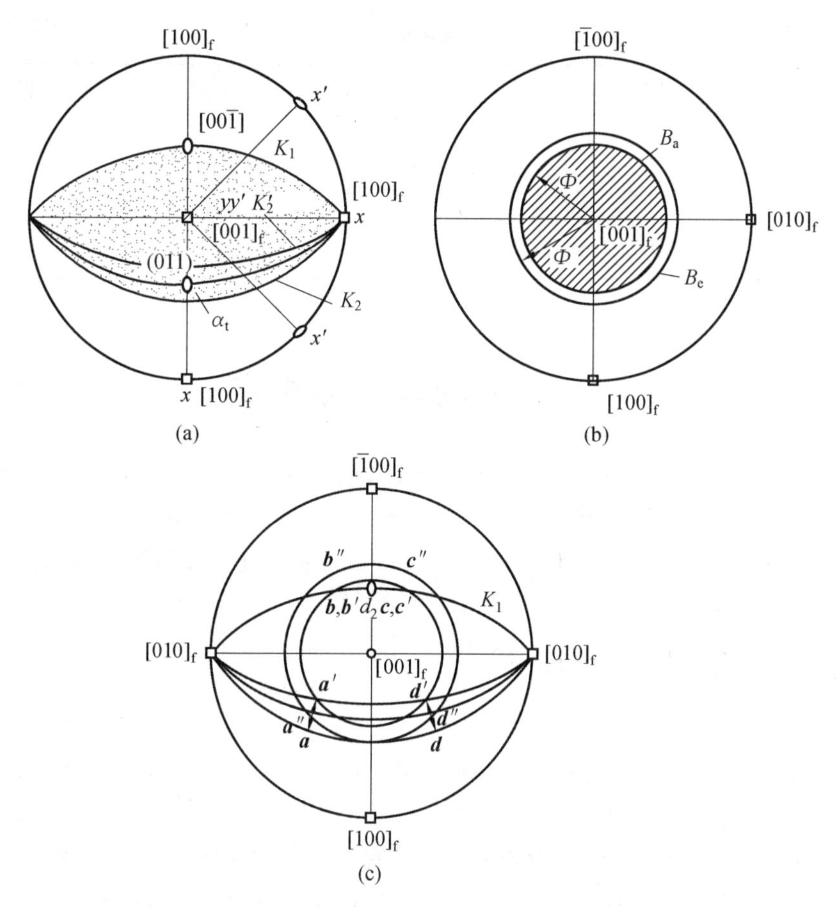

图 9.27　一个立方点阵的极射投影

用这种极射投影图解法，马氏体转变中的所有参数都可以计算出来，与 Greninger 和 Troiano 的测量结果十分符合，见表 9.2。在这种方法中只对贝茵畸变以及点阵不变切变的滑移或孪生系统做了假设。

表 9.2　马氏体晶体学实验和理论数据之比较

实验	理论	相差
Fe−22%Ni−0.8%C fcc→(孪生)bct($c/a>1$) 惯习面法线 $\begin{bmatrix}10\\3\\5\end{bmatrix}=\begin{bmatrix}0.547\,2\\0.164\,2\\0.820\,8\end{bmatrix}$	$\begin{bmatrix}0.569\,1\\0.178\,3\\0.802\,7\end{bmatrix}$	小于 2°
取向关系 $(111)_\gamma//(101)_{\alpha'}$ 准确至 1°以内； $[1\bar{1}0]_\gamma$ 与$[111]_{\alpha'}$ 相差 2.5°	$(111)_\gamma/(101)_{\alpha'_1\alpha'_2}$ 相差 15°； $[1\bar{1}0]_\gamma$与$[111]_{\alpha'_1\alpha'_2}$ 相差 3°	约 0° 约 0.5°

续表 9.2

实验	理论	相差
切变方向 $\begin{bmatrix} -0.7315 \\ -0.3838 \\ 0.5642 \end{bmatrix}$	$\begin{bmatrix} -0.7660 \\ -0.2400 \\ 0.5964 \end{bmatrix}$	约 8°
切变角 10.66°	10.71°	约 0°

9.7　钢的马氏体相变

马氏体相变的研究最早就是在钢铁中开始的，钢中的马氏体相变是最为典型和具有代表性的无扩散型相变。钢在奥氏体状态下快速冷却，抑制其转变为铁素体和渗碳体，在 M_s 温度以下转变为马氏体。钢中的马氏体是碳在 α－Fe 中的过饱和固溶体，具有高强度和高硬度。马氏体相变是钢材进行热处理强化的主要手段。

9.7.1　马氏体的晶体结构

研究表明，当奥氏体转变为马氏体时，晶格结构发生了变化，但成分不变。在钢的奥氏体中固溶的碳被全部保留在马氏体晶体中，形成了碳在 α－Fe 中的过饱和固溶体。碳主要分布在 α－Fe 体心立方晶格棱边中央或者面心位置，引起 c 轴伸长、a 轴缩短，使 α－Fe 的体心立方晶格发生正方畸变，即钢中的马氏体具有体心正方结构，如图 9.28 所示。轴比 c/a 称为马氏体的正方度。当碳原子处于一个由铁原子组成的扁八面体间隙之中时，扁八面体的长轴为 $\sqrt{2}a$，短轴为 c，其几何形状如图 9.28 中的粗线所示。根据计算，该八面体间隙在短轴方向上的半径仅为 0.019 nm，而碳原子的有效原子半径为 0.077 nm，因此平衡条件下碳在 α－Fe 中的溶解度极小（约 0.006%），在一般钢材中的碳的质量分数远远超过这个数值，因此其引起了剧烈的点阵畸变。碳原子占据扁八面体的中心位置时，使短轴方向上的铁原子间距伸长 36%，其他两个方向上收缩 4%，从而使体心立方点阵转变为体心正方点阵。

通过 X 射线结构分析，测定了不同含碳量下的马氏体晶格常数 c，a 和正方度 c/a 随着碳的质量分数的变化曲线，如图 9.29 所示。c，a 和 c/a 与钢中碳的质量分数为线性关系，随着碳的质量分数增加，晶格常数 c 增加，a 略有下降，马氏体的正方度不断增加。

合金元素对马氏体的正方度影响不大，钢中马氏体的正方度主要取决于钢中碳的质量分数，因此马氏体的正方度可以用来表示马氏体中碳的过饱和程度。一般来说，碳的质量分数小于 0.25% 的钢材中马氏体的正方度均较小，约为 1，可以近似看成体心立方晶格。

9.7.2　马氏体的组织形态

钢中的马氏体组织形态多种多样，与合金的化学成分、转变温度和冷却条件密切相关。板条马氏体和片状马氏体是钢中最为常见的马氏体组织形态。

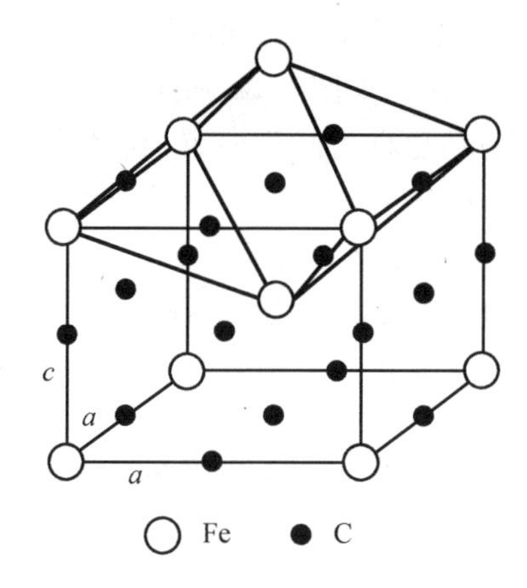

图 9.28　碳在 α—Fe 体心立方晶格中的示意图

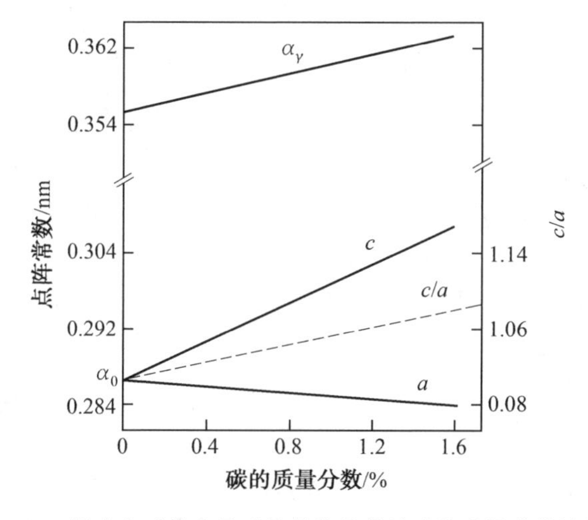

图 9.29　钢中奥氏体和马氏体晶格常数随碳的质量分数的变化

板条马氏体是低、中碳钢及马氏体时效钢、不锈钢等合金中形成的一种典型的马氏体组织，因其显微组织是由许多成群的相互平行排列的板条所组成，故称为板条马氏体，其光学显微组织如图 9.30 所示。

图 9.30　18Ni 钢中的典型板条马氏体组织(1 000×)

板条马氏体的空间形态是一种截面呈椭圆状的长柱体，每个板条为一个单晶体，一个板条的尺寸约为 0.5 μm ×5 μm ×20 μm，如图 9.31 所示。近于平行而长度几乎相等的条状马氏体组成一束，形成马氏体板条束，也称为同位向束，其尺寸约为 20～35 μm。相邻的马氏体板条之间往往存在厚度为 10～20 nm 的残余奥氏体，残余奥氏体的含碳量较高，也很稳定。马氏体板条具有平直界面，界面近似平行于奥氏体的$\{111\}_\gamma$，即惯习面，相同惯习面的马氏体板条平行排列构成马氏体板条群。马氏体板条群可包含一个或几个平行的马氏体同位向束。马氏体的束与束之间以大角度相界面分开，一般为 60°或 120°，马氏体束不超越原奥氏体晶界。同束中的马氏体条间以小角度晶界面分开。图 9.32 为板条马氏体显微组织结构示意图。板条马氏体的尺寸由大到小依次为板条群、同位向束和板条。

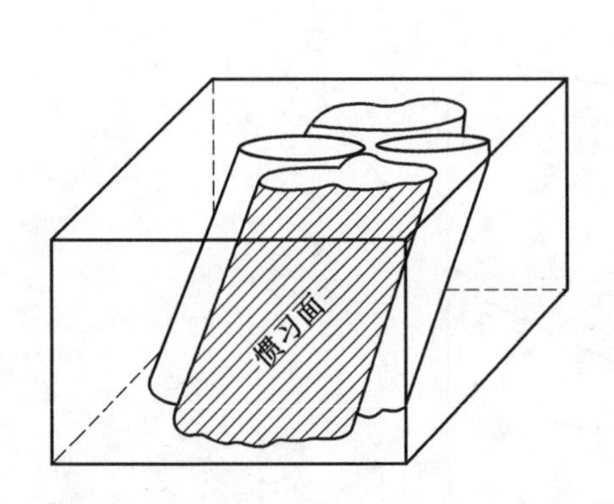

图 9.31　板条马氏体的空间形态

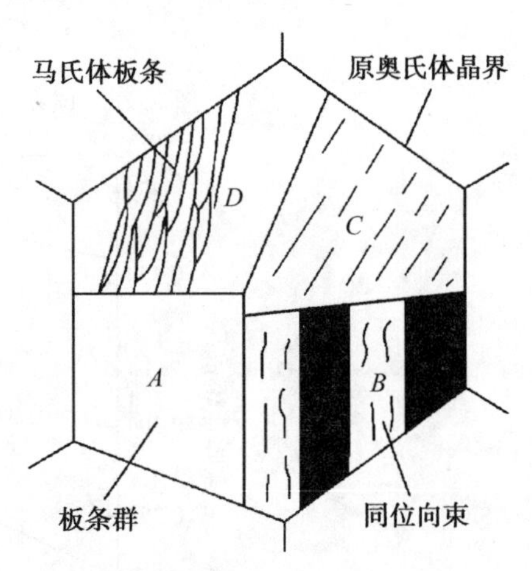

图 9.32　板条马氏体显微组织结构示意图

板条马氏体的亚结构主要为高密度的位错，位错密度与强烈加工硬化的铁相似，高达 $0.3\times10^{12}\sim0.9\times10^{12}\ \mathrm{cm}^{-2}$，因而又称为位错马氏体。这些位错分布不均匀，互相缠结，形成胞状亚结构(位错胞)，如图 9.33 所示。钢中板条马氏体的显微组织随着碳的质量分数的变化而变化。在光学显微镜下，碳的质量分数小于 0.3%时，马氏体板条群及其中的同位向束均十分清晰；碳的质量分数为 0.3%～0.6%时，马氏体板条群清晰，而同位向束不清晰；碳的质量分数在 0.6%～0.8%时，板条混杂生成的倾向性很强，马氏体板条群和同位向束均难于辨认。

奥氏体化温度可以明显改变奥氏体的晶粒尺寸，但对马氏体板条的宽度几乎没有影响。马氏体板条群随着晶粒尺寸的增大而增加，且两者之比大致不变。淬火冷却速度增加，马氏体板条群和同位向束的宽度同时减小，因此增加冷却速度可以进一步细化马氏体板条组织。

片状马氏体是钢铁中另一种典型的马氏体组织，常见于中、高碳钢及高镍含量的(大于29%)Fe－Ni 合金中，其光学显微组织如图 9.34 所示。

片状马氏体的空间形态呈双凸透镜状，因与试样磨面相截，在光学显微镜下则呈现针状或者竹叶状，故也称为针状马氏体。马氏体片之间交错排列，呈一定角度分布。片状马氏体的最大尺寸取决于原始奥氏体晶粒的大小，奥氏体晶粒越粗大，则在原奥氏体晶粒中首先形成的马氏体贯穿整个晶粒，但一般不穿过晶界，将奥氏体晶粒分割。以后陆续形成的马氏体片受到之前形成的马氏体的限制，越后来形成的马氏体片其尺寸越小。

图 9.33　板条马氏体中的位错胞

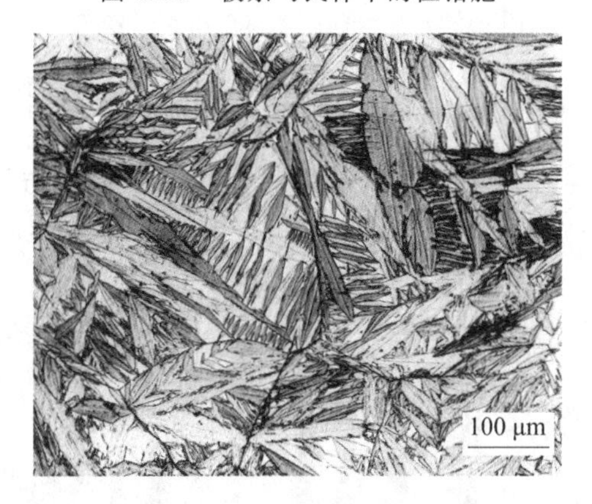

图 9.34　片状马氏体的典型光学显微组织

片状马氏体内部的亚结构主要是孪晶。孪晶厚度约为 5～10 nm，因此片状马氏体也称为孪晶马氏体。图 9.35 为片状马氏体中脊附近的孪晶形貌。但孪晶仅存在于马氏体片的中部，孪晶结合部分的带状薄筋称为中脊，在马氏体片的边缘区域则为复杂的位错网络。根据亚结构的差异，可以将片状马氏体分为以中脊为中心的相变孪晶区和无孪晶区，如图9.36 所示。

图 9.35　片状马氏体中脊附近的孪晶区域

在一些 Fe－Ni 合金或者 Fe－Ni－C 合金中，当淬火温度在板条状马氏体和片状马氏体形成温度区间时，会形成立体形态为 V 形柱状的马氏体，其断面呈现蝴蝶形，称为蝶状马氏体。蝶状马氏体内部亚结构为高密度的位错，与母相的晶体学关系大体上符合 K－S 关

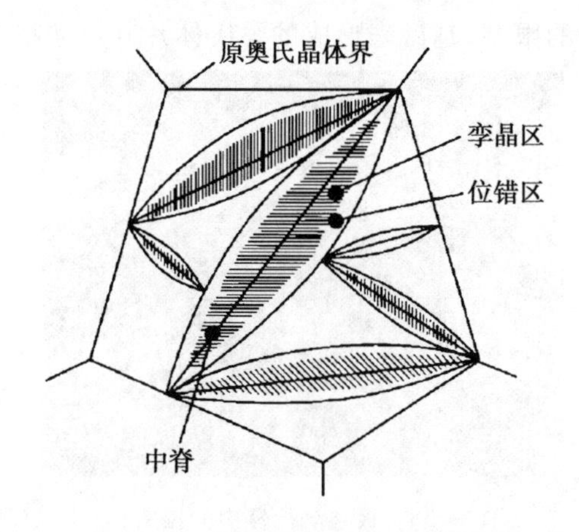

图 9.36　片状马氏体显微组织示意图

系。此外，在 M_s 极低的 Fe－Ni－C 合金中还可形成厚度为几微米的薄片状马氏体，内部亚结构为孪晶，但没有中脊。在奥氏体层错能较低的 Fe－Mn 基合金和 Fe－Cr－Ni 合金中还可形成具有密排六方点阵的 ε 马氏体。ε 马氏体相变的机理与母相的层错能密切相关。图 9.37 所示分别为蝶状马氏体、薄片状马氏体和 ε 马氏体的典型形貌。

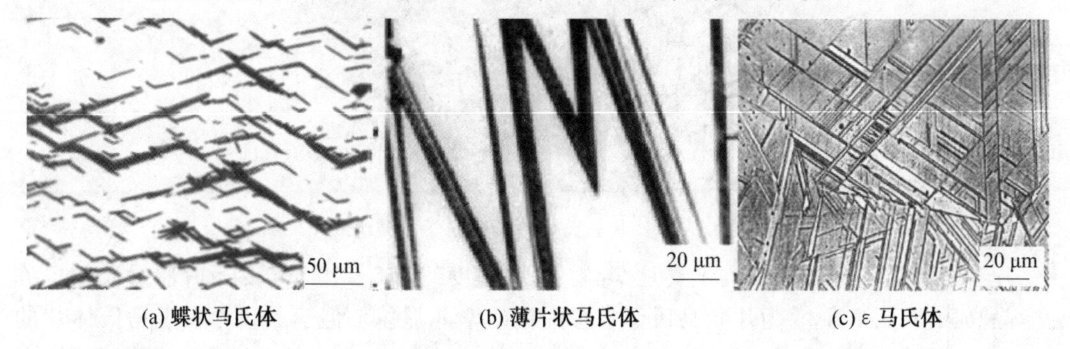

(a) 蝶状马氏体　(b) 薄片状马氏体　(c) ε 马氏体

图 9.37　其他类型马氏体的形貌

9.7.3　马氏体的性能

钢中马氏体机械性能最显著的特点是具有高强度和高硬度。马氏体的硬度主要取决于马氏体的碳的质量分数。如图 9.38 所示，在不同淬火条件下马氏体的硬度均随着碳的质量分数的升高而升高。当碳的质量分数在 0.6%以后，虽然马氏体的硬度仍然随着碳的质量分数的升高而进一步增加，但由于残余奥氏体的数量增加，钢的硬度反而下降。合金元素对马氏体的硬度影响不大，但可以提高其强度。

马氏体具有高强度和高硬度的原因主要包括固溶强化、相变强化、时效强化、加工硬化及晶界强化等。表 9.3 列出了各种强化效应对 0.4%碳钢中淬火马氏体强度的贡献。

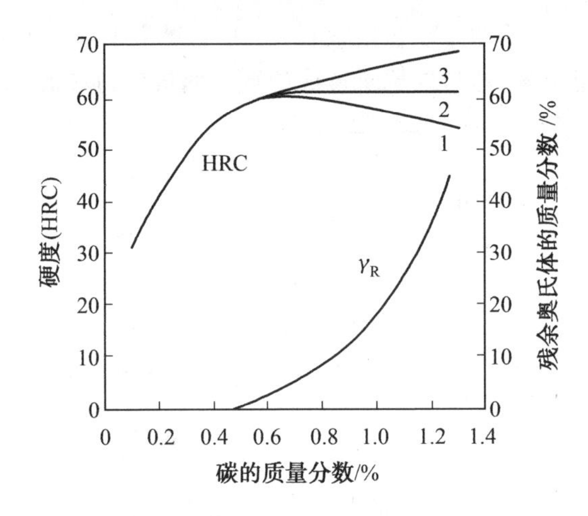

图 9.38　碳的质量分数对马氏体和淬火钢硬度的影响

1—高于 A_{c3} 淬火;2—高于 A_{c1} 淬火;3—马氏体硬度

表 9.3　各种强化效应对 0.4%碳钢淬火马氏体强度的贡献　　MPa

晶界强化	620	淬火碳原子重排	750
位错钉扎强化	270	其他强化效应	200
碳原子固溶强化	400	屈服强度($\sigma_{0.2}$)	2 240

(1)固溶强化。一般认为,奥氏体和马氏体中的碳原子均处于铁原子组成的八面体中心位置。奥氏体的八面体间隙为正八面体,碳原子溶入后奥氏体点阵发生对称膨胀。但马氏体的八面体间隙为扁八面体,如图 9.28 所示。碳原子溶入后发生不对称畸变,形成以碳原子为中心的畸变偶极应力场,这个应力场与位错发生强烈的交互作用,使马氏体的强度提高。但当碳的质量分数较高时,可能碳原子之间的距离过近,导致畸变偶极应力场相互抵消,从而使得马氏体进一步强化的效果显著减小。

(2)相变强化。马氏体转变时,马氏体的切变特性造成了在马氏体内部产生大量的亚结构,如板条马氏体中高密度的位错、片状马氏体中的孪晶等,这些缺陷都阻碍位错的微动,使马氏体强化。实验证明,当钢中碳的质量分数从 0.01%升高到 0.1%时,马氏体中的位错密度从 $5\times10^{14}\ m^{-2}$ 增加到 $1.55\times10^{15}\ m^{-2}$,其−23℃的屈服强度增加 60%。

(3)时效强化。时效强化是由碳原子扩散偏聚钉扎位错所引起的。理论计算和电阻分析都表明,马氏体在室温下只需要几分钟甚至几秒钟就可以通过原子扩散而产生时效强化。一般钢材的 M_s 温度都处在室温以上,因此淬火过程中或者在室温停留时,或在外力作用下,都可能发生时效强化,即所谓的马氏体“自回火”现象。实验表明,Fe−Ni−C 合金在淬火后停留 3 h 的屈服强度比淬火后没有停留的屈服强度有显著提高,且碳的质量分数越高,时效强化效果越明显。

(4)加工硬化。实验研究表明,当变形量很小($\varepsilon=0.02\%$)时,钢材的屈服强度 $\sigma_{0.02}$ 几乎与碳的质量分数无关,并且数值很低。当变形量为 2%时,屈服强度 σ_2 随着碳的质量分数的升高而迅速增大,如图 9.39 所示。这表明马氏体本身较软,但在外力作用下因塑形变形而急剧加工硬化，所以马氏体的加工硬化指数很大，加工硬化率很高。碳的质量分数越高，马氏体的加工硬化效果越明显，这与碳原子形成的畸变偶极应力场的强化作用有关。

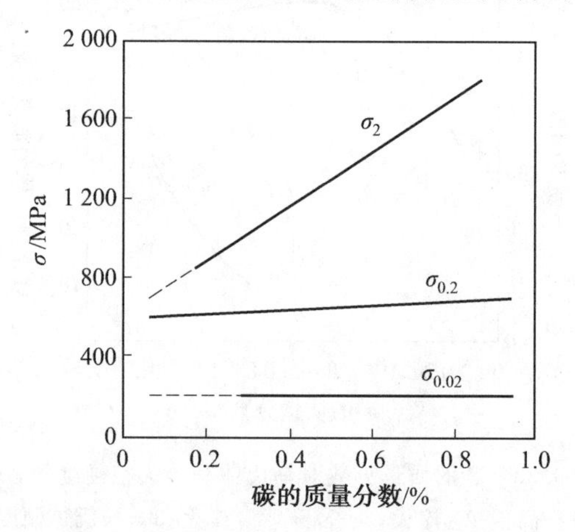

图 9.39 碳的质量分数对屈服强度的影响

(5)晶界强化。原始奥氏体晶粒尺寸越小，马氏体板条群也越细小，则马氏体的强度越高。对于中碳低合金结构钢，奥氏体从单晶细化到 10 级晶粒度，马氏体强度增加不大于 250 MPa。因此，一般钢中以细化奥氏体晶粒的方法来提高马氏体强度的作用并不大，尤其是硬度比较高的钢材，奥氏体晶粒大小对马氏体强度的影响更不明显。只有在一些特殊热处理中，如形变热处理或者超细化处理，将奥氏体晶粒细化到 15 级或更高时，才可能使马氏体的强度提高 500 MPa。

马氏体的塑形和韧性主要取决于马氏体的亚结构。大量的实验结果证明，在屈服强度相同的条件下，板条马氏体的断裂韧性和冲击功比片状马氏体好很多，即板条马氏体在具有较高强度和硬度的同时，还具有相当高的塑形和韧性，即使回火后，也仍然呈现这一规律。

板条马氏体具有较好韧性的原因主要在于：① 板条马氏体含碳量低，可以发生"自回火"，且回火过程中碳化物分布均匀；② 板条马氏体中位错胞状亚结构分布不均匀，存在位错低密度区，为位错提供了活动余地，可缓和局部应力集中，延缓裂纹的形成以及扩展；③ 淬火应力小，不存在显微裂纹，裂纹通过马氏体板条也不容易扩展。

片状马氏体的特点是硬而脆，其韧性较差。这是由于：① 片状马氏体中孪晶亚结构的存在大大减少了有效滑移系；② 回火时碳化物沿着孪晶面不均匀析出，使脆性增大；③ 片状马氏体含碳量高，晶格畸变大，淬火应力大，且马氏体片之间相互碰撞导致内部存在大量的显微裂纹。因此片状马氏体的韧性较板条马氏体的韧性差。板条马氏体不仅具有很高的强度和较好的韧性，同时还具有脆性转折温度低、缺口敏感性低及过载敏感性小等优点。

此外，钢中马氏体的比容较大，碳的质量分数为 0.2%～1.44% 的奥氏体比容为 0.122 27 cm^3/g，而马氏体的比容为 0.127 08～0.130 617 cm^3/g。这是钢淬火时容易产生淬火应力，导致变形和开裂的主要原因。钢中马氏体具有铁磁性和高的矫顽力，其磁饱和强度随着马氏体中碳的质量分数及合金元素含量的增加而下降。

9.8　其他材料的马氏体相变

9.8.1　陶瓷材料中的马氏体相变

纯 ZrO_2的力学性能和抗热振能力都很差，不能作为结构材料，应用受到了限制。向 ZrO_2计入稳定剂 CaO、Y_2O_3、MgO 及 CeO_2等氧化物后，使正方相在室温下保持稳定。在应力条件下可诱发正方相到单斜相的 t→m 马氏体相变，实现相变增韧，使材料具有高强度和一定的韧性。

纯 ZrO_2的熔点为 2 680 ℃，从熔点到室温的冷却过程中发生两次同素异构转变，包含 3 种同素异构体：立方结构（c 相）、正方结构（t 相）和单斜结构（m 相），如图 9.40 所示。

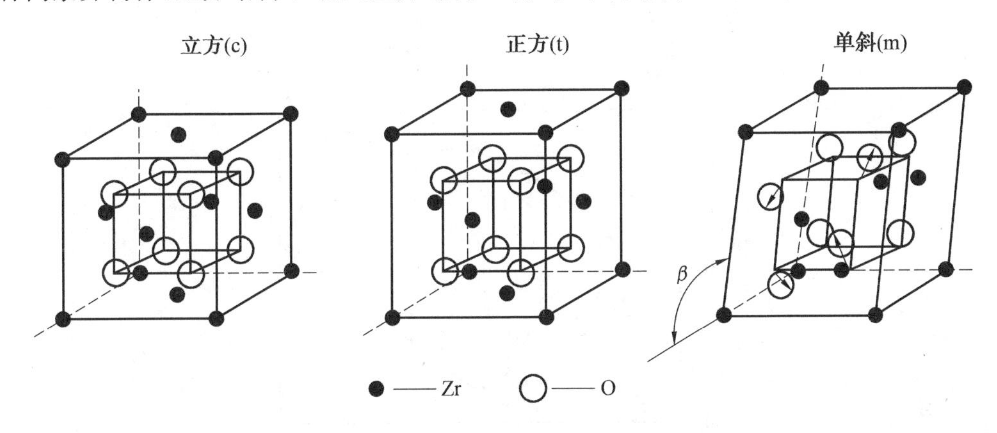

图 9.40　ZrO_2三种同素异构体的晶体结构示意图

纯 ZrO_2冷却时发生的 t→m 相变为无扩散型相变，具有典型的马氏体相变特征，并伴随产生约 7%的体积膨胀，加热时发生 m→t 相变，体积收缩。图 9.41 为纯 ZrO_2的差热扫描曲线，表明其马氏体转变及逆相变之间存在着明显的温度滞后现象。稳定剂的加入使 t→m相变的转变温度降低。以 Y_2O_3为例，Y_2O_3的摩尔分数为 2%～7%时 t→m 相变的相变温度很低，Y_2O_3的摩尔分数为 3%的 $Y_2O_3-ZrO_2$陶瓷的 t＋m 双相组织的热膨胀曲线如图 9.42 所示，此时其内部得到的 t 相为含有内孪晶的带状组织。

ZrO_2基陶瓷中的 t→m 马氏体相变是通过无扩散切变实现的，它具有以下特征：

① 表面产生浮凸。

② 属于无扩散位移切变型相变。

③ 相变产物 m－ZrO_2内部存在孪晶亚结构，有的时候伴有位错。

④ 相变在一定的温度范围内完成的，存在热滞现象。

⑤ 母相 t－ZrO_2和马氏体 m－ZrO_2之间具有确定的位向关系：

$$(100)_m//(110)_t$$

$$[010]_m//[001]_t$$

⑥ 马氏体与母相之间存在惯习面：透镜片状马氏体为$(671)_m$或$(761)_m$，板条状马氏体

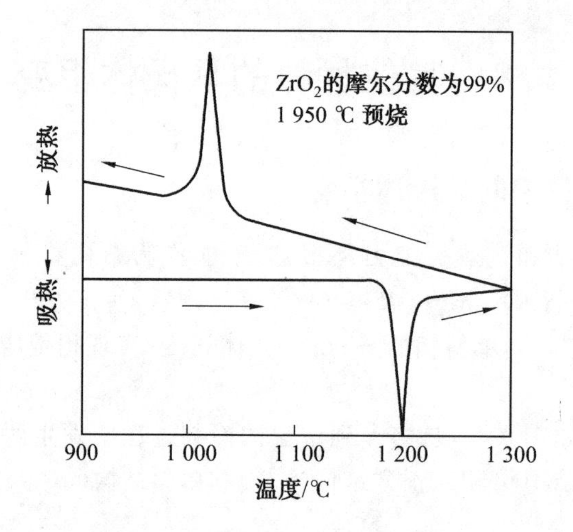

图 9.41　纯 ZrO_2 的差热扫描曲线

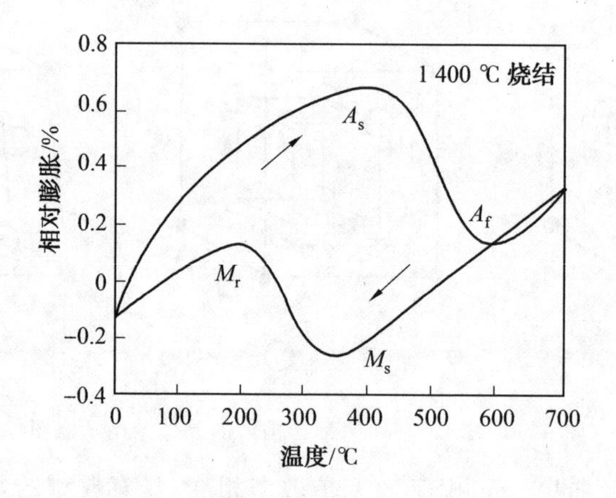

图 9.42　$ZrO_2-3\%Y_2O_3$ 陶瓷的 t+m 双相组织的热膨胀曲线

为$(100)_m$。

⑦ 具有变温转变和等温转变特征。

ZrO_2 基陶瓷的 M_s 温度除了随着 Y_2O_3 等稳定剂含量的增高而降低外，t 相的晶粒尺寸是最强烈的影响因素。随着 t 相晶粒尺寸的减小，马氏体相变及其逆相变温度均下降。图 9.44 所示为 t 相晶粒尺寸对 $ZrO_2-2mol\%Y_2O_3$ 陶瓷相变温度的影响。通过理论推导与实验验证，t→m 马氏体相变温度 M_s 与晶粒直径 d 的关系如下：

$$M_s = M_s^0 + K d^{-1/2} \tag{9.29}$$

式中，M_s^0 和 K 分别为与材料性质相关的常数。因此，对于 ZrO_2 基陶瓷室温组织存在一个 t 相临界尺寸 d_c，当 $d>d_c$ 时，M_s 温度高于室温，冷却到室温时 t 相转变为 m 相；反之，当 $d<d_c$ 时，M_s 温度低于室温，t 相在室温下仍可存在。这种在室温下存在的亚稳 t 相在陶瓷收到外力作用使可以通过应力诱发相变转变为 m 相，对于提高陶瓷的韧性具有十分重要的作用。利用 t→m 马氏体相变增韧陶瓷的主要机理包括应力诱发相变增韧、相变诱发微裂纹增韧以及表面相变诱发残余应力增韧等。

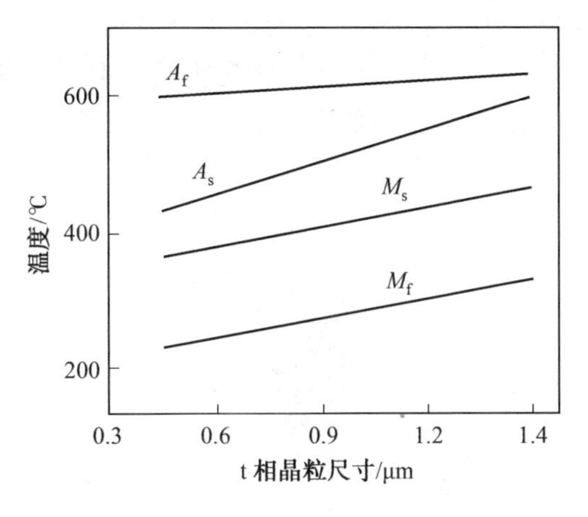

图 9.43　t 相晶粒尺寸对 $ZrO_2-2\%Y_2O_3$ 陶瓷相变温度的影响

(1)应力诱发相变的增韧机理。

含有亚稳 t 相的 ZrO_2 基陶瓷在外力作用下产生裂纹，裂纹尖端附近由于应力集中产生拉应力场，形成一个可以发生 t→m 转变的应力诱发区，在此应力场作用下，亚稳 t 相发生转变，形成 m 相，如图 9.44 所示。应力诱发区内发生 t→m 转变并发生体积膨胀，这一过程消耗了能量，降低了应力集中，并在主裂纹作用区产生压应力，阻止了裂纹的扩展。即应力诱发 t→m 相变抵消了外加应力，降低了裂纹尖端应力强度因子，因此提高了材料的韧性。这种相变韧化作用使裂纹的扩展只有增加外力才能继续进行，而裂纹尖端的应力诱发区随着裂纹扩展前进的同时又不断产生应力诱发 t→m 相变，并在后面裂纹附近留下应力诱发区轨迹。

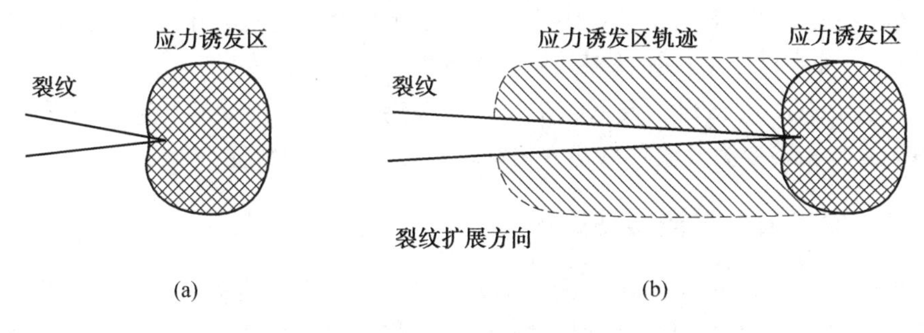

图 9.44　ZrO_2基陶瓷相变增韧示意图

需要注意的是，亚稳相的 t 相在室温下存在上限临界尺寸 d_c，但并不是所有的晶粒直径小于 d_c的 t 相都能发生应力诱发相变，室温下 t 相晶粒的尺寸不同，其稳定性也不一样。因此在室温条件下，裂纹尖端应力场最高值一定的情况下，应力诱发 t→m 马氏体相变还存在下限临界尺寸 d_d，只有晶粒尺寸处于 d_d～d_c之间的 t 相颗粒才能产生应力诱发 t→m 相变，即只有这部分晶粒才会对相变增韧有贡献。

(2)相变诱发微裂纹的增韧机理。

部分稳定 ZrO_2基陶瓷中由于存在较粗大的 t 相晶粒，其 M_s温度较高，在烧结冷却过程中就可发生 t→m 相变，引起体积膨胀，同时在基体中诱发弥散分布的微裂纹。而且在主裂纹扩展过程中，在其尖端应力集中区域产生应力诱发 t→m 相变，也将诱发产生微裂纹。

这些尺寸很小的微裂纹在主裂纹尖端扩展过程中会导致主裂纹分叉或者改变方向，增加扩展的有效表面能。此外，主裂纹尖端应力集中区内的微裂纹本身的扩展也起到分散主裂纹尖端能量的作用，从而使主裂纹扩展的阻力增大，抑制主裂纹的快速扩展，提高了材料的断裂韧性，这种机制称为相变诱发微裂纹增韧机制，如图 9.45 所示。

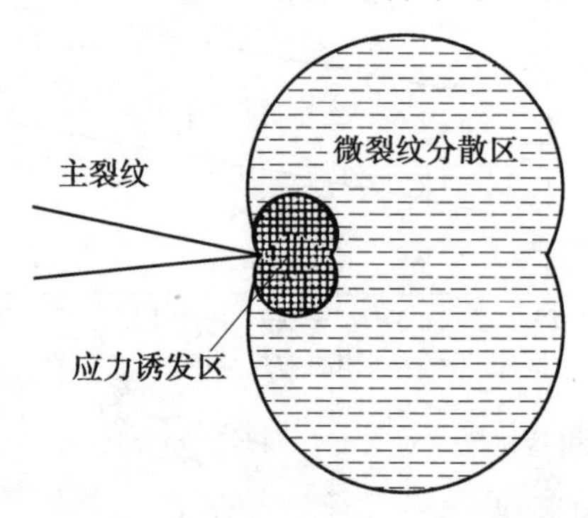

图 9.45 相变诱发微裂纹增韧机制示意图

由于主裂纹尖端应力集中区内的微裂纹吸收能量与微裂纹的密度成正比，因此在微裂纹相互不连接的情况下，由微裂纹韧化所产生的韧性增量随微裂纹密度增加而增大。

(3)表面相变诱发残余应力的增韧机理。

由于陶瓷材料的断裂往往起始于表面裂纹，表面残余压应力有利于组织表面裂纹的形成与扩展，从而可起到增加韧性的作用。对于 ZrO_2 基陶瓷而言，可控制含有弥散的亚稳 t 相的陶瓷在表面发生 t→m 相变，引起表面体积膨胀，以获得表面残余压应力。

在表面诱发 t→m 相变的方法主要包括通过机械研磨或者表面喷砂，利用机械应力诱发表层发生 t→m 相变；采用化学方法使近表面的 t 相粒子失稳发生 t→m 相变；或者通过快速低温处理(如在液氮中快速处理)，使表面发生 t→m 相变。

压电材料 $PbTiO_3$、$BaTiO_3$ 及 $K(Ta,Nb)O_3$ 等钙钛矿型氧化物中也存在马氏体相变，其高温的顺电立方相转变为低温铁电正方相符合马氏体相变的特征。

9.8.2 形状记忆效应与马氏体相变

形状记忆效应(shape memory effect，SME)是指材料在一定条件下进行一定限度的变形，再对材料施加适当的外界条件(温度场、应力场或者电磁场等)，材料的变形消失回复到变形之前形状的现象。通常称具有形状记忆效应的材料为形状记忆材料，其中的金属材料称为形状记忆合金(shape memory alloy，SMA)。形状记忆合金已发展为一类重要的金属功能材料，其形状记忆效应与马氏体相变密切相关。

当材料具有热弹性马氏体相变时，相变的热滞和能垒都很小，马氏体相和母相比容相近，马氏体相变时切变量一般较小，马氏体相变具有可逆性。热弹性马氏体相变是合金具有形状记忆效应和超弹性的基础。图 9.47 所示为 Ti－Ni 合金热弹性马氏体相变呈现形状记忆效应的过程。Ti－Ni 合金由母相转变到马氏体，可以产生 24 个不同位向关系的马氏体变体。但在马氏体逆相变回母相时，并不存在多个等效的取向关系，马氏体只能按照其由母相形成时的取向关系逆相变回母相。因此，马氏体逆相变回母相时，在晶体学上母相回到原来的状态。这种晶体学上的回复与热弹性马氏体在相变热力学上的可逆性是合金呈现形状记忆效应的本质原因。

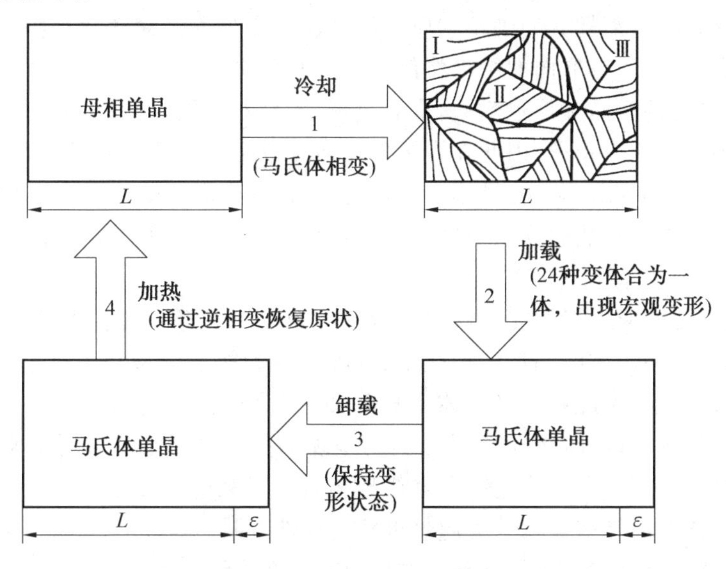

图 9.46　热弹性马氏体呈现形状记忆效应的过程

马氏体相变过程中存在一定的应变。不同取向的马氏体变体在母相中产生的应变方向是不同的。当某一变体在木箱中形成时，其产生的应变场随着变体的长大而增强，使得累计的应变能也逐渐增加，变体的生长变得困难。因此为降低应变能，在已形成的变体周围会形成新的变体，新变体的应变方向与已有变体的应变场互相抵消或者部分抵消。这些变体聚合在一起，降低宏观应变的现象称为热弹性马氏体的自协作。在形状记忆合金中，大多数热形成的马氏体都呈现自协作形貌，母相按这种方式转变为马氏体后，总的应变能最低，合金的宏观形状也不发生明显变化。图 9.47 所示为 Cu－Zn－Al 合金中典型的马氏体自协作形貌。

图 9.47　Cu－Zn－Al 合金中典型的马氏体自协作形貌

形状记忆合金在马氏体状态下变形，外加应力的切变分量若接近某一马氏体变体惯习面的取向，则此应力对该取向的马氏体变体的长大有利。因此在该外力作用下，一些有利取向的马氏体变体将通过消耗其周围不利取向的马氏体变体而继续长大，这种现象称为马氏体变体的再取向。显然，再取向的结果将使马氏体的取向趋于一致（单一取向化），进一步变形，甚至马氏体之间的孪晶关系也消失，最后只剩余一个变体。在此过程中，由于不同马氏体变体再取向的临界应力相近，因此在合金的拉伸应力应变曲线上出现应力平台，即应力不变，应变增加，如图 9.48 所示。若继续变形，马氏体则发生真实塑性变形，位错开始运动，此后所产生的变形不能在加热时恢复。图 9.49 给出了形状记忆效应晶体学机制的二维简化模型。

因此，形状记忆效应中能够完全恢复的最大应变取决于母相转变为马氏体所产生的相变应变，其与母相及马氏体的晶格结构类型、点阵常数和相变类型相关。也就是说，记忆合金能够恢复的最大变形不能超出马氏体完全再取向后所能贡献出的相变应变。

除了形状记忆效应以外，形状记忆合金所呈现的另一个重要性质是超弹性或伪弹性。如图 9.48 中曲线 c 所示，当形状记忆合金在母相状态下某一温度范围内变形时，可以应力诱发母相到马氏体相的转变。当外力超过母相的弹性极限后，母相中产生马氏体，此时应力诱发马氏体所需外加应力基本保持恒定，在应力一应变曲线上表现为应力平台，马氏体变体在卸载过程中随着外加应力的去除而缩小直至消失，在力学行为上表现为具有超弹性，或称为伪弹性。

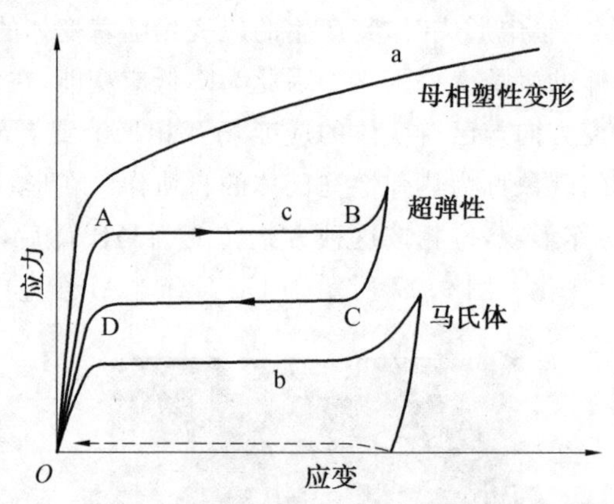

图 9.48　形状记忆合金不同条件下的拉伸应力一应变曲线

图 9.50 所示为形状记忆合金的记忆效应及超弹性出现的应力及温度条件。从图中可见，形状记忆合金出现超弹性的温度范围为 A_f 温度以上，即合金处于完全的母相状态，随后当外加应力低于母相滑移的临界应力时，高于或等于应力诱发马氏体相变的临界应力时合金才能够呈现超弹性行为。

目前最常见的形状记忆合金多达几十种，如 Au－Cd，Cu－Zn，Ti－Nb，Ti－Ni，Cu－Zn－Al，Co－Ni，In－Tl，Fe－Pd，Fe－Mn－Si 及 Ag－Zn 等。其中 Ti－Ni 合金具有优良的冷热加工性能、优异的形状记忆与超弹性性能、高阻尼特性及良好的生物相容性等优点，在航空航天、机械、电子、能源、生物、医学及日常生活等领域得到了广泛的应用。

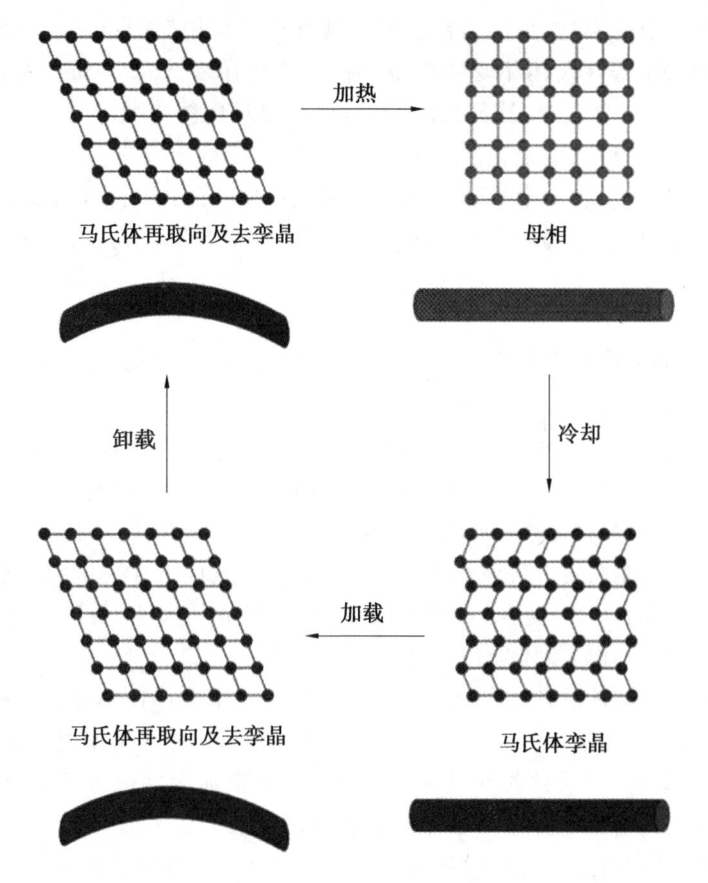

图 9.49　形状记忆效应晶体学机制的二维简化模型

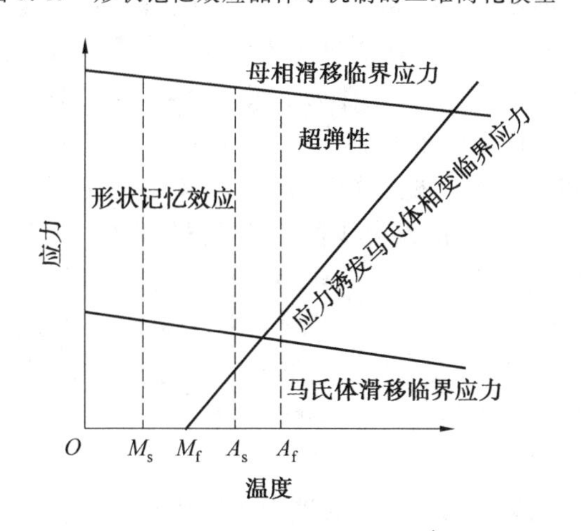

图 9.50　形状记忆合金的记忆效应及超弹性出现的应力及温度条件

9.9　贝氏体相变

钢中奥氏体冷却到珠光体转变区和马氏体相变区之间的温度区间时，将发生贝氏体相变，称为中温转变。研究发现，贝氏体转变不仅具有扩散型相变的特征，还存在呈现表面浮凸、存在固定取向关系等马氏体相变的典型特征。而且在Cu－Zn，Cu－Al，Cu－Be，Cu－Sn，Ag－Cd，Ag－Zn等合金中，甚至在陶瓷中，也存在贝氏体相变。自1930年E. C. Bain首次发表了贝氏体相变产物的金相照片以来，贝氏体相变的研究一直受到较多关注。且由于下贝氏体具有良好的综合力学性能，在生产实践中的应用也较为广泛，如用贝氏体等温淬火代替调质处理，下贝氏体/马氏体混合组织的应用、贝氏体钢的开发和应用等。

9.9.1　贝氏体相变的基本特征

贝氏体相变既具有扩散型相变(珠光体转变)的某些特征，也具有马氏体转变的某些特征，主要有如下几点：

① 贝氏体相变具有一定的温度范围。贝氏体相变的温度范围较宽，在珠光体转变与马氏体相变的温度范围之间，且贝氏体转变具有孕育期。与马氏体相变的M_s点和M_f点相对应，贝氏体相变也存在贝氏体相变开始温度与终了温度，分别为B_s点和B_f点。奥氏体必须过冷到B_s点以下时才能发生贝氏体相变，必须冷却到B_f点以下才可能完全转变为贝氏体。有些合金的B_f点高于M_s点，在M_s点以下等温，由于形成马氏体，贝氏体转变不能完全进行。多数合金中的贝氏体转变不能进行到终了。

② 贝氏体相变具有扩散性。贝氏体相变虽然具有一部分马氏体相变特征，但它属于扩散型相变。在相变过程中有碳原子的扩散，且碳的扩散是影响贝氏体相变转变速率和形貌的关键因素。通常认为，贝氏体相变过程中只有碳的扩散而无铁原子及合金元素原子的扩散，至少是铁原子和合金元素原子不发生较长距离的扩散。

③ 贝氏体相变的产物。贝氏体相变的产物为贝氏体，是由铁素体和碳化物组成的机械混合物，但与珠光体不同，不是层片状组织，而且碳化物的形态、成分和分布均随着转变温度的不同而发生变化。在较高温度形成的贝氏体称为上贝氏体，碳化物为渗碳体，一般分布在铁素体条之间；在较低温度形成的贝氏体为下贝氏体，其碳化物既可以是渗碳体，也可以是ε－碳化物等，主要分布在铁素体条内部。在低、中碳钢中，当形成温度较高时，也可能形成不含碳化物的无碳化物贝氏体。贝氏体中的铁素体就形态而言，更接近于马氏体，与珠光体中的铁素体不同，故将贝氏体中的铁素体称为贝氏体铁素体。

④ 贝氏体相变的晶体学特征。贝氏体相变也能在平滑试样表面上产生浮凸。贝氏体中的铁素体具有一定的惯习面，与母相奥氏体保持一定的晶体学位向关系。上贝氏体的惯习面为$\{111\}_\gamma$，下贝氏体的惯习面一般为$\{225\}_\gamma$。贝氏体中铁素体与奥氏体之间存在K－S关系。贝氏体中渗碳体与奥氏体或者渗碳体与铁素体之间也存在一定的晶体学位向关系。

⑤ 贝氏体相变动力学。贝氏体相变是一种形核长大类型的相变，主要为贝氏体铁素体的形核与生长过程。贝氏体既可以在其转变温度范围以内等温形成，也可以在一定冷却速度范围内连续冷却形成。贝氏体的等温转变动力学曲线也呈C形。

9.9.2　贝氏体的组织结构

钢中贝氏体的形态很多，随着相变温度和钢的成分而异。按照贝氏体组织形态的不同可以分为上贝氏体、下贝氏体、无碳化物贝氏体及粒状贝氏体等。

(1)上贝氏体。

上贝氏体是在较高温度范围内形成的贝氏体。对于中、高碳钢来说,上贝氏体的形成温度区间为 350～550 ℃。典型上贝氏体组织形态是以大致平行、含碳量稍微过饱和的铁素体板条为主体,短棒状或者短片状碳化物分布于板条之间。

在中、高碳钢中,当上贝氏体形成数量不多时,光学显微镜下可以观察到成束分布、平行排列的铁素体条自奥氏体晶界平行伸向晶内,具有羽毛状特征,但条间的碳化物分辨不清,如图 9.51(a)所示。在电子显微镜下可以清楚地看到在平行的条状铁素体之间断续的、粗条状的渗碳体,如图 9.51(b)所示。

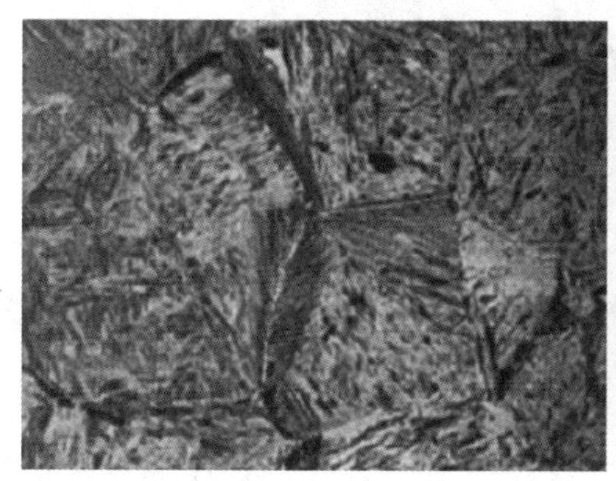

(a) 光学金相组织

(b) 电子显微组织

图 9.51　上贝氏体的显微组织

上贝氏体中铁素体是稍过饱和的铁素体。实验测定上贝氏体铁素体的碳的质量分数略大于平衡浓度,小于 0.03%。上贝氏体中铁素体的亚结构是位错,其密度为 10^8～10^9 cm^{-2},比板条马氏体低 2～3 个数量级。随着转变温度的降低,位错密度增大。

一般来说,随着碳的质量分数的增加,上贝氏体中铁素体条增多、变薄,渗碳体数量增多、变细。随着转变温度的下降,上贝氏体中铁素体条变薄,渗碳体细化。

在含有 Al 或者 Si 的钢中,由于 Si 和 Al 具有稳定的奥氏体,延缓碳化物析出的作用,铁素体条间的奥氏体为碳富集而趋于稳定,很少沉淀或不析出渗碳体,形成在铁素体条之间夹有残余奥氏体的上贝氏体组织。

(2)下贝氏体。

下贝氏体的形成温度区间较低,对中、高碳钢来说为 350 ℃～M_s。典型的下贝氏体是由含碳过饱和片状铁素体和其内部沉淀的碳化物组成的机械混合物。下贝氏体的空间形态呈现双凸透镜片状,与试样磨面相交呈片状或针状。如图 9.52(a)所示,下贝氏体的光学形貌类似细的针片状马氏体,不是成束平行排列,而是任意取向。针片状贝氏体内碳的质量分数为 0.15%左右。与上贝氏体中碳化物分布于铁素体外不同,下贝氏体中碳化物均匀分布于铁素体内,由于碳化物极为细小,其在光学显微镜下无法分辨,但在电子显微镜下可以清晰地看到碳化物呈短杆状,沿着与铁素体片长轴呈 55°～65°的方向整齐排列,如图 9.52(b)所示。

下贝氏体中的碳化物也可是渗碳体。但温度较低时,最初形成的是 $\varepsilon-Fe_{2\sim3}C$ 碳化物，随着时间延长转变为 $\theta-Fe_3C$ 碳化物。下贝氏体中的铁素体与 $\varepsilon-Fe_{2\sim3}C$ 或 $\theta-Fe_3C$ 碳化物之间存在一定的位向关系，因此一般认为碳化物是从过饱和的铁素体中析出的。

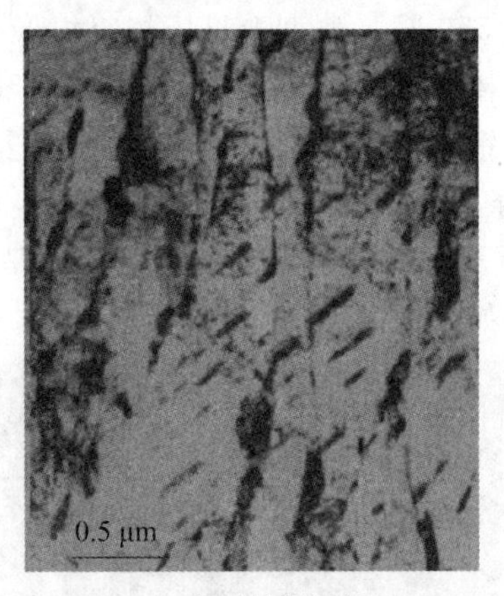

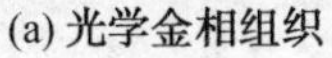
(a) 光学金相组织　　(b) 电子显微组织

图 9.52　下贝氏体的显微组织

(3)无碳化物贝氏体。

无碳化物贝氏体是中、低碳钢在贝氏体相变区域最高温度范围内形成的贝氏体。无碳化物贝氏体由若干铁素体板条束组成，每个铁素体板条束由若干大致平行的铁素体板条组成，如图 9.53 所示。因为铁素体内部无碳化物析出，故称为无碳化物贝氏体，又称为铁素体贝氏体或无碳贝氏体。

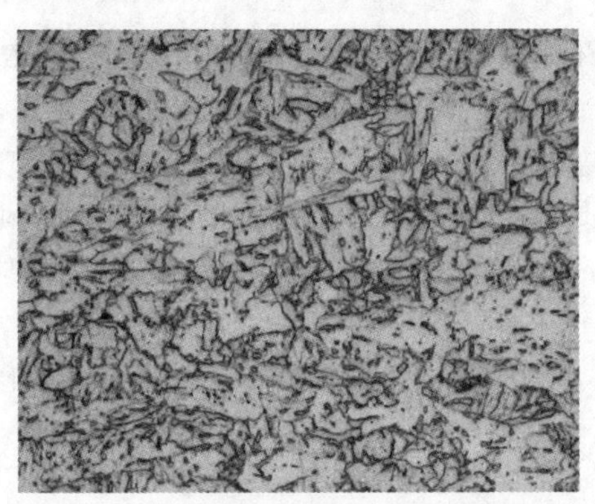

图 9.53　无碳化物贝氏体的显微组织

无碳化物贝氏体从奥氏体晶界形核，然后成束地向一侧晶粒内部长大，形成一束束的铁素体板条。每个铁素体板条较宽，条与条之间的距离也较大，一般在光镜下就清晰可见。铁素体内碳的质量分数极低，铁素体针片之间为珠光体或者马氏体，或者两者之间的混合组织。在铁素体内部也存在较高密度的位错。

(4)粒状贝氏体。

粒状贝氏体一般是低、中碳合金钢的奥氏体以一定的速度连续冷却时，或者在贝氏体转变的上限温度(稍高于上贝氏体的形成温度)等温时形成的贝氏体。粒状贝氏体是由基体铁素体及铁素体内排列有序的岛状相构成的，如图 9.54 所示。小岛形态呈粒状或者长条状等，形状并不规则。这些小岛在高温下原是富碳的奥氏体，在随后的冷却过程中，可以按照 3 种方式发生转变：① 全部保留下来，成为残余奥氏体；② 转变为马氏体；③ 分解为铁素体和碳化物，形成珠光体或贝氏体。多数情况下，小岛由马氏体和残余奥氏体组成，故称 M/A 岛。

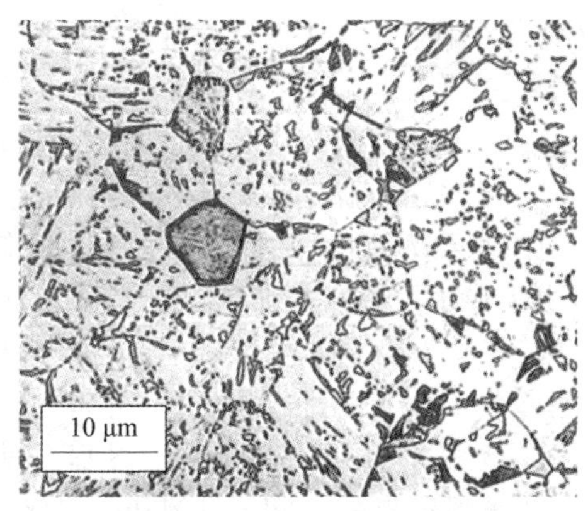

图 9.54　粒状贝氏体的典型形貌

不难看出，粒状贝氏体组织与无碳化物贝氏体很相似，只是铁素体量较多并连成片，奥氏体或由其转变的组织呈小岛状（粒状）分布在铁素体基体中。成分分析表明，小岛中碳的质量分数较平均浓度高出许多，而铁素体中碳的质量分数接近于平衡浓度，铁素体与小岛中的合金元素含量与平均浓度相同，这表明在粒状贝氏体形成过程中，与其他贝氏体的形成一样，也仅有碳的扩散而不存在合金元素的扩散。

此外，过共析钢 Fe－4.9%Ni－1.17%C 在 450 ℃等温 90 s 还可获得反常贝氏体；在高碳钢或高碳中合金钢中，在下贝氏体形成的温度范围内等温时还可获得柱状贝氏体。

贝氏体的组织形态决定了它的机械性能。上贝氏体形成温度高，铁素体条粗大，碳的过饱和度低，因而强度和硬度较低。另外碳化物颗粒粗大，且呈断续条状分布，铁素体条和碳化物的分布具有明显的方向性。这使裂纹容易沿着铁素体条间扩展，材料的冲击韧性较低。因此工程材料中一般要避免上贝氏体组织的产生。下贝氏体具有良好的综合机械性能，不仅强度高，而且韧性较好，缺口敏感性和脆性转折温度都较低，是一种比较理想的组织。粒状贝氏体组织由于复相强化作用，也具有较好的强度和韧性。

9.9.3　贝氏体相变机制

在贝氏体形成时，一方面，贝氏体中铁素体与奥氏体之间保持共格关系并具有一定的晶体学取向关系，表面产生浮凸，这表明贝氏体铁素体的形成与马氏体相变具有相同的切变过程；另一方面，单相奥氏体分解为铁素体和渗碳体，说明贝氏体相变过程中伴随碳原子的扩散，因此，一般认为贝氏体相变过程是马氏体相变与碳原子的扩散，包含碳化物的形成与马氏体相变两个过程。其相变的主要机理仍在不断的发展与完善过程中，许多问题还有待于进一步的研究。这里仅对贝氏体相变的切变机制——恩金贝氏体相变假说和柯俊贝氏体相变假说做简要介绍。

恩金通过大量的研究认为，贝氏体相变过程铁及合金元素原子不发生扩散，贝氏体相变属于马氏体相变性质，由于随后回火析出碳化物而形成贝氏体，提出了贫富碳理论假说。该假说认为，在贝氏体相变发生之前，奥氏体中已经发生了碳的扩散和重新分配，形成了贫碳区和富碳区。在贫碳区发生马氏体相变而形成低碳马氏体，然后马氏体迅速回火形成过饱和铁素体和渗碳体的机械混合物，即贝氏体。在富碳区中首先析出渗碳体，碳浓度下降后成为贫碳区，然后该贫碳区又重复之前贫碳区中的转变过程，继续形成贝氏体。而在相变过程中，铁及合金元素的原子不发生扩散。

恩金假说对于在 M_s 温度以上过冷奥氏体中贫碳区发生马氏体相变的原因做出了如下解释。如图 9.55 所示，马氏体相变起始温度 M_s 随着碳的质量分数的增加而下降，当碳的质量分数为 C_γ 的奥氏体（a 点）冷却至 M_s 以下时将发生马氏体相变。但是当冷却至 M_s 点以上的 T_1 温度（b 点）等温时，由于碳原子的扩散和重新分配，奥氏体内形成贫碳区和富碳区，其不同区域的 M_s 也发生变化。当贫碳区的碳浓度减小到 c_1 以下时，其 M_s 就升高到 T_1 以上温度，因此贫碳区（c 点）就能够在 T_1 温度下通过马氏体相变转变为马氏体。此时的马氏体为过饱和的 α 相，在热力学上是不稳定的，在随后的等温过程中发生自回火，马氏体分解为 α 相和渗碳体，形成贝氏体。等温温度越高，α 相的过饱和度就越小，贫碳区的 M_s 就越高，贝氏体相变温度范围的上限 B_s 就是无碳奥氏体的 M_s。

恩金假说能够解释贝氏体的形成、B_s 点的意义和贝氏体中铁素体的碳浓度随着等温温度而变化等现象，但没有解释贝氏体的形态变化及组织结构等问题。

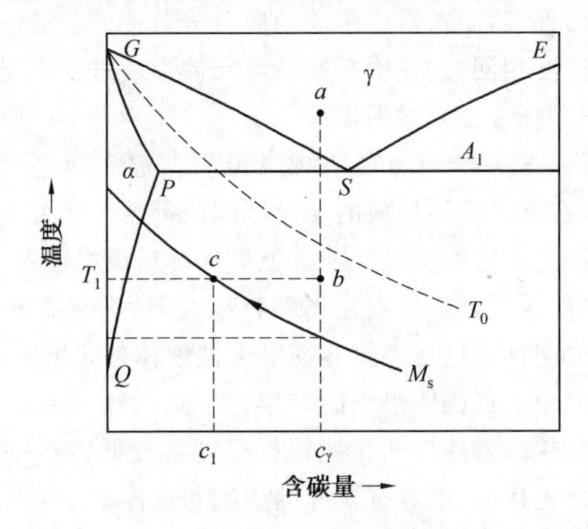

图 9.55 Fe—Fe₃C 平衡状态图

柯俊从相变的热力学出发，对于贝氏体相变提出了另外一种假说。根据相变理论，形成马氏体时系统总自由能的变化为

$$\Delta G = -V\Delta G_V + S\sigma + \Delta G_E \tag{9.30}$$

式中，ΔG_V 为单位体积奥氏体与马氏体的化学自由能差；V 为参与相变的体积；S 为新相的表面积；σ 为奥氏体与马氏体之间的单位界面能；ΔG_E 为弹性能，包括奥氏体与马氏体比容不同而产生的应变能、维持两相共格所需切变弹性能、奥氏体中产生塑形变形所需能量以及共格界面移动时克服奥氏体中缺陷阻碍所需能量等。

根据热力学条件，只有 $\Delta G<0$ 时马氏体相变才能自发进行，即只有奥氏体冷却到 M_s 以下时马氏体相变才能发生。那么在贝氏体相变过程中的马氏体转变是如何在 M_s 以上发生

的？其热力学条件该如何得到满足？

柯俊认为，在 M_s 点以上温度，若相变的进行能够使 ΔG_V 增大，ΔG_E 减小，从而使总体的自由能变化 ΔG 为负值时，马氏体的相变也可以发生。如图 9.56 所示，高碳奥氏体自由能 G_γ^H 和高碳马氏体自由能 $G_{\alpha'}^H$ 分别高于低碳奥氏体自由能 G_γ^L 和低碳马氏体自由能 $G_{\alpha'}^L$。如果相变时伴随碳的脱溶，由高碳奥氏体（γ^H）转变为低碳马氏体（α'^L）时，则此温度下单位体积的化学自由能差将增大为 ΔG_V^{HL}（$G_\gamma^H - G_{\alpha'}^L$），若相变所需的临界驱动力相同（$\Delta G_V^H = \Delta G_V^L = \Delta G_V$），则相变的开始温度上升为 M_s^{HL}。而且由于碳的脱溶，以及奥氏体和贝氏体的比容差小于奥氏体和马氏体的比容差，式(9.30)中的弹性能项也将减小。因此，在 M_s 温度以上至 B_s 温度以下的温度区间内，如果奥氏体按照高碳奥氏体转变为低碳马氏体并伴随碳的脱溶的方式转变为贝氏体，则有可能使 ΔG 小于 0，即有可能在原来马氏体相变温度 M_s^H 以上的温度（M_s^{HL}）发生马氏体转变。

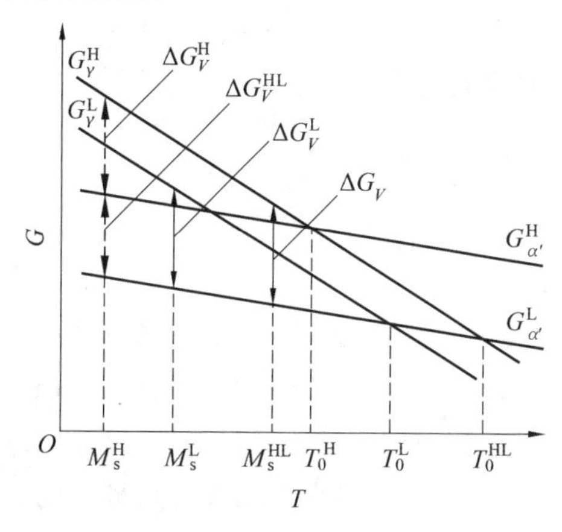

图 9.56　碳的质量分数对自由能—温度曲线的影响

柯俊的贝氏体假说认为，在贝氏体相变时，α 相的不断长大与碳从 α 相中不断脱溶的过程是同时进行的，α 相长大时与奥氏体之间保持共格关系。但贝氏体的长大速度远低于切变共格时马氏体的长大速度，这是由于贝氏体的长大速度受到碳原子的扩散脱溶控制。柯俊的贝氏体假说能够解释以下现象：① 在 M_s 温度以上 α 相可以通过马氏体相变机制形成；② 按照马氏体相变机制形成的贝氏体长大速度低于马氏体长大速度；③ 不同形成温度下形成的贝氏体具有不同的组织形态。

恩金假说与柯俊假说均为贝氏体相变的切变机制，除此以外，Aaronsond 等人还提出了与切变机制相对立的台阶机制。他强调贝氏体是非层状共析反应产物，即贝氏体相变是一种特殊的共析反应。

Aaronsond 等人认为，贝氏体相变是通过台阶机制长大的。图 9.57 所示为贝氏体相变的台阶机制示意图。台阶的水平面为奥氏体—α 相的半共格界面，界面两侧的奥氏体与α 相具有一定的位向关系，在半共格界面上存在柏氏矢量与界面平行的韧性位错。

目前贝氏体的台阶机制也得到了许多实验证据的支持，Aaronsond 等人用热离子发射显微镜直接观察到了台阶的形成与长大，测出了 Fe—0.66%C—3.32%Cr 钢在 400 ℃等温时上贝氏体铁素体板条的长大动力学，得出单片铁素体的平均长大速度是 1.4×10^{-3} cm/s，这与理论计算结果很相近，说明长大过程的确受碳的扩散所控制。李春明等人也在Cu－Zn－Al合金中观察到了贝氏体长大过程中所形成的台阶，并认为台阶的移动速度受扩散的控制。

Aaronsond等人所提出的台阶机制进行贝氏体相变与共析反应生成珠光体转变的主要不同点在于转变过程中移动的界面不同。奥氏体与α相之间形成半共格界面，且之间具有一定的位向关系，则半共格界面通过台阶机制推移可得到贝氏体铁素体；而奥氏体与α相之间形成非共格界面，则界面通过扩散机制得到珠光体。

台阶机制的主要障碍在于解释贝氏体相变时所观察到的浮凸。Aaronsond认为贝氏体相变时所出现的浮凸不是由切变机制造成的，而是由铁素体和奥氏体的比容不同所导致的。另外，按照台阶机制，初始形成的贝氏体铁素体的碳的质量分数应接近于平衡浓度，对于这一问题既难于用实验加以肯定，也难于否定。如果按照台阶机制，初始形成的贝氏体铁素体不是过饱和的α相，碳已经在铁素体形成之前扩散到了奥氏体，这对于上贝氏体的形成来说不成问题，但对于下贝氏体的形成还未有定论。

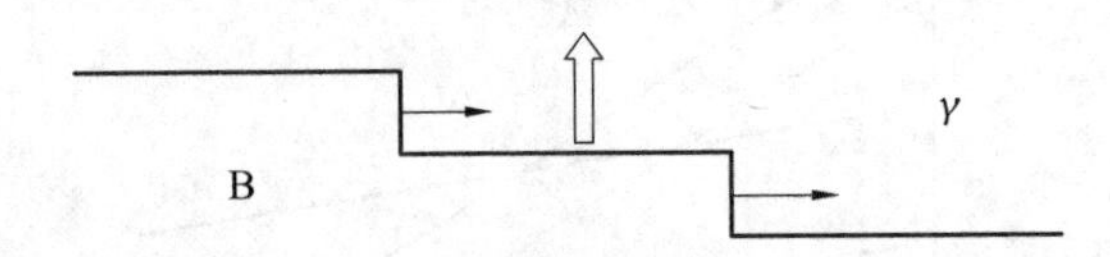

图9.57　贝氏体相变的台阶机制示意图

总之，贝氏体的转变包括铁素体的成长与碳化物的析出两个基本过程，它们决定了贝氏体中两个基本组成相的形态、分布和尺寸。在实际生产过程中，通常需要避免魏氏组织的形成，获得下贝氏体或者粒状贝氏体，以获得良好的综合机械性能。

本章习题

1. 说明马氏体相变的概念与特征。
2. 说明马氏体相变温度 M_s 的影响因素。
3. 说明热弹性马氏体的特征。
4. 简述钢中板条马氏体和透镜片状马氏体的形貌特征和性能差异。
5. 钢中马氏体高强度和高硬度的原因是什么？
6. 说明 ZrO_2 陶瓷的相变增韧机理。
7. 说明贝氏体转变的恩金模型。

参考文献

[1] 冯端,师昌绪,刘志国. 材料科学导论[M]. 北京:化学工业出版社,2002.

[2] 徐祖耀. 相变原理[M]. 北京:科学出版社,1988.

[3] 冯端,王业宁,邱第荣. 金属物理[M]. 北京:科学出版社,1975.

[4] 崔忠圻. 金属学与热处理[M]. 北京:机械工业出版社,1989.

[5] PORTER D A, EASTERLING K E, MOHAMED Y,et al. Phase transformations in metals and alloys[M]. 3rd ed. Abingdon: Taylor & Francis Group, 2009.

[6] 徐祖耀. 马氏体相变与马氏体[M]. 2 版. 北京:科学出版社,1999.

[7] CHRISTIAN J W. The theory of transformation in metals and alloys[M]. 3rd ed. Oxford: Pergamon—Elsevier, 2002.

[8] 侯增寿,陶岚琴. 实用三元合金相图[M]. 上海:科学技术出版社, 1983.

[9] 徐祖耀. 材料相变[M]. 北京:高等教育出版社,2013.

[10] 冯端. 金属物理学(第二卷):相变[M]. 北京:科学出版社,1998.

[11] 胡汉起. 金属凝固原理[M]. 北京:机械工业出版社,1991.

[12] 徐祖耀. 金属材料热力学[M]. 北京:科学出版社,1981.

名词索引